Oliver Lawrenz
Knut Hildebrand
Michael Nenninger
Thomas Hillek

Supply Chain Management

Business Computing

Bücher und neue Medien aus der Reihe Business Computing verknüpfen aktuelles Wissen aus der Informationstechnologie mit Fragestellungen aus dem Management. Sie richten sich insbesondere an IT-Verantwortliche in Unternehmen und Organisationen sowie an Berater und IT-Dozenten.

In der Reihe sind bisher erschienen:

SAP, Arbeit, Management
von AFOS

Steigerung der Performance von Informatikprozessen
von Martin Brogli

Modernes Projektmanagement
von Erik Wischnewski

Projektmanagement für das Bauwesen
von Erik Wischnewski

Projektmanagement interaktiv
von Gerda M. Süß
und Dieter Eschlbeck

Elektronische Kundenintegration
von André R. Probst
und Dieter Wenger

Moderne Organisationskonzeptionen
von Helmut Wittlage

SAP® R/3® im Mittelstand
von Olaf Jacob und Hans-Jürgen Uhink

Unternehmenserfolg im Internet
von Frank Lampe

Electronic Commerce
von Markus Deutsch

Client/Server
von Wolfhard von Thienen

Computer Based Marketing
von Hajo Hippner, Matthias Meyer
und Klaus D. Wilde (Hrsg.)

Marketing und Electronic Commerce
von Frank Lampe

Projektkompass SAP®
von AFOS und Andreas Blume

Projektleitfaden Internetpraxis
von Michael E. Sträubig

Existenzgründung im Internet
von Christoph Ludewig

Joint Requirements Engineering
von Georg Herzwurm

Controlling von Projekten mit SAP R/3®
von Stefan Röger, Frank Morelli und Antonio del Mondo

Silicon Valley – Made in Germany
von Christoph Ludewig,
Dirk Buschmann und
Nicolai Oliver Herbrand

Data Mining im praktischen Einsatz
von Paul Alpar
und Joachim Niedereichholz (Hrsg.)

Die E-Commerce Studie
von Karsten Gareis, Werner Korte und Markus Deutsch

Dispositionsparameter von SAP® R/3-PP®
von Jörg Dittrich, Peter Mertens und Michael Hau

Handbuch Data Mining im Marketing
von Hajo Hippner, Ulrich Küsters, Matthias Meyer und Klaus D. Wilde (Hrsg.)

B2B-Erfolg durch eMarkets
von Michael Nenninger und
Oliver Lawrenz

Supply Chain Management
von Oliver Lawrenz, Knut Hildebrand, Michael Nenninger und
Thomas Hillek

Vieweg

Oliver Lawrenz
Knut Hildebrand
Michael Nenninger
Thomas Hillek

Supply Chain Management

Konzepte, Erfahrungsberichte und Strategien auf dem Weg zu digitalen Wertschöpfungsnetzen

2., überarbeitete und erweiterte Auflage

Die Deutsche Bibliothek - CIP-Einheitsaufnahme
Ein Titeldatensatz für diese Publikation ist bei
Der Deutschen Bibliothek erhältlich.

In diesem Buch wiedergegebene Gebrauchsnamen, Handelsnamen und Warenbezeichnungen dürfen nicht als frei zur allgemeinen Benutzung im Sinne der Warenzeichen- und Markenschutz-Gesetzgebung betrachtet werden.

SAP, R/2, R/3, ABAP/4, SAP Early Watch, SAPoffice, SAP Business Workflow, SAP ArchiveLink, Accelerated SAP, SAP R/3 Retail sind eingetragene Warenzeichen der SAP Aktiengesellschaft Systeme, Anwendungen, Produkte in der Datenverarbeitung, Neurottstr. 16, D-69190 Walldorf. Der Herausgeber bedankt sich für die freundliche Genehmigung der SAP Aktiengesellschaft, die genannten Warenzeichen im Rahmen des vorliegenden Titels verwenden zu dürfen. Die SAP AG ist jedoch nicht Herausgeberin des vorliegenden Titels oder sonst dafür presserechtlich verantwortlich. Für alle Screen-Shots (Bildschirmmasken) dieses Buches gilt der Hinweis: Copyright SAP AG.

Das in diesem Buch enthaltene Programm-Material ist mit keiner Verpflichtung oder Garantie irgendeiner Art verbunden. Die Herausgeber, die Autoren und der Verlag übernehmen infolgedessen keine Verantwortung und werden keine daraus folgende oder sonstige Haftung übernehmen, die auf irgendeine Art aus der Benutzung dieses Programm-Materials oder Teilen davon entsteht.

1. Auflage Oktober 2000
2., überarbeitete und erweiterte Auflage Juni 2001

Alle Rechte vorbehalten
© Springer Fachmedien Wiesbaden 2001
Ursprünglich erschienen bei Vieweg 2001
Softcover reprint of the hardcover 2nd edition 2001

www.vieweg.de
vieweg@bertelsmann.de

Das Werk einschließlich aller seiner Teile ist urheberrechtlich geschützt. Jede Verwertung außerhalb der engen Grenzen des Urheberrechtsgesetzes ist ohne Zustimmung des Verlags unzulässig und strafbar. Das gilt insbesondere für Vervielfältigungen, Übersetzungen, Mikroverfilmungen und die Einspeicherung und Verarbeitung in elektronischen Systemen.

Gedruckt auf säurefreiem und chlorfrei gebleichtem Papier

Die Wiedergabe von Gebrauchsnamen, Handelsnamen, Warenbezeichnungen usw. in diesem Werk berechtigt auch ohne besondere Kennzeichnung nicht zu der Annahme, dass solche Namen im Sinne der Warenzeichen- und Markenschutz-Gesetzgebung als frei zu betrachten wären und daher von jedermann benutzt werden dürften.

Höchste inhaltliche und technische Qualität unserer Produkte ist unser Ziel. Bei der Produktion und Auslieferung unserer Bücher wollen wir die Umwelt schonen: Dieses Buch ist auf säurefreiem und chlorfrei gebleichtem Papier gedruckt. Die Einschweißfolie besteht aus Polyäthylen und damit aus organischen Grundstoffen, die weder bei der Herstellung noch bei der Verbrennung Schadstoffe freisetzen.

Konzeption und Layout des Umschlags: Ulrike Weigel, www.CorporateDesignGroup.de

ISBN 978-3-663-07839-5   ISBN 978-3-663-07838-8 (eBook)
DOI 10.1007/978-3-663-07838-8

Vorwort der Herausgeber

Nach dem außergewöhnlichen Verkaufserfolg der ersten Auflage haben wir uns kurzfristig entschieden, eine zweite Auflage dieses Buchs unter Berücksichtigung der aktuellen Änderungen im Wirtschaftsgeschehen, der Veränderungen in der eBusiness Landschaft und deren Auswirkungen auf das Gebiet Supply Chain Management herauszugeben.

Weiterhin haben wir das Herausgeberteam um eine zusätzliche Person verstärkt. Thomas Hillek, Partner der KPMG Consulting AG, beschäftigt sich seit knapp zehn Jahren mit dem Thema Supply Chain Management und hat in dieser Zeit eine Vielzahl von Logistik- bzw. Supply Chain Management Projekten bei renommierten Unternehmen weltweit durchgeführt.

Seit dem Erscheinen der ersten Auflage dieses Buches im Oktober 2000 hat sich die eBusiness Welt dramatisch geändert. Viele Dot-com Unternehmen existieren mittlerweile nicht mehr und die traditionellen Unternehmen („brick and mortars") sind endlich aufgewacht und realisieren vermehrt Geschäftsmodelle unter Einbezug von Internettechnologien.

Dabei hat sich die Supply Chain Management (SCM)-Diskussion ebenfalls geändert. Der Hype elektronischer Marktplätze ist mittlerweile vorüber und die meisten Unternehmen sind dabei, ihre Wertschöpfungskette vom Lieferanten bis zum Kunden integrativ und kooperativ zu gestalten und zu managen.

Collaborative Commerce oder c-Commerce ist das neue Stichwort, das derzeit die Supply Chain Management Aktivitäten der Unternehmen stark beeinflußt. Dabei geht es um den schnellen, verzögerungsfreien und bi-direktionalen Austausch von wichtigen Geschäftsinformationen (z.B. Kundenbedarfsveränderungen, Materialengpässe, etc.) zwischen den verbundenen Partnern in einem Wertschöpfungsnetzwerk, damit die Lieferleistung bei niedrigen Beständen weiter gesteigert wird. Diese elektronischen Kooperationen finden entweder direkt bi-direktional zwischen zwei Unternehmen oder über die mittlerweile etablierten Marktplätze statt.

Dieser schnelle Wandel der Themen machte die Zusammenstellung der zweiten Auflage dieses Buchs wieder nicht ganz einfach, um alle Facetten des SCM und c-Commerce zu erläutern. Um den Anforderungen der aktuellen Diskussion gerecht werden zu können, haben wir wieder einen Mittelweg eingeschlagen, der die SCM-Diskussion mit den neuesten Themen und Entwicklungen anreichert.

Jedes Kapitel soll Anregungen für weitere Diskussionen liefern, eine vollständige Beschreibung der gewählten Aspekte lässt sich in einem 10- bis 30-seitigen Beitrag allerdings kaum erreichen.

Das Buch wendet sich an Praktiker und Entscheider, die im Umfeld der Logistik, des SCM und des eBusiness tätig sind. Wir haben wiederum in dieser zweiten Auflage versucht, einen möglichst großen Themenkreis mit besonders vielen, eher kurz gehaltenen Beiträgen abzubilden. Die 19 Beiträge nähern sich dem SCM aus verschiedenen Blickwinkeln; es gibt allerdings auch einige Überschneidungen, die bei einem Herausgeberbuch in einem so dynamischen und sich ständig ändernden Umfeld nicht immer auszuschließen sind.

Besonderen Fokus möchten wir darauf legen, dass SCM nicht bloß ein kaufbares Werkzeug ist. Vielmehr muss das SCM in die gesamte Unternehmensstrategie eingebettet werden, was besonders vor dem Hintergrund aktueller Entwicklungen in der eBusiness Landschaft geschehen muss.

Aus diesem Grund haben wir einen eigenen **Abschnitt „Strategien"** an den Anfang des Buches gestellt. Thomas Hillek beschäftigt sich einleitend mit dem Stand von Internet-basierten Supply Chain Management in Deutschland. In einer erstmals in Deutschland durchgeführten Studie zu eSCM wird verdeutlicht, welche Themen aktuell die Unternehmen verschiedener Branchen bewegen. Harald Geimer und Torsten Becker legen mit ihrem Beitrag Supply Chain Strategien den Grundstein für die Strategiebildung des SCM im engeren Sinne.

Anschließend werden im **Buchabschnitt „Konzepte und Methoden"** die frühen Analysephasen von SCM-Projekten beschrieben. In vielen SCM-Projekten und auf vielen Konferenzen stellte sich immer wieder heraus, dass die frühe Analyse und Modellierungsphase entscheidend für den Erfolg von SCM-Projekten sind. Diese Weisheit konnte man schon aus ERP-Projekten erlangen. Die Bedeutung dieser frühen Phasen ist jedoch im sehr komplexen Umfeld des SCM noch größer.

Jörg von Steinäcker und Michael Kühner geben eine Einführung in das SCM und zeigen Potenziale und Grenzen des SCM auf. Joachim Kodweiss und Keywan Nadimabadi beschreiben Vorgehensweisen zur strategischen Realisierung von SCM. Detlef Schumann bringt aus Sicht des Controlling sehr interessante und unserer Meinung nach längst überfällige Aspekte in die SCM-Diskussion mit ein. Harald Geimer und Torsten Becker beschreiben das SCOR-Modell als ein Tool beziehungsweise eine Methode, die bei der Konzeption von SCM-Projekten hilft. Bernd Scholz-Reiter, Carsten Münster und Jens Jakobza gehen auf die oft im Rahmen von SCM wenig beachteten Anforderungen kleiner und mittlerer Unternehmen ein. Abschließend erweitern Martin Plewnia und Frank Nosbers die SCM Diskussion durch den Begriff eLogistics und beschreiben die Herausforderungen für Logistikdienstleister.

Enabling Technologies wie zum Beispiel SCM-Werkzeuge und APS-Systeme (APS: Advanced Scheduling Systems)oder allgemein das Internet ermöglichen erst durch den Wegfall von technischen Restriktionen neue Lösungskonzepte. Sie sind einerseits bereits in der Strategiebildungsphase zu berücksichtigen, andererseits aber auch in der konkreten Umsetzung in Projekten. Deshalb haben wir den **Abschnitt „Lösungen und Produkte"** in der Mitte des Buches platziert. Wir haben drei große und namhafte Anbieter von SCM-Software gebeten, ihre Produkte und Philosophien zu beschreiben.

Sowohl der Beitrag von Claus Grünewald (SAP) und von Dirk Kansky (Manugistics) als auch der von Achim Ramesohl (i2) konzentrieren sich auf die Verbindung zwischen SCM und Konzepten der New Economy. Grünewald stellt die Verbindung zwischen SCM und elektronischen Marktplätzen her, Kansky arbeitet die Bedeutung von CRM in SCM-Konzepten heraus und Achim Ramesohl beschreibt den Aufbau von elektronischen Märkten und legt besonderen Wert auf die Unterscheidung zwischen privaten und öffentlichen Marktplätzen.

Abgerundet wird der Abschnitt durch einen Beitrag von Erk Franz und Raphael Hegeler, die die Wichtigkeit von sogenannten „end-to-end" SCM Lösungen zur schnellen Implementierung für Unternehmen beschreiben.

Anschliessend werden im **Abschnitt „Praxisbeispiele und Projekte"** exemplarisch Umsetzungserfahrungen beschrieben. Besonderer Wert wurde dabei wiederum auf die Analysephasen, also auf die Konzepte und die Methoden, gelegt und weniger auf die Implementierung von SCM-Produkten. Außerdem wurde davon abgesehen, einige wenige Industrien im Detail zu betrachten. Vielmehr sollen Erfahrungen aus möglichst vielen Industrien wiedergegeben werden.

Jan-Peter Hazebrouck und Bernhard Janischowsky beschreiben detailliert die Besonderheiten in der Telekommunikationsbranche. Adrian Mielke und Rolf Stähler stellen die Halbleiterindustrie dar und legen besonderen Wert auf die Konzeptions- und Methodik-Phase sowie auf die Bedeutung des Veränderungsmanagements. Michael Koschnike berichtet über die Anforderungen an SCM aus Sicht der Automobilindustrie. Claus Grünewald schildert Projekterfahrungen aus der Pharmabranche, indem das Aventis-Projekt vorgestellt wird. Rolf G. Poluha fokussiert industrieübergreifend auf die Anforderungen an das Projektmanagement bei der Umsetzung der komplexen SCM-Projekte.

Der **Abschnitt „Ausblick"** soll den Kreis schließen, um wiederum auf die neuesten Entwicklungen im Bereich eBusiness einzugehen. Nach einem generellen Beitrag von Oliver Lawrenz und Michael Nenninger, der den Diskussionsrahmen abstecken soll, werden Moritz Seidel und Alexander Sieverts im letzten Beitrag dieses Buches unser Augenmerk auf ein erweitertes Verständnis der Supply Chain lenken, in dem Business Communities als Mittel des Relationship Managements in der Supply Chain beschrieben werden.

Wir wünschen viel Spass beim Lesen und freuen uns wieder auf Feedback und eine weitere Diskussion mit Ihnen.

Oliver Lawrenz (l@wrenz.de)

Knut Hildebrand (Knut.Hildebrand@t-online.de)

Michael Nenninger (nenninger@cube.net)

Thomas Hillek (thillek@kpmg.com)

Inhaltsverzeichnis

Vorwort der Herausgeber V

1 Erschließung neuer Wertschöpfungspotenziale durch eSCM 1

Einleitung 1
Studie zum aktuellen Stand von eSCM 5
Strategische Ausrichtung der Unternehmen bezüglich eSCM 7
eSCM Fähigkeit der Geschäftsprozesse und Informationssysteme 10
Ausrichtung der Organisation bezüglich eSCM 13
Informationstransparenz als Voraussetzung 15
Partnerschaftliche Beziehungen als Schlüssel zum Erfolg 16
Roadmap zur Supply Chain Exzellenz 16
Zusammenfassung 17

2 Supply Chain-Strategien 19

Vorsprung durch die strategische Kernvision und Supply Chain-Strategie 21
Die fünf Elemente des Supply Chain Management 23
Für Kunden eine marktgerechte Supply Chain-Strategie entwickeln 28
Vier Schritte zur Definition der Supply Chain-Strategie 31
Beispiel für eine Strategieumsetzung 35

3 Supply Chain Management – Revolution oder Modewort? 39

Wieviel Supply Chain Management braucht ein Unternehmen? 39
Supply Chain Management-Systeme 47

Inhaltsverzeichnis

Grenzen und Potentiale von SCM-Lösungen 52
Wer macht was im SCM? - Eine Umfrage 61
Zusammenfassung 68
Literaturliste 68

4 Supply Chain Management als strategische Herausforderung 71

SCM als geschäftsgetriebene Planung und Steuerung 71
Die Rolle der IT in der modernen Logistik 73
Vorgehensweise zur Realisierung von SCM 76
Anforderungen an die Zukunft 86

5 Supply Chain Controlling 89

Vorwort 89
Ausgangslage und Annäherung an das Thema 90
Neue Potentiale des Controlling im SCM 97
Hauptaspekte des Supply Chain Controlling 103
Probleme und Grenzen 110
Zusammenfassung und Fazit 113
Quellenverzeichnis 114

6 Mit dem SCOR-Modell Prozesse optimieren 115

Die Entwicklung von SCOR 116
Der Inhalt des Supply Chain Operations Reference-Modell (SCOR) 118
Die SCOR - Prozesstypen 121
Die SCOR - Ebenen 122
Supply Chain-Messgrössen 128
Die Anwendung von SCOR 132
Anhang 137

7 Supply Chain-Simulation für kleine und mittlere Unternehmen 139

Supply Chain Management für kleine und mittlere Unternehmen 139
Modellierung und Simulation von Supply Chains 142
Literatur 149

8 Supply Chain Management und Logistikdienstleister 151

Herausforderungen und Trends im Logistikmarkt 151
Verzahnung des Transporteurs mit der Supply-Chain
seiner Industriekunden: status quo und Zukunft 154
Strategische und operative Transportplanung mit
Advanced Planning and Scheduling 160
Zusammenfassung 167
Quellenverzeichnis: 168

9 Supply Chain Management-Lösung mit mySAP.com 169

Supply Chain-Planung 169
Supply Chain Execution 192
Von Logistikketten zu virtuellen Netzwerken 194

10 Von der Supply Chain zu eBusiness Trading Networks 203

Die Dynamik der Märkte 203
Die Vision: „Der programmierte Erfolg" 204
Kann Software planen? 204
Was ist Supply Chain Management? 206
Integrationsfähigkeit – Der Schlüssel für erfolgreiches SCM 209
Das Internet erhöht die Taktzahl 211

Inhaltsverzeichnis

Die intelligente Softwarelösung: Manugistics' NetWORKS™ 216
Die Chance: Profitables Wachstum 218
Zusammenfassung 219
Literatur 220

11 i2's TradeMatrix 221

Veränderte Herausforderungen im Internet-Zeitalter 221
Lösungsüberblick TradeMatrix 230

12 End-to-End Supply Chain Management Lösungen 233

Einleitung 233
Trends in eBusiness und Supply Chain Management 233
Standardprozesse 235
Best-practice Prozesse 237
Vorkonfigurierte Lösungen 239
Projektdurchführung in Netzwerken 240
Projektunterstützung durch die Solution Center KPMG und Intel 241
Zusammenfassung 241

13 IT-Architekturen zur Realisierung von Supply Chains in Telcos 243

Anforderungen an Supply Chains in Telcos 243
Architekturkonzepte der Supply Chains in Telcos 244
Fazit 256
Literatur 257

14 Supply Chain Management im Bereich High Tech 259

Ausgangssituation 259

Herausforderungen in der Halbleiterindustrie 259
Besonderheiten in der Halbleiterindustrie 261
Supply Chain Planning als integrierter Planungsansatz................................. 265
Implementierung eines Supply Chain Planning Systems in der Halbleiterindustrie. 269
Management of Change 278
Zusammenfassung... 279
Quellenverzeichnis:... 280

15 Supply Chain-Management in der Automobilindustrie 281

Einleitung... 281
Anforderungen an die Prozesse – der Order to Delivery-Prozess (OTD)................. 282
Netzwerkmanagement – Lieferantenintegration 285
Wertschöpfungspartnerschaften in der Automobilindustrie...........................
im Bereich der Lieferanten 290
Anforderungen an die IT 293
Anbindung der Kunden: Net Supply Chain-Management und eCommerce............ 298
Zusammenfassung... 300

16 SAP-APO Projekt bei Aventis.. 303

Supply Chain Management bei Aventis 303
Planung mit SAP APO 304
Potentiale und Rollout.. 309

17 SCM in der Praxis - Projektmanagement komplexer SCM Projekte.... 311

Einleitung... 311
Erfolgsfaktoren von SCM-Projekten... 311
Die Phasen eines SCM-Projektes.. 313
Einbeziehung von Softwarelösungen in das SCM-Projekt........................... 314

XIII

Instrumente zum Management komplexer SCM-Projekte 316
Der idealtypische SCM -Projektablauf 326
Zusammenfassung und Ausblick 327

18 Supply Chains auf dem Weg zu eBusiness Networks 329

Neue Konzepte, Technologien und eMarkets: Revolution oder Evolution? 329
Diskussionsrahmen und Begriffsbestimmung 332
Der Übergang von der Supply Chain zu eBusiness Networks ....
und elektronischen Marktplätzen 335
Ausblick 343
Literatur 344

19 Business Communities als essentieller Bestandteil der Supply Chain 345

Beispiel: Business Communities in der Software-Industrie 345
Die Bedeutung von Partnerschaften wächst 347
Die Kosten für erfolgreiches Partner-Management steigen 347
Eine neue Management-Herausforderung 348
Business Communities generieren neue Unternehmenswerte 350
Neue Spiel- und Wettbewerbsregeln: keine Lösung, aber ein Ansatz 351

A Autorenverzeichnis 353

I Index 367

1 Erschließung neuer Wertschöpfungspotenziale durch Electronic Supply Chain Management

Aktueller Stand des Internet-unterstützten Supply Chain Managements in Deutschland

Thomas Hillek, KPMG Consulting

Einleitung

Nach dem Hype der New Economy haben die Unternehmen der Old Economy erkannt, dass die Digitalisierung der Geschäftsbeziehungen zu Kunden, Geschäftspartnern und Lieferanten einen wesentlichen Beitrag zum Geschäftserfolg leisten wird. Durch die Unterstützung und Abwicklung von Geschäftstransaktionen via Internet können Unternehmen neue Vertriebskanäle erschließen, die Anfrage und Bestellung von Waren und Dienstleistungen weiter personifizieren und die Transaktionskosten signifikant senken.

Gerade im Business-to-Business (BtB) Segment zeigt sich immer mehr, daß eine ansprechende Website und präzises Zielgruppenmarketing in ihrer Wirkung verpuffen, wenn die Unternehmensorganisation und -struktur dahinter nicht optimal aufgebaut sind. Ein Unternehmen muß heute in der Lage sein, seinen Kunden in kurzer Zeit, ein über das Internet bestelltes Produkt auch zu liefern. Funktioniert dieser Service nicht, erleidet das Unternehmen einen kaum wieder gut zu machenden Image- und Umsatzverlust.

Bisher haben viele Firmen im Kampf um elektronische Marktanteile versäumt ihre Wertschöpfungskette hinsichtlich Auftragsabwicklung und Auslieferung der neuen Dynamik anzupassen.

Eine kürzliche Untersuchung von KPMG Consulting hat ergeben, dass sowohl Hersteller als auch Händler erst ihre Hausaufgaben in Bezug auf ihre logistische Wertschöpfungskette (Supply Chain) machen müssen, bevor Sie ihre Produkte über das Internet vertreiben, damit nicht der Erfolgsfaktor Kundenzufriedenheit und –bindung aufs Spiel gesetzt wird.

Eine zuverlässige, web-basierte Auftragsabwicklung erfordert eine enge Einbindung aller Partner - Lieferanten, Hersteller, Distributeure, Spediteure und Händler - entlang der gesamten Wertschöpfungskette, so daß alle Beteiligten zeitnah mit allen relevanten Informationen für die rechtzeitige Lieferung der bestellten Ware versorgt sind.

Die zunehmende Geschäftsabwicklung über das Internet erfordert eine intelligente Verknüpfung von Supply Chain Management und eBusiness, um die Durchlaufzeiten weiter zu senken, die Bestände zu optimieren und die Produktionsanlagen besser auszulasten.

eSCM Daher bildet Electronic Supply Chain Management (eSCM) die Plattform, die es Unternehmen ermöglicht, wesentliche Geschäftstransaktionen, wie z. B. den elektronischen Vertrieb ihrer Produkte (eSales) und elektronische Beschaffung (eProcurement), heute und zukünftig erfolgreich und zu gesenkten Transaktionskosten abwickeln zu können.

eSCM unterscheidet sich im Wesentlichen in vier Kernbereichen von traditionellem Supply Chain Management:

- Internetbasierte Produktentwicklung (eDesign), d. h. partnerschaftliche Produktentwicklung zur Reduktion der Produktkomplexität, um die Effizienz der beteiligten Unternehmen maßgeblich zu verbessern und damit deren Produktionskosten zu senken.
- Anbindung an elektronische Marktplätze für den Einkauf oder Verkauf von Produkten (eMarketplaces), wodurch sich Akquisitions- und Transaktionskosten senken lassen.
- Internetbasierte kooperative Planung (Collaborative Planning), die den Austausch wichtiger Daten, z. B. Aufträge, Bestände, Engpässe etc. zwischen allen Partnern in Echtzeit ermöglicht, so dass auf Bedarfsveränderungen kurzfristig reagiert werden kann.
- Internetbasierte Auftragsabwicklung und Versorgung (eFulfillment) zur Abstimmung der physischen Aktivitäten mit der virtuellen Welt. Hierdurch lassen sich die Durchlaufzeiten zum Kunden nachhaltig reduzieren.

Überragende Supply Chain Leistung neben innovativen Produkten ist heute ein wichtiger Wettbewerbsfaktor. Zur Erlangung von Supply Chain Exzellenz im Hinblick auf eBusiness durchläuft jedes Unternehmen in der Regel fünf Stufen (Bild 1). Dabei wird die unternehmensübergreifende („enterprise-to-enterprise" - e2e) Integration bis hin zu virtuellen Netzwerken ausgebaut, wobei Koordinationsgeschick, Flexibilität und Reaktionsfähigkeit wesentliche Bestandteile zum erfolgreichen Managen eines Netzwerkes sind.

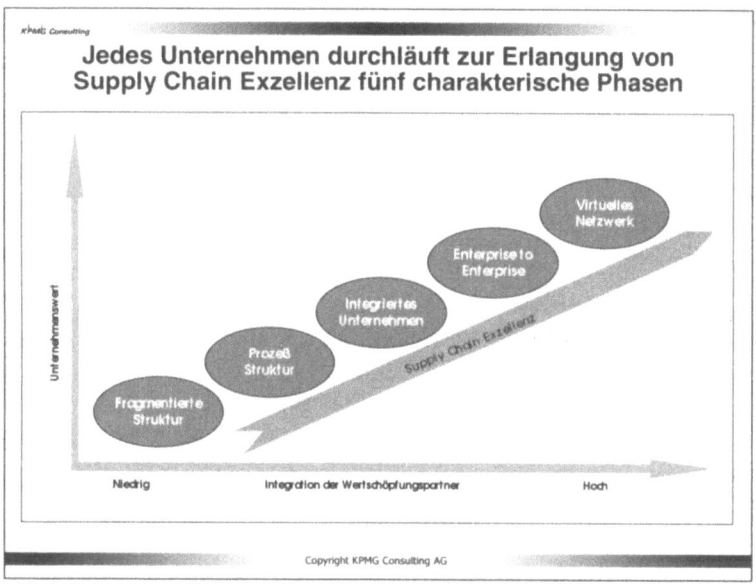

Bild 1: Supply Chain Exzellenz durch Integration der Geschäftspartner

Fragmentierte Struktur

Charakteristisch für eine fragmentierte Struktur der Supply Chain ist eine funktionale Unterteilung von Aufgaben, die kosten- und efzienzgesteuert sind. Eine Orientierung an den Prozessen ndet nur innerhalb der Abteilungen statt. Folge ist die parallele Existenz funktional getrennter „Silos", die von einer stark hierarchischen Struktur geprägt sind und die nur die funktionale Orientierung der Mitarbeiter fördern. Informationstechnisch kommen „Insellösungen" zum Einsatz, die unabhängig voneinander agieren.

Prozessstruktur

Das Unternehmen betreibt die interne, funktionsübergreifende Integration. Zulieferer und Kunden bleiben dabei weitgehend unberücksichtigt. Das Unternehmen ist vorrangig am Produkt orientiert. Während der Prozessgedanke in funktionsübergreifenden Teams Ausprägung ndet, ist die Leistungsmessung noch an Bereichen und Funktionen festgemacht. Die hierarchische Organisationsstruktur lässt unabhängige Bereichsentscheidungen zu. Mitarbeiter beginnen sich anhand der funktionsübergreifenden Kontakte an den Prozessen zu orientieren. Unternehmensweite IT – Lösungen werden angestrebt.

Integriertes Unternehmen

Mit der internen Integration rückt der Supply Chain Prozess als Gesamtprozess in den Fokus der Unternehmensaktivität. Eine Supply Chain-Strategie wird aus der Unternehmensstrategie abgeleitet. Prozessverantwortliche sind bestrebt, die Integration der Prozesse über die Unternehmensgrenzen hinweg auszudehnen. Die ache Hierarchie lässt die Entstehung selbst- gesteuerter Teams zu. Entscheidungen werden so teilweise funktionsübergreifend getroffen. Entsprechend wird auch bei der Leistungsmessung und der Vergütung verfahren. Engpassorientierte Planungsprozesse werden durch entsprechende IT-Systeme unterstützt. Die Nutzung von eBusiness zur Kommunikation mit Wertschöpfungspartnern wird angestoßen.

Enterprise-to-Enterprise

Transaktionspartner sind an die internen Wertschöpfungsprozesse angebunden. Die Supply Chain ist aufgabengerecht optimiert. Funktionale Strukturen sind zugunsten der Prozessorientierung an der unternehmensübergreifenden Supply Chain aufgelöst. Entscheidungen werden funktionsübergreifend getroffen und bewertet. Partnerschaften und Allianzen nehmen einen steigenden Stellenwert ein. Die Supply Chain IT verlagert Teilprozesse ins Internet.

Virtuelles Netzwerk

Schnelle Anpassungsfähigkeit der Supply Chain an neue Bedarfssituationen verschafft dem Unternehmen Wettbewerbsvorteile. Die dynamische Rekonguration des Wertschöpfungsnetzwerks ist durch vollkommene Prozessintegration aller Wertschöpfungspartner möglich. Eine feste Supply Chain-Struktur weicht dem anforderungsspezischen Supply Web. Ein virtuelles, internetbasiertes Netzwerk entsteht. Mitarbeiter orientieren sich ausschließlich an den Prozessen. Die Informationstechnik ist vollkommen eBusiness-fähig und ermöglicht eine „Plug & Play"-Kopplung mit den Wertschöpfungspartnern.

Studie zum aktuellen Stand von eSCM

In welcher Form die Möglichkeiten von eSCM aber bereits in deutschen Unternehmen genutzt werden, an welchen Ausprägungen sich die Potenziale festmachen lassen oder ob unternehmensseitig überhaupt ein Bewußtsein dafür existiert, war bisher nur ansatzweise geklärt.

Daher hat eine durch KPMG Consulting im zweiten Halbjahr 2000 durchgeführte Studie sich zum Ziel gesetzt, die Ausprägung von electronic Supply Chain Management in deutschen Unternehmen strukturiert zu untersuchen. Im Zentrum der Untersuchung stand dabei, Antworten auf folgende Fragen zu finden:

- Zu welchem Grade sind die Unternehmen der Automobil-, Konsumgüter-, Hochtechnologie- und Anlagenbau-Branche entlang ihrer Wertschöpfungsketten – intern wie extern – integriert?
- In welchem Maße hat sich bereits ein Wandel der Supply Chains von linear-sequentiellen Gebilden zu Netzwerk-strukturen vollzogen?
- In welcher Form fördert das eBusiness die Integration der Supply Chain bzw. sind die Branchen bereit für den Einstieg in das eSCM?

Ausgangspunkt für die Untersuchung mittels Fragebogen und Expertengespräche waren die zu diesem Zeitpunkt vorhandenen Studien und Projekterfahrungen zur Thematik SCM. Der Fragenkatalog wurde von SCM-Experten von KPMG Consulting unter Berücksichtigung der Veränderungen von Supply Chain Management durch eBusiness anhand aktueller Projekterfahrungen entwickelt.

Erhebungszeitraum	August – Dezember 2000
Erhebungsform	Schriftlich
Adressaten	Geschäftsführung, Leitung Supply Chain Management oder – falls SCM nicht institutionalisiert war – Leiter Logistik/Materialwirtschaft bzw. Information/Organisation
Grundgesamtheit	Industrieunternehmen der Branchen Automobil, Konsumgüter, Hochtechnologie und Anlagenbau
Datenumfang	50 Fragen in 9 Abschnitten zu den Bereichen Strategie, Prozesse & Systeme, Organisation & Personal
Rücklaufquote	4%

Tabelle 1: Merkmale der eSCM Studie

Die gesammelten Daten aus den Fragebögen wurden durch Interviews qualitativ überprüft und abschließend in Workshops von Experten aus Wirtschaft und Beratung bewertet und in entsprechender Form aufbereitet.

Für die Bewertung des Integrationsgrades der Supply Chain wurden drei Bereiche definiert, anhand derer die Einschätzung vorgenommen wurde:

- Strategische Ausrichtung der Supply Chain des Unternehmens unter besonderem Gesichtspunkt des eBusiness.
- Ausprägung der relevanten Geschäftsprozesse und Einsatz von Systemen innerhalb des Unternehmens und zu externen Unternehmenspartnern.
- Organisations- und Personalausrichtung auf die neuen Supply Chain Anforderungen durch eBusiness

Für die Teilnahme an der Untersuchung war die Existenz spezieller SCM-Softwaresysteme nicht von Relevanz. Eine explizite Betrachtung der im Einsatz befindlichen IT-Landschaft fand nicht statt.

Strategische Ausrichtung der Unternehmen bezüglich eSCM

Der Status-quo des Electronic Supply Chain Management in der deutschen Industrie unter unternehmensstrategischen Gesichtspunkten macht deutlich, daß ein Bewußtsein sowohl für die Integration entlang der Wertschöpfungskette als auch für das eBusiness zwar geschaffen, bisher aber noch nicht bzw. nur teilweise umgesetzt ist. Gegenwärtig ist die Integration entlang der Supply Chain stark kundenseitig geprägt und berücksichtigt die Zulieferseite noch deutlich zu wenig. Je weiter der Blick Richtung Ursprung der Wertschöpfungskette gerichtet wird, desto augenfälliger wird diese Tatsache.

In Branchen die unter starkem Wettbewerbsdruck stehen ist der Integrationsgrad der Supply Chain weiter vorangeschritten und die neuen Entwicklungen des Internets werden bereitwilliger aufgenommen.

So schätzen zwar über alle Branchen hinweg 48% der Unternehmen die elektronische Kommunikation mit den Zulieferern als sehr wichtig ein, jedoch ist für nahezu ein Viertel der Befragten diese Form der Kommunikation nur wenig bzw. unwichtig.

Kunden

Im Gegensatz dazu steht wie bereits erwähnt die Beziehung zu den Kunden. Hier heben 90% der Unternehmen den hohen Stellenwert der elektronischen Kommunikation hervor.

Während die Integration mit vorgelagerten Wertschöpfungspartnern in Form elektronischer Kommunikation bisher vernachlässigt wurde, ist diese mit nachgelagerten Wertschöpfungsstufen erheblich ausgeprägter. Als Konsequenz können Unternehmen schneller und besser mögliche Engpässe erkennen und sich darauf entsprechend rechtzeitig einstellen. Frühzeitiges Erkennen solcher Situationen beim Zulieferer verschafft dem Unternehmen selbst größeren Handlungsspielraum für eine gegebenenfalls erforderliche Plananpassung. Wird beispielsweise ein auftretender Engpass (z.B. Materialknappheit) erst in der tatsächlichen Bedarfssituation kommuniziert, so ist in der Regel jeglicher Handlungsspielraum für sinnvolle Anpassungen bereits aufgebraucht.

Für Unternehmen wird es daher essenziell sein, die verstärkte Nutzung der elektronischen Kommunikation mit nachgelagerten Wertschöpfungsstufen auf die vorgelagerten Wertschöpfungspartner ebenfalls anzuwenden. Die individuelle Leistungsfähigkeit des Unternehmens hängt in vielen Fällen direkt von der planbaren Leistungsfähigkeit der Lieferanten ab.

Beispielhaft sei hier die Automobilindustrie betrachtet. Automobilhersteller erachten die elektronische Kommunikation mit ihren Zulieferern zu 100% als sehr wichtig. Die Automobilzulieferer ihrerseits halten diese Kommunikation mit ihren Zulieferern aber nur mehr zu 56% als wichtig bzw. sehr wichtig. Je weiter vorgelagert die Wertschöpfungsstufen zu den Automobilherstellern sind, desto weniger wichtig wird diese Form der Kommunikation eingeschätzt (Bild 2).

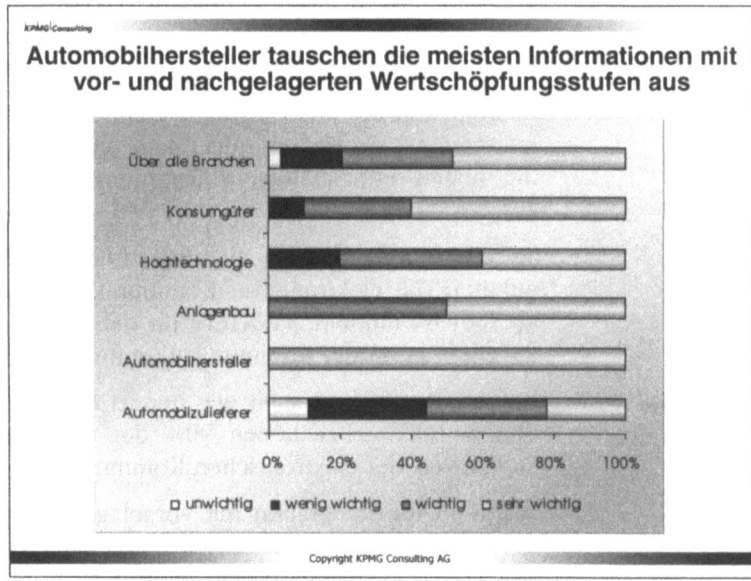

Bild 2: Elektronische Kommunikation mit Zulieferern

Eine detailliertere Untersuchung der Art und Weise des Informationsaustauschs zwischen den Wertschöpfungspartnern bestätigt die erlangten Erkenntnisse. Während Telefon und Fax in 93% und eMail in 90% der Unternehmen zur Koordination sowohl der Zulieferer als auch der Kunden genutzt werden, stehen automatisierte und tiefgreifende Formen der Kommunikation wie EDI (Zulieferer: 55%, Kunden: 72%) deutlich zurück. Das Internet wird gar nur in 35% der Fälle mit Zulieferern und 59% mit Kunden eingesetzt und zeigt damit neben der insgesamt geringen Bedeutung die deutliche Divergenz zwischen der Zuliefer- und der Kundenseite.

eSupply Chain Management

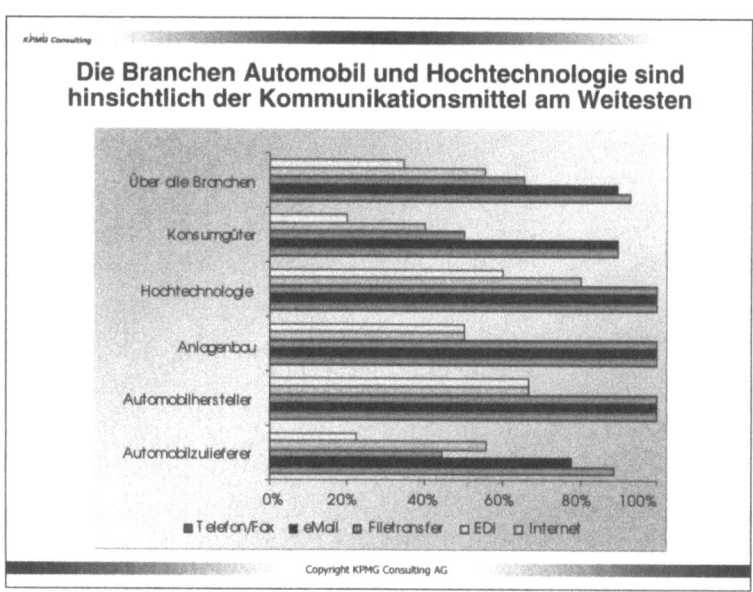

Bild 3: Kommunikationsformen mit Zulieferern

Eine Ausdehnung der Integration auf das gesamte Netzwerk an Wertschöpfungspartnern ist in einzelnen Bereichen im Ansatz erkennbar, jedoch bisher noch nicht umgesetzt. Erste Schritte gehen Unternehmen dabei mit der Gestaltung ihrer globalen Produktionsnetzwerke.

Unternehmen sehen im eBusiness primär die Möglichkeit ihre Prozesse zu optimieren und operative Exzellenz zu erreichen. Gezielte eBusiness-Strategien zur Realisierung von Wachstumspotentialen werden bisher noch als zweitrangig bewertet.

Die Optimierung und Integration der Wertschöpfungsprozesse hat begonnen. Die Voraussetzungen z.B. für die Beteiligung an vertikalen elektronischen Marktplätzen werden geschaffen. Die Notwendigkeit der Verschmelzung der Supply Chain insbesondere auch zwischen den Branchen und Produkten steht allerdings noch aus.

Eine eBusiness-Fähigkeit in Form eines „Plug and Play"-Status der Unternehmen zur Nutzung von z.B. funktionalen, über Industriegrenzen hinweg reichenden elektronischen Marktplätzen innerhalb eines Wertschöpfungsnetzwerks bedarf zudem noch weiterer strategischer Überlegungen.

eSCM Fähigkeit der Geschäftsprozesse und Informationssysteme

Eine der wichtigsten Voraussetzungen für Supply Chain Exzellenz ist ein hohes Reaktionsvermögen auf veränderte Umweltbedingungen, die eine Anpassung der Bedarfs- und Produktionspläne entlang der Supply Chain notwendig machen. Die Unternehmen können diesem Anspruch aus ihrer internen Sicht bereits grundlegend gerecht werden. Allerdings muß aufgrund der gewonnenen Erkenntnisse sowie der eingesetzten Informationssysteme festgestellt werden, daß das SCM bisher offensichtlich an den Unternehmensgrenzen halt macht.

Qualität

Auf die Qualität aller miteinander verflochtenen Geschäftsprozesse müssen sich die Wertschöpfungspartner über alle Planungsstufen hinweg verlassen können, um einen zuverlässigen Materialfluß sicherzustellen. Während die Synchronisation der Supply Chain früher durch den Aufbau von Zeit- oder Bestandspuffern erreicht wurde, ist dies heute weitgehend durch schnellen Informationsaustausch gewährleistet, der eine sofortige Plananpassung ermöglicht. Auf diese Weise lassen sich Bestände und Durchlaufzeiten reduzieren und zugleich die Kapitalrendite verbessern. Die gemeinsame Planung (Collaborative Planning) auf strategischer, taktischer und operativer Ebene wird somit zu einem Kernprozeß des eSCM, der durch die Verbindung der Planungsebenen mittels moderner Informationstechnologien eine hohe Leistungsfähigkeit in der operativen Abwicklung ermöglicht. Veränderungen (z.B. Bedarfsänderung, Maschinenausfall, etc.) lassen sich demnach in den entsprechenden Planungen ohne Verzögerung berücksichtigen.

Die Möglichkeiten einer vorwärtsgerichteten und an Kapazitätsengpässen orientierten Planung mittels APS-Systemen nden bereits bei 67% der befragten Automobilhersteller sowie 44% der Automobilzulieferer und 40% der Hochtechnologieunternehmen Einsatz (Bild 4). Das Konsumgütergewerbe setzt erst zu 10% APS-Systeme ein. Die Erkenntnis, dass in dieser Industrie zudem noch häug mit MRP-Methoden geplant wird, lässt vermuten, dass die Konsumgüterindustrie im Branchenvergleich noch im Anfangsstadium der Supply Chain-Integration steht.

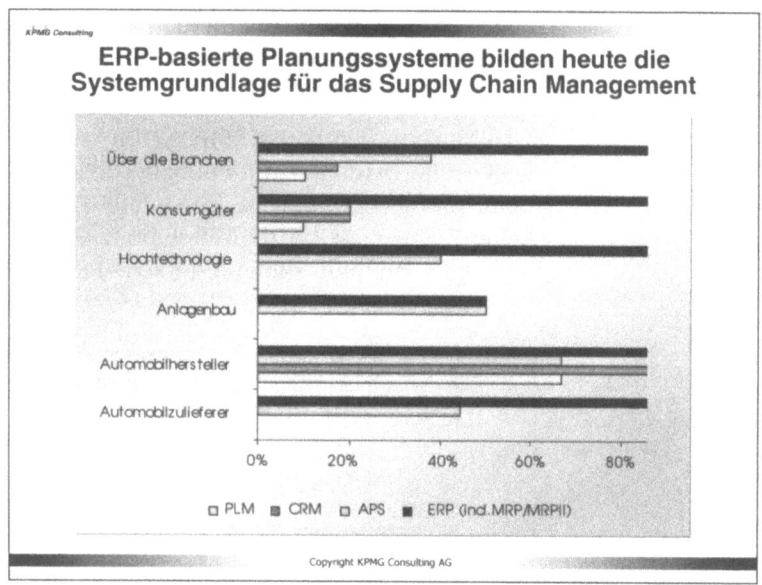

Bild 4:   IT-/Planungssysteme in der Supply Chain

Automobilhersteller sind ihrerseits bestrebt, das gesamte Spektrum der technischen Systeme für ihre Zwecke nutzbar zu machen und nehmen so in vielen Bereichen eine Vorreiterstellung ein. So ist die Verbreitung von Customer Relationship Management-Systemen (CRM) und von Product Lifecycle Management-Systemen (PLM) als spezielle Formen der Zuliefer- bzw. Kundenintegration in diesen Branchen am größten.

Überraschend ist, dass immer noch 11% der Unternehmen zum Managen ihrer Supply Chain auf MRP-Planungskonzepte zurückgreifen, die lediglich in der Lage sind, sequentielle Bedarfsplanungen durchzuführen. Zu nden sind diese in der Automobilzulieferer- und in der Konsumgüterindustrie. Bei den Automobilherstellern sowie den Branchen Hochtechnologie und Anlagenbau sind demgegenüber ERP-Systeme in über 80% der Unternehmen verbreitet, was deutlich über dem Branchendurchschnitt liegt.

Während einzelne Branchen (z.B. Automobilindustrie) geeignete Informationssysteme schnell adaptieren, setzt sich generell erst langsam die Notwendigkeit einer unternehmensübergreifenden Integration durch.

Vereinbarungen über zu erbringende Servicegrade zwischen den Unternehmen bilden eine wichtige Basis. Bereits zwei Drittel der

Unternehmen haben mit Kunden solche Serviceziele vereinbart. Der Zulieferseite wird dagegen geringere Priorität beigemessen.

Auf die Frage nach der Flexibilität, kurzfristige Änderungen bzw. Eilaufträge in den Wertschöpfungsprozess integrieren zu können, geben alle befragten Automobilhersteller an, dies gehe weitgehend problemlos. Eine so eindeutige Einschätzung äußert sonst keine Branche. Selbst die Automobilzulieferer gestehen ein, dass 22% der Eilaufträge zumindest lokale Probleme hervorrufen.

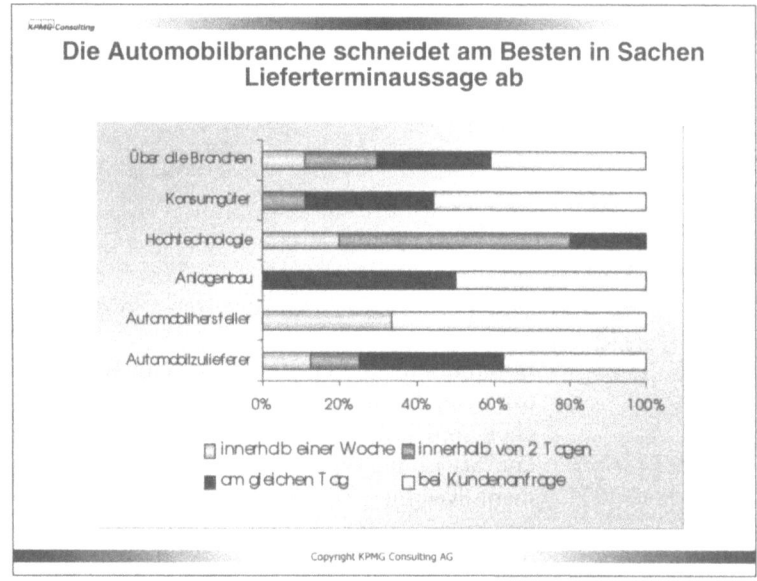

Bild 5: Lieferterminaussagen der Branchen

Vergleicht man in diesem Zusammenhang die Möglichkeiten Lieferterminaussagen (Bild 5) zu treffen, stehen die Automobilhersteller erneut mit 67% an der Spitze und geben an, diese Auskunft bereits bei Kundenanfrage erteilen zu können. Immerhin noch 30% aller übrigen Unternehmen geben die Liefertermine noch am gleichen Tag und 19% innerhalb von zwei Tagen bekannt.

Ausrichtung der Organisation bezüglich eSCM

Die Gestaltung einer passenden Supply Chain-Organisation im Unternehmen für die Koordination aller im Zusammenhang mit der Supply Chain stehenden Aufgaben zählt zu den großen Herausforderungen des eSCM. Die Ausrichtung auf Prozesse bedingt eine Abkehr von der rein funktionalen Organisation der Unternehmen. Interne wie auch externe Schnittstellen müssen aufeinander abgestimmt und durch ein multifunktional besetztes Team koordiniert werden. Auf diese Weise lassen sich die operativen Aufgaben entlang der Wertschöpfungskette koordinieren und erfüllen sowie die strategischen Aufgaben vorbereiten.

Noch augenscheinlicher wird die Notwendigkeit zum Wandel bei der Deutung möglicher Geschäftsszenarien, die sich durch die Nutzung des Internet ergeben. Von der direkten Vernetzung der Wertschöpfungspartner untereinander bis hin zum Einbinden neuer Intermediäre zeigt sich, dass die klassische Organisation nach Funktionen diesen neuen Anforderungen nicht mehr gewachsen ist.

Virtualisierung der Organisationsstruktur

Auf dem Weg zur Virtualisierung der Organisationsstruktur haben alle Branchen, wenn auch in unterschiedlichem Maße, noch die Umgestaltung von der funktionalen zu einer prozessorientierten Organisation zu überwinden. Der Erfolg der Supply Chain Integration hängt somit sehr stark davon ab, bei den Mitarbeitern ein Bewusstsein für die veränderten Rahmenbedingungen zu schaffen und diese in einer Supply Chain-Organisation zu institutionalisieren.

Nur so werden die Mitarbeiter bereit sein, eingefahrene Arbeitsweisen aufzugeben und neue Wege zu gehen. Die befragten Unternehmen bestätigen diese Einschätzung. Change Management wird als ein wesentlicher Erfolgsfaktor für eSCM eingeschätzt.

Um so überraschender ist, daß knapp drei Viertel der Unternehmen ihre Organisation noch als funktional gegliedert beschreiben. Dieses Manko versuchen die befragten Unternehmen offensichtlich durch verstärkten Einsatz funktionsübergreifender Teams zu kompensieren.

Eine Berücksichtigung der unterschiedlichen, dem eSCM zugerechneten Aufgabenfelder (z.B. Produktions-, Termin-, Absatzplanung), findet somit bisher in vielen, voneinander teilweise abgegrenzten Bereichen der Unternehmen statt.

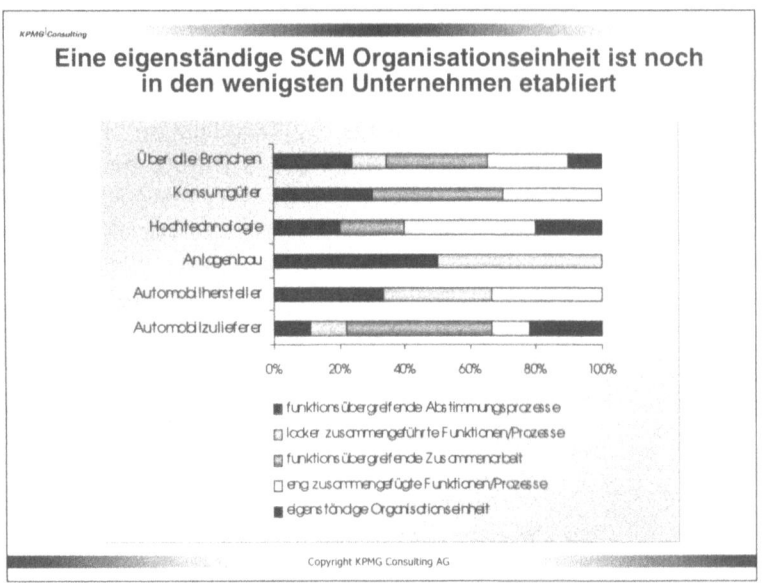

Bild 6: Organisationsformen von SCM im Unternehmen

Während in der Automobilzuliefer- und der Hochtechnologieindustrie bereits ein Fünftel der Unternehmen eine eigene Organisationseinheit mit SCM-Aufgaben (Bild 6) betrauen, werden diese Aufgaben in den anderen Branchen noch zu 30% bis 50% durch einfache Abstimmungsprozesse koordiniert. Auffällig ist der Anlagenbau, der über eine lockere Zusammenführung von Funktionen bzw. Prozessen nicht hinaus kommt. Die Institutionalisierung des Supply Chain Gedankens in einer organisatorischen Ausprägung ndet bisher kaum statt. Dies heißt nicht, dass die Tätigkeiten bisher nicht durchgeführt werden, sondern vielmehr, dass die Koordination der einzelnen Tätigkeiten bisher nicht optimal ist. Die Vermutung liegt nahe, dass **gegenseitige Abhängigkeiten einzelner Aufgaben**, z.B. Produktionsplanung und Transport, bisher nicht konsequent aufeinander abgestimmt sind.

Der Schwerpunkt des Aufgabenbereichs der unterschiedlich stark zusammengefassten Supply Chain Organisation wird gegenwärtig im Bereich Produktion und Logistik gesehen. Diese Einschätzung deckt sich mit den bereits erlangten Ergebnissen, dass die Unternehmen mit ihrer eBusiness-Strategie gegenwärtig primär Ziele aus dem Umfeld des SCM verfolgen. Der Einsatz des Internet und entsprechender Systeme wird daher für die Unternehmen zukünftig insbesondere für SCM stark an Bedeutung gewinnen.

Die Auftragsbearbeitung (90%) und die Material- und Lagerwirtschaft (81%) sehen die Unternehmen als die vorrangigen Aufgaben einer Supply Chain-Organisation.

Die Verbindung dieser funktional getrennten Aufgaben, die über eine reine Koordination der direkten Schnittstellen hinausgeht, macht das gesamte Potential von Electronic Supply Chain Managements erst nutzbar. Die unter hohem Wettbewerbsdruck stehenden Branchen sind hier bereits einen Schritt voraus.

Eine Institutionalisierung des Supply Chain Gedankens in einer eigenen Organisationsform unterstreicht die Ausrichtung des Unternehmens an Prozessen. Auch wenn sich alle Branchen in diese Richtung bewegen, befinden sich alle befragten Unternehmen noch auf der ersten Hälfte des Weges.

Informationstransparenz als Voraussetzung

Die bisherigen Synchronisierungsbestrebungen der Supply Chain sind vom Aufbau teurer Bestandspuffer zwischen den Wertschöpfungsstufen geprägt. Eine Synchronisierung durch Bestandsminimierung entlang der Supply Chain bringt aber die eigentliche Leistungsfähigkeit erst voll zur Geltung. Die notwendige Echtzeitfähigkeit der Planung und Steuerung fordert eine tiefgreifende Informationstransparenz im gesamten Wertschöpfungsnetzwerk. Das Fehlen an Informationsklarheit und die mangelhafte Kommunikation sind im kurzfristigen Horizont somit auch als die größten Hindernisse für das eSCM auszumachen.

Kritisch wird der Faktor Zeit. Je länger ein Unternehmen benötigt, um seine SCM Strategie neu auszurichten und so mit seinen Wertschöpfungspartnern durchgängige eBusiness Lösungen zu entwickeln und nutzen, um so wahrscheinlicher ist, daß entweder der Wettbewerb oder „New Entrants" in der Supply Chain einen Platz finden. Diese übernehmen dann die Vermittlertätigkeit und beanspruchen so einen Teil der Verbesserungspotenziale der Supply Chain für sich. Darüber hinaus entscheidet zunehmend die Reaktionsschnelligkeit auf Bedarfsänderungen über den Erfolg einer gesamten Supply Chain und damit deren einzelner Wertschöpfungspartner.

Partnerschaftliche Beziehungen als Schlüssel zum Erfolg

Allerdings ist sowohl die Geschwindigkeit als auch die Kostenreduzierung und der verbesserte Servicegrad stark von der operativen Exzellenz der einzelnen Wertschöpfungsstufen abhängig. Diese wiederum ist eng an die Informationsqualität innerhalb des Wertschöpfungsnetzwerkes geknüpft. Der Erfolg von eSCM wird daher nachhaltig von der Gestaltung partnerschaftlicher Beziehungen zwischen den Mitgliedern in der Supply Chain beeinflußt.

Neben der Gestaltung durchgängiger Prozesse und einer entsprechenden IT Infrastruktur ist das Change Management somit ein nicht zu unterschätzender Erfolgsfaktor für das Supply Chain Management.

Roadmap zur Supply Chain Exzellenz

Bei der Umsetzung und Implementierung des eSupply Chain Gedankens sehen sich die Unternehmen zunächst einer Fülle möglicher Handlungsfelder gegenübergestellt, die scheinbar alle dazu beitragen, Geschäftsprozesse über das Internet besser, schneller und kostengünstiger abzuwickeln. Um jedoch zielgerichtet und efzient vorgehen zu können ist es wichtig, diese Handlungsfelder auf ihre Wirksamkeit zu untersuchen und anschließend zu priorisieren. Dabei hilft die Erstellung einer SCM Roadmap (Bild 7).

Die möglichen Projekte sind zunächst daraufhin zu analysieren, welche Vorteile ihre Umsetzung bringt, d.h. welcher qualitative und quantitative Wert durch die Abwicklung der SCM Geschäftsprozesse mit Hilfe des Internet geschaffen wird. In einem weiteren Schritt lassen sich die Projekte nach den Kriterien „Auswirkung auf das Geschäft" und „Einfachheit der Umsetzung" in eine Prioritätenmatrix umordnen.

eSupply Chain Management

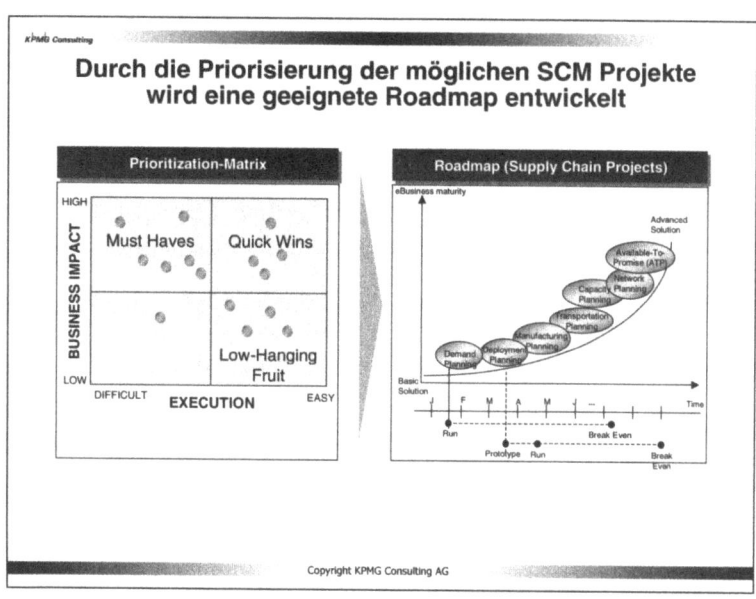

Bild 7:   SCM Roadmap

Anhand dieser Prioritätenmatrix lässt sich eine individuelle eSCM Business Roadmap für das Unternehmen festgelegt. Die „Quick Wins"-Projekte versprechen den höchsten Wertbeitrag und sollten zuerst umgesetzt werden. Anschließend folgen die „Low-Hanging Fruits"- und „Must Haves"-Projekte. Projekte die als „Money-Pitfalls" identifiziert werden, sollten keine Berücksichtigung in der Roadmap nden.

Zusammenfassung

Der Status Quo des electronic Supply Chain Management in der deutschen Industrie macht deutlich, dass ein Bewusstsein für die Integration entlang der Wertschöpfungskette zwar geschaffen, bisher aber noch nicht bzw. nur teilweise umgesetzt ist. Gegenwärtig ist die Integration entlang der Supply Chain kundenseitig geprägt und berücksichtigt die Zulieferseite noch deutlich zu wenig. Je weiter der Blick Richtung Ursprung der Wertschöpfungskette gerichtet wird, desto augenfälliger wird diese Tatsache.

In Branchen, die unter starkem Wettbewerbsdruck stehen(z.B. Automobilindustrie) ist der Integrationsgrad der Supply Chain weiter vorangeschritten und die neuen Entwicklungen des Internet werden bereitwilliger aufgenommen.

Eine Ausdehnung der Integration auf das gesamte Netzwerk an Wertschöpfungspartnern ist in einzelnen Bereichen im Ansatz erkennbar, jedoch bisher noch nicht ausreichend umgesetzt.

Die Unternehmen gehen erste Schritte mit der globalen Netzwerkgestaltung interner Unternehmensaktivitäten.

Unternehmen sehen im eBusiness primär die Möglichkeit, ihre Prozesse zu optimieren und operative Exzellenz zu erreichen. Gezielte eBusiness-Strategien zur Realisierung von Wachstumspotenzialen werden bisher aber noch als zweitrangig bewertet.

Die Optimierung und Integration der Wertschöpfungsprozesse hat begonnen. Die Voraussetzungen z.B. für die Beteiligung an vertikalen elektronischen Marktplätzen werden geschaffen. Die Notwendigkeit der Verschmelzung der Supply Chain insbesondere auch zwischen den Branchen und Produkten steht allerdings noch aus.

Eine eBusiness-Fähigkeit in Form eines „Plug and Play"-Status der Unternehmen zur Nutzung von z.B. funktionalen, über Industriegrenzen hinweg reichenden elektronischen Marktplätzen innerhalb eines Wertschöpfungsnetzwerks bedarf zudem noch weiterer strategischer Überlegungen.

Zusammenfassend läßt sich feststellen, daß integriertes und Internet-basiertes Supply Chain Management heute eine wichtige strategische Waffe zur Erlangung von nachhaltigen Wettbewerbsvorteilen ist. Jedoch darf die Supply Chain dabei nicht nur innerhalb eines Unternehmens betrachtet werden, sondern muß auch unternehmensübergreifend aufgezogen werden. Gerade die sich stark ändernden Rahmenbedingungen in unserer Wirtschaft tragen dazu bei, daß Unternehmensnetzwerke und kooperative Bündnisse sich gegenüber einzelnen Unternehmen mehr und mehr durchsetzen werden.

Internet-basiertes Supply Chain Management wird das klassische SCM nicht ablösen. Vielmehr stellt das Internet ein Medium dar, das erlaubt alle Supply Chain Aktivitäten aufeinander abgestimmt auszuführen und so die Gestaltung von kosten- und serviceeffizienten Supply Chains ermöglicht.

2 Supply Chain-Strategien

Harald Geimer und Torsten Becker, PRTM

Zusammenfassung: Unternehmen streben eine schnellere Reaktion auf Kundenwünsche und Marktveränderungen und gleichzeitig profitables Wachstum an. Wie sieht eine geeignete Supply Chain-Strategie aus, um derartige Unternehmensziele zu unterstützen? Strategische Entscheidungen zur Gestaltung und Veränderung der Supply Chain erfordern in der Regel viel Zeit, erhebliche Ressourcen und damit Investitionen. Kennzeichen von führenden Unternehmen mit einer besonders leistungsfähigen Supply Chain ist die eindeutige Definition und durchgehende Umsetzung ihrer Supply Chain-Strategie. Dafür werden im Folgenden die notwendigen Schritte und Inhalte diskutiert. Damit lässt sich die Supply Chain des Unternehmens so gestalten, wie es der Markt, die Kunden und die Anteilseigner erwarten.

Führende Unternehmen setzen ihre Supply Chain gezielt als Wettbewerbsinstrument ein: Sie können schneller liefern als ihre Konkurrenten, erreichen die Liefertermine besser und haben gleichzeitig niedrigere Supply-Chain Management Kosten und Bestände. Diese Unternehmen können sich auch rapide an neue Technologien anpassen, wie beispielsweise das Internet, und diese schnell zu ihrem eigenen Vorteil nutzen. Voraussetzung dazu sind konsistente und konsequente Entscheidungen, also eine gut definierte Supply Chain Strategie.

"Historisch gewachsen" ist demgegenüber eine typische Antwort auf die Frage, auf welcher Basis Unternehmen ihre Supply Chain gestaltet haben. Wachstum in geographischen Märkten, neue Vertriebskanäle, Akquisitionen, neue kundenspezifische Produkte sind häufig genannte Beispiele (Bild 1), die Veränderungen der Supply Chain bewirkten. Bei einer bloßen Momentaufnahme der Supply Chain lassen sich viele Fragen nicht objektiv beantworten: Warum gibt es die Lagerstandorte in Deutschland, Österreich, Frankreich und Spanien, aber in keinem anderen Land? Warum ist je eine Produktionsstätte in Deutschland und Frankreich, obwohl sie nur 100 km auseinanderliegen? Warum hat das gerade installierte DV-System nicht den Lieferservice für den Kunden verbessert?

Bild 1: Unternehmensziele und Supply Chain

Viele Einzelentscheidungen sind zum Entscheidungszeitpunkt wohl begründet und sinnvoll gewesen, bei einem Neustart auf der grünen Wiese würde das Unternehmen jedoch eine andere Supply Chain etablieren. Nur bei einigen wenigen Unternehmen ist die Supply Chain und die zugrundeliegende Gedankenwelt immer nachvollziehbar und entspricht einer Neuauslegung. Diese Unternehmen haben eine Supply Chain-Strategie entwickelt, mit der sie ihre Prozesse ausrichten und gestalten.

Die Supply Chain-Strategie beschreibt, was ein Unternehmen mit der Supply Chain erreichen will und welche Leistungen damit zu erzielen sind. Der Supply Chain-Betrieb setzt sich aus der Ausführung der Prozesse zusammen, die für die einzelnen Supply Chain-Teilprozesse erforderlich sind (Bild 2).

Supply Chain Strategien

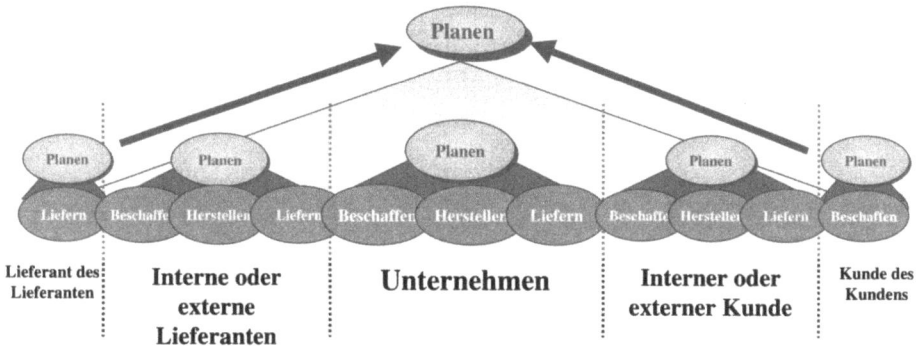

Beinhaltet den gesamten Material-, Informations- und Geldfluß

Umfasst Kunden, Lieferanten, externe Dienstleister, Produktion und Versand

Definiert Prozesse, Werkzeuge, Organisation und Zielsetzungen für die Entwicklung und Ausführung der Supply Chain

© 2001

Bild 2: Integrierte Supply Chain

In diesem Kapitel stehen notwendige Schritte zur Entwicklung einer Supply Chain-Strategie im Vordergrund, die als Ausgangsbasis für die Prozesse, die Organisation und die Informationssysteme dienen. Mit der Supply Chain-Strategie kann aus den vielen Puzzleteilen ein Gesamtbild geschaffen werden, das einen erheblichen Einfluss auf die gesamte Wirtschaftlichkeit hat. Wegen der vielen erforderlichen Entscheidungen ist ein systematischer Ansatz zur Entwicklung der Strategie erforderlich.

Vorsprung durch die strategische Kernvision und Supply Chain-Strategie

Mit der Supply Chain-Strategie definiert ein Unternehmen, wie es mit seinen Supply Chain- Prozessen und der Supply Chain-Infrastruktur einen Beitrag zur dauerhaften Wettbewerbsfähigkeitliefern. Ziel der Strategiedefinition ist die Identifizierung relevanter Wettbewerbsfaktoren und deren Umsetzung in der Supply Chain. Mit der Umsetzung innovativer Supply Chain-Strategien kann ein Unternehmen den Markt sogar neu definieren und damit die Wettbewerber deklassieren. So hat beispielsweise der Internet-Buchhändler Amazon (www.amazon.com) die komplette Buch Supply Chain vom Verlag bis zum Endkunden neu definiert und seine Wettbewerber gezwungen, auch in den Vertriebskanal eBusiness einzusteigen.

Supply Chain Strategien

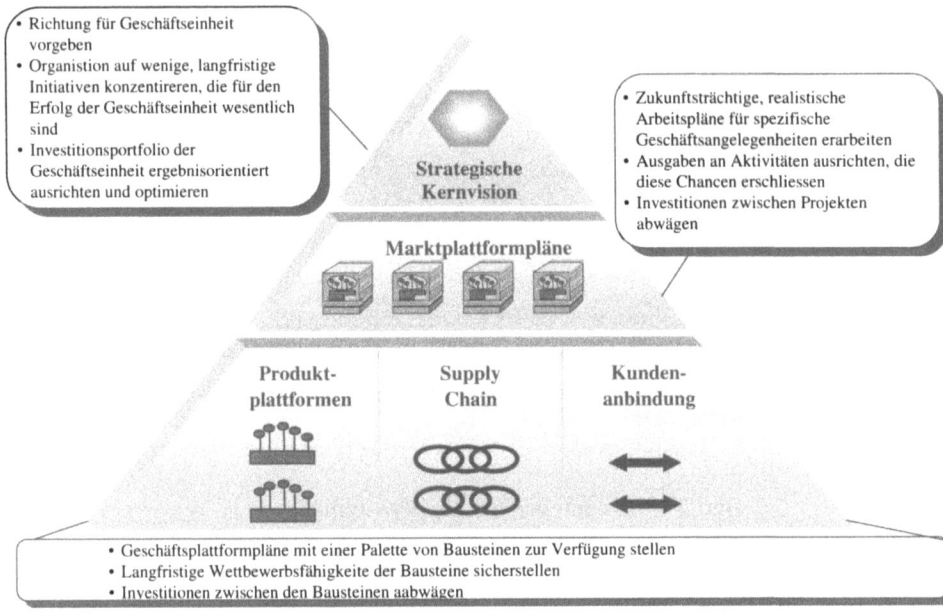

Bild 3: Strategie und Vision

Eine wesentliche Charakteristik für eine erfolgreiche Supply Chain-Strategie ist die Ausrichtung auf die Unternehmensstrategie und damit auf die strategische Kernvision des Unternehmens (Bild 3). Diese strategische Kernvision beschreibt den Auftrag des Unternehmens, die Kernkompetenzen, die Wettbewerbsorientierung zur Erzielung von Wettbewerbsvorteilen (Kundenorientierung, Produktorientierung, Logistikorientierung), die zukünftige Wettbewerbspositionierung, zukünftige Produktplattformen, die Supply Chain-Ausrichtung und finanzielle Ziele bezüglich Wachstum, Umsatzrendite, Kapitalrendite, Economic Value Add (EVA), technische Trends und Vertriebskanäle. Daraus lässt sich ableiten, in welchen Bereichen ein Unternehmen Spitzenleistung erreichen muss. Die erfolgreiche Umsetzung lässt sich an der Bewertung der entsprechenden Leistung im Markt ablesen, beispielsweise durch die Vorbildfunktion des Unternehmens. Wenn eine Spitzenleistung für die Kunden oder den Markt nicht bestimmbar ist, ist die Vision nicht marktnah genug und läuft so Gefahr, die Supply Chain-Strategie negativ zu beeinflussen.

Supply Chain Strategien

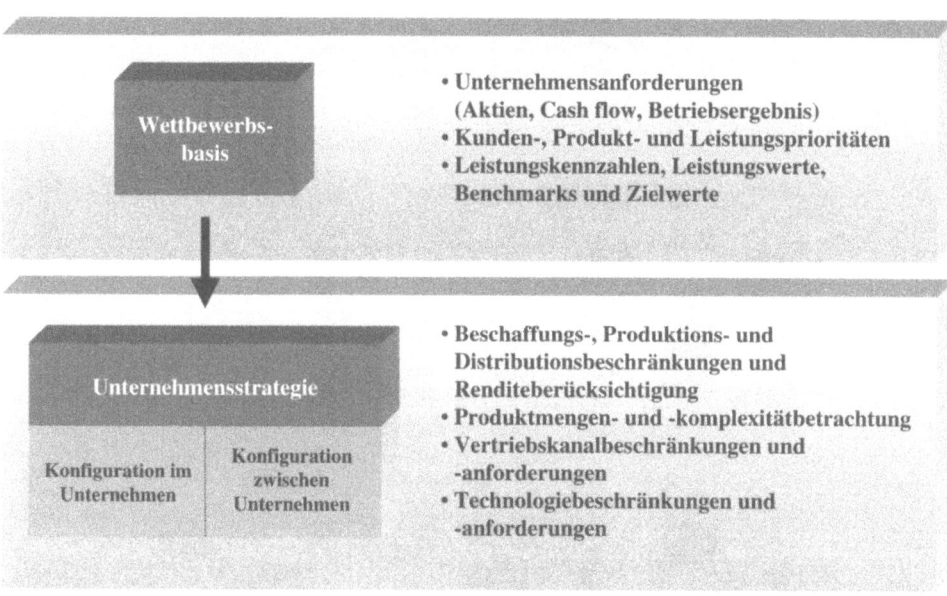

Bild 4: Supply Chain-Strategiedefinition

Die strategische Kernvision führt zu Klarheit, Konsens und Konzentration der Kräfte auf die wesentlichen Aufgaben und Ziele, die in den daraus abgeleiteten Plänen umgesetzt werden. Die Unternehmensleitung definiert diese strategische Kernvision als Basis für die Teilstrategien in den unterschiedlichen Unternehmensprozessen. Dabei werden zwei Ziele erreicht, wenn diese Definition von allen Beteiligten gemeinsam erarbeitet wird. Die Festlegung der Definition führt zu einer einheitlichen Richtung, das gemeinsame Erarbeiten führt für alle Beteiligten zu einer stärkeren Identifizierung mit den Zielen.

Im Rahmen der Supply Chain-Strategiedefinition wird die Supply Chain optimal auf die strategische Kernvision angepasst (Bild 4). Die Strategie beschreibt, wie die Supply Chain das Erreichen der vorgegebenen Unternehmenszielsetzungen unterstützt. Dies kann je nach den Umständen durch unterschiedliche Teilprozessketten erreicht werden. In jedem Fall sind die rechtlichen Grundlagen und Vorschriften sowie Umweltbelange zu erfüllen.

Die fünf Elemente des Supply Chain Management

Um eine Supply Chain erfolgreich umzugestalten, sind fünf Elemente gemeinsam zu betrachten, nämlich Strategie, Prozesse, Organisation, Informationssysteme und Kennzahlensysteme (Bild 5).

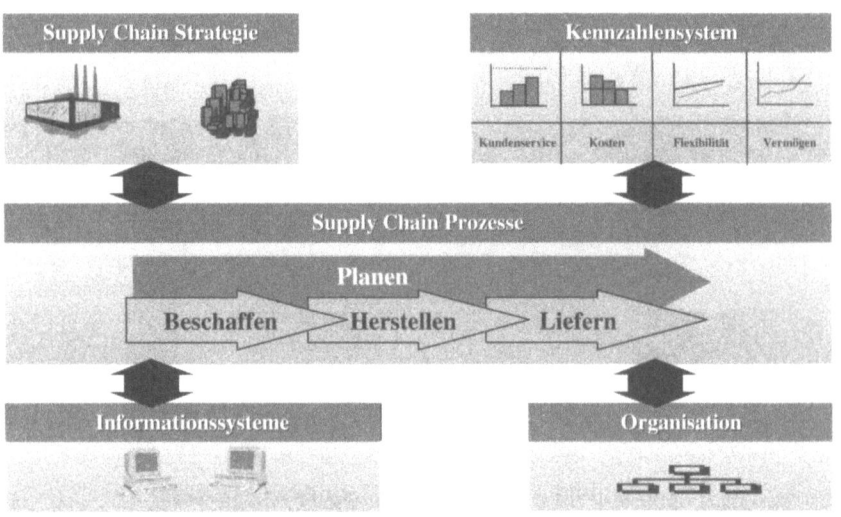

Bild 5:   Elemente der Supply Chain

Diese Elemente beeinflussen sich gegenseitig, wobei die Strategiedefinition den größten Einfluss auf die anderen Bereiche hat, weil sie zum einen die wesentlichen Vorgaben liefert und auf der anderen Seite wichtige Randbedingungen für die anderen vier Elemente definiert. Eine erfolgreiche Neugestaltung erfordert eine abgestimmte Strategie, die über einen längeren Zeitpunkt Stabilität garantiert. Wandelt sich die Strategie häufig, müssen sich die anderen Elemente ebenfalls ändern.

Unternehmen mit integrierter Supply Chain können sich schneller und einfacher an Marktveränderungen anpassen, also diese fünf Elemente neu gestalten. Wenn die Supply Chain allerdings nicht mehr den Markterfordernissen entspricht, können die Kundenanforderungen und auch die Erwartungen der Anteilseigner nicht erfüllt werden, und die gesamte Unternehmenskonzeption ist dann nicht mehr zeitgemäß.

Supply Chain Management besteht aus fünf Kernelementen:
1. Die Supply Chain Strategie ermöglicht die Konzeption einer Supply Chain basierend auf den Unternehmenszielen und

den Erwartungen und Anforderungen des Marktes. Sie ist der Rahmen für die Entwicklung und kontinuierliche Anpassung der Geschäftsprozesse, der Leistungsziele, der Organisationsstrukturen und der Informationssysteme.

2. Die Supply Chain-Prozesse beschreiben die Tätigkeiten, die für die Abläufe und das Management der Supply Chain erforderlich sind. Dazu gehören auch die Beziehungen zwischen den einzelnen Prozessen und die entsprechenden Best Practices.

3. Das Organisationsmodell beschreibt den Aufbau der Organisation, die Zuständigkeiten der Abteilungen und die Aufgaben und Verantwortlichkeiten der einzelnen Mitarbeiter.

4. Integrierte Informationssysteme sind notwendige Hilfsmittel für die Planung und Ausführung der Supply Chain-Prozesse sowie den Erhalt der Infrastruktur und die Unterstützung bei der Entscheidungsfindung.

5. Das Kennzahlensystem für das Leistungsmanagement ist eine ausgewogene Auswahl prozessbezogener Kennzahlen. Damit lässt sich die Leistung der Supply Chain insgesamt bewerten und auf Ziele bezogen steuern.

Wertschöpfung
- Produkte und Dienstleistungen und deren Anpassung an Kundenwünsche
- Fertigungstiefe

Vertriebs- und Absatzkanäle
- Vertriebsformen
- Absatzmittler

Produktionsstrategie
- Produktionssteuerungsansatz
- Fließ-/Verrichtungsorientierung
- Flexibilitätsansatz

Einkaufsstrategie
- Single/Multiple/Sole-Sourcing
- Regionale//globale Beschaffung

Geographische Ausrichtung
- Ausrichtung auf den Abnehmermarkt
- Globale Verteilung der Wertschöpfungskapazität

© 2001

Bild 6: Elemente der Supply Chain-Strategie

Die Supply Chain Strategie spielt eine Doppelrolle: Sie definiert, wie die Ziele erreicht werden sollen, und welche Inhalte in den anderen vier Element zu berücksichtigen sind.

Wertschöpfung

Im Rahmen der Supply Chain Strategie ist zunächst die gewünschte Wertschöpfung des Unternehmens zu klären. Es gilt Fragen zu beantworten, wie: Mit welchen Produkten und Dienstleistungen tritt das Unternehmen in den Wettbewerb? Wird ein Standardprodukt in einer Ausführung für alle Kunden oder kundenindividuelle Serienprodukte angeboten? Welche Größenklasse wird für die Stückzahl angestrebt – wenige, viele? Wird nur ein Produkt oder zusätzliche Serviceleistungen, wie z.B. Lagernachfüllung beim Kunden, mit angeboten? Wieweit reicht die Fertigungstiefe?

Auf dem Weg von der Produktion bis zum Kunden sind darüber hinaus alle Partner zu definieren. Nach der Festlegung, ob der Markt über Direktvertrieb oder über festgelegte Vertriebspartner (Vertreter, Systemhäuser o.ä.) bedient wird, sind anschließend die Aufgaben der Absatzmittler zu definieren.

Für die Produktion ist festzulegen, wie diese reagieren soll. Sind wegen der langen Bearbeitungszeiten Lagerbestände erforderlich oder ist die Produktion schnell genug, um auf ein Auftragssignal in der gewünschten Lieferzeit auftragsbezogen produzieren zu können? Nach Auslastung der Maschinen und den Stückzahlen ist die Frage nach der Fließ- oder Verrichtungsorientierung zu beantworten.

Für den Einkauf sind die Entscheidungen über die möglichen Kompetenzen und Einfluß der Lieferanten zu definieren. Sind die Lieferanten für kritische Bauteile Alleinlieferanten oder wird zu jeder Einkaufsposition ein Zweitlieferant benötigt? Wird der Bedarf unabhängig vom Abnehmerstandort eingekauft oder werden spezifische Teile bezogen auf die Reaktionszeit abnehmerort nah eingekauft?

Um auf den Weltmärkten agieren zu können, muss festgelegt werden, wie die Produkte auf Produktionsstätten weltweit verteilt werden. Welche Verteilung der Aufgaben sind für die lokale, regionale und globale Präsenz erforderlich? Wie wird der Informations-, Waren und Werteflußzwischen den Beteiligten geregelt?

Das Beispiel eines vertikal orientierten Unternehmens, das zahlreiche Absatzkanäle bedient, beschreibt die Fokussierung auf Kernkompetenzen (Bild 7). Das Unternehmen hatte aus historischen Gründen die gesamte Werttschöpfung vom Material bis zur Belieferung unterschiedlichster, konkurrierender Absatzmittler abgedeckt. Durch Kostenprobleme aufgeschreckt stellte es fest, daß die eigen Materialkosten höher sind als die Produktkosten der Wettbewerber. Obwohl die eigene Bauteilproduktion und Komponentenmontage erhebliche Vorteile versprechen sollte, war der Wettbewerber im Einkauf günstiger.

Über eine Betrachtung der Wertschöpfungsketten konnten Kernkomponenten ermittelt werden, die auf dem Markt günstiger zu beziehen waren, als in der Eigenfertigung, da Anbieter dieser Komponenten mit größeren Stückzahlen erhebliche Vorteile erreichen konnten. Die Vertriebsspanne war zu hoch und konnte nur durch Eliminierung von teuren Kanälen reduziert werden. Durch die komplette Neuorientierung und den Direktvertrieb war – nach zusätzlichen Umstellungen – die auftragsspezifsichen Produktion möglich, so daß das kapitalintensive Fertigfabrikatelager vermieden werden konnte. Durch Ausgründung von Komponentenfertigungen und Verkauf der Bauteilfertigung an Zulieferer konnten erhebliche Einsparungen erreicht werden, die die Kostenposition des Unternehmens extrem verbesserten und parallel mit einer Neugestaltung der Produkte zur Optimierung der Kosten führte.

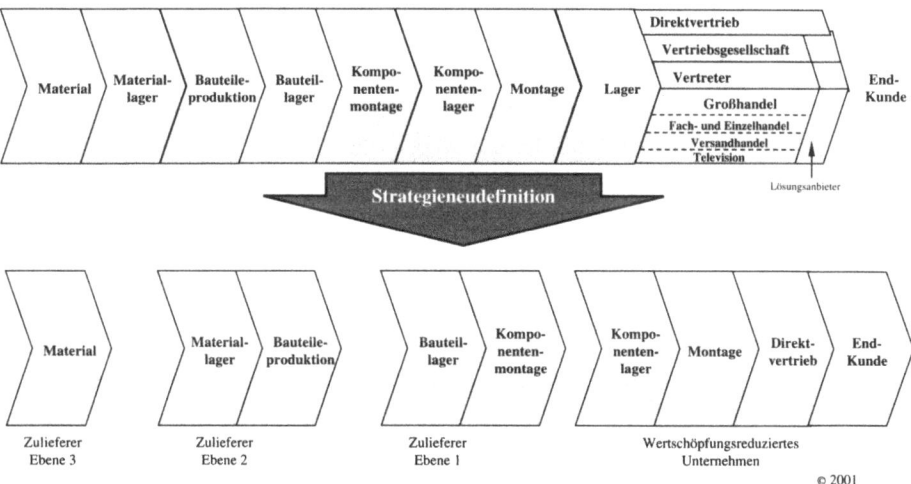

Bild 7: Einfluß der Wertschöpfungskette auf die Supply Chain-Strategie

Für Kunden eine marktgerechte Supply Chain-Strategie entwickeln

Der Markt gibt dem Unternehmen die wesentlichen Kriterien für die Supply Chain vor. Aus Marktanforderungen lässt sich ableiten, welche Eigenschaften ein Unternehmen dem Markt mit seiner Supply Chain anbieten muss, um einerseits am Wettbewerb teilnehmen zu können und sich andererseits erfolgreich am Markt aus Kundensicht vom Wettbewerb differenzieren zu können. Diese Wettbewerbssituation bildet die Ausgangsbasis für die Marktorientierung.

Die Supply Chain-Strategie beantwortet zunächst die Frage, welche Differenzierung das Unternehmen im Markt mit seiner Supply Chain erreichen will: Kurze Lieferzeiten, hohe Liefertreue, hohe Produktvielfalt oder Stückzahlflexibilität. Erfolgreiche Unternehmen definieren ihre Strategie unter anderem mittels eines klaren Schwerpunkts, das heißt, dem Voranstellen eines bestimmten Zieles.

So hat die amerikanische Computerfirma Dell die Geschwindigkeit als Unterscheidungsmerkmal ausgewählt verbunden mit einer hoher Produktvielfalt. Die internen Prozesse sind daher auf kurze Durchlaufzeiten ausgerichtet, so kurz, dass die Kundenanforderungen innerhalb der gewünschten Lieferzeit auftragsbezogen erfüllt werden können. Die Firma Dell hat ihre Prozesse so optimiert, dass die internen Abwicklungsprozesse deutlich schneller als beim Wettbewerb ablaufen und hat damit erfolgreich eine wichtige Marktposition besetzt und kontinuierlich ausgebaut.

Differenzierung

Für die Differenzierung sind zwei Schritte erforderlich: Das Verständnis des Marktes und die Definition des Differenzierungsvektors. Obwohl zahlreiche Unternehmen vermeintlich ein gutes Marktverständnis besitzen, lassen sich die Supply Chain-Attribute selten auf Anhieb aus den Marketingunterlagen ableiten. Die Anforderungen und Gewichtungen bezüglich Liefertreue gegenüber Lieferzeit, der Einfluss kundenspezifischer Produktangebote auf die Lieferzeit, die Bedeutung von Nischen für die Marktdurchdringung oder der Einfluß der angebotenen Variantenvielfalt auf das Umsatzwachstum sind einige Beispiele für entsprechende Fragestellungen.

Viele Marketingabteilungen erklären die Maximalwerte als Marktanforderungen, beispielsweise 100% Liefertreue bei 24h Auftragsabwicklungszeit. Dann jedoch verfolgen diese Abteilungen lediglich eine reaktive Strategie, bei der die Bestwerte der unterschiedlichen Konkurrenten erreicht werden sollen. Da erfolgreiche Supply Chain Unternehmen mit ihrem Marktverständnis die einzelnen Anforderungen gegeneinander bewerten können, fokussieren sie sich auf die kunden- und marktrelevanten Anforderungen. Die darauf aufgebaute Supply Chain ist naturgemäß erfolgreicher. In einer gezielten Differenzierung liegt oftmals ein wesentlicher Schlüssel zum Erfolg. Die Differenzierung der Supply Chain-Leistungsfähigkeit ermöglicht die Erfüllung spezifischer Kundenerwartungen bei gleichzeitig hoher Wirtschaftlichkeit.

24h An der oben genannten Beispielanforderung Lieferzeit 24h für alle Aufträge läßt sich dies verdeutlichen: Bei Nachfragen kann der Vertrieb den Einfluss dieser Leistung auf zusätzlichen Umsatz nicht quantifizieren. Bei Nichterreichen werden Umsatzziele abgekündigt, obwohl die aktuelle, tatsächliche Lieferzeit meistens nicht bekannt ist. Wenn nun darüber hinaus gegen die Liefertreue abgewogen werden soll, werden in der Regel Pauschalantworten geliefert. Für die Supply Chain ist aber das Verständnis wichtig, ob eine Lieferzeitverkürzung um 2 Tage mehr zusätzlichen Umsatz bedeutet als eine Steigerung der Liefertreue um 5%.

Bei einem Top-Supply Chain Unternehmen ergab sich folgende Bewertung: Es gibt einen Markt für die Belieferung innerhalb von 24h, aber in diesem Markt handelt es sich um ca 5% der Gesamtstückzahlen mit hoher Produktvarianz. Bei der Erhöhung der Liefertreue um 5% erhöht sich das Potential für bereits bestehende Kunden, sich von einem 30% Lieferanteil auf einen 45% Lieferanteil zu steigern, also das Volumen um 50% zu steigern.

In der Regel werden nicht alle Produkte in unbegrenzter Menge in kürzestmöglicher Zeit vom Kunden benötigt. Jedes Unternehmen kann festlegen, welche Produkte in welchen Mengen für welche Kundengruppen innerhalb von 24h lieferbar sein müssen, und welche Lieferzeit erreicht werden muss, um gegenüber dem Wettbewerb einen erheblichen Vorteil zu besitzen. So kann beispielsweise nach einer detaillierten Analyse bestimmt werden, dass die Lieferzeit für 90% der Aufträge unterhalb von drei Tagen liegen muss.

Wie werden Lieferzeit und Liefertreue gegeneinander gewichtet? Ein Unternehmen mit einem hohen Anteil Wiederholgeschäft mit dem gleichen Kunden legt höheren Wert auf die Liefertreue, während ein Unternehmen mit Einmalgeschäft zunächst eine schnelle Lieferzeit als Verkaufsargument benötigt. Häufig gibt es in den Märkten unterschiedliche Segmente, die unterschiedliche Preisstrategien erlauben. Während im Express-Service der Kunde vielfach die möglicherweise erhöhten Abwicklungs- und Frachtkosten übernehmen wird, ist der Kunde bei normalen Lieferterminen nicht bereit, zusätzliche Kosten für eine Express-Zustellung zu übernehmen. Dafür besteht er jedoch auf Komplettlieferung, während der Express-Kunde vielfach Teilmengen akzeptiert, um seine Tätigkeiten fortsetzen zu können.

Marktverständnis

Das Marktverständnis ist wesentlich für die Qualität der Supply Chain-Strategiedefinition. Daher lohnt sich die Analyse der entsprechenden Anforderungen, um eine solide Ausgangsbasis zu erhalten, denn nur so kann sichergestellt werden, dass das gesamte Wettbewerbsumfeld auf der Marktseite verstanden wird.

Aus diesen Marktanforderungen lassen sich dann die quantitativen Ziele für die Supply Chain definieren. Mit den festgelegten quantitativen Zielen kann die Konfiguration im Einzelnen bestimmt werden und fundamentale Auswahlentscheidungen können nachvollziehbar getroffen werden. Ein Teil dieses Konfigurationsprozesses ist die Identifizierung der Standorte für die wesentlichen Supply Chain-Prozesse.

Zum Beispiel beschloss ein Pharmaunternehmen aus freien Stücken, eine Produktionsstätte für ein bestimmtes lebensrettendes Medikament zu duplizieren. Jeder Standort war groß genug, um den weltweiten Bedarf zu erfüllen. Obwohl mehr Kapital als notwendig investiert wurde, ist die Medikamentenversorgung für viele Not- und Krisenfälle sichergestellt. In dieser Supply Chain war Produktverfügbarkeit das höchste Ziel, und nicht Kostenführerschaft. Ein konkurrierender Generikahersteller würde demgegenüber mit einer Produktionsstätte eine kostengünstigere Marktposition besetzen und im Notfall das Wettbewerbsprodukt als Ausweg benutzen.

Interessanterweise finden auch Änderungen in der Geschäftssituation ihren Niederschlag. So hat beispielsweise die europäische Gemeinschaft zu massiven Veränderungen der Logistikinfrastruktur geführt. Europazentralen für die Auftragsabwicklung und transnationale Distributionszentren sind die Ergebnisse dieser Veränderungen.

Vier Schritte zur Definition der Supply Chain-Strategie

Viele Unternehmen scheitern bei der Implementierung ihrer Supply Chain-Strategie, auch wenn sie gewillt sind, riesige Geldsummen und Personenkapazitäten in ein derartiges Projekt zu investieren. Eine Ursache sind häufig inkonsistente oder unvollständige Supply Chain- Strategien. Wenn nicht alle Elemente der Supply Chain definiert sind, haben die Unternehmen Schwierigkeiten bei der Umsetzung. Das Fehlen einer kohärenten Supply Chain-Strategie bedeutet oft, dass Mitarbeiter, Prozesse und Systeme sich nicht an die neuen wirtschaftlichen und betrieblichen Realitäten anpassen können, die von der strategischen Kernvision gefordert werden.

Erfolgreiches Einführen einer Supply Chain Strategie beginnt damit, dass die Unternehmensleitung eine Zielvorstellung der weiteren Entwicklung des Unternehmens erarbeitet und beschreibt, wie diese mit Hilfe der Supply Chain umgesetzt werden kann. Diese Zielvorstellung ist die Grundlage für die Supply Chain Strategie. Mit der richtigen Supply Chain Strategie lassen sich Wettbewerbsvorteile kontinuierlich beurteilen, Entscheidungen über die geeignete Fertigungstiefe fällen und Wettbewerbsziele bewerten. Es werden Fragen beantwortet, wie beispielsweise:

- Welche Vertriebskanäle sind die richtigen?
- Wie sollen die Varianten erzeugt werden?
- Welche Produktionsphilosophie (Auftragsbezogene Fertigung/Fertigung auf Lager) soll verwendet werden?
- Wie groß soll der Anteil zugekaufter Leistungen und Teile sein?
- Welche Leistungen sollen zugekauft werden?

Die Supply Chain-Strategie legt die Ziele im Hinblick auf übergeordnete Ziele wie beispielsweise Umsatzrendite und Umsatzwachstum fest.

Die relative Bedeutung der Supply Chain wird vor dem Hintergrund der Wettbewerbssituation des Unternehmens insgesamt bewertet. Im Folgenden werden vier Schritte zur Definition der Supply Chain-Strategie beschrieben.

1. Kriterien zur Leistungsbewertung Ihrer Supply Chain definieren

Bei der Entwicklung einer Supply Chain-Strategie sind zunächst die Kriterien zu definieren, mit denen die Supply Chain-Leistung bewertet wird. Die Kriterien unterscheiden sich je nach Produktfamilie, Vertriebskanal oder Kundengruppe. Diese Analyse verknüpft die Supply Chain-Strategie mit den Wertschöpfungsquellen für den Kunden und die Aktionäre, indem die Kriterien nach ihrer relativen Bedeutung gewichtet werden. Die Kriterien sind nicht notwendigerweise für alle Regionen der Welt und auch nicht für alle Vertriebskanäle oder Kundengruppen identisch.

Spezifische interne Faktoren eines Unternehmens können die Kriteriengewichtung und damit die Supply Chain-Strategie beeinflussen. So wird zum Beispiel ein Unternehmen, das nur marktgängige Produktionstechnologien einsetzt und dessen Produkte einen geringen Markenbekanntheitsgrad haben, Aufträge verlieren, wenn es die marktüblichen Lieferzeiten nicht einhalten kann. Dagegen verspürt ein Unternehmen mit patentrechtlich geschützter Produktionstechnologie oder mit einem hohen Markenbekanntheitsgrad wenig Druck, seine Lieferzeiten zu verkürzen. Im zweiten Falle werden die Lieferfristen kein ausschlaggebender Erfolgsfaktor sein, wogegen für das erste Unternehmen eine Strategie der "hohen Produktverfügbarkeit" ein wesentlicher Wettbewerbsvorteil sein kann. Solche Überlegungen und die damit verbundenen Entscheidungen sind typische Ergebnisse der Supply Chain-Strategieentwicklung.

Obwohl die Entwicklung einer Supply Chain Strategie offensichtlich eine profunde Kunden- und Marktkenntnis erfordert, ist und bleibt der wichtigste Aspekt jedoch das Urteilsvermögen der Unternehmensleitung. Eine Supply Chain- Strategie entsteht nicht einfach durch die Addition der Kundenanforderungen. Wie ein Unternehmen seine Beziehungen mit Lieferanten, Vertriebspartnern und den Verbrauchern definiert, ist ein wichtiger Strategiebestandteil, der sich nur aus den Zielvorstellungen, der Erfahrung und der Entscheidungsfindung des Managements ergeben kann.

2. Leistungsziele setzen

Nachdem ein Unternehmen die Leistungskriterien seiner Supply Chain-Strategie definiert hat, legt das Management ein quantitatives Leistungsziel für jedes Kriterium fest. Ein Beispiel: Die Lieferzeit ist entscheidend für die Produktfamilie A. Soll sie drei Wochen oder einen Tag betragen? Diese Entscheidung hat einen erheblichen Einfluss auf die Lagerbestände und die Supply Chain Kosten.

Diese Leistungsziele können aus unterschiedlichen Quellen stammen. Im Vordergrund stehen zunächst die Kundenforderungen und hierbei besonders die ungefilterten Kundenforderungen. Lieferzeiten, die vom Vertrieb als unmöglich angesehen werden, müssen direkt erfasst werden und dürfen nicht vom Vertrieb gefiltert werden, z.B. die Kundenforderung nach 48h Lieferzeit in aktuell erreichte Lieferzeit von 4 Tagen umzuwandeln. Obwohl viele Unternehmen umfangreiches Material zu Marktuntersuchungen besitzen, sind Marktdaten und -anforderungen zu geforderten Lieferzeiten oder Liefertreue schwierig zu erhalten. Für andere Kennzahlen lassen sich keine Marktdaten ermitteln. Hier kann Benchmarking helfen, wettbewerbsfähige Ziele zu setzen, in dem die derzeitige Leistungsfähigkeit der Topunternehmen als Vergleichsmaßstab herangezogen wird (Bild 8). Eine zeitliche Staffelung der Ziele kann die Strategieumsetzung erheblich erleichtern, da in zwei Wellen zunächst eine wettbewerbsfähige Gesamtleistung und dann ein Verbessern spezifischer Bereiche zur Erzielung von Wettbewerbsvorteilen erreicht werden kann.

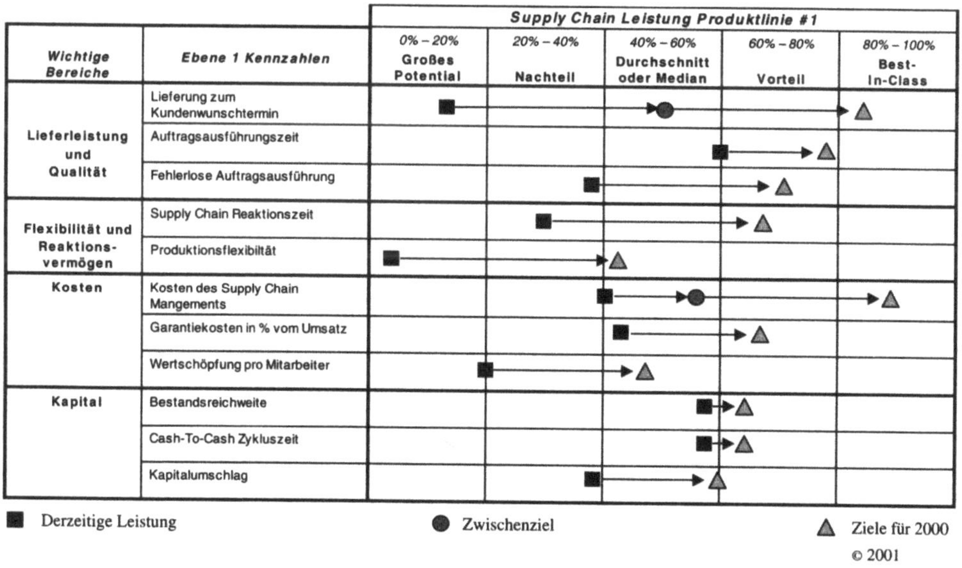

Wichtige Bereiche	Ebene 1 Kennzahlen	Supply Chain Leistung Produktlinie #1				
		0% – 20% Großes Potential	20% – 40% Nachteil	40% – 60% Durchschnitt oder Median	60% – 80% Vorteil	80% – 100% Best-In-Class
Lieferleistung und Qualität	Lieferung zum Kundenwunschtermin	■		●		△
	Auftragsausführungszeit				■ → △	
	Fehlerlose Auftragsausführung			■	→ △	
Flexibilität und Reaktionsvermögen	Supply Chain Reaktionszeit	■			→ △	
	Produktionsflexibilität	■	→ △			
Kosten	Kosten des Supply Chain Mangements			■ → ●	→ △	
	Garantiekosten in % vom Umsatz			■	→ △	
	Wertschöpfung pro Mitarbeiter	■	→ △			
Kapital	Bestandsreichweite				■→△	
	Cash-To-Cash Zykluszeit				■→△	
	Kapitalumschlag			■	→ △	

■ Derzeitige Leistung   ● Zwischenziel   △ Ziele für 2000
© 2001

Bild 8:   Zieldefinition für Supply Chain Kennzahlen

Supply Chain Strategien

3. Wertschöpfungstiefe definieren

Anschliessend werden die Abläufe in den Bereichen Produktion, Auftragsabwicklung, Lager und Versand, etc. für die gesamte Supply Chain festgelegt. Dazu dienen die im Schritt 2 gesetzten Ziele.

In der Produktion wird beispielsweise bestimmt, nach welchen grundsätzlichen Philosophien gefertigt wird. Die Einführung einer durchgehenden Steuerung nach dem Ziehprinzip hat dann wesentlichen Einfluss auf die Umsetzung (Bild 9).

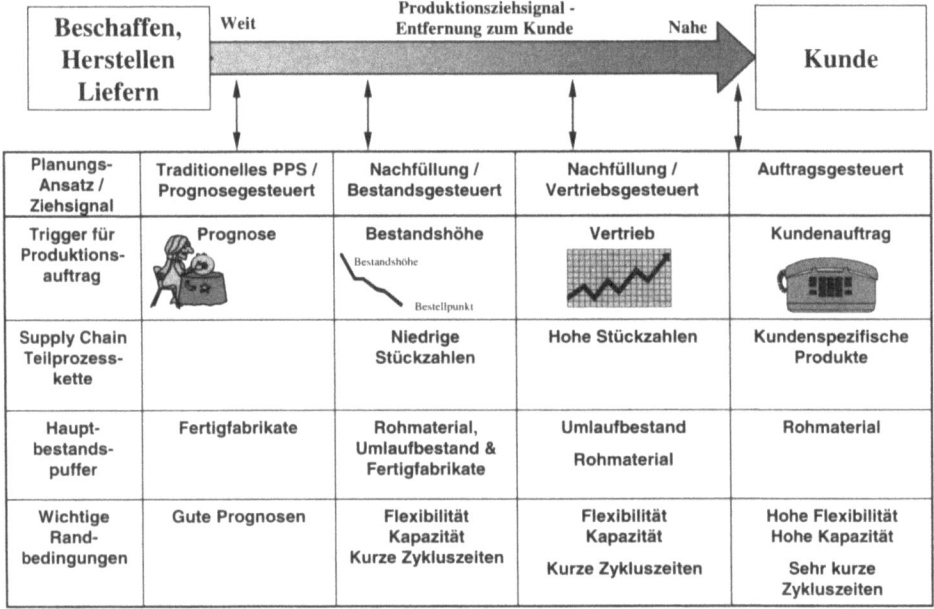

Bild 9: Produktionsstrategien

An dieser Stelle wird auch der Nutzen der Fremdvergabe von Leistungen bewertet. Die Bewertung, ob eine Kernkompetenz betroffen ist, lässt sich sehr schnell identifizieren, indem der Einfluss auf die Erreichung der strategische Ziele bewertet wird. Wenn eine Kompetenz einen wesentlichen Beitrag zur Zielerfüllung liefert, ist sie mit hoher Sicherheit eine wichtige Kernkompetenz.

Supply Chain Strategien

4. Integrationsgrad mit Kunden und Lieferanten festlegen

Der nächste Schritt ist die Auswahl des richtigen Integrationsgrades mit Kunden und Lieferanten. Die Art und das Ausmaß der Integration werden von Unternehmen zu Unternehmen verschieden sein. Beispielsweise stellt ein Chemieunternehmen seinen Kunden bei Bedarf eine kleine, mobile Produktionsanlage zur Verfügung (und damit "Null"- Reaktionszeit). Auf der anderen Seite steht ein Lieferant von Elektronikkomponenten, der die Bestände seiner Kunden genau plant und überwacht. In jedem Einzelfall muss zur Beurteilung des besten Integrationsgrades das richtige Gleichgewicht zwischen dem Beitrag beider Partner und den kommerziellen Risiken gefunden werden (z.B. Verlust an geistigem Eigentum oder Zugang zu vertraulichen Daten).

Beispiel für eine Strategieumsetzung

Packard Bell, ein PC Hersteller, sah sich erheblichen Herausforderungen gegenübergestellt. In einem stark wachsenden Markt mit vielen leistungsfähigen Wettbewerbern und kurzen Technologiezyklen musste das Unternehmen gleichzeitig auf schnell aufeinanderfolgende Preisreduzierungen bei den Komponenten reagieren. Die bestehende Supply Chain war gekennzeichnet durch hohe Bestände und lange Lieferzeiten.

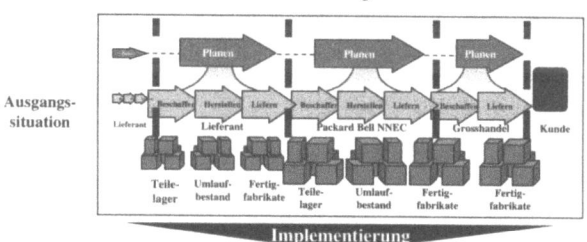

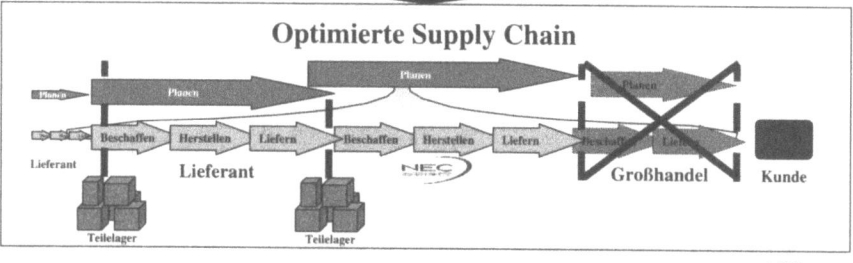

Bild 10: Optimierte Supply Chain bei Packard Bell

Supply Chain Strategien

Als Lösung für diese Probleme wurde ein neuer Vertriebskanal identifiziert und ein Gesamtkonzept für eine neue Supply Chain erarbeitet (Bild 10). In einer Studie wurden die wesentlichen Leistungsmerkmale für die zugehörige Supply Chain definiert. Als sich herausstellte, dass diese Kriterien mit der bestehenden Supply Chain nicht zu erfüllen waren, wurde eine neue Supply Chain-Infrastruktur geplant und umgesetzt.

Vertriebskanal Diese Struktur wurde auf die strategische Ziele – hohe Geschwindigkeit bei hoher operationaler Effizienz – ausgerichtet und alle Prozesse und Systeme entsprechend gestaltet (Fertigungstiefe, Direktlieferung an Kunden u.a.). Nur so konnte gewährleistet werden, dass die anspruchsvollen Ziele kurzfristig umsetzbar sind.

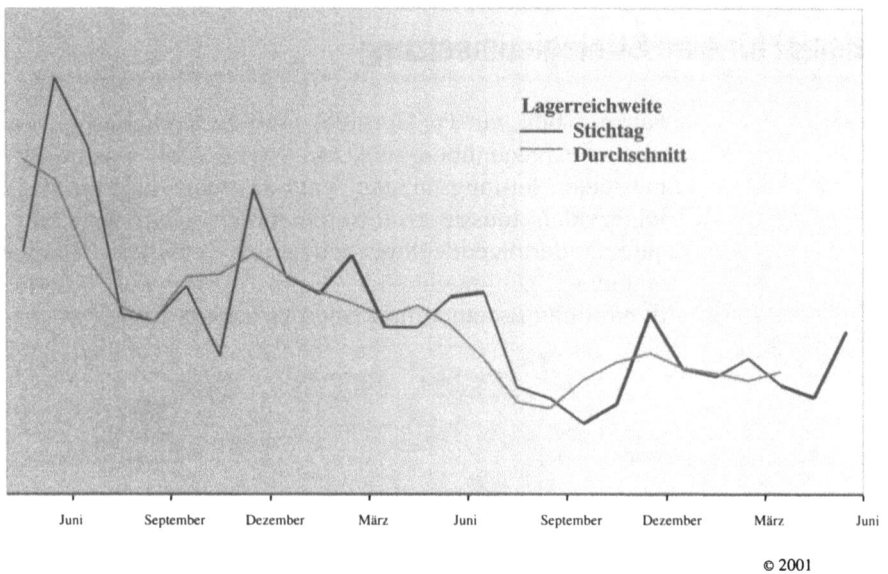

Bild 11: Bestandsentwicklung

Die Investition in einen neuen Vertriebskanal ließ sich somit direkt begründen. Obwohl dies ein großes Projekt für das Unternehmen darstellte, waren die Entscheidungskriterien für dieses Projekt jederzeit transparent. Bei der Gestaltung der einzelnen Elemente wurde immer geprüft, ob die gewählten Detailentscheidungen auf die übergeordnete Supply Chain ausgerichtet waren. Die Festlegung der Strategie bildete die wesentliche Voraussetzung für die Geschwindigkeit der Umsetzung. Die Strategie konnte jederzeit kommuniziert werden und führte zu wenigen Regeln, mit denen die Detailaufgaben auf das Gesamtergebnis ausgerichtet werden konnten.

Als Folge ergab sich nach der erfolgreichen Markteinführung dieser Supply Chain eine schnell reagierende Supply Chain mit niedrigen Beständen (Bild 11). Alle Elemente der Supply Chain sind konsistent auf die Erreichung der Zeit- und Bestandsziele ausgerichtet.

Viele Unternehmen können sich die Umsetzung einer neuen Supply Chain mit einer neuen Fabrik nicht leisten. Diese Unternehmen sollten aber viele Randbedingungen in Frage stellen, da sie andernfalls keine optimale Supply Chain kreieren können.

Quellenverzeichnis:

The power of virtual integration: An interview with Dell Computer's Michael Dell, Harvard Business Review; March - April 1998

What is the Right Supply Chain for your Product? Harvard Business Review; March - April 1997

Leading Change: Why Transformation Efforts Fail Harvard Business Review; March - April 1995

The Bullwhip Effect in Supply Chains (Sloan Management Review; Spring 97)

Go Downstream: The New Profit Imperative in Manufacturing (Harvard Business Review; September - October 1999)

Clock Speed; Winning Industry Control in the Age of Temporary Advantage: Charles H. Fine, Perseus Books, Reading Massachusetts, 1998

Strategy II Pure and simple: Michel Robert, McGraw-Hill, New York, 1997

3 Supply Chain Management – Revolution oder Modewort?

Jörg von Steinaecker, Fraunhofer Institut für Arbeitswirtschaft und Organisation (IAO)

Michael Kühner, Institut für Arbeitswissenschaft und Technologiemanagement (IAT)

Wieviel Supply Chain Management braucht ein Unternehmen?

Einführung und Problemstellung

Das Supply Chain Management wird derzeit als innovativster Ansatz zur Koordination und Optimierung der Logistik eines Unternehmens und insbesondere ganzer Ketten oder Netzwerke gefeiert. Besonders produzierende und handelnde Unternehmen erkennen zunehmend den Nutzen der dabei zum Einsatz kommenden Konzepte und DV-technischen Unterstützungssysteme.

Gegenstand und Zielsetzungen des SCM sind jedoch komplex und oft nicht transparent. So gaben in einer Umfrage des Fraunhofer-IAO bei 195 produzierenden, vornehmlich mittelständischen Unternehmen zwar über 66% an, sich mit dem Themengebiet des SCM auseinanderzusetzen, aber nur 34% der befragten Untenehmen waren Gegenstand und Zielsetzung der entsprechenden Lösungen und Konzepte bekannt. Vor diesem Hintergrund ist es Ziel dieses Beitrages, die Gründe für die Bedeutung des SCM aufzuzeigen und seine wesentlichen Eigenschaften zu beschreiben.

Supply Chain Management – Schon wieder ein Modewort?

Ein Grund dafür, dass dem SCM derzeit eine so hohe Bedeutung zukommt, kann aus den in der Vergangenheit eingesetzten Optimierungskonzepten und -praktiken abgeleitet werden (Bild 1).

Supply Chain Management - Revolution oder Modewort?

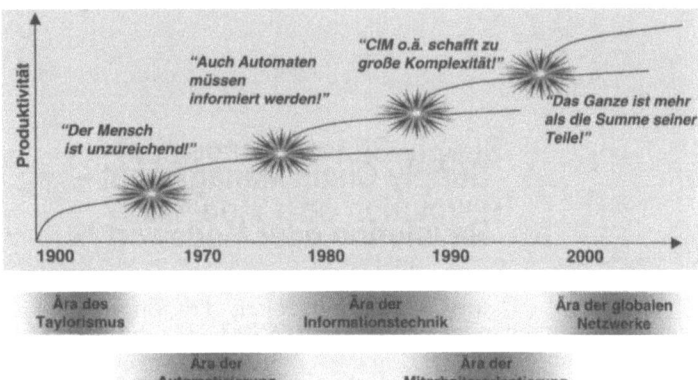

Bild 1: Entwicklung der Unternehmensansätze zur Optimierung

Betrachtet man die Entwicklung von Unternehmensstrategien, insbesondere in den letzten 50 Jahren, so drängt sich der Eindruck auf, dass nach den umfangreichen Automatisierungsaktivitäten und dem Versuch, die Komplexität eines produzierenden Unternehmens mit vollständig integrierten Informationssystemen (CIM - Computer Integrated Manufacturing) förmlich zu erschlagen, der Mensch als zunächst vermeintlich letzte optimierbare Größe übrig blieb. Aus Team- und Centerstrukturen, innovativen Entlohnungs- und Anreizsystemen, Job-Enlargement, Job-Enrichment etc. versuchte man insbesondere in der Industrie weitere Wettbewerbsvorteile zu erzielen. Diese humanzentrierten Lösungen haben zum Teil einen großen Nutzen gebracht, scheinen aber derzeit in vielen Fällen auch ihre Grenze erreicht zu haben.

Vor diesem Hintergrund stellen sich innovationsfreudige Unternehmen die Frage, welche Stellräder noch zur Verfügung stehen, um Effizienz- und Innovationsvorsprünge gegenüber der Konkurrenz erzielen zu können. Die Antwort auf diese Frage wird derzeit vermehrt jenseits einer isolierten Optimierung einzelner Funktionen oder thematischer Bereiche wie Information, Technologie und Mitarbeiter gesucht, nämlich in der ganzheitlichen Koordination von logistischen Ketten oder Netzwerken, die sich zumindest theoretisch vom Rohstofflieferant bis zum Endabnehmer erstrecken. Dies ist auch die im deutschsprachigen Raum herrschende Übersetzung für das Wort „Supply Chain Management".

Globalisierung und DV-Technologien treiben SCM voran

Durch zwei Entwicklungen wird das SCM getrieben. Zum einen lässt die zunehmende Globalisierung und die gleichzeitige Reduzierung der Fertigungstiefe durch Konzentration auf wertschöpfende Kernkompetenzen komplexe, netzwerkartige Strukturen entstehen, in denen eine Vielzahl von Geschäftspartnern Ressourcen, Materialien, Produkte und Informationen austauschen. Diese Netzwerke werden für die beteiligten Unternehmen oft zum Problem, da sie in der Regel sowohl schwer zu erfassen, zu beschreiben und zu beplanen sind als auch eine reibungslose Kommunikation zwischen den beteiligten Akteuren durch viele organisatorische, technische oder kulturelle Schnittstellen gebremst wird. So muss beispielsweise eine vergrößerte Anzahl von Akteuren (Kunden, Lieferanten, Händler, logistische Dienstleister etc.) auf unterschiedlichsten Stufen der Wertschöpfung über große Entfernungen aufeinander abgestimmt und koordiniert werden. Insbesondere die Planung und Auftragsabwicklung in solchen Strukturen erweist sich als zunehmend schwierig, zumal die mehrheitlich eingesetzten Produktionsplanungs- und –steuerungssysteme dies nur unzureichend unterstützen (vgl. [Steinaecker 1999]). Diese Gegebenheiten schaffen einen Bedarf für Konzepte wie die des SCM.

Zum anderen wird das SCM durch die neusten Entwicklungen im Hard- und Softwarebereich gefördert, wenn nicht sogar erstmalig möglich gemacht. Konkret bedeutet dies, dass sowohl die Kommunikation zwischen den Akteuren eines logistischen Netzwerkes beispielsweise durch Internet-Technologien aufwandsarm unterstützt werden kann als auch, dass komplexe Planungsaufgaben in netzwerkartigen Strukturen erstmalig durch intelligente Algorithmen effizient (das heißt, im Rahmen von tolerierbaren Aufwendungen und Antwortzeiten) auf Rechnern gelöst werden können.

Supply Chain Management optimiert logistische Netzwerke oder Ketten

Grundsätzlich geht es im SCM darum, die Aktivitäten des eigenen Unternehmens so mit den anderen Akteuren der logistischen Kette abzustimmen, dass weitere Rationalisierungspotentiale freigesetzt werden. Aus Sicht eines produzierenden Unternehmens existieren entlang dieser Kette diverse Stationen, die dabei eine Rolle spielen können:

- Lieferanten und Vorlieferanten
- Beschaffungslager
- Logistikdienstleister
- Outgesourcte Unternehmen und Dienstleister, die als verlängerte Werkbank dienen
- (Mehrere) eigene Standorte des produzierenden Unternehmens
- Entsorgungsunternehmen
- Speditionen
- Distributionslager und –verteilzentren
- Groß- und Einzelhandel
- Endverbraucher
- Service Partner
- Etc.

Tab. 1: Akteure eines logistischen Netzwerkes

In der Vergangenheit hat man erkannt, dass viele dieser Stationen zunehmend als Kunden aufgefasst werden sollten oder sogar müssen. Zusätzlich haben sich die Zeiten derartig geändert, dass diese Kunden nicht mehr bereit sind, an der Ware Schlange zu stehen, sondern, dass nunmehr erwartet wird, dass die Ware bei ihnen Schlange steht. Im SCM geht es vor diesem Hintergrund einzig und allein darum, die einzelnen Stationen dieser Kette so zu beplanen und zu steuern, dass die Produkt- und Warenschlangen möglichst klein werden, der jeweilige Kunde möglichst zufrieden, sprich optimal versorgt wird und man selber als produzierendes Unternehmen dieses möglichst kostenminimal bewerkstelligt.

Typische logistische Probleme in Netzwerken oder Ketten

Logistische Netzwerke sind komplexe Gebilde, die eine Vielzahl von Problemen für die darin enthaltenen Unternehmen aufwerfen. Folgende Punkte werden insbesondere von den Unternehmen genannt, die die Einführung von SCM-Konzepten oder Lösungen erwägen oder dies bereits hinter sich haben:
- Es gibt keine globale Sicht auf verfügbare Bestände und Ressourcen in allen Unternehmensstandorten oder bei Partnern.

- Hohe interne oder externe Bestände drücken auf Zeiten und Kosten.
- Die Qualität der prognostizierten Produktionsmengen ist verbesserungswürdig.
- Der Koordinationsaufwand für die steigende Anzahl der Partner nimmt zu.
- Derzeitige DV-Systeme (insbesondere PPS-Systeme) unterstützen eine Planung in netzwerkartigen Strukturen schlecht.
- Die Planungsschwächen der PPS-Systeme verursachen einen hohen nachbereitenden Aufwand in Feinplanung und Steuerung.
- Fehl- und Falschlieferungen in Distribution oder Beschaffung werden oft zu spät erkannt, wodurch der Handlungsspielraum eingeschränkt ist.
- Ständige kurzfristige Änderungen lassen keine Zeit zur Reaktion.

Ein vor diesem Hintergrund bekannt gewordenes Phänomen ist der sogenannte Bull-Whip-Effekt. Er beschreibt, dass sich die Bedarfsverläufe entlang der logistischen Kette wie ein Peitschenhieb aufschaukeln können (vgl. Bild 2). Dies liegt vorrangig daran, dass jeder Partner einer logistischen Kette nur die Bedarfe kennt, die ihm von seinem Kunden direkt gemeldet werden. Um die in der Regel teuren Fehlbestände zu vermeiden, wird auf jeder Stufe ein Sicherheitsbestand vorgehalten, der die Kapitalbindungskosten nach oben treibt. Zusätzlich wirken Sicherheitsbestände aber fast immer als Barriere in der Dispositionskette, die die dahinter liegenden Partner in der logistischen Kette von den Kundenbedarfen am Anfang der Kette trennt. Es findet hier ein Übergang von einer (Endkunden-) bedarfsorientierten Disposition in eine verbrauchsorientierte Disposition statt, die zur Folge hat, dass im Vergleich mit den Kundenbedarfen regelmäßig entweder zuviel oder zuwenig produziert wird.

Supply Chain Management - Revolution oder Modewort?

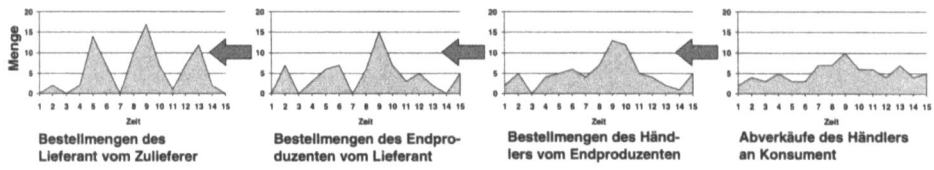

Lagerbestände, Mengenschwankungen, Dispositionsschwierigkeit, ...

Bild 2: Bull-Whip-Effekt - Aufschaukeln der Bedarfsverläufe entlang der logistischen Kette

Wenn aber alle Partner der Kette den aktuellen Bedarf des Endkunden kennen und sich (unter Berücksichtigung der dazwischen liegenden Durchlaufzeiten) daran ausrichten würden, wenn der Kundenbedarf also der alleinige Auslöser für alle Produktionsprozesse entlang der gesamten Kette wäre, so würde eine durchgängig kundenbedarfsbezogene Disposition vorherrschen, die genau das produziert, was auch abgesetzt wird. Wesentliches Ziel muss es daher sein, die Informationsflüsse und die Transparenz zwischen den beteiligten Partnern zu verbessern. Dies ist eine der wesentlichen Zielsetzungen des SCM.

Da eine kundenbedarfsbezogene Disposition natürlich aufwendiger ist als eine verbrauchsorientierte, muss einschränkend hinzugefügt werden, dass eine durchgängige Bedarfsorientierung eines jeden Materials auf jeder Stufe keinen Sinn macht. Insbesondere dann, wenn die Kosteneinsparungen durch eine verbesserte Disposition geringer sind als der mit der Disposition verbundene Aufwand, ist eine Grenze erreicht.

Dies ändert aber nichts an der Tatsache, dass die Kenntnis der Bedarfe der Endkunden der logistischen Kette für alle beteiligten Partner eine Verbesserung ihrer Disposition bedeuten würden. Oft kann man feststellen, dass Unternehmen viel Aufwand dafür verwenden, etwas zu prognostizieren (z.B. Absatzzahlen), was ein anderer Partner, weiter vorne in der logistischen Kette (z.B. der Kunde oder Zwischenhändler), schon lange kennt. Diese "Informationsentfernung" gilt es abzubauen.

Was ist Supply Chain Management?

Instrumente zur Koordination logistischer Netzwerke

Das Supply Chain Mangement hat sich zur Aufgabe gestellt, für die oben genannten Probleme geeignete Methoden und Instrumente bereitzustellen. Als größten gemeinsamen Nenner eines einheitlichen Verständnisses über das SCM kann man festhalten, dass es im SCM (SCM) um die Planung und Steuerung der Logistikkette (auch Versorgungs- oder Lieferkette genannt) eines produzierenden Unternehmens von seinen Lieferanten (manchmal sogar Vor- und Vorvorlieferanten) bis hin zu seinen Kunden (im Idealfall bis hin zum Endverbraucher) geht.

Das SCM stellt hierfür geeignete Methoden und Hilfsmitteln bereit, die die Planung und Abwicklung von Informations- und Materialströmen unterstützen. Diese erstrecken sich von der unternehmensübergreifenden Gestaltung der Supply Chains über die interne Ausrichtung der eigenen Geschäftsprozess auf die definierten Supply Chains bis hin zur informationstechnischen Vernetzung und Integration sowie der Verbesserung und Intensivierung der Disposition und Planung (vgl. Bild 3).

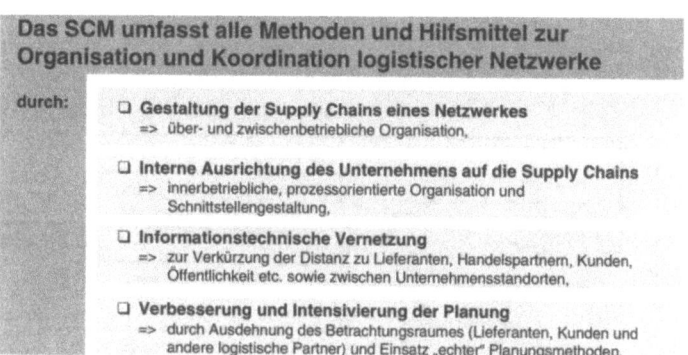

Bild 3: Definition des Supply Chain Management

Wesentlich an diesem Ansatz ist, dass eine über- und zwischenbetriebliche Sichtweise über einer funktionalen steht. Dies hat beispielsweise zur Folge, dass eine zentrale Institution alle Warenströme zwischen den einzelnen Partnern und Unternehmensstandorten (zumindest grob) koordiniert und aus dieser Koordinationsaufgabe Vorgaben für die einzelnen Funktionen wie Beschaffung, Produktion, Absatz etc. abgeleitet werden. Eine solche zentrale Institution kann einerseits organisatorisch gestaltet sein, indem beispielsweise Koordinationsgremien aus den Disponenten der betrieblichen Funktionen und relevanter externer Geschäftspartner gebildet werden. Diese entwickeln zum Beispiel in sogenannten „War Rooms" gemeinsam Pläne, die dann für die einzelnen Funktionen und externen Geschäftspartner verbindlich sind. Andererseits und in der Regel auch ergänzend zur Organisation wird ein Informationssystem eingesetzt, welches alle relevanten Informationen aus den unterschiedlichen betrieblichen DV-Systemen (in der Regel ERP-Syteme) zusammenführt und hierdurch eine funktionsübergreifende Sicht auf alle Netzwerkknoten und Warenbewegungen unterstützt.

Relevante Teilbereiche des SCM

Nimmt man dies als allgemeine Stoßrichtung des SCM, so haben sich in der Vergangenheit diverse konkrete Bereiche, zum Teil auch in Form von Softwareprodukten, herausgebildet, die sich allesamt dem umrissenen Gesamtkomplex zuordnen lassen (vgl. Bild 4).

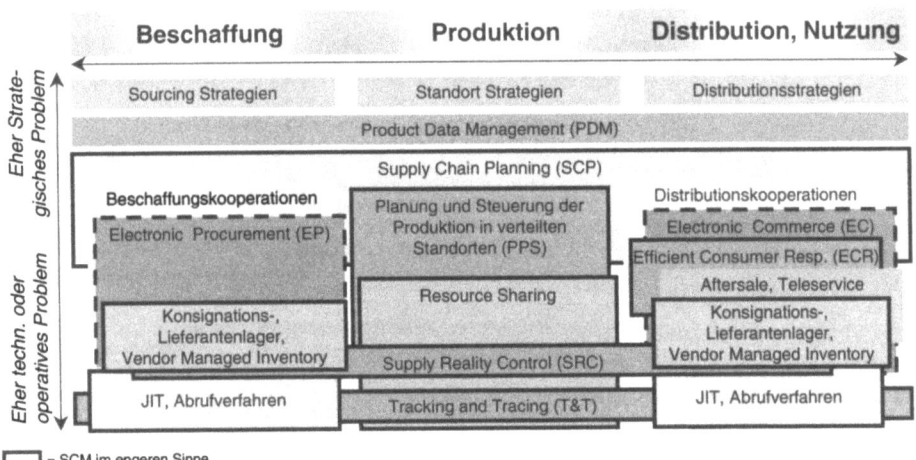

Bild 4: Teilbereiche des Supply Chain Management

Alle Bereiche sind auf dem Internet-Server des SCM-Netzwerkes beschrieben (vgl. [SCENE]), so dass sie an dieser Stelle nicht detailliert vorgestellt werden müssen. In allen diesen Bereichen spielen aber drei Aspekte eine herausgehobene Rolle:

1. Abbildung von vernetzten, in der Regel über die Unternehmensgrenzen hinausgehende Strukturen,
2. Nutzung moderner Kommunikationstechnologien (insbesondere Internet-basierte Technologien) zur Vernetzung der am jeweiligen Problem beteiligten Partner und
3. Einsatz von Software mit modernen Planungs- und Steuerungsmethoden, teilweise unterstützt durch mathematische, leistungsfähige Algorithmen.

Hierbei ist es wichtig, festzuhalten, dass aktuell zwei Begriffsauffassungen zum Thema SCM existieren:

- SCM als allgemeines, begriffliches Dach über alle Lösungen, die die obigen Aspekte mehr oder weniger berühren oder abdecken (siehe auch Bild 3),
- SCM als Bezeichnung für Softwaretools, die eine optimierende Planung und Steuerung von vernetzten Geschäftspartnern auf der Basis moderner Algorithmen beziehungsweise Kommunikationsprinzipien unterstützen. Diese Begriffsauffassung wird nachfolgend mit "SCM im engeren Sinne" oder auch schlicht mit SCM bezeichnet.

Es muss aber betont werden, dass der Einsatz von teilweise kostenintensiven Technologien und Software-Paketen nur ein Aspekt des SCM ist. Insbesondere die organisatorische Gestaltung des eigenen Unternehmens und seine prozessorientierte Ausrichtung auf die Supply Chains ist eine Voraussetzung für die erfolgreiche Implementierung der Software und wird in Einführungsprojekten oft vernachlässigt. Unter Umständen reicht auch eine alleinige organisatorische Maßnahme, um seine Supply Chains zu optimieren (beispielsweise durch Eingehen informeller Kooperationen in unternehmensübergreifenden Teams).

Supply Chain Management-Systeme

SCM-Systeme im engeren Sinne – eine Einführung

Einer der wesentlichen Gründe für die steigende Popularität des SCM-Gedankens ist das Interesse der Technologie-Provider, neue Märkte mit ihren Umsetzungsideen vertraut zu machen und zu bedienen. Den Providern kommt zugute, dass momentan weder

der Begriff des „SCM" noch der Begriff eines „SCM-Systems" eindeutig belegt ist. Oft ist unklar, ob sich die Anbieter von Unterstützungstechnologien in der Konzeption ihrer Produkte nach den Bedürfnissen der Anwender richten, oder ob die Anwender ein durch die Technologie-Provider definiertes Bild eines SCM vermittelt bekommen. Eindeutig festzustellen ist jedoch die steigende Nachfrage nach Unterstützungssystemen für ein SCM und damit das Vertrauen, das die potentiellen Anwender dem SCM-Ansatz entgegenbringen. Bild 5 zeigt die prognostizierte Marktdurchdringung verschiedener Ansätze zur Unterstützung betrieblicher Planungs- und Steuerungsaufgaben innerhalb der letzten fünf Jahrzehnte.

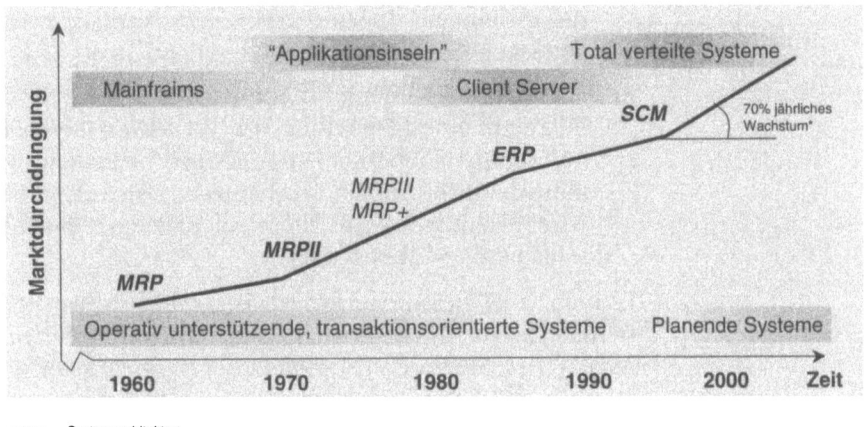

Bild 5: Marktdurchdringung betriebliche Unterstützungssysteme

Der folgende Abschnitt strukturiert die verschiedenen Sichtweisen des „SCM" anhand der derzeit am Markt angebotenen Softwarelösungen und unterstützt damit die Beurteilung einzelner Systeme zur Unterstützung des SCM aus Anbietersicht. Folgende Kriterien werden dabei betrachtet:

- Funktionalität der Systeme: planungs- beziehungsweise handlungsorientierte Lösungsansätze
- Flexibilität der Systeme: Standardsoftware / modellierungsfähige Software

- Technologischer Hintergrund der Systeme: ERP-basierte Systeme / „reine" SCM-Systeme

Funktionalität von SCM-Systemen

Versucht man die Zielsetzung der verfügbaren SCM-Systeme an Hand ihrer Funktionalität zu strukturieren, entdeckt man eine Fülle von Lösungen für altbekannte und auch neu definierte Planungs- und Steuerungsaufgaben sowohl mit innerbetrieblichem Fokus als auch unter Einbezug überbetrieblicher Kommunikations- und Transaktionsprozesse. Als zentrale Neuerung aller Systeme wird die Erhöhung der Unternehmenswertschöpfung durch eine Optimierung von Lieferketten genannt. Die konkreten Ansatzpunkte zur Optimierung sind jedoch sehr unterschiedlich. Ein Beispiel für ein bekanntes Planungs- und Steuerungsproblem ist die Produktionsplanung und -steuerung. Viele am Markt angebotene Systeme widmen sich diesem klassischen Feld betrieblicher Softwareunterstützung für produzierende Unternehmen und werben dabei nicht mit neuer Funktionalität, sondern mit der neuen Technologie zur Lösung bekannter Probleme.

Neben den bereits durch ERP-, PPS-, Warenwirtschafts- oder anderen Softwaresystemen angegangenen Lösungen für bekannte Planungs- und Steuerungsaufgaben wurden im Zuge des SCM auch neue Probleme aufgeworfen, deren Lösung jetzt nach und nach durch Softwaresysteme unterstützt wird. Ein Beispiel hierfür ist die Netzwerkplanung und -simulation, die zur Verdeutlichung und Analyse der inner- und überbetrieblichen Lieferbeziehungen im SCM eine große Rolle spielt.

Die Strukturierung der am Markt unter dem Namen „Supply Chain Management" angebotenen Softwaresysteme nach deren Funktionalität ergibt etwa ein Dutzend Funktionsfelder, die sich in Anlehnung an die Terminologie von AMR Research grob in die Bereiche „Supply Chain Planning" und „Supply Chain Execution" unterteilen lassen:

- **Supply Chain Planning (SCP)**
  Das Supply Chain Planning umfasst alle strategischen, taktischen und operativen Planungsaufgaben zur Steigerung der Produktivität des Liefernetzwerkes. Umgesetzt in Form von modernen Planungssystemen (APS - Advanced Planning Systems) verbessert das SCP die logistischen Abläufe im Unternehmen durch Einsatz intelligenter, rechnergestützter Planungsmethoden und -algorithmen sowie Simulation. Die Algorithmen treffen auf der Grundlage eines entsprechenden

Rechnermodells (SRC-Modell - Supply Reality Control Modell) optimierte und konfliktfreie Entscheidungen auf unter Umständen mehreren Planungsebenen.

- **Supply Chain Execution (SCE)**
  Das Supply Chain Execution liefert Kommunikations-, Visualisierungs-, Informations-, E-Business- und eCommerce-Lösungen zur Unterstützung der operativen Aufgaben in Disposition und Auftragsabwicklung innerhalb eines Liefernetzwerkes.

Bild 6 zeigt die Funktionsfelder der derzeit angebotenen Unterstützungssysteme im SCM, die im Detail in [SCENE] erläutert sind.

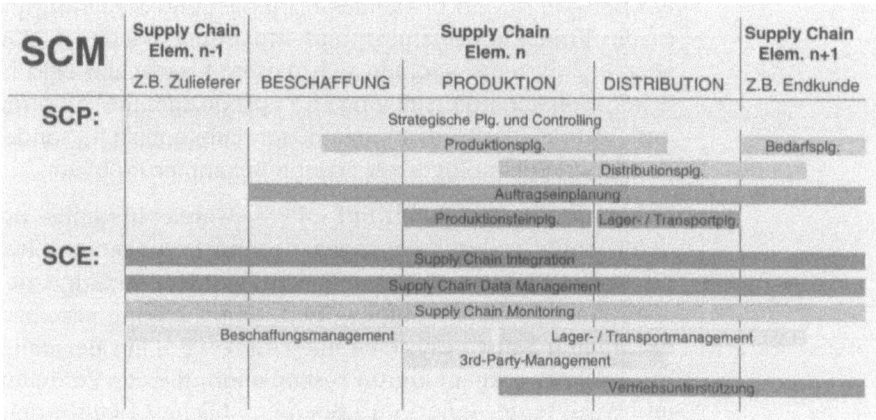

Bild 6: Funktionsfelder Supply Chain Management-Systeme

Flexibilität von SCM-Systemen

Zur Charakterisierung von SCM-Systemen kann neben der Funktionalität ihre „Flexibilität" zur Modellierung herangezogen werden. Am Markt können hier zwei grundsätzliche Richtungen beobachtet werden: SCM-Packages und SCM-Toolkits (vgl. [Funk 1999]).

- Ein **SCM-Package** ist eine modular aufgebaute, konfigurierbare Off-The-Shelf-Softwarelösung, die eine oder mehrere Planungs- und/oder Steuerungsaufgaben des SCM unterstützt und insgesamt als einheitliche Lösung zu verstehen ist. Eine Package-Lösung wird durch geeignete Kombination der Module und durch Anpassung einzelner Funktionen, Schnittstellen oder Oberflächen kundenspezifisch angepasst. Beispiele für Package-Software sind RHYTHM von i2-Technologies, die APO-Initiative von SAP oder die SCM-Lösungen von Manugistics, J.D.Edwards, etc.

- **SCM-Toolkits** zeichnen sich durch einen eher technologieorientierten, offenen Unterstützungsansatz in Form eines Frameworks zur Modellierung/Programmierung von SCM-Softwarelösungen aus. Mit Hilfe von Toolkits können damit kundenspezifische Probleme modelliert und gelöst werden, was im Allgemeinen mit einem beträchtlichen Aufwand zur Zielerreichung, aber auch mit einem hohen Maß an Flexibilität verbunden ist. Der Toolkit-Ansatz wird von weniger Anbietern verfolgt, Beispiele hierfür sind Aspen Tech mit dem System Mimi oder ILOG als Provider von Optimierungssoftware wie dem ILOG Solver.

Die Tatsache, dass am Markt mehr Standardsoftware / SCM-Packages und weniger Toolkits angeboten werden, lässt zwar auf die Nachfrage nach den entsprechenden Systemen schließen, nicht jedoch auf deren generelle Vorteilhaftigkeit. Bei einer monetären Bewertung der beiden Ansätze durch Betrachtung ganzheitlicher Kosten für Einführung und Betrieb eines entsprechenden Systems von der Anbieterauswahl bis zur Betreuung des laufenden Systems ergeben sich die größten Unterschiede vor allem in der Tool-Evaluation vor der Tool-Beschaffung und in der Implementierungsphase ([Funk 1999]).

Technologischer Hintergrund der SCM-Systeme

SCM-Systeme treffen in ihrer Zielsetzung der Unterstützung inner- und überbetrieblicher Wertschöpfungsprozesse teilweise den Markt der „betrieblichen Standardsoftware", mehrheitlich in Form von ERP- oder ähnlichen Systemen. Umgekehrt erweitern die Anbieter klassischer ERP-Software ihre Produkte um SCM-Funktionalität und versuchen damit in den SCM-Markt zu stoßen. So kann die Technologie, auf der die Funktionalität der SCM-Systeme basiert, als weiteres Kriterium zu Strukturierung der Angebote am SCM-Markt dienen. Technologie beschreibt in diesem Zusammenhang, ob ein System als Add On zu einem existierenden ERP-System konzipiert ist, oder ob das System eine eigenständige Lösung mit einer gegenüber den transaktionsorientierten ERP-Systemen überarbeiteten Architektur darstellt. Die Eigenschaften der Systeme mit unterschiedlichen Basistechnologien weichen zum Teil erheblich voneinander ab. Bild 7 zeigt die wesentlichen Unterschiede.

Zusammenfassend kann festgestellt werden: In Deutschland wächst mit zwei- bis dreijähriger Verzögerung gegenüber den USA das Interesse am SCM und damit die Nachfrage an den entsprechenden Systemen stark an. Der Markt wird förmlich überschwemmt mit sogenannten „SCM-Systemen", deren Zielsetzung in Aufbau und Funktion jedoch weit auseinander gehen. Neu an den Systemen mit umfassender SCM-Funktionalität (also mit Unterstützung mehrerer Funktionsfelder nach Bild 6) ist die eigenständige, gegenüber den transaktionsorientierten Systemen weiterentwickelte Systemarchitektur, die maßgeblich auf leistungsfähigerer Hardware oder verbesserten Planungs- beziehungsweise Steuerungsalgorithmen aufbaut.

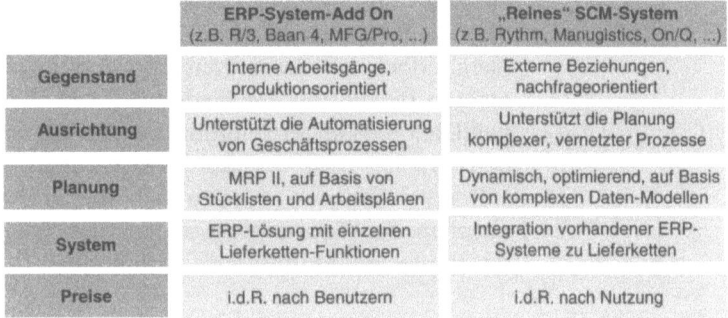

Bild 7: Eigenschaften von SCM-Systemen mit unterschiedlichen Basistechnologien

Grenzen und Potentiale von SCM-Lösungen

Anforderungen an SCM-Lösungen

Die Herausforderungen, denen sich das SCM und die SCM-unterstützenden Systeme stellen, sind groß, so dass an die Leistungsfähigkeit heutiger SCM-Lösungen entsprechend hohe Anforderungen gestellt werden. Im Folgenden werden die Herausforderungen des SCM beschrieben und den Potentialen und

Grenzen der derzeitig verfügbaren systemtechnischen Umsetzung gegenübergestellt.

Der Begriff der Supply Chain ist in seiner direkten Übersetzung wohl für die wenigsten Lieferbeziehungen direkt zutreffend. In der Regel sind die Einzelelemente einer „Supply Chain" Teile von komplexen Netzwerken mit Lieferbeziehungen zu verschiedenen „Lieferanten" und „Kunden". Ein Liefernetzwerk kann somit als Regelsystem verstanden werden, das aus selbständigen Subsystemen besteht und in der Regel nicht zentral koordiniert wird. Hieraus ergeben sich die drei wesentlichen Herausforderungen an das SCM (vgl. [Scholz-Reiter, Jakobza 1999]):

- Beherrschung der Komplexität,
- Schaffung von Transparenz und die
- Unterstützung der Dynamik logistischer Netzwerke.

Beherrschung der Komplexität logistischer Netzwerke

Die Komplexität von Liefernetzwerken ergibt sich einerseits aus der Anzahl der Elemente in den Supply Chains und andererseits aus der vernetzten Struktur der Elemente. Aufgrund der Selbständigkeit der Subsysteme steigt mit der Komplexität eines logistischen Netzwerkes auch die Schwierigkeit, Reaktionen nachzuvollziehen oder vorherzusagen. Hinzu kommt, dass bei Vernetzung die Entscheidungen eines einzelnen Akteurs mehrere andere Akteure gleichzeitig beeinflusst. Ziel des SCM ist es, die Komplexität der Verflechtungen durch geeignete Hilfsmittel zu identifizieren und zu kontrollieren.

Schaffung von Transparenz innerhalb logistischer Netzwerke

Ein wesentliches Instrument zur Optimierung komplexer Lieferbeziehungen ist die Schaffung von Informationstransparenz über die Akteure der Supply Chains hinweg. Beispielsweise könnte dies bedeuten, dass nicht nur der Produzent über die Endkundennachfrage eines Produktes informiert ist, sondern auch der Zulieferer des Produzenten. Der Zulieferer entscheidet dann selbst (auf Basis der Endkundennachfrage) über die Disposition seiner Produkte; ein Aufschaukeln des Bestellverhaltens (Bull-Whip-Effekt) wird somit durch die Informationstransparenz vermieden.

Informationstransparenz innerhalb eines logistischen Netzwerkes ist jedoch nicht immer einfach zu erreichen. Nicht alle Einflussfaktoren auf einen Prozess sind explizit bekannt oder lassen sich durch Daten repräsentieren. Ein Hauptproblem in der Informationstransparenz liegt in der Ausnutzung des Wissens zur Einflussnahme auf diejenigen Stellen, die die Informationen betreffen. Sofern kein Vertrauen auf eine kooperative Zusammenarbeit gegeben ist, sind „Partner" einer Supply Chain oftmals eher an Informationsintransparenz interessiert als an der Weitergabe geschäftsrelevanter Daten. Dies ist der Grund, warum das SCM bisher hauptsächlich innerhalb von Unternehmen oder Verbünden mit einheitlicher Führung praktiziert wurde. Ziel muss es sein, auch über Unternehmensgrenzen hinweg das Verständnis für die Potentiale einer Informationstransparenz zu wecken.

Unterstützung der Dynamik von logistischen Netzwerken

Die dritte Herausforderung ist die Unterstützung der Dynamik, der logistische Netzwerke in verschiedener Hinsicht unterliegen. Die permanenten Veränderungen der Kundenbedürfnisse sind letzten Endes der Auslöser für eine ständige Anpassung der Supply Chains. Die Anpassungen reichen von einem veränderten Bestellverhalten über die Produktmodifikation bis hin zu räumlichen, technischen oder organisatorischen Veränderungen der Supply Chain selbst. SCM muss der Dynamik des Marktes folgen können und Veränderungen der Funktion und Struktur logistischer Netzwerke unterstützen.

Zusammenfassung

Den drei wesentlichen Herausforderungen, der *Beherrschung der Komplexität*, der *Schaffung von Transparenz* und der *Unterstützung der Dynamik* logistischer Netzwerke begegnen die Anbieter von SCM-Systemen in erster Linie mit Hilfe leistungsfähigen Soft- und Hardwarekonzepten. Analysiert man das „eigentlich Neue" an den Systemen, so wird sehr schnell klar, dass der größte Teil des Erfolges der Systeme auf die geänderten technologischen Möglichkeiten zurückzuführen ist. Die wichtigste technische Voraussetzung, die bisher keiner anderen betrieblichen Unterstützungstechnologie zur Verfügung stand, ist das Internet. Das Internet nimmt als Basistechnologie für Kommunikations- und Informationsfunktionalität eine zentrale Rolle innerhalb der SCM-Systeme ein. Ursache hierfür ist der Netzwerkcharakter des Internets, der sich hervorragend zur Unterstützung des SCM ausnutzen lässt.

Grenzen und Potentiale des SCM

Hochentwickelte Informationstechnologie als Basis moderner Planungssysteme

Für den Erfolg der SCM-Systeme ist neben dem Internet auch die stark angestiegene Leistungsfähigkeit der Rechnerhardware verantwortlich. Erstmals ist es möglich, komplexe, mathematisch formulierte Optimierungsprobleme mit Hilfe spezieller Hard- und Softwarearchitekturen zu lösen oder besser anzunähern. Betriebliche Planungsaufgaben, wie beispielsweise die Produktionsplanung, können mit dieser Technologie entscheidend verbessert werden - nicht vorhandene beziehungsweise verbesserungswürdig arbeitende Verfahren können durch neue Methoden der engpassorientierten Planung ersetzt werden. Der Ansatz der engpassorientierten Planung ist die Schlüsseltechnologie der sogenannten „Advanced Planning Systems" (AP-Systeme), unter deren Namen die meisten SCM-Provider ihre wichtigsten Produkte anbieten.

MRP-II   Am Beispiel der Produktionsplanung soll gezeigt werden, warum eine „gute" Planung so schwierig und mit dem MRP-II-Verfahren bisher nur ungenügend gelöst ist: Eine "gute" Produktionsplanung sollte in kurzer Zeit einen unter Einhaltung aller Restriktionen durchführbaren, möglichst optimierten Produktionsplan als Ergebnis liefern. Darüber hinaus sollte die Produktionsplanung auf einer sinnvollen Datengrundlage basieren, die Produktionsplanung müsste also mit der Beschaffungsplanung, der Distributionsplanung und der Absatzplanung abgestimmt werden. Entsprechend müssten weitere Planungsbereiche mit Informationen versorgt werden, die dann in ebenfalls möglichst kurzen Zeiträumen möglichst "gute" Planungsergebnisse liefern sollten, um anschließend zu einer Gesamtplanung zusammengeführt werden zu können. Im MRP-II-Ansatz ist weder eine Optimierung vorgesehen noch werden bei der Planung Alternativen oder Engpässe berücksichtigt. Eine Integration weiterer Plandaten (z.B. aus der Beschaffungs- oder Absatzplanung) ist in dem Ansatz nicht vorgesehen, wurde in existierenden ERP-Systemen jedoch teilweise schon realisiert.

Hinzu kommt, dass der Aufwand für eine "gute" Planung im Verhältnis zur Qualität des Planungsergebnisses überproportional steigt, das heißt, dass eine bestimmte Planungsqualität nur noch mit wachsendem Aufwand übertroffen werden kann. Diese Planungsaufgabe stellt enorme Ansprüche an die Rechner-, Speicher- und Kommunikationsleistung der datenverarbeitenden IT-

Infrastruktur und kann auch mit Hilfe moderner AP-Systeme nur bis zu einem gewissen Qualitätsniveau erfüllt werden.

Planungssystematik der Advanced Planning Systeme

Zur Lösung des Planungsdilemmas setzen die neuen SCM-Systeme ein allgemeines Prinzip zur Lösung komplexer Probleme ein: Das Gesamtproblem wird in einzelne Teilprobleme aufgeteilt und gelöst, die Gesamtlösung ergibt sich aus der Vereinigung der Teillösungen. Mit diesem Vorgehen wird nicht zwangsläufig eine optimale Gesamtlösung erreicht, das Ergebnis muss in einem dritten, nachfolgenden Schritt noch einmal optimiert werden, um die Einzellösungen zusammenzuführen.

Angewandt auf die Planungssystematik der AP-Systeme bedeutet dies, das verschiedene Planungsbereiche wie beispielsweise die Beschaffungsplanung, strategische Geschäftsplanung oder auch übergreifende Planungsmechanismen wie Lieferterminanfragen unter Berücksichtigung der Produktion und Distribution unter Zuhilfenahme der für diese Bereiche relevanten Informationen zunächst eine Lösung für ihren Planungsbereich erzeugen. Anschließend werden diese Einzellösungen zusammengeführt und interpretiert. Relevante Informationen müssen dazu innerhalb kürzester Zeit verfügbar gemacht werden.

Potentiale und Grenzen heutiger SCM-Lösungen

Moderne SCM-Systeme verfügen über ein hauptspeicherresidentes Datenmodell (Supply Reality Control), das neben den geschäftsrelevanten Daten auch Funktionen zur Selektion und Bereitstellung der Informationen enthält. Dieses Datenmodell, beispielsweise in Form eines Business Warehouse, wird durch die Verbindung zu den transaktionsorientierten Systemen eines Unternehmens oder der Zulieferer permanent mit den aktuellen und planungsrelevanten Daten aus den Transaktionssystemen versorgt (vgl. Bild 8). Die Potentiale des SCM-Ansatzes aus Systemsicht liegen damit in der erstmaligen und vielfältigen Ausnutzung des Internets und in der Nutzung der gesteigerten Leistungsfähigkeit moderner Hardware in Verbindung mit innovativen IT-Konzepten.

Aber nicht nur die Möglichkeiten, sondern auch die Grenzen der SCM-Systeme lassen sich vor der Beschreibung der Funktionsweise der AP-Systeme aufzeigen. Generell ist jedes IT-System nur so gut wie sein Datenlieferant, und so hängt die Funktionalität der AP-Systeme (oder allgemein der SCM-Systeme) entscheidend von der organisatorischen und technischen Integration des Systems in das Unternehmensumfeld ab. Hierbei ist die technische Realisierung der Integration in der Regel unproblematisch. Die größeren Probleme ergeben sich einerseits durch „gewollte" Informationsintransparenz beziehungsweise der damit verbundenen Ablehnung einer Integration insbesondere bei unternehmensexternen Datenlieferanten (s.o.). Als weitere Schwierigkeit ist die permanente Veränderung der Struktur von Supply Chains als Folge der sich ständig ändernden Kundenwünsche zu sehen. Der Veränderungsprozess unterliegt einer großen Dynamik, und oft kann die IT-Integration mit diesem Tempo nicht Schritt halten. Schließlich fällt auf, dass die existierenden AP- / SCM-Systeme in einem in der Regel zentral geprägten Ansatz auf den Einsatz auf hoch aggregierter Unternehmensebene zielen. Die Systeme fungieren dann als „Netzwerkkoordinator" mit zentraler Entscheidungsbefugnis, was die Kooperation / Integration innerhalb der Supply Chain eher schwieriger macht. Dezentrale Konzepte beziehungsweise Systeme mit verteilter Verantwortung und/oder Funktion existieren bisher nur wenig.

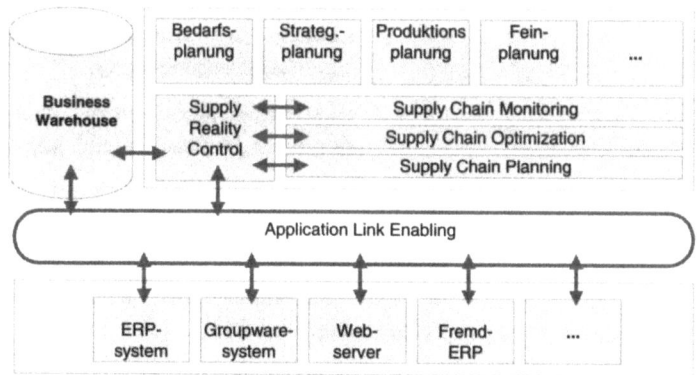

Bild 8:   Architektur AP-Systeme

Grenzen und Potenziale des Ansatzes aus Anwendersicht

Die Potenziale

Grundsätzlich handelt es sich beim SCM um einen innovativen Ansatz, der für eine Vielzahl der heutigen Probleme effiziente

Lösungen anbietet. Eine eingehende und detailliertere Systematisierung erlaubt die Bildung von fünf Gruppen, in die die dem SCM zugeschriebenen Potenziale und Vorteile eingeordnet werden können:

- **Vernetzung mit Kunden** durch online-Verbindung zwischen produzierendem Unternehmen und den (Wareneingangs-)Lagerbeständen seiner Kunden/Distributoren. Dadurch:
  - Erhöhung der Prognosequalität durch verbesserte Abschätzung des Verbrauchsverhaltens,
  - dadurch frühzeitiges Erkennen von Bedarfsschwankungen, wodurch sich die verfügbare Reaktionszeit für Produktion, Beschaffung und Distributionslogistik erhöht,
  - Reduzierung des Work-in-Progress durch aktuelle und korrekte Bedarfstransparenz, allgemeine Reduzierung des beleggestützten Informationsflusses.
- **Vernetzung mit Lieferanten** durch online-Verbindung zwischen produzierendem Unternehmen und seinen Lieferanten (insbesondere deren Lagerbestände). Dadurch:
  - Reduzierung des Bestellaufwandes durch frühzeitige Klärung der Materialverfügbarkeit sowie elektronische Bestellabwicklung,
  - allgemeine Reduzierung des Koordinationsaufwandes einer großen Anzahl von Lieferanten,
  - Reduzierung des beleggestützten Informationsflusses.
- **Supply Reality Control**: Transparenz über aktuelle Bestände und Kapazitäten in allen Standorten durch online-Vernetzung. Dadurch:
  - Höherer Servicegrad durch Belieferung aus alternativen "Quellen",
  - Glättung von Bedarfsschwankungen und Reduzierung des Aufschaukeln von Schwankungen (Bull-Whip-Effekt),
  - nachvollziehbare/optimierte Auftragsallokation auf einzelne Standorte,

- verbesserte Bestimmung ganzheitlicher Logistikkosten bei "Fernbelieferung",
- Grundlage für globale Bestandsoptimierung.
* **Engpassorientierte Planung** mit automatisierten, optimierenden Algorithmen. Dadurch:
    - Kapazitätsüberbelegungen werden bei Produktionsplanung verhindert,
    - Planung liefert optimierte und konfliktfreie Pläne,
    - Steuerungsaufwand in der Fertigung wird reduziert,
    - Engpässe werden identifizierbar,
    - Kosten pro Engpass werden bekannt und liefern Grundlage für Investitionsentscheidungen.
* **Einsatz von Tracking&Tracing** in Beschaffung, Distribution und zwischenbetrieblichem Transport durch DV-gestützte Transparenz über alle Stationen der Transportlogistik. Dadurch werden Fehl- und Falschlieferungen durch frühzeitige Fehlererkennung und Einleiten entsprechender Gegenmaßnahmen reduziert.

Die Grenzen

Dies genannten Vorteile sind unbestritten vorhanden und können die Effizienz eines Unternehmens deutlich erhöhen. Auf der anderen Seite existieren aber auch Nachteile, die sich beispielsweise in der Überwindung von Hemmnissen, der Erhöhung bestimmter Kostenarten oder dem Zahlen von „Lehrgeld" in entsprechenden SCM-Projekten niederschlagen.

Zunächst handelt es sich beim SCM um einen zwischen- und überbetrieblichen Ansatz, der eine Kooperation zwischen verschiedenen Unternehmen voraussetzt und damit auch typische kooperationsbezogene Probleme zwischen den beteiligten Partnern aufwirft. Hierzu zählen insbesondere mangelndes Vertrauen, Offenlegung von Betriebsgeheimnissen, unterschiedliche Unternehmenskulturen, fehlende gemeinschaftliche Vision, Kommunikationsschwierigkeiten an Schnittstellen, Opportunismus eines Partners (das Beste für das gesamten Netz muss nicht das Beste für einen Partner sein), Schwierigkeiten bei der Vernetzung der beteiligten DV-Systeme etc.

Im Rahmen der Aufwendungen für die Reorganisation der eigenen und zwischenbetrieblichen Geschäftsprozesse sowie der

Aufrechterhaltung einer modernen I&K-Struktur ist speziell mit Gründungs- und Anlaufkosten sowie mit erhöhten Informations- und Kommunikationskosten zu rechnen. Beispielsweise nannten 34% der in einer Umfrage des Fraunhofer-IAO befragten 195 Unternehmen den hohen Einführungsaufwand als Schwierigkeit bei der Einführung eines entsprechenden Systems. 23% äußerten, dass die Systemhersteller unzureichenden Support bieten.

Betrachtet man die derzeit laufenden oder abgeschlossenen SCM-Projekte in produzierenden Unternehmen, so werden folgende Probleme häufig genannt:

- **Unzureichende Datengrundlage:**
  Ungleiche Datenformate, unterschiedlicher Aktualitätsgrad und weltweite Dateninkonsistenzen erschweren den Aufbau eines Supply Reality Control- Modells.

- **Unterschiedliche IT-Niveaus der Partner:**
  Externe Partner haben oft unterschiedliche IT-Standards und Niveaus, die eine DV-mäßige Integration erschweren.

- **Mangelhaftes Bewusstsein einer guten Planung:**
  Die Vorteile einer engpassorientierten Planung auf der Grundlage moderner Algorithmen sind noch unzureichend bekannt und für potentielle Anwender schlecht nachvollziehbar.

- **„Zentrale Logistikinstanz" ist notwendig, aber oft nicht vorhanden/sinnvoll:**
  Fast alle eingeführten SCM-Tools werden durch eine zentrale koordinierende Stelle gepflegt. Diese ist bei vielen, insbesondere kleinen und mittelständischen Unternehmen aber nicht immer vorhanden beziehungsweise sinnvoll.

- **Schwierigkeiten bei der Bestimmung von Ansatzpunkten:**
  Sinnvolle Ansatzpunkte und Bereich zur Einführung eines SCM sind schwer identifizierbar, da das Problem selbst oft sehr komplex und unüberschaubar ist.

- **Notwendige reorganisatorische Maßnahmen greifen in die Unternehmensstrukturen ein:**
  Es ist nicht damit getan, das Tool einzuführen. Vielmehr sind oft tiefgreifende Änderungen in der Organisation und im Informationsfluss umzusetzen.

Auffallend ist, dass in den meisten Projekten eine Systemeinführung im Vordergrund steht. In diesem Zusammenhang ist eine Studie der Markforschungsgesellschaft „Cambridge Technology

Partners" aus dem Jahr 1999 interessant, wonach sich 80% aller weltweit agierenden Großunternehmen mit dem SCM beschäftigen, jedoch 28% aller IT-Projekte völlig fehlschlagen und weniger als 30% zur Wertschöpfung beitragen. Die Ursachen für dieses eher enttäuschende Ergebnis sind sehr unterschiedlich und hängen oft mit der mangelnden Erfahrung der Unternehmen und den fehlenden Vergleichsmöglichkeiten zusammen. Nach den Erfahrungen des Fraunhofer-IAO ist aber ein wesentlicher Faktor für das Scheitern vieler SCM-Projekte der einseitige Fokus der Unternehmen / Softwareanbieter auf die Einführung von Informationstechnologie. Die Ansprüche des SCM an die Anpassung von Aufbau- und Prozessorganisation werden in den Unternehmen zugunsten der Softwareeinführung in den Hintergrund gedrängt. Die Technologieprovider verkaufen in erster Linie ihr Produkt und lassen die Anwender bei der effizienten Nutzung der Technologie meist alleine. Zusätzlich wird in den Unternehmen die Geschäftsprozessgestaltung unterbewertet und die neue Technologie zu wenig in die bestehenden Geschäftsprozesse integriert. Hieraus folgt eine geringe Akzeptanz und Motivation der betroffenen Mitarbeiter. Zusammengefasst bedeutet dies, dass zur Einführung eines SCM zuerst die inner- und überbetriebliche (Re-)Organisation und dann die Informationstechnologie zu betrachten ist.

Die Grenzen in Konzeption und Umsetzung des SCM im Zusammenhang mit einer Systemeinführung liegen damit

- **organisatorisch** in der Unterbewertung der Geschäftsprozessorganisation und der Kooperationsfähigkeit der Mitglieder der Supply Chains und
- **informationstechnisch** in der zu positiven Bewertung des Kosten-/Nutzenverhältnisses zur Einführung und dem operativen Betrieb des Systems.

Wer macht was im SCM? - Eine Umfrage

Bevor ein Unternehmen mit den größten erhältlichen Lösungen hantiert, sollte immer vorher die Frage geklärt werden, wie viel SCM ein Unternehmen wirklich braucht. Die Diskussion um ein "mittelstandsfähiges" SCM setzt in Europa beispielsweise gerade erst ein. In diesem Zusammenhang sollte man sich auch fragen, ob die in den USA erfolgreich eingesetzten Lösungen ohne Weiteres auf eine europäische oder deutsche Unternehmenslandschaft übertragbar sind. Hierbei spielt insbesondere eine Rolle, dass erfolgreiche SCM-Einführungen mehrheitlich in denjenigen amerikanischen Großunternehmen durchgeführt wurden, die relativ einfache Fertigungsstrukturen, geringe Fertigungstiefen und einen hohen Mengendurchsatz für einen anonymen und globalen Massenmarkt aufweisen. Die Unternehmensstruktur, insbesondere in Deutschland, sieht aber im Schnitt anders aus. Hier tritt das Problem des Management großer Mengen hinter das einer hohen Produkt- und Produktionskomplexität bei konsequenter Kundenorientierung zurück. Vor diesem Hintergrund können bezüglich der Anwendung von SCM-Lösungen grob zwei Gruppen von Unternehmen differenziert werden:

- **Gruppe 1: Massenproduzenten und Global Players**
  In dieser Gruppe ist zur Zeit der größte Teil der Anwender von innovativen, standort- und unternehmensübergreifenden Planungs- und Steuerungskonzepten und entsprechenden Systemen anzutreffen. Sie stellen die SCM-Leader dar. Es handelt sich hierbei meist um Großunternehmen, die mit mehrheitlich standardisierten Produkten geringer Komplexität einen weltweiten Massenmarkt bedienen. Unternehmen dieser Gruppe sind vergleichsweise weit fortgeschritten, was die Einführung und Erprobung von SCM-Lösungen angeht, und die Vielzahl der veröffentlichten Berichte aus entsprechenden Projekten äußert sich überwiegend positiv zum Nutzen der eingeführten Lösungen und Konzepte.

- **Gruppe 2: Kundenauftragsfertiger und Mittelstand**
  Unternehmen dieser Gruppe können als "SCM-Verfolger" bezeichnet werden. Bei ihnen finden sich ganzheitliche und zentrale, IT-gestützte SCM-Lösungen nur vereinzelt wieder. Diese Unternehmen zeichnen sich tendenziell durch eine hohe Produktkomplexität, große Fertigungstiefe, konsequente Kundenorientierung bis hin zur Unikatfertigung aus und sind Bestandteil eines mittelgroßen Netzwerkes.

Zur ersten Gruppe sind bereits diverse Praxisbeispiele veröffentlicht worden. Die hierbei gemachten Erfahrungen wurden größtenteils im vorangegangenen Teil dieses Beitrages geschildert. Die zweite Gruppe ist hinsichtlich des SCM noch weitgehend unerforscht. Zu diesem Zweck hat das Fraunhofer-IAO im Jahr 1999 eine Umfrage bei Unternehmen dieser Gruppe durchgeführt, die das Ziel hat, den Status Quo und zu erwartende Tendenzen aufzudecken. Aus dieser wird im nachfolgenden Kapitel berichtet.

Problemstellung für Kundenauftragsfertigung und Mittelstand

Man kann feststellen, dass mit zunehmender Kundenorientierung, Produktkomplexität und Anzahl Wertschöpfungsstufen sowie abnehmender Unternehmensgröße, Anzahl Standorte und Globalisierung des Marktes bei den jeweiligen Unternehmen eine zentrale Instanz zur Koordination der Materialströme auf Zurückhaltung stößt. Beispielsweise findet man im Maschinen- und Anlagenbau nach wie vor eine Bestrebung zur Dezentralisierung der Leistungserstellung durch Bildung von Centerstrukturen, autonomen Cost- oder Profitcentern oder eine Trennung in eine kundenauftragsorientierte Endmontage und eine verbrauchsorientierte disponierte Einzelteilherstellung an. Dieser bewussten Entkopplung von Abhängigkeiten zwischen den am Produkt Beteiligten wirkt ein zentraler SCM-Ansatz, der die entkoppelten Teilbereiche wieder ganzheitlich zusammenführen soll, scheinbar prinzipiell entgegen. Man vermutet eine Erzeugung neuer Komplexität dort, wo man die alte gerade mühsam durch die Dezentralisierung losgeworden ist.

Aber gerade eine zentrale koordinierende Instanz (als eigene betriebliche Funktion, Gremium wie in sogenannten "War-Rooms" oder ein DV-System), die über den einzelnen betrieblichen Funktionen steht und damit die durch die Schnittstellen zwischen ihnen verursachten Ineffizienzen aufdecken und reduzieren kann, wird als wesentlicher Aspekt des SCM immer wieder betont. Es liegt hier ein Spannungsfeld vor, welches vermutlich in einer nach Branchen und Unternehmensgröße differenzierten Betrachtung des Themas SCM resultiert.

Umfrage bei mittelständischen Unternehmen zum Thema SCM

Dieses Spannungsfeld wird auch von einer vom Fraunhofer-IAO durchgeführten Umfrage bei 195 vornehmlich mittelständischen und dem Maschinenbau, Automobilzulieferern, der Metallerzeugung und -bearbeitung sowie der Herstellung von grauer Ware zuzuordnenden Unternehmen gestützt. 66% der Unternehmen gaben hierbei an, sich mit dem ganzheitlichen Management der Logistikketten auseinanderzusetzen, die Mehrheit der Unternehmen hat diese Aufgabe in betrieblichen Funktionen (Einkaufsleiter 68% Produktionsleiter 59%) angesiedelt, wodurch aber keine funktionsübergreifende Koordination des SCM erwartet werden kann. Im Zentrum des Interesses stehen dabei die Beschaffungslogistik (86%) und die Produktionslogistik (82%), also wieder einzelne Funktionen und nicht die übergreifende Koordination der Wertschöpfungsketten.

Dabei zeigen Art und Umfang des zu koordinierenden Netzwerkes durchaus eine Komplexität, die durch eine Segmentierung zwar steuerbar ist, aber dies nicht optimal. Bild 9 zeigt eine Übersicht über die in der Beschaffung, Produktion und Distribution anzutreffenden eigenen oder unternehmensfremden Standorte und Partner des logistischen Netzwerkes der befragten Unternehmen.

Distributionsknoten (Lager, Händler, Spediteure etc.)

Von	Bis	Eigene Fertigwarenlager an unseren Standorten	Eingene zentrale Distributionslager	Eigene Auslieferungslager in Kundennähe	Eigene Lager auf Gelände der Kunden	Zentr. Distributionslager von Dienstleistern	Groß-, Einzel-, Zwischenhändler	Transport durch eigene Fahrzeuge	Transport durch Speditionen	Transport durch Post-/Paketdienstleister	Transport durch Fahrzeuge des Kunden	Zentr. Kundenwareneingangslager	Dez. Wareneingangslager am Ort der Kunden	Summe
0	0	67%	86%	92%	94%	96%	90%	92%	75%	80%	96%	98%	96%	
1	1	22%	10%			2%	2%		12%	10%	2%	2%		17%
2	2	4%							2%	2%				21%
3	3	6%		4%					2%	6%	2%			13%
4	4								4%	2%				
5	10	2%	2%	4%	6%			2%	2%				2%	13%
11	20		2%				2%	2%						21%
21	100					2%	4%	2%						13%
101	250													4%
251	1200						2%							
Anzahl Unternehmen		51	51	51	51	51	51	51	51	51	51	51	51	24
Durchschnitt		0,6	0,5	0,3	0,4	0,5	25,7	0,5	0,9	0,4	0,0	0,0	0,4	0,1

Produktionsstandorte

Anzahl Standorte	in Deutschland	in Westeuropa (ohne BRD)	in Osteuropa	in USA/Canada	in Asien	in Sonstige	Summe
0		79%	88%	74%	81%	95%	
1	60%	12%	10%	24%	14%	2%	45%
2	17%	2%	2%	2%			10%
3	19%				2%		28%
4	5%						3%
5		2%			2%		10%
6		2%					
7							3%
8					2%		3%
9							
10		2%					
Anz Unternehm	42	42	42	42	42	42	40
Total	71	28	6	12	17	6	140
Durchschnitt	1,7	0,7	0,1	0,3	0,4	0,1	3,3

Lieferanten

Anzahl Lieferanten Von	Bis	Lokal	Region National	International	Summe Lieferanten
0	5	39%	21%	31%	
6	10	9%		16%	
11	20	21%	3%	3%	
21	50	9%	6%	16%	5%
51	100	10%	10%	10%	7%
101	250	5%	17%	5%	25%
251	500	4%	19%	2%	20%
501	1000	3%	17%		30%
1001	6000		6%		13%
Anzahl Unternehmen		77	77	77	61
Durchschnitt		61,5	362,7	54,8	479,0

Bild 9: Anzahl und Arten von Knoten in Netzwerken produzierender Unternehmen

Tendenziell sollen die hierbei involvierten Partner und Standorte sowohl nach Art als auch nach Anzahl sogar weiter erhöht werden. Besonders bei den Produktionsstandorten ist festzustellen, dass die Standorte der Mehrzahl der Unternehmen in einer internen Leistungsaustauschbeziehung stehen, also über Material- und Informationsflüsse voneinander abhängen. Die überwiegende Mehrzahl der Unternehmen (91%) lagern Teile ihrer Produktion aus und gehen dabei hauptsächlich Kooperationen mit ihren Lieferanten ein. Eine DV-technische Vernetzung zu diesen Kooperationspartnern haben aber nur 10% realisiert, 65% tun dies derzeit nicht, halten es aber für sinnvoll.

Hinsichtlich der Planungsphilosophie ist bei den befragten Unternehmen ein Wandel feststellbar. Wurde bis dato mehrheitlich rein zentral oder dezentral geplant, so soll dies in Zukunft abnehmen und gemischt zentralen und dezentralen Planungsphilosophien weichen (vgl. Bild 10).

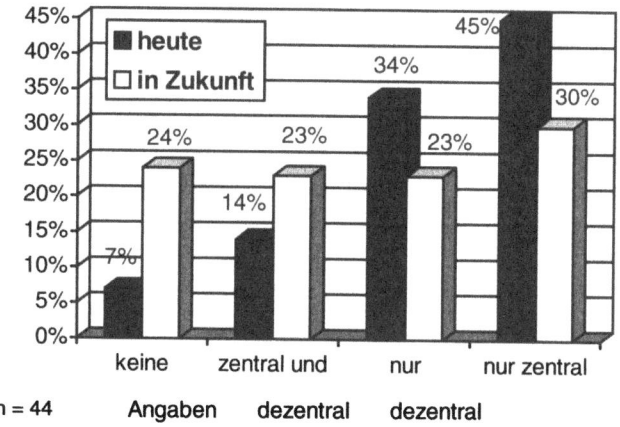

Bild 10: Philosophie für die Produktionsplanung heute und in Zukunft

Als wesentliches Kriterium für den zentralen Teil dieser Planung wurde die Kapazitätsauslastung genannt, eine Ausrichtung der zentralen Planung an der Kundenorientierung steht dagegen heute erst an fünfter Stelle (vgl. Bild 11).

Supply Chain Management - Revolution oder Modewort?

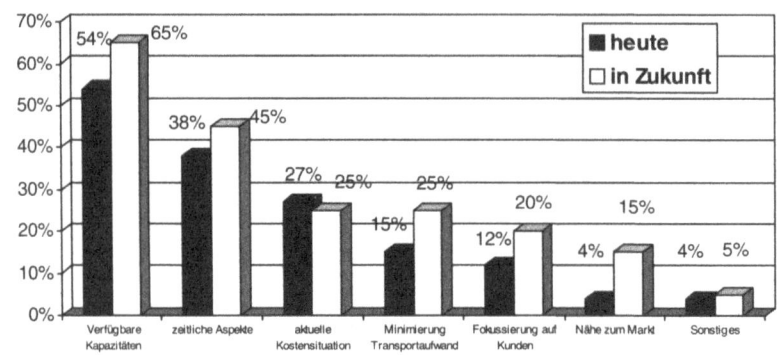

Bild 11: Kriterien der zentralen Planung heute und in Zukunft

Die Einführung eines SCM- oder SCM-ähnlichem Systems zur zentralen Koordination aller Materialströme durch die Unternehmensstandorte wird derzeit nur von 16% der Unternehmen eingesetzt, 45% lehnen dies für die Zukunft sogar ab.

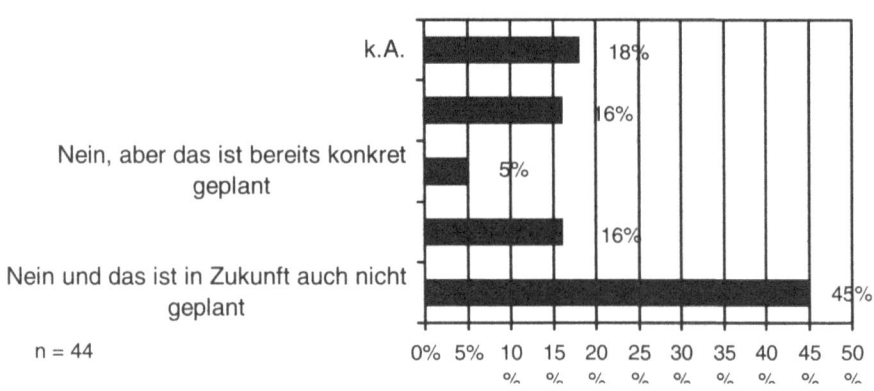

Bild 12: Einsatz eines SCM-Systems bei produzierenden Unternehmen

Schlussfolgerungen

Die skizzierten Ergebnisse zeigen, dass auf der einen Seite die Netzwerkgröße und -komplexität zunimmt, auf der anderen Seite versuchen gerade mittelständische Unternehmen mit Dezentralisierungsansätzen, dieser Herr zu werden. Eine zentrale Sicht auf das Netzwerk und seine konsequente Ausrichtung auf Kundenbelange findet tendenziell nicht statt. Hierfür kann es mehrere Gründe geben:

- Zum einen sind einige mittelständische Unternehmen derzeit noch zu klein, damit der mit der Einführung eines SCM-Konzeptes entstehende Nutzen die damit verbundenen Aufwendungen rechtfertigt. Die großen SCM-Tools, wie i2 oder Manugistics sie anbieten, sind für diese Unternehmen "oversized" und wirken eher abschreckend.
- Zum anderen sind viele Unternehmen ohne Reorganisation aber auch nicht SCM-fähig. SCM-Konzepte erfordern aktuelle und konsistente Daten bei den zugrunde liegenden ERP- und PPS-Systemen. Zwar setzen 77% der befragten Unternehmen ein PPS-System ein, hinsichtlich der Datenaktualität sind die befragten Unternehmen aber im Hintertreffen. Derzeit verfügen 35% der Unternehmen lediglich über wochengenaue Informationen über aktuelle Bedarfsmengen und -termine. In Zukunft streben 21% stundengenaue und 59% tagesgenaue Informationen hierzu an. Diese Arbeit muss aber erst getan werden, bevor man über die Einführung eines SCM-Systems nachdenkt.
- Eine weitere Schwierigkeit besteht darin, dass für einen mittelstandsfähigen und unternehmensübergreifenden Planungsansatz (SCP) derzeit kaum durchgängige und anerkannte Lösungen vorliegen. Insbesondere die Frage, welche Planungsaufgaben dezentral und welche zentral gelöst werden sollen, ist ungeklärt. Der Leidensdruck hierfür wächst aber. Auf die Frage, ob der zentrale Teil der Planung heute zufriedenstellend gelöst ist, antworteten nur 46% mit "Ja", 31% verneinten diese Frage. Hier liegt Handlungsbedarf vor, und es kann erwartet werden, dass in Zukunft für diesen Aufgabenbereich neue Lösungen entwickelt und erprobt werden.

SCE   Im Gegensatz hierzu konzentrieren sich mittelständische Unternehmen derzeit verstärkt auf organisatorische Ansätze im zwischenbetrieblichen Bereich und den Bereich Supply Chain Execution (SCE). Dies kann daran erkannt werden, dass das Thema Kooperation mit Lieferanten, Logistikdienstleistern, Konkurrenten und Kunden eine relativ hohe Durchdringung erfahren hat. Zusätzlich kommen SCE-Lösungen wie das Tracking und Tracing, Web-basiertes KANBAN, Web-EDI, eCommerce und Lieferanten-Extranets zunehmend zum Einsatz. Dafür spricht unter Anderem, dass der DV-technische Datenaustausch mit Kunden und Lieferanten von heute 31% (Lieferanten) beziehungsweise 38% (Kunden) auf 54% beziehungsweise 69% ausgedehnt werden soll.

Zusammenfassung

SCM ist kein Modewort und die eingesetzten Werkzeuge und Ansätze bieten für eine Vielzahl von Problemen in den unterschiedlichsten Branchen deutlich verbesserte Lösungen. Insbesondere Großunternehmen mit Produkten für einen globalen Massenmarkt profitieren hiervon. Auch kann man feststellen, dass Europas Unternehmen durchschnittlich ein bis zwei Jahre hinter ihren US-Konkurrenten liegen, was das Thema SCM angeht. Es liegt also Handlungsbedarf vor, und produzierende Unternehmen tun gut daran, sich mit dem Thema auseinanderzusetzen.

Die Frage, wie "mittelstands-, Europa- oder Deutschland-fähig" die SCM-Lösungen heute sind, kann pauschal nur dann beantwortet werden, wenn mehr Erfahrungen bei der Einführung dieser Systeme vorliegen. Einem produzierenden Unternehmen, das eine SCM-Einführung plant, kann dagegen nur die Prüfung des Einzelfalls empfohlen werden, zusammen mit dem Hinweis, dass SCM mehr bietet als das, was von den großen Softwareanbietern derzeit propagiert wird.

Weitere Informationen zu diesem Thema sind auf dem Internet-Server SCENE zu finden (vgl. [SCENE]). SCENE ist eine kostenlose und neutrale Informationsplattform für Anwender und Anbieter von SCM-Konzepten und -Lösungen sowie interessierter Dritter.

Literaturliste

[Steinaecker 1999] Steinaecker, J.v., Kommunikationsorientiertes PPS-Konzept unterstützt Umweltorientierung und Produktionsnetzwerke, Teil 1 in: Logistik im Unternehmen, 3/99, S. 28-30, Teil 2 in: Logistik im Unternehmen, 4,5/99, S. 72-74

[Funk 1999] Funk, S., Supply Chain Planning Tools: Package Tools versus Toolkits; Benefits and Costs; Where and When to use Which, Aspen Tech Folien-Präsentation Exponet 10/99

[Scholz-Reiter, Jakobza 1999] Scholz-Reiter, B., Jakobza, J., SCM – Überblick und Konzeption, HMD Praxis der Wirtschaftsinformatik Heft 207, 1999, S. 7-15

[SCENE] SCM Network, Fraunhofer-IAO, Stuttgart, URL: http://www.lis.iao.fhg.de/scm/

4 Supply Chain Management als strategische Herausforderung

Joachim Kodweiss und Keywan Nadjmabadi, IDS Scheer AG

SCM als geschäftsgetriebene Planung und Steuerung

Die in den letzten Jahren zu beobachtende anhaltende Erweiterung der Wettbewerbsfaktoren drängt die Unternehmen dazu, sowohl interne als auch externe Unternehmensprozesse permanent zu überdenken und zu verbessern. Neben dem Produkt stehen weitere Leistungen wie Verfügbarkeit und Service im Vordergrund, wodurch sich Unternehmen immer mehr zu Lösungsanbieter im Vergleich zu reinen Produktanbieter wandeln.

Anforderungen wie die der Variantenvielfalt und der Produktinnovation wirken sich zunächst auf die internen Prozesse der Leistungserstellung aus und bewirken einen permanenten Druck, Produkte und Prozesse zu verändern. Begleitet wird diese Entwicklung von extern gestellten Anforderungen, wodurch sich die Unternehmen zunehmend an den grundlegenden Wettbewerbsfaktoren Qualität, Kosten und Zeit messen lassen müssen. Die globalen Märkte fordern neben erhöhter Produktqualität eine schnelle Reaktionsfähigkeit, die nur durch die Integration und Synchronisation aller wertschöpfenden Prozesse erreicht werden kann. Dazu muss das gesamte Wertschöpfungsnetz – vom Rohstofflieferant bis zur Serviceleistung beim Endkunden – betrachtet werden. Die Zusammenarbeit zwischen Unternehmen kann dabei nicht allein durch den Einsatz von Softwaretools erreicht werden, so dass ein zielgerichtetes Kooperationsmanagement als Bestandteil einer SCM-Strategie zu sehen ist. Angesichts dieser Anforderungen entwickelt sich die permanente Prozessinnovation zu einer strategischen Waffe, die eine übergreifende Prozessoptimierung erfordert.

Supply Chain Management zur übergreifenden Prozessoptimierung behandelt die wesentlichen Schlüsselprozesse und Gestaltungsfelder durch Einbeziehung aller Beteiligten des logistischen

Netzwerkes (Bild 1). Dieses global ausgerichtete Netzwerk besteht neben dem eigenen Unternehmensverbund aus Kunden und Lieferanten, wobei die Befriedigung der Kundenbedarfe als Entscheidungsgrundlage jeglicher Aktivitäten gilt. Somit ist die Synchronisierung dieses globalen Netzwerkes oberstes Ziel des SCM. Die daraus abzuleitenden Ziele sind unter anderem reduzierte Durchlauf- und Lieferzeiten, Reduktion von Lagerbeständen, verbesserte Lieferbereitschaft und erhöhte Termintreue, verbesserte Ressourcenplanung, die höhere Planungseffizienz, Kostensenkung beispielsweise durch Verhinderung von ad-hoc-Lösungen.

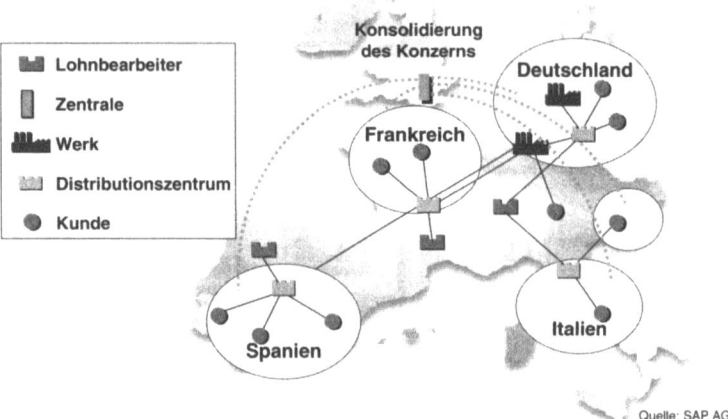

Bild 1: Vernetzung von Unternehmenseinheiten zu international agierenden Organisationen

Zur Synchronisation aller Knoten dürfen im Gegensatz zu früheren Ansätzen die Abläufe zwischen den Partnern in diesem Netz nicht unberücksichtigt bleiben. Dies erfordert eine systematische Verzahnung aller Prozesse der Wertschöpfungskette über die beteiligten Knoten hinweg. Neben dem Abbau von Informationsbarrieren und der Integration aller beteiligten Partner der Wertschöpfungskette ist die ganzheitliche prozessorientierte Planung und Steuerung aller Flüsse von Informationen, Produkten und Finanzmitteln in der Wertschöpfungskette Leitgedanke zur Erreichung der SCM-Ziele.

Die Rolle der IT in der modernen Logistik

Die ganzheitliche Planung und Steuerung setzt einen koordinierten Ablauf aller Aktivitäten im Netzwerk voraus, wofür die Unternehmen realisierbare Pläne benötigen. Diese müssen immer wieder zeitnah neuen Situationen angepasst werden. Mögliche Engpässe in der Planung, die irgendwo im Netzwerk entstehen, müssen mit ihren Ausmassen und Auswirkungen bekannt gemacht werden. Neben der Produktionskapazität müssen sämtliche Zuliefer-, Lager- und Transportrestriktionen berücksichtigt werden. Ebenfalls notwendig ist die Sicht auf wirtschaftliche Wirkungen, so dass unter den realisierbaren auch die profitableren Alternativen gewählt werden können.

In der ersten Hälfte der 90er Jahre führte die Einführung integrierter Transaktionssystem (sogenannte ERP-Systeme, Enterprise Ressource Planning Systems) zu einer Veränderung der Wettbewerbssituation. Diese durchdringen sämtliche belegorientierten Geschäftsprozesse wie Auftragsbearbeitung, Buchhaltung Einkauf und Produktionswirtschaft innerhalb eines Unternehmens. Auch heute werden moderne ERP-Systeme wie Anwendungen von SAP, Baan oder JD Edwards grösstenteils zur Koordinierung der unternehmensinternen Abläufe eingesetzt. Obwohl das Engineering und die Optimierung der belegorientierten Geschäftsprozesse nach wie vor zum Unternehmenserfolg beitragen, werden ERP-Systeme der neuen Wettbewerbssituation an den Märkten nicht gerecht.

Der für die Logistik relevante Teil der Transaktionssysteme ist den Anforderungen, global agierende Netzwerkkomponenten abzubilden und zu planen, nicht gewachsen. Somit werden Auswirkungen einer Störsituation einer beteiligten Wertschöpfungsstufe in der Planung nicht vorhersehbar. Beispielsweise führt der Ausfall einer Anlage in der Fertigung zu einer Verschiebung der Fertigungsaufträge für die Zeit des Ausfalles, ohne die Auswirkungen auf die Lieferfähigkeit und die Liefertreue in der gesamten Supply Chain aufzuzeigen. An dieser Stelle wird auch die Notwendigkeit der Simulation von Szenarien deutlich, mit dessen Hilfe die Auswirkungen verschiedener Einflussfaktoren auf die Gesamtplanung im Vorfeld verdeutlicht werden können. Im Bereich der Produktionsplanung- und Steuerung basiert das Konzept der ERP-Systeme auf sequenzieller Planung, die heute noch in langen Batchläufen durchgeführt wird.

Es wird deutlich, dass eine ganzheitliche Optimierung der Supply Chain mit den klassischen ERP-Funktionalitäten nicht erreicht werden kann. Diese zielen auf die Optimierung einzelner Komponenten der Supply Chain ab und ermöglichen somit keine Optimierung (d.h. Maximierung des Deckungsbeitrages) der heutigen und zukünftigen Bedarfsdeckung.

Durch mehrere technologische Fortschritte wie die objektorientierte Softwaretechnologie, verbesserte Optimierungsalgorithmen, Preisverfall und Leistungssteigerung bei Hardwarekomponenten uvm. wurde die Entwicklung von Advanced Planning and Scheduling Systemen (APS) ermöglicht. Diese Planungstools unterstützen einen optimalen Planungsprozess und beheben die Defizite von ERP-Systemen und deren Planungsmethoden (wie z.B. MRP-II). APS Systeme verwenden ein Modell der Supply Chain und sind in der Lage, komplexe logistische Strukturen in einer Supply Chain abzubilden.

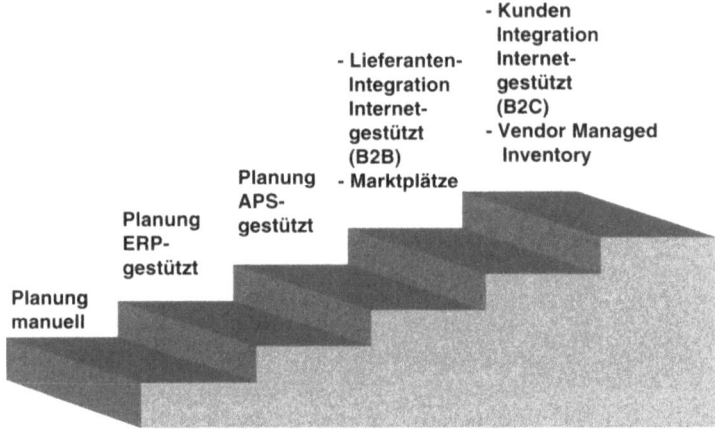

Bild 2: Beispielhafte Entwicklungsstufen zu einer e-Business Organisation

Somit wird eine Synchronisation der ganzheitlichen Planungsprozesse über die gesamte Supply Chain (Beschaffung, Produktion, Distribution und Tarnsport) ermöglicht. Die Ergebnisse sind unter anderem verlässliche Lieferzeitbestimmungen und realisierbare Fertigungspläne, die unter Berücksichtigung aller Constraints der Supply Chain ermittelt werden. Bei der Ermittlung der Pläne unter Berücksichtigung der Constraints Materialverfügbarkeit, Kapazitätsverfügbarkeit und vorhandener Bedarf zeigt ein APS System alle auftretenden Probleme, d.h. Verletzung der Constraints und deren Auswirkungen auf einen Plan auf (Bild 2).

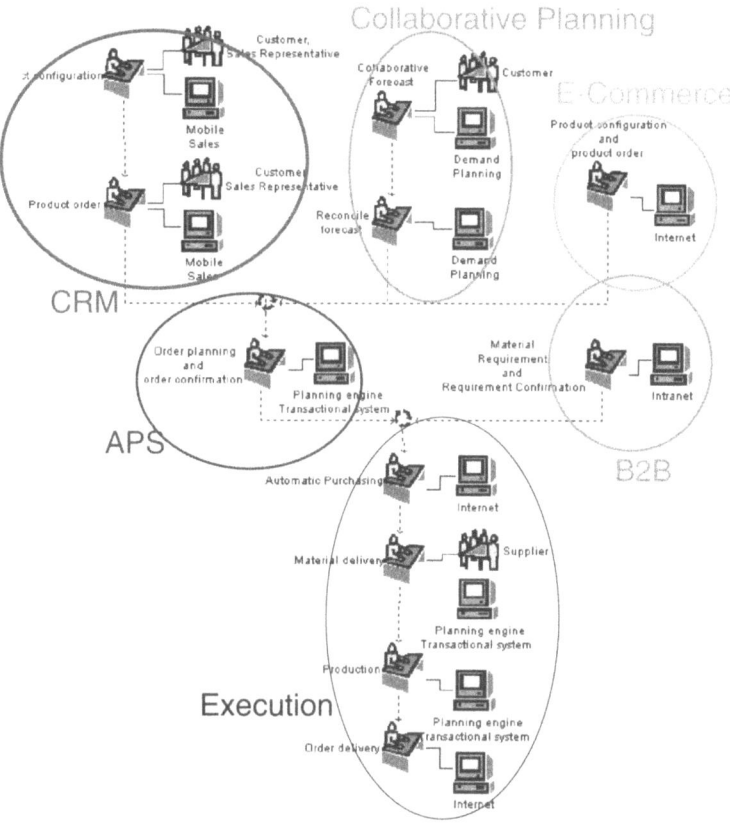

Bild 3: Prozessorientierte Integration von Supply Chain Management und e-Business Komponenten

Neue Softwaretools wie SAP APO (Advanced Planer and Optimizer) oder Activ Supply Chain von JD Edwards folgen dieser Konzeption. Ziel ist ein Optimum an Kundenservice mit minimalen Beständen durch Synchronisation des gesamten Netzwerks zu erreichen. Dazu liefern diese Werkzeuge auch die Basis für Business to Business (B2B) und Business to Customer-Beziehungen (B2C). Durch die Integration von Kunden und Lieferanten und den Austausch von planungsrelevanten Informationen (z.B. Bestands- und Bedarfsinformation) zwischen den Beteiligten ermöglichen sie eine gezielte Nachbevorratung von Fertigwaren und Ausgangsmaterialien und somit höchste Verfügbarkeit bei insgesamt niedrigen Beständen.

Es zeigt sich, dass die Unternehmen mit Supply Chain Management und den darauf basierenden Planungswerkzeugen wesentlich bei der Anpassung an die neuen Marktanforderungen und der Gewinnung von Wettbewerbsvorteilen unterstützt werden. Gleichzeitig wird jedoch deutlich, dass eine SCM-Strategie unter Einsatz von APS nur in Verbindung mit einem vorgelagerten Supply Chain-Design den gewünschten Erfolg herbeiführt.

Weitere Bestandteile eines innovativen Logistikkonzeptes für die ganzheitliche Planung der Supply Chain sind umzusetzende Konzepte des Collaborative Planning, Customer Relationship Management (CRM), B2B bzw. B2C (Bild 3). Somit ist das APS System als ein wesentliches Planungsinstrument im Netz weiterer Supply Chain Management Komponenten zu sehen, die zur Umsetzung einer ganzheitlichen SCM-Strategie benötigt werden.

Vorgehensweise zur Realisierung von SCM

Die Integration der Logistiksysteme von Unternehmen mit dem Ziel der Gesamtoptimierung der Wertschöpfung erfordert ein Reengineering aller logistischen Prozesse. Dabei sollte berücksichtigt werden, dass eine Optimierung nicht allein durch die Einführung einer Softwarelösung und der Anpassung der Prozesse an die Anforderungen und vor allem an die Funktionalitäten der neuen Softwarelösung erreicht werden kann. Das Reengineering sollte unter Berücksichtigung der drei Säulen Mensch, Organisation und Technik durchgeführt werden. Dabei spielen die Software-Instrumente bei weitem nicht die Hauptrolle. Viel wichtiger ist es, die Organisation und die Menschen, die in dieser Organisation arbeiten, auf die Veränderungen vorzubereiten und motiviert mitgestalten zu lassen. Da sich durch die Realisierung des SCM-Konzepts das Unternehmen grundlegend verändert, sind gerade diese weichen Faktoren für einen Erfolg ausschlaggebend. Zur Neugestaltung des Unternehmens sind die Geschäftsprozesse, die ein koordiniertes Arbeiten im Unternehmen definieren, gemeinsam von den Mitarbeitern unter Berücksichtigung der SCM-Ziele neu zu definieren (Bild 4).

Supply Chain Management als strategische Herausforderung

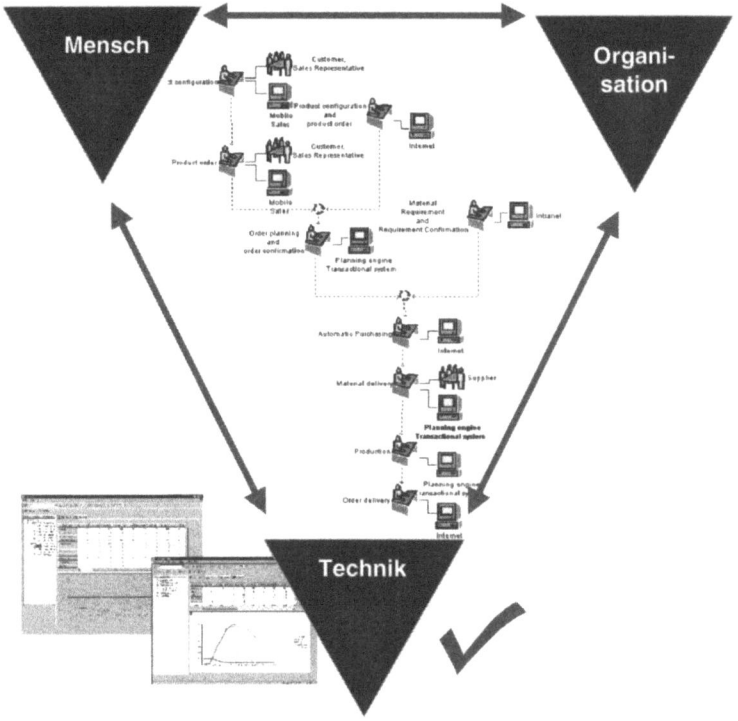

Bild 4:   Zusammenwirken der drei Säulen

Die Vorgehensweise der IDS Scheer AG bei der Umsetzung einer Supply Chain Management Strategie kann in grob in einen systemunabhängigen und eine systemabhängigen Part gegliedert werden. Die anschliessenden Phasen können folgendermassen beschrieben werden (Bild 5):

Supply Chain Management als strategische Herausforderung

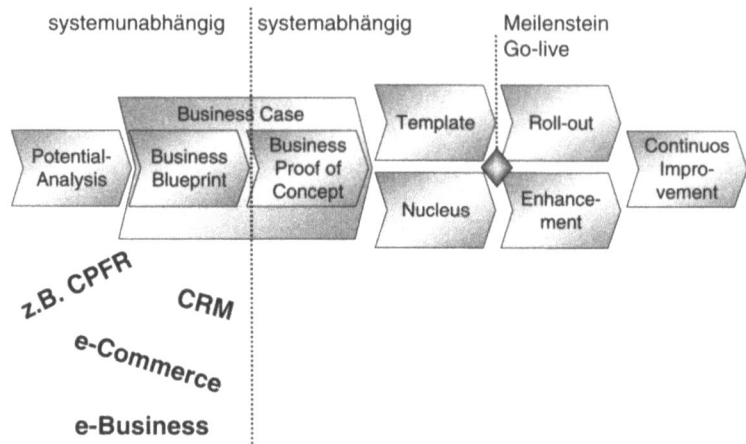

Bild 5: Phasenmodell für SCM-Projekte

1. Phase : Potential Analysis

Im Rahmen der Potential-Analyse wird eingangs die Strategie des Unternehmens unter Berücksichtigung der Visionen, der bekannten Herausforderungen und der aktuellen Probleme analysiert. Als Basis für dieses Vorgehen dient eine Finanzanalyse, die Kennzahlen wie Qualität, Flexibilität, Zuverlässigkeit etc. heranzieht. Gleichzeitig werden Benchmarking-Vergleiche durchgeführt, wobei "best practice in industry" und Wettbewerber unter die Lupe genommen werden. Nach der detaillierten Analyse der Ausgangssituation werden die zu erreichenden Supply Chain Management Ziele und die verfolgten Strategien festgelegt. Dabei stehen Aspekte wie Verbesserungspotentiale, Erhöhung der Qualität, des Services und der Zuverlässigkeit und "Streamlined Operation" im Vordergrund. Des weiteren zählen eine Standardisierung der Prozesse und Produkte, die Verbesserung der Organisationsstruktur und ein besserer Informations- und Produktfluss (intern und extern).

In einem nächsten Schritt werden die Unternehmensprozesse (SOLL-Prozesse) analysiert und gewichtet, wobei eine Priorisierung nach dem Beitrag zum Unternehmenserfolg vorgenommen wird. Bei der Priorisierung spielen Verbesserungspotentiale die wichtigste Rolle. Als Ergebnis der Potential Analyse werden grobe Lösungsansätze unter Berücksichtigung der gesetzten Prioritäten und neuer Vorgehensweisen skizziert.

2. Phase : Business Case

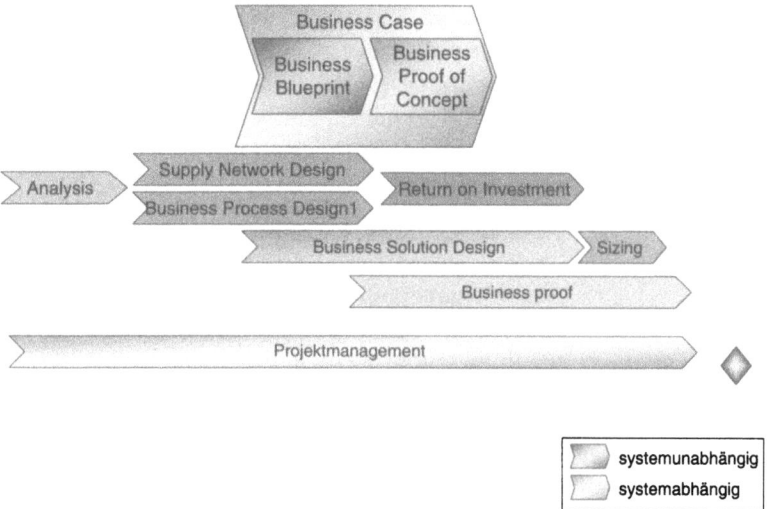

Bild 6: Teilschritte der Business Case

Nach der Grobanalyse der Prozesse in der vorangegangenen Phase der Zielsetzung erfolgt in der zweiten Phase eingangs die softwareunabhängige Business Blueprint Phase. Dabei wird in einem ersten Schritt eine detaillierte Analyse der Organisation, Technologie und Performance des gesamten relevanten Netzwerks durchgeführt, wobei alle beteiligten Instanzen wie Lieferanten, Einkauf, Produktion, Materialwirtschaft, Verkauf, Forschung & Entwicklung etc. berücksichtigt werden (Bild 6).

Dazu muss eine gezielte Analyse des Materialflusses, der Informationen und der Geldströme im Gesamtnetzwerk durchgeführt werden. Die Produkte d.h. Rohmaterialien, Halb- und Fertigprodukte, Verpackung und Service werden dabei ebenfalls einer detaillierten Analyse unterzogen. Ein Beispiel ist die Festlegung, welche Produkte an welchen Standorten in welchen Mengen gelagert werden müssen, um eine Marktversorgung sicherstellen zu können.

Ein weiteres Beispiel ist die Festlegung, welche Produkte selbst an welchen Standorten gefertigt werden oder von welchen Partnern bezogen werden sollen. Als Ergebnis wird das logistische Netzwerk geändert, um die Basis für einen effizienten Materialfluss bilden zu können. Das Fliessen von Material ist aber das Ergebnis der dispositiven Tätigkeiten. Diese Tätigkeiten werden hauptsächlich durch die Geschäftsprozesse Planung und Kundenauftragsabwicklung definiert. Diese beiden Geschäftsprozesse sind hauptsächlich dafür verantwortlich, dass ein effizienter Materialfluss realisiert wird oder dass höchster Kundenservice bei geringsten Beständen erreicht wird. In beiden Fällen ist bei der Neugestaltung dieser Prozesse darauf zu achten, dass Informations- und Organisationsbrüche nicht stattfinden. Dadurch wird die funktional orientierte Organisation automatisch in eine prozessorientierte Organisation überführt.

Im Rahmen des sog. Supply Chain Design wird das gesamte Supply Chain Netzwerk entsprechend einer gemeinsam entwickelten Konzeption reorganisiert. Hier gilt es, Zulieferer und Kunden bereits während der Konzeption einzubeziehen. Als Ziel dieser Integration werden durchgängige Prozesse entlang der gesamten Supply Chain angestrebt. Dies bedeutet für ein Unternehmen, dass die Prozessorientierung sich auch auf die Geschäftspartner erstrecken wird. Die Herausforderung liegt dann darin, die verschiedenen Prozesse der einzelnen Supply Chains anschliessend wieder an den richtigen Punkten zu bündeln, falls dies notwendig ist. Notwendig ist dies mit Sicherheit dann, wenn in der Fertigung die Produkte für eine Supply Chain Handel auf denselben Maschinen gefertigt werden wie die Produkte für die Supply Chain Automobilhersteller XY.

Ein weiterer wesentlicher Bestandteil der Business Case Phase ist das Aufzeigen von Verbesserungspotentialen. Dazu werden sowohl abteilungsabhängige als auch abteilungsunabhängige Messgrössen definiert. Die ausgewählten SCM- Kennzahlen dienen der Messung und dem Vergleich mit den neuen Zielen. Einzelne Messgrössen müssen in einem Zielsystem koordiniert werden, das die täglichen Entscheidungen auf allen Ebenen unterstützt und zur Zielerreichung beiträgt.

Supply Chain Management als strategische Herausforderung

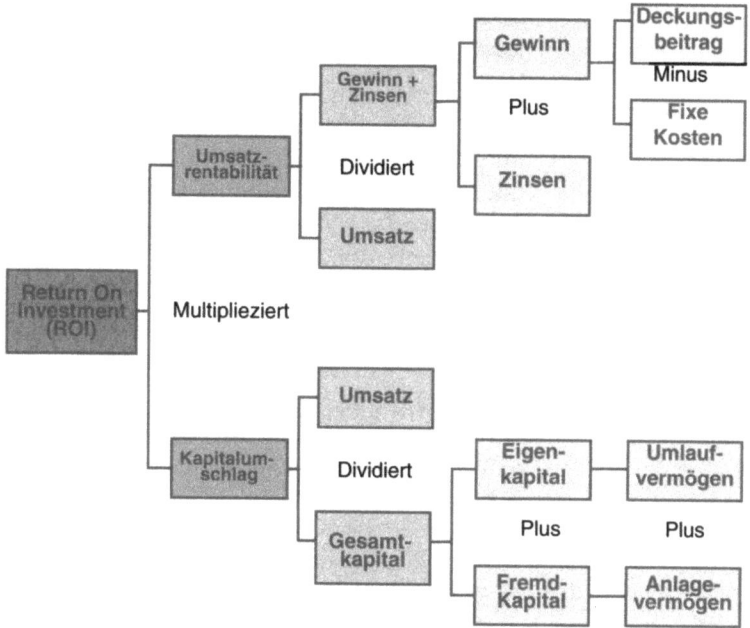

Bild 7: ROI Baum

Als Beispiel für ein integriertes Zielsystem kann der Du-Pont ROI-Baum Verwendung finden (Bild 7). Durch die gemeinsame Definition von Zielwerten (MBO: Management by Objectives) auf allen Ebenen kann auch die Ist-Situation mit der Soll-Situation mit Hilfe einer Kennzahl verglichen werden. Durch die Ausrichtung der Entscheidungen auf die Erreichung der Zielgrössen können auch Entscheidungen auf ihren positiven Beitrag geprüft werden.

Neben den genannten softwareunabhängigen Teilschritten werden im Business Solution Design Lösungsansätze mit Hinblick auf die einzusetzende Software entwickelt. Dabei stellt sich die wesentliche Frage, welche Prozesse mit Hilfe der Software-Instrumente umgesetzt werden können und an welcher Stelle die vorhandenen Prozesse im System nicht exakt abbildbar sind.

Hierzu werden die definierten Geschäftsprozesse mit den Prozessen, die von dem Software-Instrument unterstützt werden verglichen. Um einen Vergleich durchführen zu können, müssen die unterstützten Prozesse in einem Referenzmodell verfügbar sein. Dieses Referenzmodell beschreibt eine Software nicht in Form eines Benutzerhandbuchs sondern legt Wert darauf, wie einzelne Funktionen und Funktionsbereiche im Leistungserstellungsprozess zusammenhängen und wie eine Aufbauorganisation zur effektiven Nutzung des Instruments aussehen sollte.

Die softwareabhängige Phase der Business Proof of Concept beinhaltet das Sizing zur Ermittlung der Hardwarerequirements und den sog. Business Proof. In dieser Phase wird prototypisch die Umsetzbarkeit der erarbeiteten Lösung aufgezeigt. Dies dient zum einen zur Diskussion mit den zukünftigen Mitarbeitern in der Organisation. Zum anderen kann auf dieser Basis erst eine Entscheidungsvorlage für das Management erarbeitet werden, da neben der Sinnhaftigkeit der entwickelten Prozesse auch deren Umsetzbarkeit bewiesen werden kann.

Damit steht am Ende des Business Case eine Entscheidung, ob und in welchen Schritten das Unternehmen sich in Richtung SCM entwickeln will, welche Randbedingungen zu beachten sind und mit welchen Effizienzsteigerungen zu welchem Zeitpunkt zu rechnen ist. Diese Informationen sind notwendig, um neben dem zweifellos vorhandenen strategischen Aspekt, auch die operativen Aspekte und die Auswirkungen auf die finanzielle Seite, wie den Cash-Flow, berücksichtigen zu können.

3. Phase: Nucleus / Template

Am Ende des Business Case wird die Entscheidung getroffen, ob und welche die Geschäftsprozesse zu realisieren sind. Teil der Entscheidung ist auch, ob eine Vorlage (Template) erarbeitet werden soll, die dann weltweit kopiert und installiert wird, oder ob in einem Bereich ein Kern (Nucleus) realisiert und installiert wird, der als Basis eines weltweiten Roll-Outs dient (vgl. Bild 8). Als generelle Regel kann gelten, dass eine Vorlage dann sinnvoll ist, wenn derselbe Prozess unverändert an vielen Standorten in der Welt eingesetzt werden soll. Der Nucleus-Ansatz ist dann sinnvoll, wenn von Anfang an bereits deutlich ist, dass ein Roll-Out zwar auf der Basis des Nucleus durchgeführt werden kann, aber zu einem späteren Zeitpunkt der Einsatz des Systems um weitere Teile ausgebaut werden soll.

Supply Chain Management als strategische Herausforderung

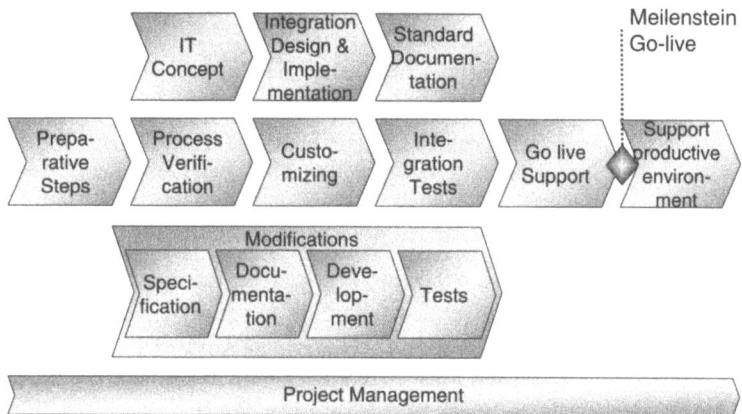

Bild 8: Teilschritte des Nucleus / Template

Da für diese Phase die einzelnen Tätigkeiten identisch sind, wird für die Beschreibung dieser Phase auf eine weitere Differenzierung verzichtet. Bei der Realisierung sind ablauf-, aufbauorganisatorische und DV-technische Gesichtspunkte zu berücksichtigen. Des weiteren muss das Unternehmen an diese neuen Prozesse herangeführt werden, was unter dem Stichwort Change Management zusammengefasst wird. Die hier beschriebene Vorgehensweise wurde entwickelt, um diesen unterschiedlichen Aspekten gerecht zu werden.

In den „Preparative Steps" wird zunächst das Projektteam für diese Phase definiert. Im Allgemeinen wird das bestehende Projektteam (Business Case Phase) erweitert. Neben dem formalen Festlegen eines detaillierten Projektplans und der Definition von Rollen und Verantwortlichkeiten ist auch darauf zu achten, dass ein Gruppenbildungsprozess stattfindet.

Geeignete Mittel dazu sind Workshops, die ausserhalb des Unternehmens stattfinden und die neben der fachlichen Qualifikation der Teammitglieder auch sicherstellen, dass dieses Team sich auch über Bereichs- und Unternehmensgrenzen hinweg als Gruppe mit der Realisierungsaufgabe identifiziert. Die Messgröße für das Projektteam ist die erfolgreich abgeschlossene Realisierung, welche die gesetzten Ziele umsetzt. In parallelen Aktivitäten wird die notwendige DV-Landschaft installiert und eine kontinuierliche Betreuung der notwendigen Systeme aufgebaut.

Nach diesen vorbereitenden Tätigkeiten müssen die Prozesse des Business Case detailliert werden. Im Business Case werden wenige Kernprozesse prinzipiell abgedeckt, was für eine Realisierung noch nicht ausreichend genau ist. Die hierbei notwendige Prozessarbeit muss alle Eventualitäten berücksichtigen und Lösungen definieren. Das Ergebnis dieser Tätigkeit ist ein im Projektteam erarbeitetes Pflichtenheft, das die Verpflichtung aller beteiligten Partner festlegt und die Basis für die weiteren Schritte bildet. Falls funktionale Erweiterungen notwendig sind, werden diese in ihrer Funktionalität ebenfalls im Pflichtenheft beschrieben.

Pflichtenheft Das Pflichtenheft beschreibt, was realisiert wird aber noch nicht im Detail wie die Realisierung aussieht. Dieses wird durch die IT-Konzeption ergänzt (IT-Concept, Integration Design & Implementation), in der genau festgelegt wird, wie das DV-Werkzeug eingesetzt wird und in die bestehende Landschaft integriert wird.

Bestandteil dieser Phase ist auch die Festlegung des Berechtigungskonzepts und die Erarbeitung von Testszenarien für das Testen der späteren Umsetzung. Teilweise überlappend mit der Erstellung der IT-Konzeption können bereits die eventuell notwendigen funktionalen Erweiterungen wie beispielsweise zusätzliche Funktionalität der S entwickelt und dokumentiert werden. Zusätzlich kann parallel die unternehmensindividuelle Konfigurierung des DV-Werkzeug vorgenommen werden.

Die parallele Abwicklung dieser Aktivitäten erfordert ein hervorragendes Funktionieren des Projektteams, da mit weiteren Personen Teilaktivitäten durchgeführt werden und innerhalb des Projektteams durch offene und kooperative Kommunikation abzustimmen sind.

Der Erfolg der parallel durchgeführten Tätigkeiten wird in der Phase des Integrationstests sichtbar. Hier werden die erarbeiteten Test-Szenarien genutzt, um die definierten Prozesse auf ihre Funktionsfähigkeit hin zu prüfen. Weiterhin müssen aber auch beispielhaft Massentests durchgeführt werden, um das spätere Arbeiten der End-Anwender in der Produktivumgebung garantieren zu können.

Parallel zu den Tests ist die Standarddokumentation zu erstellen. Diese besteht neben der prozessorientierten Benutzerdokumentation auch aus der Systemdokumentation. Insbesondere bei der Systemdokumentation ist zu beachten, dass diese so erstellt wird, dass das Wissen des Projektteams an die späteren Betreiber des DV-Instruments übergeben wird.

Gegen Ende des Integrationstests können die ersten Endanwender parallel zum Systemhandling und zu den Funktionalitäten bereits in den neuen Prozessen in Form von Szenarien geschult werden, wobei immer mit „was ist zu tun, wenn" begonnen werden sollte. Deshalb ist es an dieser Stelle sinnvoll, Schulungen so aufzusetzen, dass alle an einem Prozess Beteiligten gemeinsam trainiert werden und somit auch das Zusammenwirken in einer prozessorientierten Organisation einstudieren können. Vor dem Meilenstein des Go-Live sind entsprechende Vorbereitungen zu treffen, um die Testumgebung durch die Produktivumgebung zu ersetzen.

Go Live Support

In Abhängigkeit der gewählten Einführungsstrategie (Nucleus oder Template) wird in einer ersten Phase der Echtbetrieb realisiert. Im Falle des Template-Ansatzes wird das erarbeitete und getestete System einem ersten Bereich als Kopie zur Verfügung gestellt. Bei dieser Herangehensweise ist die Vorbereitung des ersten Bereichs eine Schlüsselaufgabe, da der Erfolg des gesamten Projekts in wesentlichem Maß durch das Feedback dieses ersten Bereichs bestimmt wird.

Mit dem Beginn der produktiven Nutzung der neuen Prozesse ist die eigentliche Aufgabe des Projektteams beendet. Die Erfahrung zeigt allerdings, dass Wissen nie gänzlich formalisiert an andere Personen weitergegeben werden kann. Gerade zu Beginn des produktiven Einsatzes ist das Projektteam verantwortlich dafür, das motivierte Arbeiten der Anwender in den neuen Prozessen sicher zu stellen. Erfahrungsgemäss werden konkrete Hilfestellungen bei Einzelfragen behandelt und einzelne unklare Aspekte erläutert.

4. Phase: Roll-Out

Für den Roll-Out der Prozesse kann das Projektteam unterschiedlich zu dem vorherigen Team besetzt sein. Wichtig bei einem weltweiten Roll-Out von SCM-Prozessen ist, dass die Erfahrungen an einer Stelle der Welt auch in anderen Stellen genutzt werden. Eine Möglichkeit der Projektorganisation ist deshalb, das Team mit globalen und lokalen Mitgliedern zu besetzen, wobei die globalen Projektmitglieder in der Regel dann vollständig mit dem Projekt beschäftigt sind, während die lokalen Projektmitglieder teilweise noch ihre Aufgaben in der lokalen Organisation erfüllen können.

Anforderungen an die Zukunft

Getrieben durch die bereits erwähnten Anforderungen des Marktes und durch neue Technologien wird bei der Umsetzung einer SCM-Strategie die schnelle und einfache Integration von Partnern, das heißt, Lieferanten und Kunden, ein wesentlicher Erfolgsfaktor sein. Neben dem unternehmensinternen komplexen Netz müssen alle beteiligten Partner in die Planung eingebunden werden, so dass ein permanenter und durchgängiger Informationsaustausch im gesamten Netzwerk gewährleistet wird. Diese Kooperation erweist sich sowohl aus technischen als auch aus „unternehmenspolitischen" Gründen als schwierig.

Change Management

Das notwendige Change Management erfordert auf allen Unternehmensebenen eine Akzeptanz, um als erfolgreiches Veränderungsmanagementes den Anforderungen gerecht zu werden. Neben den harten Faktoren wie Unternehmenssystem und -strategie müssen weiche Faktoren wie Führungsstil und Personal als Ansatzpunkt für ein Veränderungsmanagement gewählt werden. Das Lösen von alten Denkweisen und Strukturen bildet die Basis für erfolgreiches Change Management. Beispielsweise stellt das Offenlegen von Absatzplänen oder Lagerbeständen für viele Unternehmen nach wie vor ein Tabu dar, was jedoch als Voraussetzung für eine Kooperation im Sinne des SCM gilt.

Die extrem heterogenen Systemlandschaften der Unternehmen sind ein wesentliches Hindernis bei der Durchsetzung der SCM-Strategie hinsichtlich einer technischen Anbindung von Partnern entlang der Wertschöpfungskette. Die jeweiligen IT-Landschaften sind durch eine Vielzahl propietärer Systeme geprägt, die nur mit großem Aufwand (Kosten und Zeit) koppelbar sind. Der hohe Stellenwert von ERP-Systemen nach dem heutigen Verständnis wird an Bedeutung verlieren, da sich die hier abgebildeten Prozesse im Zeitablauf verändern können. Zwar werden die Kernfunktionen der ERP Systeme nach wie vor genutzt und in absehbarer Zeit nicht ersetzt, die Schnittstellen zu den Marktteilnehmern werden jedoch durch neue Produkte abgedeckt. Funktionen monolithischer Systeme zur Unterstützung der Kommunikation zu externen Marktpartnern oder Fremdsystemen werden durch offene und flexiblere Systeme ersetzt. Als Beispiel kann die Aufgabenbereich der Vertriebssoftware genannt werden, die im Vergleich (Bsp. R/3 Modul SD) durch Customer Relationship Management (CRM), Collaborative Planning und Mobile Sales -Komponenten in ihrer „Kommunikationsfunktion" ersetzt wird. Die technischen Voraussetzungen für eine derartige Entwicklung sind mittlerweile fortgeschritten. In einer ersten Stufe kann die Internettechnologie (ITT) als Schnittstelle zwischen heterogenen Systemen agieren und eine Kopplung unterstützen. In der zweiten Stufe können neue Systeme auf der Basis der ITT entwickelt werden (z.B. mit JAVA). Die auf Basis der ITT entwickelten Anwendungssysteme bieten den großen Vorteil der Flexibilität hinsichtlich ihrer Anpassbarkeit an die unternehmens- und marktindividuellen Bedürfnisse. Dadurch können die Unternehmen ihre Kernkompetenzen wieder besser durch Informationstechnologie unterstützen und sich entsprechend von der Konkurrenz abheben.

Eine derartige Entwicklung wird aus betriebswirtschaftlicher Sicht mehrere indirekte Effekte haben, die Unternehmen erneut vor einem Wandel stellen werden. Die neuen zusätzlichen Absatzkanäle wie das Internet und eine zunehmende Internationalisierung führen zu einer Konzentration der Prozesse auf die Logistik führt.

Home-delivery Gleichzeitig wird die Veränderung bzw. die Verschiebung des Konsumverhaltens eine Anpassung der Logistikkonzepte anstossen. Ein Beispiel ist das sog. Home-delivery, wodurch sich neue logistische Aufgaben für den Handel ergeben. Das bereitstellen der Ware im Ladenlokal wird durch ein bedarfsgerechtes Kommissionieren ersetzt. Für die anschliessende Auslieferung müssen ebenfalls Ressourcen bereitgestellt oder organisiert werden.

Der Trend hinsichtlich einer flexibleren Supply Chain Netzwerkgestaltung mit den damit verbundenen Prozessen ist erkennbar. Der heutige SCM-Ansatz mit einer eher langfristigen Netzwerkstruktur bestehend aus Partnerschaften und Kooperationen wird in Zukunft dynamischer. Allein die immer kürzeren Produktlebenszyklen führen zu kurzfristigeren Partnerschaften.

Durch die Präsenz von Marktplätzen ist bereits eine technologische Voraussetzung für flexiblere und dynamische Kooperationen geschaffen, die von allen Teilnehmern beherrscht werden. Die Aufgabe der Unternehmen wird es sein, ihre Prozesse so offen und flexibel zu gestalten, dass sie der marktseitigen Dynamik folgen. Dabei ist das Supply Chain Management als ein wesentlicher und breit gefächerter Ansatz auf diesem Weg.

5 Supply Chain Controlling

Controlling innerhalb der Supply Chain und Basis neuer Potentiale

Detlef M. Schumann, Aii Seitz GmbH&Co. KG

Vorwort

Dieser Beitrag führt durch die Strukturen und Funktionen des SCM und fokussiert dabei auf Themen und Ansätze, die nicht nur den logistischen Warenfluss beachten. Der Begriff des „Optimums" wird aus Sicht eines ganzheitlichen Controllingverständnisses hinterfragt. Über einfache Modellrechnungen sowie Abgrenzung des Themas hin zu rein logistischen Funktionen wird der Blickwinkel auf zwei Hauptaspekte gelenkt:

- Planung mit Hilfe von Supply Reality Control-Modellen
- Einbindung monetärer Größen als Prozesselemente über rechtlich eigenständige Einheiten hinweg

Bestehende Lösungsansätze werden auf Ihre Tauglichkeit hin betrachtet und die eigentliche Problematik mit ihren unterschiedlichen Aspekten dargestellt. Besondere Beachtung wird dabei dem Problem der Datenhaltung zur Schaffung einer geeigneten Auswertungsbasis geschenkt.

Das Ziel dieses Beitrages besteht darin, den Blickwinkel auf strategische Ziele und Vorgehensweisen zu richten und SCM als Basis zu verstehen, um Unternehmen die Wettbewerbsfähigkeit langfristig zu sichern.

Der Autor befasst sich seit über 10 Jahren mit der Implementierung von Standardsoftware (SAP) und hat daraus umfangreiche Projekterfahrung gesammelt. Bei jeder Einführung von neuen Prozessen in Unternehmen sind Fragen zur Steigerung der Wertschöpfung zu beantworten und Potentiale aufzuzeigen. Der Erfahrungshintergrund in Verbindung mit den Möglichkeiten der neuen Technologien ist der Ausgangspunkt für strategische

Überlegungen zum Supply Chain Management aus dem Blickwinkel eines Controllers.

Dank sei an dieser Stelle all denjenigen gesagt, die durch fruchtbare Diskussionen die Entwicklung neuer Ideen begünstigt haben!

Ausgangslage und Annäherung an das Thema

Einleitung

Es ist seit langem kein Geheimnis mehr, dass sich die Wettbewerbsfähigkeit eines Unternehmens nicht nur über seine innere Leistungsfähigkeit definiert. Noch vor einigen Jahren lag der Schwerpunkt der Bemühungen darauf, die Abläufe innerhalb der Aufbau- und Ablauforganisation eines Unternehmens zu verbessern. Im Bereich der Verwaltung wurden Konzepte zur Büroautomation realisiert. Analog dazu hielten im Bereich der Logistik die Elektronik und das Computerwesen Einzug. Die Hauptantriebskraft hinter diesen Vorgängen war die sprunghaft zunehmende Leistungsfähigkeit der elektronischen Datenverarbeitung.

Heute sind wir abermals an einer Schwelle zu einem neuen Technologiesprung, der sich im Bereich der Datenverarbeitung abspielt. Das World Wide Web bringt neue Möglichkeiten, die jedes einzelne Unternehmen dazu zwingen, sich damit zu beschäftigen. Die Benutzerzahlen nehmen weltweit ständig zu (Bild 1). Daneben entwickelt sich die Leistungsfähigkeit der einzelnen Computer ständig und sogar mit zunehmender Dynamik weiter. War noch vor Jahren wichtig, wie die Qualität der Produkte eines Anbieters war, oder wie pünktlich geliefert werden konnte, fragen heutige Abnehmer immer noch die gleiche Frage. Heute allerdings mit dem Unterschied, dass nicht nur der regionale Anbieter alleine darauf antwortet, sondern jetzt quasi die gesamte Weltwirtschaft der Gesprächspartner ist. Unsinn? Nein, denn wie bereits geschildert, wird durch die Möglichkeiten des WWW Entfernung auf einmal sehr relativ. Nicht alleine, dass immer mehr Anbieter und Nachfrager sich elektronisch treffen, auch werden Angebote sehr schnell vergleichbar und der Handel gewinnt eine neue Dimension der Geschwindigkeit. Ausnahmen sind hierbei selbstverständlich.

Entwicklung des Internet bis zum Jahr 2005

- Globaler Standard für die Datenkommunikation
- Mensch, Arbeitsplatz Computer und auch sonstige Rechner werden virtuell verbunden sein
- Es wird ausreichende Bandbreite bereitstehen, um Sprache und Bild zu transportieren
- 85% der Unternehmen in Industrie-Nationen sind beteiligt
- Das Internet wird kein Thema mehr sein

➔ **Es geht nur noch um: Dabei sein oder nicht !**

Bild 1: Entwicklung des Internet

Eine sehr große Chance, die Potentiale der Informationstechnologie zu nutzen, kommt dabei neben den großen, gut strukturierten Konzernen auch kleineren und mittleren Unternehmen zu. Hier ergeben sich durch strategische Partnerschaften, die sich nach neuestem Sprachgebrauch auch als virtuelle Unternehmen bezeichnen, Freiräume für Chance und Wandel.

Beispielrechnung und Analyse

Betrachten wir zu Beginn weiterer Überlegungen eine „typische" Prozesskette. Der Prozess beginnt bei einem Rohstofflieferanten oder Förderbetrieb und nimmt dann über beliebig viele weitere Einheiten hinweg seinen Weg bis zum Endkunden.

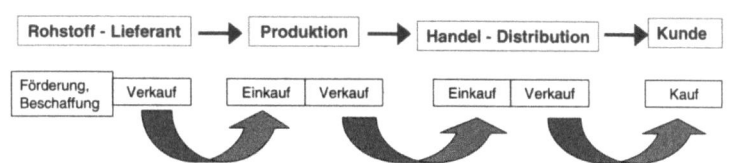

Bild 2: Prozesskette

Die dazwischen liegenden Einheiten bearbeiten, verarbeiten, transportieren und verteilen die Güter, und jeder innerhalb dieser Kette verdient etwas dabei. Gewinne beeinflussen dabei den

Gesamtpreis für den Kunden maßgeblich. Dazu kommen dann noch die Kosten für Material und Fertigung sowie die Anteile der Verwaltung und des Vertriebes. Steuern und staatliche Abgaben sollen bis auf weiteres gar nicht berücksichtigt werden, können aber auch einen eigenen Effekt darstellen. Alles in allem eine normale Prozesskette, wie es sie schon immer gab. Gehen wir für unser Beispiel davon aus, dass alle beteiligten Einheiten selbständige Unternehmen sind und nachfolgende Werte gelten:

- Die Beschaffungs- und Verarbeitungskosten betragen EUR 4,50
- Der Lieferant soll EUR 0,50 Gewinn erzielen
- Die gesamte Bearbeitung beim Produzent kostet EUR 10,00
- Der Produzent soll EUR 1,00 Gewinn erzielen
- Die Abwicklungskosten im Handel betragen EUR 3,50 und der Gewinn sei EUR 0,50

Das Endprodukt in unserem Beispiel würde somit EUR 20,00 kosten.

Unterstellen wir weiterhin, dass innerhalb jedes einzelnen Unternehmens alle Abläufe optimal sind – das ist zwar unrealistisch, aber wir nehmen es trotzdem an. Somit wären keine Einsparungen innerhalb einer Unternehmung möglich. Betrachten wir jetzt den Gesamtprozess und machen hierbei von den Möglichkeiten der elektronischen Abwicklung Gebrauch. Somit wären wir sicherlich in der Lage, im Verwaltungs- und Vertriebsbereich Kosten zu sparen. Wenn alle am Gesamtprozess beteiligten Unternehmen in ihren Ver- und Einkaufsabteilungen die Abwicklung aufeinander abstimmen würden und auch noch die planerischen Effekte der verbesserten Disposition und Lagerhaltung mit betrachtet werden, sind Einsparpotentiale eindeutig. Falls wir in diesen kleinen Bereichen bei jeder Einheit nur minimale Verbesserung erzielen, kann der beschriebene Prozess problemlos um EUR 1,00 bis EUR 2,00 günstiger werden, was für den Kunden in Summe eine Einsparung von 10% ausmacht! Nicht das Sparpotential eines einzelnen Prozessteilnehmers entscheidet, sondern die Summe der Effekte im Vergleich zu anderen Prozessketten. (Die Vergleichbarkeit der Produkte wird dabei vorausgesetzt.)

Für etablierte Produkte besteht hier die Gefahr, dass neue evtl. virtuelle Anbieter in den Markt treten und Marktanteile über den Preis erkämpfen. Gleichzeitig entsteht die Chance für innovative Unternehmen, neue Tätigkeitsfelder zu erarbeiten. Es ist je nach

Blickwinkel Chance und Risiko gleichzeitig, aber auf jeden Fall besteht Handlungsbedarf!

Betrachten wir nochmals exakter, wie genau die zuvor genannten Einsparungen zum Tragen kommen und welche weiteren Potentiale noch darin verborgen sind. Die nachfolgende Unterteilung stellt die wesentlichen Faktoren dar, welche die Abwicklung durch elektronische Verfahren ermöglichen. Im Allgemeinen wird dabei von e-Commerce[1] gesprochen:

- Innovation
  - Schnellere Reaktionszeit auf Marktveränderungen
  - Synchronisation von Bedarfen und Produktion (Reduktion von Lägern)
  - Neue Vertriebswege (Umsatzausweitung)
  - Etc.
- Kundenfokussierung
  - Verfügbarkeit der Produkte
  - Informationsbereitschaft (Fertigungsgrad, Liefertermine)
  - Liefertreue
  - Information (generelle Verfügbarkeit von Informationen; Qualität und Service)
  - Etc.
- Effizienzsteigerung
  - Kosteneinsparung
  - Zeit
  - Vermeidung von Medienbrüchen
  - Etc.

Alles in allem lässt sich sagen, dass wir die hierarchischen Strukturen der geschlossenen Unternehmen verlassen müssen und uns den vernetzten Strukturen virtueller Welten öffnen. Anders ausgedrückt bedeutet dies, wenn wir bisher logistisch orientierte Güterströme optimiert haben, sollten wir heute dazu

---

[1] Jede Form elektronischer Geschäftsbeziehung, bei der die Beteiligten Informationen auf elektronischem Weg und nicht physisch austauschen oder in direktem physischen Kontakt stehen

übergehen, auch monetäre Größen sowie reine Informationsströme in unsere Konzepte zu integrieren. Erstmals beginnen wir die gesamte Wertschöpfungskette mit all ihren Elementen zu betrachten. Diese besteht aus mehr als nur den Gütern und Leistungen. Wer dies erkannt hat, ist auf dem besten Weg, neue Potentiale zu erkennen.

Exkurs: META-Ebene

Bevor wir uns der Nutzung der Potentiale zuwenden, erscheint ein Exkurs angebracht, der sich mit den Eigenschaften vernetzter Strukturen befasst. Was ist bei Netzen und im Umgang mit ihnen zu beachten? Ein Verständnis dieser **elementaren Zusammenhänge** hilft, die Grundproblematik des Supply Chain Management besser einzuschätzen.

Komplexität

Innerhalb einer realen Wertschöpfungskette existieren sehr viele, von einander abhängige Elemente mit bestimmten Merkmalen. Eine große Anzahl der Merkmale haben klare Beziehungen zueinander, andere Merkmalsbeziehungen sind dagegen unbestimmt. Dazu kommt weiterhin die Tatsache, dass es nicht immer nur 1:1 Beziehungen gibt, sondern meist n:n Beziehungen. Durch die vielen Merkmale und hohen Abhängigkeiten untereinander ist ein solches Netzwerk sowohl für einen externen Betrachter als auch für Elemente des Netzes selbst, also die teilnehmenden Unternehmen, sehr komplex.

Intransparenz

Unterstellen wir einmal, dass wir alle Strukturinformationen über Teilkomponenten und -systeme kennen. Mit anderen Worten, könnten wir das Gesamtmodell der Beziehungen beschreiben, so wüssten wir doch immer noch nicht, wie denn der Grad der Abhängigkeiten untereinander ist. Wie gut oder schlecht ist das Verhältnis von Lieferant A zu Einkäufer B? Wir sind in einer realen Supply Chain nicht in der Lage, die Wertschöpfungskette mathematisch exakt zu beschreiben. Es wird stets unbestimmte Zustände geben, und somit bleibt immer ein Rest an Unsicherheit. Es wird sich nie ein völlig klares Bild der Realität zeichnen lassen.

Dynamik

Da wir wie beschrieben nicht 100%ig sicher sein können, wie sich die Dinge darstellen, versuchen wir seit jeher mittels Prognoseverfahren Entwicklungstendenzen abzuleiten. Diese Annahme einer zukünftigen Entwicklung wird von ihrer Korrektheit dadurch beeinflusst, wieviel Zeit wir für eine solche Rechnung haben, wie genau wir sind. Nehmen wir uns sehr viel Zeit, hat sich die Realität aber zwischenzeitlich schon wieder verändert, sind wir zu schnell, sind die Ergebnisse nicht genau genug. Dazu kommt dann noch, das alle Prozessteilnehmer versuchen, vorherzusagen, was der andere machen wird, um daran wiederum die eigenen Aktivitäten auszurichten. Somit ist wieder die Planungsannahme des anderen falsch und alles beginnt von vorne. Die Welt ist dynamisch.

Nicht genug also, dass das ganze Gebilde komplex ist und auch noch ein wenig undurchschaubar, zu allem Überfluss bleibt nichts wie es ist, denn alles verändert sich. Diese Eigenschaften, die alle vernetzten Strukturen haben, finden wir in unserer Supply Chain oder besser noch in unserem Supply Network selbstverständlich auch. Ein paar grundsätzliche Gedanken zeigen im Folgenden, wie schwierig es ist, geeignete Maßnahmen und Werkzeuge für einen erfolgreichen Umgang mit und innerhalb der Wertschöpfungskette zu entwickeln. Nachdem wir dies erkannt haben, lassen Sie uns noch einige weitere Gedanken auf den Umgang mit Modellen, Zielen und den Variablen eines Systems verwenden.

Modelle

Da wir unser Netzwerk nicht so zu (be-)greifen bekommen, wie es eigentlich wünschenswert wäre, gab und gibt es immer wieder Versuche, die Welt in eine Art Korsett zu zwingen, mit dem wenigstens die wesentlichsten Bestandteile vereinheitlicht dargestellt werden. Da dies nicht jeder in seiner eigenen Weise machen kann, bedient man sich dabei einer einheitlichen Sprache zur Beschreibung der Elemente. Man benutzt Modelle, in denen gleiche Elemente einheitlich definiert sind. Über Modelle lässt sich darstellen, wie die Beziehung der Prozessteilnehmer ist, wobei jeder durchaus seine eigene Sicht der Dinge haben kann. Modelle dienen zur Kommunikation innerhalb und außerhalb eines Unternehmens und beschreiben in vereinfachter Weise die Realität.

Ziele

Gehen wir jetzt davon aus, dass es uns mittels eines geeigneten Modells gelungen ist, die Beziehungen innerhalb der Supply Chain hinreichend genau abzubilden. Der logisch nächste Schritt wäre dann, sich ein Ziel zu setzen, um Potentiale zu realisieren oder neu zu schaffen. Da wir uns trotz vereinfachtem Modell in einer komplexen Realität befinden, lässt sich nun nicht nur ein einziges Ziel verfolgen. Ziele hängen genauso wie die Realitäten ständig voneinander ab. Ähnlich wie in einem Spinnennetz kann ich nicht nur einen Faden bewegen, ohne im gesamten Netz Schwingungen zu erzeugen. Ein Ziel, welches ich verfolge, hat ständig eine Reihe von weiteren Auswirkungen. Einige der Wirkungen stellen sich sofort ein, andere erst später. Einige sind gewollt, andere ungewollt oder einfach nur existent. Egal wie ich es entscheide, meist wird ein positives Ziel mit einem negativen Nebeneffekt verbunden sein oder umgekehrt. Was ich jedoch erreichen kann, ist, bestimmte gewollte Effekte zu verstärken. Ein möglicher Weg dazu ist es, mehrere Probleme zu bündeln und so mit einer zielgerichteten Aktivität gleichzeitig mehrere Effekte zu erzielen. Eine weitere Möglichkeit der Zielauswahl ist es, zwischen wichtigen und dringlichen Zielen zu unterscheiden. Nicht alle Ziele sind gleich. Über eine Matrix lässt sich schnell herausfinden, welche Ziele wichtig und möglichst gleichzeitig dringlich sind. Egal, wie ich mich dem Problem nähere, ist zu beachten, dass jedes Ziel mindestens eine Zielkontradiktion in sich trägt!

Der Umgang mit Zielen ist der elementarste Aspekt bei der Diskussion über Supply Chain Management. Ziele werden uns im weiteren Verlauf nochmals begegnen und sind unter dem Fokus des Controlling das Kernthema.

Systemvariablen

Wie bereits deutlich wurde, setzt der Umgang mit einem System voraus, dass die kausalen Beziehungen der Systemvariablen hinreichend bekannt sind, insbesondere die Abhängigkeit der jeweiligen Zielvariable. Ein wichtiger letzter Aspekt hilft dabei, die Unsicherheit und Komplexität zu handhaben. Eine probate und oft unbewusst angewandte Methode ist es, Hypothesen zu bilden. Ohne genaue Prognosen und Tendenzrechnungen ermöglicht uns dies, schnell und einfach fehlende Information zu ergänzen. Dies ist insbesondere bei Zieldefinitionen wichtig. Wissen wir hingegen bereits einiges über die Strukturen und

Verhaltensmuster unseres Netzes, hilft es, über Analogieverfahren fehlende Information zu ergänzen. Beide Verfahren sind unverzichtbar, da es trotz noch so großer Anstrengung stets zu Entscheidung unter Unsicherheit kommen wird und dann ist der bewusste Umgang mit fehlenden Informationen häufig besser als reine Intuition.

Neue Potentiale des Controlling im SCM

Funktionalität & Begriffe im Fokus des Controlling

Es wird an vielen Stellen diese Buches detailliert auf die Funktionalität des Supply Chain Management eingegangen. Aus diesem Grunde möchte ich an dieser Stelle auf eine Darstellung zurückgreifen, die sehr übersichtlich und schnell die Vielzahl der Begriffe und damit verbunden auch die Funktionen des SCM erläutert. Wie man erkennen kann, existiert eine Vielzahl von Begriffen, die im Wesentlichen in zwei Aspekte aufgeteilt werden können:

1. Technologisch geprägte Aspekte
2. Organisatorisch geprägte Aspekte

Diese beiden Aspekte und die dazugehörige historische Entwicklung bis hin zu den heutigen HighTech-Lösungen bilden den Begriffs- und Funktionalitätsrahmen für SCM (Bild 3).

Supply Chain Management - was ist das?

(Abbildung mit Begriffen rund um SCM:)

Sourcing Strategien, Zuliefernetzwerk, LiveCache Supply Reality Control, Teleservice, E-Cash, Entwicklungskooperationen, Supply Chain Planning and Optimisation, SCOPE, Electronic Commerce, Corba, Beschaffungskooperationen, Vendor Managed Inventory, JIT, Konsignationslager/Lieferantenlager, Efficient Consumer Response, COM/DCOM, Logistisches Netzwerk, Virtuelle Unternehmen, Call Center Customer Care, Advanced Planning and Scheduling, Internet-gestützte Transportbörsen, EDI, Entsorgungskooperationen, Gebietsspediteur, Tracking and Tracing, ERP, Web-EDI

Eher organisatorisch geprägte Aspekte — Eher technologisch geprägte Aspekte

Bild 3: Begriffe zum Thema Supply Chain Management[2]

Ausgehend von der Darstellung in Bild 3 ist die Frage zu klären, welchen Einfluss Controlling hat bzw. welchen Anspruch Controlling in diesem Kontext erhebt. Controlling im Selbstverständnis eines Controllers umfasst alles, was mit der Steuerung eines Unternehmens zusammenhängt. Die Unternehmenssteuerung ist der originäre Planungsprozess, der um einige weitere Schritte eines interaktiven Managementzyklusses ergänzt wird.

Eine Unterteilung in strategische, taktische und operative Planung scheint zum besseren Verständnis im Zusammenhang mit dem SCM angebracht. Der erste Schritt eines Planungs- bzw. Controllingprozesses ist es, mittels geeigneter Annahmen eine Zieldefinition zu erstellen. Diese Zieldefinition unterscheidet sich im Vergleich zu den in Bild 3 verwendeten Begriffen dahingehend, dass der Umfang der Zielerreichung nicht nur an der Ausnutzung technologischer beziehungsweise organisatorischer Möglichkeiten gemessen wird, sondern ein weit größeres Spektrum umfasst. Im Wesentlichen sind hier Kostenaspekte und monetäre Zielgrößen zu nennen.

Ausgehend von diesem umfassenden Selbstverständnis ist die Aufgabe ungleich schwieriger zu lösen, da es jetzt verstärkt darauf ankommt, neben dem logistischen Warenfluss weitere Aspekte gleichzeitig und mit unterschiedlichem zeitlichem Horizont zu planen und zu steuern. Die wesentlichen Aktionsparameter sind:

---

[2] Quelle: Fraunhofer-Gesellschaft IAO, Stuttgart; Via Internet Sep. 1999

- Kosten (Kalkulation zur Bewertung im Rahmen der Preispolitik und Bilanzierung)
- Finanzen (Stets ausreichend Liquidität und Ausnutzung finanzieller Spielräume)
- Kundenfokus (Kundenbindung und Neukundengewinnung, Servicegrad und Liefertreue, Identifizierung strategischer Geschäftsfelder)
- Ablauf interner Geschäftsprozesse (Effizienzsteigerung für höhere Wettbewerbsfähigkeit)
- Lern- und Entwicklungsperspektiven der Unternehmung (Sicherung der internen Potentiale sowie Schaffung von Wachstumspotentialen)

Und selbstverständlich

- Logistik (Waren in der richtigen Menge und Qualität, zum richtigen Zeitpunkt am richtigen Ort etc.)

Schließlich gehört dann noch dazu, über alle vorgenannten Aspekte ausreichend Information mit hinreichender Genauigkeit zur Verfügung zu haben, um ständig Zielanpassungen bzw. Korrekturen an der laufenden Geschäftspolitik generieren zu können.

Übertragen auf das Supply Chain Management bedeutet dies, dass der Fokus der zu betrachtenden Parameter deutlich größer ist, als das Thema vermuten läßt. Es ist unzureichend, lediglich auf Tools oder die Möglichkeiten des Electronic Commerce zu schauen, ohne den Blickwinkel auf die Controllingaspekte zu lenken. SCM bietet jedoch auch genau die Möglichkeiten, nach denen auch Controller stets auf der Suche sind.

Identifizierung der Kernprobleme

Nachdem im Rahmen des Exkurses bereits Probleme theoretisch beschrieben wurden, ist es nun ein Leichtes, diese in die reale Welt zu übertragen. Das gesamte Dilemma der Planung und Steuerung ist, dass man ständig in Zielkonflikten lebt. Erreicht man das Eine, schafft man sich am anderen Ende mindestens ein neues Problem. Ist beispielsweise der Lagerbestand gering, bindet wenig Kapital, birgt wenig Risiko vor Verlusten aus Schwund oder Wertminderung etc., entsteht leider gleichzeitig das Problem der ungenügenden Lieferbereitschaft, und folglich ist mein Kunde (unabhängig ob intern oder extern) möglicherweise unzufrieden. Über die Konsequenz unzufriedener Kunden brauche ich nicht weiter zu sinnieren. So wie diese Gedankenkette lässt sich eine Vielzahl von weiteren Beispielen auflisten, die alle am gleichen Grundproblem leiden, den permanenten Zielkonflikten.

Soweit wir nun dieses Kernproblem erkannt haben, sollten wir versuchen, einen ausgewogenen Kompromiss zwischen den Konflikten zu suchen. In der Hoffnung, dass dieser Mittelweg auch unter Einbezug wiederum aller Aspekte auch das Optimum darstellt. Die Definition des Optimums ist jedoch bei genauerer Betrachtung sehr schwierig. Was genau sollen wir dabei mit einbeziehen? Welche Aspekte sind mit welcher Ausprägung optimal und sind diese überhaupt messbar? Die Fragestellung zeigt auf, dass wir zur Orientierung eine Reihe von Definitionen benötigen. Definitionen, die voneinander abhängig sind und in Summe ein Zielsystem darstellen sollten.

Wir können an dieser Stelle festhalten, dass nur durch klare Zieldefinition überhaupt der Versuch möglich ist, ein Optimum zu erreichen. Übertragen wir diese Erkenntnisse nun auf die Thematik des Supply Chain Management und stellen die Frage nach dem optimalen Ergebnis oder Zustand einer Supply Chain, haben wir häufig Probleme, konkrete Antworten zu finden. Dies kommt nicht zuletzt dadurch zustande, dass viele einzelne Unternehmungen zwar ihre eigenen Zieldefinitionen haben, befinden sich diese Unternehmen nun aber in einer gemeinsamen Wertschöpfungskette, fehlen jedoch häufig gemeinsame Zieldefinitionen. Somit sind wir bei genauer Betrachtung schon wieder an dem Punkt, dass wir Zielkonflikte haben können und von einem Optimum der gesamten Kette keine Rede sein kann.

Zusammenfassend lässt sich folgende Aussage aufstellen: Bislang ist einem gesamten Planungs- und Steuerungsprozess mit einer gemeinsamen Zieldefinition aller beteiligten Prozessorganisationen zu wenig Aufmerksamkeit geschenkt worden. Genau an diesem Punkt sind Controllingaktivitäten erforderlich, um einer optimalen Gesamtsituation möglichst nahe zu kommen. Nur die gemeinsame Umsetzung von Visionen in strategische Ziele, die wiederum an alle kommuniziert werden müssen, bringt den gewünschten Effekt.

Hauptanforderung an die Kernprozesse

Nachdem bislang die Aufmerksamkeit darauf gelenkt wurde, die grundlegenden Zusammenhänge offen zu legen, sollen in diesem Abschnitt konkret einige Anforderungen an das Supply Chain Management definiert werden. Es wird dabei in zwei

Supply Chain Controlling

Punkte unterschieden: Die abstrakte Ebene des SCM und die konkreten Anforderungen innerhalb der Supply Chain. Nachfolgende allgemeine Voraussetzungen sollten für erfolgreiches SCM erfüllt sein:

- Sinnvolles Supply Chain Management setzt voraus, dass möglichst **alle System- und Strukturinformationen** über die Wertschöpfungskette verfügbar sind. Dies bedeutet ggf. Offenlegen von Informationen die eine einzelne Unternehmung sonst nicht kommunizieren würde. Es handelt sich jedoch jetzt um eine Anforderung aus dem Verständnis heraus, ein einziges – virtuelles – Gebilde zu sein und auch so zu agieren.

- Die Kommunikation im Rahmen der Zielüberprüfung und somit die Zuordnung von Erfolgsanteilen am vorab **gemeinsam definierten Ziel** ist erforderlich. Beteiligte Organisationen müssen sich über den Einsatz von geeigneten Tools und insbesondere über Verfahren zu **Überprüfung der Zielerreichung** einig sein. Wichtig ist hierbei, dass die Ziele im Vordergrund stehen und nicht das Werkzeug.

- Die rechtlichen- und steuerlichen Rahmenbedingungen aller Prozessteilnehmer haben wesentlichen Einfluss auf die Ausgestaltung gemeinsamer Ziele. Insbesondere für den Fall, dass wir über internationale Verbindungen sprechen, sind diese Rahmenbedingungen unter bestimmten Umständen sogar von entscheidender Bedeutung. Folglich ist es für ein einheitliches Controlling unbedingt erforderlich, landesspezifische Besonderheiten sowie die jeweiligen steuerlichen Anforderungen jedes Einzelnen zu kennen.

- Schließlich ist mit allen Prozessteilnehmern ein strategischer Planungsabgleich durchzuführen. Das besondere Augenmerk liegt dabei darauf, dass der Zeitraum der Zielerreichung für alle einheitlich definiert wird. Kurzfristige Erfolge mögen für den Einen sinnvoll sein, für den Anderen zählen aus gegebener Situation eher langfristige Aspekte. Es geht also um die Parallelisierung der Aktivitäten.

Innerhalb der eigentlichen Abwicklung in einem Wertschöpfungsprozess sind nachfolgende Anforderungen zu erfüllen:

- Alle während des Prozessablaufs entstehenden **Kosten sind permanent zu erfassen.** Günstig ist es dabei, wenn diese Kosteninformationen über alle Teilprozesse und deren Abhängigkeiten im Prozessablauf separat dargestellt werden. Ein wesentlicher Aspekt dabei ist es, diese Informationen dann noch mit der richtigen Frequenz sowie in der richtigen Aggregation allen anderen Prozessteilnehmern zur Verfügung zu stellen. Ich erachte es als positiv, wenn dies aus einer zentralen Instanz heraus bearbeitet wird. Die Details der Ausprägung einer solchen Prozesskostenrechnung sind vom konkreten Prozess abhängig und sind der einschlägigen Literatur zu entnehmen. Meines Erachtens ist es jedoch nicht unbedingt erforderlich, eine Form der Prozesskostenrechnung über den Gesamtprozess zu etablieren, sondern es ist erforderlich, ein Zahlenwerk zu haben, welches überhaupt den gesamten Rahmen umfasst (vgl. hierzu weitere Ausprägungen unter Supply Chain Controlling).

- Wie bereits mehrfach beschrieben, sind definierte Ziele der Schlüssel zum Erfolg. Diese **Zielvorgaben in Form von messbaren Größen** sollten zum Beginn einer Zusammenarbeit definiert worden sein. Es ist im Prozessverlauf nun unabdingbar, die Größen einer ständigen Überprüfung zu unterziehen. Schließlich sind aus den Zielvorgaben geeignete Steuerungsparameter abzuleiten, deren laufende Überprüfung und Neujustierung eine permanente und wiederkehrende Managementaufgabe ist. Der Prozess kann über eine Reihe von Schlüsselkennzahlen gesteuert werden.

- Weiterhin ist ein Prozess der permanenten Veränderung (Change Management) zu definieren. Sich ändernde Umweltbedingungen sind mittels eines vorab geregelten Verfahrens in die zu definierenden Ziele einzubinden. Das **Managen der Veränderung** ist in einer dynamischen Welt von existentieller Bedeutung.

- Soweit möglich, sollte anhand von Schlüsselkennzahlen, der sogenannten Key Performance Indikators, ein Vergleich möglich sein. Dieses **Benchmarking** ermöglicht es, Aussagen darüber zu treffen, ob der Wertschöpfungsprozess im Vergleich positiv abschneidet. Aus diesen Vergleichen heraus sind Zielüberprüfungen möglich und gegebenenfalls auch Zielanpassungen erforderlich. Dieser Vergleich ist als ständige Überwachung zu formalisieren, um somit eine enge Bindung an Märkte und die Konkurrenz zu gewährleisten.

- Ebenfalls bereits beschrieben kommt dem **Informationsaustausch** eine wichtige Rolle beim SCM zu. Neben den vorab auszutauschenden Informationen (Ziel- und Planungsabgleich) ist es unabdingbar, die Transparenz über alle Interdependenzen, die zwischen den Prozesselementen bestehen, zu kommunizieren. Neben Informationen, die einen direkten Einfluss auf die Wertschöpfung (Mengen und Werte) haben, sind bei einer offenen und häufigen Kommunikation eine Reihe weitere sehr positiver Effekte zu verzeichnen. Begonnen damit, dass es weniger Missverständnisse geben sollte, bis hin zum Austausch der Erwartungen und Intuitionen eines Einzelnen ist die Vertrauensbasis ein wesentlicher Erfolgsfaktor. Vertraue ich einem Partner, kann ich unter Umständen auch einmal auf eine konkrete Information verzichten und so dem Problem der Intransparenz und der Informationsflut entgegenwirken.

Alles in allem lassen sich die Hauptanforderungen an das Supply Chain Management wie folgt auf den Punkt bringen: Neben den Optimierungen im logistischen Prozessablauf, die an sich schon eine außerordentlich große Herausforderung sind, ist die Aufmerksamkeit auf Themen des Controlling zu lenken. Sehr wichtig ist dabei die Erkenntnis, dass es neben Mengen- und Wertströmen auch weitere Erfolgsfaktoren gibt, denen bislang nur wenig Aufmerksamkeit geschenkt wurde. Die Aussage, dass das Ganze mehr ist als die Summe der Teile spiegelt diese Philosophie gut wieder.

Hauptaspekte des Supply Chain Controlling

Supply Reality Control Model – Arbeiten mit Modellen

Die Antwort auf die Anforderung, komplexe Realitäten mit einfachen Mitteln zu handhaben, sind Modelle. Durch die Nutzung von Modellen kommt keine Lösung der Probleme von selbst, wir haben jedoch die Möglichkeit, die Realität berechenbar zu machen. Durch den Einsatz von Modellen können wir einen Versuch unternehmen, die Realität zu verstehen; das Zusammenwirken verschiedener Einflüsse zu untersuchen, ohne dabei wesentliche Ressourcen aufzuwenden. In Modellen können wir abstrahieren und Hypothesen aufstellen.

Alles zusammen erhalten wir eine Arbeitsumgebung, mit der wir eine komplette Supply Chain nachbilden und permanente Abläufe simulieren können. Gehen wir noch einen Schritt weiter und definieren diese Sollabläufe so, dass wir daraus an bestimmten Messpunkten unsere Key Performance Indikators ablesen können, ist durch die Gegenüberstellung der IST-Werte ein hervorragendes Steuerinstrument geschaffen.

Frühzeitig kann im Modell simuliert werden, welche Auswirkung ein steuernder Eingriff haben wird und somit können wir anhand der definierten Abläufe ständig nachvollziehen, wo durch Abweichungen vom Sollprozess Anpassungen notwendig werden. Die Qualität solcher Simulationen hängt selbstverständlich stark von der Qualität des Modells selbst und von der Qualität der im Modell abgebildeten Daten ab.

Ein weiterer wesentlicher Aspekt bei der Verwendung solcher Modelle ist die Tatsache, dass alle Prozessbeteiligten sich einer einheitlichen Darstellung bedienen. Wählt man eines der bereits vorhandenen Modelle als Basis aus, ist es leicht möglich, mit dem zur Verfügung stehendem „Vokabular", welches aus graphischen Elementen besteht, eine individuelle Supply Chain abzubilden.

Nutzt man dazu noch moderne graphische Rechnertechnik (heute bereits mit Standard-PCs zu lösen), fällt es leicht, beliebige Sichten auf die eine im Modell abgebildete Realität zu generieren. Durch das einheitliche Vokabular und den vorgegebenen methodischen Rahmen ist es möglich, sich auf die tatsächlichen Inhalte des Supply Chain Managements zu konzentrieren, statt auf die Verwaltung der Vorgänge.

Ein Beispiel für diese bereits existierenden Modelle soll nun zeigen, wie weit bereits Erkenntnis in spezielle Supply Chain Modelle eingearbeitet wurden. An dieser Stelle möchte ich das SCOR[3] Modell vorstellen, um daran zu verdeutlichen, wie weit die Entwicklung in diesem Bereich bereits gediehen ist (konkrete Informationen zum SCOR Modell sind an anderer Stelle dieses Buches zu finden).

---

[3] Supply Chain Operations Reference-Modell.

- Das Supply Chain Operations Reference-Modell (SCOR) wurde als branchenübergreifender Standard für das Supply Chain Management vom Supply Chain Council (SCC) entwickelt und veröffentlicht.
- Das Supply Chain Council ist ein unabhängiger, nicht gewinnorientierter Verein, der es sich zur Aufgabe gemacht hat, SCOR weiter zu entwickeln, zu fördern und zu unterstützen.

Das SCOR Modell:

Aktionsfelder dieses Modells:
- Strategieentwicklung
- Prozessgestaltung
- Leistungsmessung
- Organisationsentwicklung
- Technologiegestaltung

Elemente dieses Modells:
- Elemente der SC und deren Beschreibung
- Messgrößen (i.S.v. Benchmarking) bzw. **K**ey **P**erformance **I**ndicators
- Best Practices-Analysen
- Identifikation von SW und Funktionen

Zur Verwendung von Modellen ist ein weiterer grundsätzlicher Aspekt zu beachten: Die eigentliche Verwendung der Modelle zum einen und die technische Umsetzung der Managementkonzepte zum anderen. Es lassen sich dabei zwei wesentliche Unterscheidungen feststellen:

Die meisten, bereits länger im Markt existierenden Anbieter von Lösungen zum Supply Chain Management bedienen sich fremder ERP-Systeme[4] und haben folglich ihren Hauptfokus darauf gerichtet, Daten aus dem oder den Basis-Systemen zu bekommen. Weiterhin besteht das Problem, die Ergebnisse in geeigneter Weise als Steuerungsparameter zurück zu geben. Insbesondere bei komplexen, internationalen Verkettungen von Prozessen ist die Datensammlung zwar noch zu handhaben, die elektronische Verarbeitung der Steuerungsvorgaben einer zentralen Instanz jedoch meist nicht mehr abbildbar.

Die zweite Gruppe von Lösungsanbietern bedient sich ihrer eigenen Datenbasis (ERP-Systeme) und hat folglich weniger Probleme der Datensammlung sowie auch im umgekehrten Bereich der Verarbeitung der Ergebnisse aus Optimierungsanpassungen. Der Fokus dieser Lösungen liegt auf sehr schnellen, meist hauptspeicherresistenten Algorithmen zur Optimierung einfacher, starrer Wertschöpfungsketten.

---

[4] Enterprise Ressource Planning; Standardsoftware für alle Bereiche der Betriebsführung

Das Hauptproblem aller Supply Reality Control- Modelle besteht darin, das die Theorie insbesondere aus der Logistik heraus beherrscht wird, im Bereich der weichen Faktoren sowie monetärer Größen und Kostenaspekte jedoch derzeit noch schwach ausgeprägt ist. Die Anforderung des Controllings ist dabei nicht grundsätzlich, neue Konzepte zu etablieren, sondern lediglich der Anspruch, bestehende Ansätze in das Supply Chain Management einfließen zu lassen.

Supply Chain Controlling - Überwinden bisheriger Grenzen

Es existiert innerhalb des Controllings eine ausreichend große Zahl von Verfahren und Methoden zur Steuerung von Unternehmen. Die neue Herausforderung, die sich durch das SCM stellt, ist, die bestehenden Erkenntnisse zu adaptieren. Von der Umsetzung dieser Forderung wird es abhängen, ob ein virtuelles Gebilde zur Abwicklung einer gemeinsamen Wertschöpfung die Aktions- und Reaktionsfähigkeit erhält, um erfolgreich zu überleben. Mit anderen Worten wird sich zeigen, ob diese Form der Zusammenarbeit gegenüber einer horizontalen Diversifizierung von Unternehmen Vorteile bringt und man diese auch nutzen kann.

Die Anforderung an ein Supply Chain Controlling sind also erst einmal ähnlich wie sie in größeren Konzernen bereits zu finden sind. Neu ist nun die Aufgabe, geeignete Daten zu beschaffen, die jetzt nicht mehr aus einer definierten Umgebung stammen, sondern aus unterschiedlichsten Datenquellen kommen. Das Problem, welches hierbei schnell deutlich wird, ist nicht die Bereitschaft zur Informationsabgabe, sondern eine gemeinsame Definition, welche „Zahlenwahrheit" berichtet werden soll.

Dieses Problem wurde bereits an anderer Stelle beschrieben und hatte dort die Überschrift „Gemeinsame Zieldefinition". Wir bewegen uns jetzt quasi nicht mehr auf der strategischen Ebene, sondern befinden uns im taktisch-operativen Bereich. Nun geht es um die konkrete Ausgestaltung beispielsweise einer einzelnen Kennzahl. Der Arbeitsaufwand erstreckt sich dabei weniger auf die Beschlussfassung der Verwendung einer solchen Kennzahl, als viel mehr auf deren genaue Definition.

Haben wir die Datenbasis ausreichend qualifiziert, ist der nachfolgende Schritt, diese in ein Schema einzubinden, welches die relevanten Ergebnisse möglichst einfach liefert. Diese Form der Gliederung wird bei einer völligen Neudiskussion bereits bekannte Fragen aufwerfen. Diese sind beispielsweise, ob nach bestehenden US-Standards gegliedert werden soll (US-GAAP[5]) oder nach sonstigem Handelsrecht, welches für eines der beteiligen Unternehmen gilt. Weiterhin werden Detailfragen der Kalkulation aufgeworfen werden, z.B. welche Kostenbestandteile welche Verwendung finden. Hier kommt einer klaren Definition der Kennzahlen hohe Bedeutung zu. An dieser Stelle ist die gesamte Bandbreite der innerhalb der Kostenrechnung bekannten Verfahren zu diskutieren. Angefangen mit grundsätzlichen Überlegungen, ob eine Ausgestaltung als Voll- oder Teilkostenrechnung[6] Verwendung finden soll, bis hin zu der endgültigen Ausprägung einer solchen Rechnung zu einer Prozesskosten- oder einer Grenzplankostenrechnung beziehungsweise einer sonstigen Ausprägungsvariante.

Die größten Probleme werden sich jedoch durch den Versuch der Allokation von Ressourcen, die sich in organisatorisch unterschiedlichen Verantwortungsbereichen befinden, stellen. Die Verteilung sowohl von Kosten als auch von Erlösen (- mit und in all ihre Bestandteile -) richtet sich bislang stets nach Verteilungszyklen, die sich der „historischen" Kennzahlen und Strukturen bedienen. Im Zeitalter der globalen Strukturen und internationalen Supply Networks wird diese Aufgabe so komplex und schwierig, dass neue Denkmuster für diese Probleme geschaffen werden müssen.

Diese neuen Verfahren unterscheiden sich zu den bisherigen Grundprinzipien dahingehend, dass die Trennung in statische Einheiten entfällt. Weder rechtliche, steuerliche noch sonstige Strukturen sollten Einfluss auf den Gesamtprozess haben. Faktisch wird es leider bis auf Weiteres jedoch bei alten Verfahren bleiben. Um hier nicht gänzlich zu kapitulieren, sollte der Ansatz zu Veränderung dahin gehen, die Potentiale und die Steuerung der Prozesse als Ganzes erst einmal zu verstehen. Die Rahmenbedingungen (Gesetzgebung) zwingen kleinere Einheiten zu Anpassungen, die für sich jedoch auch wiederum als Optimierungspotential gesehen werden können. Die Veränderung im Denken und Handeln hin zu vollständigen und grenzüber-

---

[5] US GAAP: US Generally Accepted Accounting Principles. US Amerikanischer Standard im Bilanzierungsbereich. Ähnlich einer Gliederung wie sie auch im deutschen Handelsrecht verwendet wird.

[6] Verwendung einer Gesamtkostendefinition oder Unterteilung dieser Gesamtkosten in fixe und variable Anteile

schreitenden Prozessen ist die eigentliche Herausforderung – nicht das Erfinden neuer Methoden.

Supply Chain Data Base - Umfassende Datenbasis

Wenden wir uns noch einmal den Fragen einer einheitlichen und vor allem für alle Prozessteilnehmer gültigen Frage der definierten Zahlenwahrheit sowie allgemein gesprochen dem Informationsmanagement zu. Versucht man das Thema mit verschiedenen Sichtweisen (analog der am Prozess beteiligten Elemente) zu durchdringen, wird schnell klar, wie viele differierende Meinungen es zu einer hoch aggregierten Kennzahl geben kann.

Nicht nur, dass es viele Interpretationen geben kann, die in ein gemeinsames Verständnis überführt werden müssen, es sind auch eine Reihe von sachlichen Argumenten danach zu bewerten, ob sie berücksichtigt werden sollen oder nicht. Insgesamt betrachtet kann eine derartige Diskussion lähmende Auswirkungen haben. Folglich wäre die Anforderung zu stellen, diese Definition einer zentralen Instanz innerhalb des Gesamtgebildes zuzuordnen. Diese Stelle sollte neben der Definition von Kennzahlen gleichfalls Regeln zur Aktualisierung im Bezug auf Aktualisierungsfrequenz und Detaillierungsgrad der Basisdaten bestimmen. Eine schnell arbeitende Institution ist für die Harmonisierung der Prozesse eine hervorragende Basis. Sind Begriffe und Kennzahlen sauber definiert und gleichfalls stets aktuell, ist es ein Leichtes, Entscheidungen herbei zu führen bzw. diesen Prozess sogar zu automatisieren (vgl. die aktuelle Diskussion zum eCommerce). Es werden lange Klärungsgespräche vermieden und die Effektivität der Zusammenarbeit steigt insgesamt.

Unabhängig davon, dass wir über Supply Chain Management sprechen, ist eine entsprechend gut organisierte Datenbasis eine zentrale Anforderung für Optimierungsbemühungen jeglicher Art. Ohne Datenbasis ist es nicht möglich, gesicherte Entscheidungen zu treffen. In einer undurchsichtigen und dynamischen Welt werden solche zentralen Informationen (über-) lebenswichtig. Dazu ist es in einem ersten Schritt nicht einmal notwendig, dass alle Informationen elektronisch verfügbar in einem zentralen Datenpool gehalten werden. Häufig ist das Verständnis über den Wert von Informationen der erste Schritt zu einer organisierten Datensammlung und –ablage. Besser ist es selbstverständlich, die aktuell zur Verfügung stehenden technischen Lösungen zu nutzen.

Supply Chain Controlling

Die Information als geldwerter Produktionsfaktor rückt dabei mehr und mehr in das Betrachtungsfeld. Neben Güter- und Geldströmen entwickelt sich nicht zuletzt durch moderne Techniken wie das Internet die eigentliche Information zu einem wichtigen Aspekt der Optimierung. Große Aufmerksamkeit sollte dabei der permanenten Zusammenführung von Informationen und deren intelligenter Verbindung im Sinne von objektorientierten Relationen zukommen. Diese Form der Informationsgewinnung stellt eine wertvolle Basis für verborgene Potentiale dar Bislang wurden Entscheidungen wie beispielsweise Make-or-Buy durch einen begrenzten Blickwinkel auf das einzelne Unternehmen und damit das einzelne Ergebnis bestimmt.

Veränderung im Denken

Auch hier sollte abermals die Veränderung im Denken und Handeln erfolgen. Die Information über alle Prozessbeteiligten kann die Entscheidung eines Einzelnen durchaus beeinflussen. Sind Ressourcenausgleiche möglich? Ist durch Konzentration von Arbeitsvorgängen eine Effizienzsteigerungen denkbar? Sind durch Bündelung von Interessen Preisvorteile zu erzielen? Die Beispiele sind vielfältig.

Das Besondere an diesen Möglichkeiten ist jedoch, dass einzelne Personen und Firmen diese Ansätze virtueller Zusammenschlüsse über Techniken, die das Internet zur Verfügung stellt, bereits realisieren. Mit anderen Worten, auf der Käuferseite entwickeln sich bereits elektronische Netzwerke zum Interessensabgleich. Folglich wird dieser Marktdruck auch die Produzierenden und Handel treibenden Unternehmen dazu zwingen, die so entstehenden Potentiale ebenfalls zu nutzen. Die Konzepte der virtuellen Communities und Marktplätze im Internet zeigen diese Entwicklung bereits heute in der Realität.

Basis dieser elementaren Veränderung im Handeln sind Informationen und der intelligente Umgang damit. Die Schaffung einer Supply Chain Database ist somit mehr als nur eine nebensächliche Forderung. Wichtig ist dabei die Erkenntnis, dass nicht alle Informationen zentral auf einer technischen Einheit vorhanden sein müssen, sondern über intelligente Vernetzung verfügbar sind. Die Aspekte einer Datenbasis für das SCM sind:
- Wer hat Informationen, die für den Gesamtprozess relevant sind?
- Unterliegen die Zahlen einer einheitlichen Definition?
- Sind Abgleiche bzw. Aktualisierungsfrequenz den Anforderungen entsprechend gewählt?

- Passen die Berechtigungen zur Veränderung der Daten zu den Realitäten?
- Der Inhalt der gemeinsamen zugänglichen Daten ist nach Potentialen zu untersuchen.
- Vernetzung von Informationen schafft Transparenz.
- Der Informationsprozess ist als wertschöpfende Größe zu verstehen und zu steuern.

Probleme und Grenzen

Grundsätzliche Aspekte des Lösungsansatzes

Nachdem viele theoretische Aspekte und logische Sachverhalte beleuchtet wurden, soll der Blickwinkel darauf gerichtet werden, wie der derzeitige Stand der Dinge ist. Zu dieser Aussage sind einige grundsätzliche Aspekte relevant, die sich grob in zwei Gruppen unterscheiden lassen. Zum einen gibt es bei all den Argumenten für und wider die Nutzung von Potentialen eine Reihe von Problemen. Probleme sind jedoch auch immer gleichzeitig eine Chance. Somit sollte es auch immer möglich sein, über Veränderungen eines Problemzustandes die Situation zu verbessern. Übertrieben kann man sogar sagen, wenn ich keine Probleme mehr hätte, hätte ich auch keine Verbesserungspotentiale. Die andere Gruppe von Aspekten lässt sich nicht ändern. Dabei handelt es sich dann um echte Grenzen, die mit vertretbarem Aufwand nicht zu überwinden sind. Hier bleibt lediglich nichts anderes, als nach Alternativen zu suchen, um diese Grenzen in der einen oder anderen Weise zu überwinden. Was konkret sind solche Probleme oder auch Grenzen des Supply Chain Managements?

Die ersten Probleme entstehen bereits dabei, sich dem jeweiligen Partner zu nähern. Herauszufinden, auf welchem Niveau sich die IT-Landschaft der beteiligten Partner befindet, um diese Unterschiede auf einen gemeinsamen Level zu bringen. Meist ist die technologisch führende Einheit „das Maß der Dinge" und die anderen Prozessteilnehmer passen sich diesem Niveau an. Für jeden Einzelnen als auch für die virtuelle Gemeinschaft ist die Basis der Zusammenarbeit mittels einheitlicher IT zu legen.

Die Technik ist allerdings häufig nicht der Engpass. Sehr viel schwieriger können die Menschen innerhalb der Prozesskette

Supply Chain Controlling

sein. Die virtuell-technische Welt lebt letzten Endes davon, dass reale Menschen sie nutzen. Das Verhalten von Menschen ist jedoch nicht immer rational. Diese Probleme sind nicht zu unterschätzen, jedoch auch relativ einfach zu verstehen und damit zu verändern.

Probleme Schließlich haben wir noch zwei Probleme, die sich hoffentlich im Laufe der Zeit verbessern. Die Aufwendungen für die Einführung der SCM-Werkzeuge sind zur Zeit noch sehr hoch. Damit verbunden ist auch das Problem, dass die Anwendungen sehr komplex und schwierig sind. SC-Manager müssen sowohl viel von der Technik als auch sehr viel von der Betriebswirtschaft verstehen, um erfolgreich agieren zu können. Diese beiden letzten Punkte werden durch bessere Systeme und Anwendungen ständig verbessert und es ist eine Frage der Zeit, bis der allgemeine Durchdringungsgrad in der Wirtschaft steigt.

Der ROI von erfolgreichen Projekten kann schon nachgewiesen werden, jedoch mit dem sehr bitteren Nebeneffekt, dass zu viele Projekte derzeit noch scheitern. Die Gründe sind fast immer mangelhafte Zieldefinition und zu wenig Beachtung des organisatorisch- betriebswirtschaftlichen Umfeldes. SCM-Projekte sind keine IT-Projekte; IT ist lediglich der Auslöser bzw. die technische Basis zu Realisierung.

Neben einer Reihe von Problemen, die exemplarisch beschrieben wurden, gibt es jedoch auch einige echte Grenzen. Zu den Dingen, die eventuell noch lösbar sind, gehört die häufig mangelhafte Datenqualität in den Prozessen. Insbesondere aus Sicht des Controllings werden viel zu wenig Kennzahlen und Werteströme abgebildet. Diese schlechte Ausgangslage ist fast immer ein K.O.-Kriterium für erfolgreiches SCM. Neben dieser Datenqualität ist auch die Technologie häufig noch nicht in der Lage, alle Anforderungen zu erfüllen. Beispielsweise ist die Übertragung von Daten mit der heute zur Verfügung stehenden Bandbreite im Internet noch nicht ausreichend. Dies sind aktuell gesetzte Rahmenparameter, die sich jedoch permanent verbessern.

Eine letzte echte Grenze der Möglichkeiten hat das Thema in sich selbst. Das Steuern von gesamten Wertschöpfungsketten bzw. –netzen muss aus einer extrem aggregierten und zentralistischen Instanz heraus erfolgen. Da, wie schon zuvor beschrieben, solche Systeme zu starker Dynamik und Intransparenz neigen, ist der Erfolg aktiver steuernder Eingriffe zur Zielerreichung sicherlich sehr schwer zu verifizieren. Der Erfolg wird aus Gründen der grundsätzlichen Eigenschaften von Netzen nicht immer vorhersehbar und planbar sein.

Philosophie und Eigenverständnis des SCM

Bevor ein kurzes Fazit folgt, sind, zur Abrundung des Themas und zum Selbstverständnis des Supply Chain Managements, noch einige Statements zu beschreiben. Es erscheint mir sehr wichtig, gesondert darauf zu verweisen, dass sehr viele Erfahrungen und folglich auch die Angebote zur Realisierung von SCM-Projekten zum weitaus überwiegendem Teil aus den USA stammen. Erst sehr langsam gibt es eigene Erfahrungen, die sich mit ihren Erkenntnissen zum Teil doch sehr deutlich von den amerikanischen Erfahrungen unterscheiden. Die Ausgangslage in den beiden Wirtschaftsräumen USA und Europa ist recht unterschiedlich. Haben wir in den USA im Rahmen der SCM-Projekte Großunternehmen mit geringer Fertigungstiefe, Massendurchsatz und anonymen Abnehmern, so besteht das Klientel hierzulande weitgehend aus mittelständischen Unternehmen, die meist durch eine sehr hohe Produktkomplexität, verbunden mit einer starken Kundenorientierung, geprägt sind.

Mit anderen Worten können die Erfahrungen nicht 1:1 auf eine neue Situation übertragen werden. Die Entwicklung läßt sich m.E. auch nicht damit beschreiben, dass wie häufig einfach ein bis zwei Jahre später die Situation analog zu den USA auch in Europa stattfinden wird. Wir sollten davon ausgehen, dass sich sowohl eine eigenständige SCM-Vorgehensweise etablieren wird, als auch eigenständige IT-Lösungen die Prozesse unterstützen werden. Einzelne Elemente dieser Lösungen können und werden selbstverständlich identisch sein, jedoch muss sich die individuelle Ausgestaltung den regionalen Gegebenheiten anpassen, virtuell und global hin oder her!

Ein zweiter Gedanke zur Philosophie des Supply Chain Managements dreht sich um den eigentlichen Inhalt der heute geführten Diskussionen. Werden häufig Verantwortliche und Manager auf die Informationstechnologie angesprochen, handelt es sich doch bei SCM-Lösungen und noch viel mehr bei SCM-Problemen meist mehr um betriebswirtschaftliche Aspekte. Der Einstieg in SCM kann durchaus der IT-Ansatz mit einem Tool zur Problemlösung sein. Es wird jedoch nicht ohne prozessorientierte, klassische Betriebswirtschaft funktionieren, und folglich handelt es sich um eine typische Managementaufgabe, die auch nur als solche betrachtet zu einer erfolgreichen Behandlung des

Themas führen kann. Bleibt der Lösungsansatz auf der IT-Ebene, wird „der große Erfolg" ausbleiben.

Zusammenfassung und Fazit

Die Ansätze zur Realisierung der Potentiale, die in dem Thema der vernetzten Wertschöpfungsketten stecken, sind mittlerweile soweit gediehen, dass sich jede Unternehmung mehr oder weniger mit dem Thema beschäftigen muss! Sowohl Vorgehensweisen als auch Werkzeuge liefern Ergebnisse, die für ihren Einsatz sprechen. Unabhängig von der Technik zur Unterstützung der Prozesse und Lösungen ist SCM betriebswirtschaftliche Logik! Methodik und Ansätze des Controllings können dabei der Schlüssel zum Erfolg sein, da ein Controlling sich üblicherweise mit der Steuerung des gesamten Unternehmens und hier mit der gesamten Wertschöpfung befasst (Bild 4).

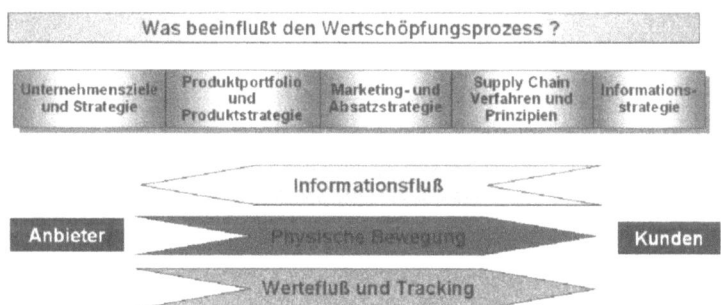

Bild 4: Wertschöpfungsprozess

Die Unterstützung dieser Logik durch SCM-Modelle und Anregungen zur Diskussion schafft bei einer intelligenten Vorgehensweise durchaus schnell positive Effekte. Sowohl Ansätze zur Realisierung in konkreten Projekten als auch Erkenntnisse zur Verwendung einheitlicher Datenbasen für weitere Aktivitäten können aus einem SCM-Projekt gewonnen werden. Die gesamte Thematik durchdringt ein Unternehmen von allen Seiten und hat somit folglich Auswirkungen auf sämtliche Unternehmensbereiche und Ziele.

Im Rahmen zunehmenden Wettbewerbs werden die Prozessbeteiligen dazu gezwungen, sich den neuen Herausforderungen zu stellen. SCM bietet die derzeit beste Basis, viele der neuesten Themen unter einer einheitlichen Philosophie zu bearbeiten.

Es ist an der Zeit, über SCM in allen Facetten nachzudenken und ein guter Zeitpunkt, um sich mit kleinen aber schnellen Schritten auf den Weg zu machen.

Quellenverzeichnis

Fraunhofer-Gesellschaft IAO, Stuttgart. Via Internet unter: http://www.lis.iao.fhg.de/SCM

Dörner, D.: Die Logik des Misslingens; Strategisches Denken in komplexen Situationen, Reinbek bei Hamburg, August 1992

Electronic Commerce Infonet. Via Internet unter: http://www.ecin.de

Supply Chain Council. Via Internet unter: http://www.supply-chain.org

Exponet Düsseldorf 1999. Kongress zum Thema Supply Chain Management

6 Mit dem Supply Chain Operations Reference-Modell (SCOR) Prozesse optimieren

Harald Geimer und Torsten Becker, PRTM

Zusammenfassung: Das Supply Chain Operations Reference-Modell (SCOR) ist ein innovatives Werkzeug zur Optimierung von Supply Chain-Prozessen über Unternehmensgrenzen hinweg. SCOR kann in allen Branchen angewendet werden, beschreibt alle Supply Chain-Prozesse und unterstützt die Identifizierung von Verbesserungsmaßnahmen in der Supply Chain. Neben Aufbau und Inhalt dieses Referenzmodells wird die Anwendung beschrieben und der Praxiseinsatz an einem Beispiel verdeutlicht.

Prozesse sind das Rückgrat jeder Supply Chain: Mit ihnen wickeln unterschiedliche Unternehmen gemeinsam Kundenaufträge effizient und schnell ab. Die Gestaltung der Prozesse beeinflusst die Leistungsfähigkeit einer gesamten Supply Chain über Unternehmensgrenzen hinweg. Erfolgreiche Unternehmen richten ihre Supply Chain-Prozesse gemeinsam mit ihren Kunden und Lieferanten auf eine schnelle, durchgängige Abwicklung aus: Angefangen bei Lieferantenbestellungen über die Material- und Teilelieferung, über die Generierung von Produktionsaufträgen, über Fertigung und Montage und über die Auffüllung der Lagerorte beim Handel bis hin zur Belieferung von Endkundenaufträgen.

In der Zukunft wird die gemeinsame Optimierung der gesamten Supply Chain über Unternehmensgrenzen hinweg im Vordergrund stehen. Der Wettbewerb wird nicht mehr zwischen einzelnen Unternehmen, sondern zwischen konkurrierenden Supply Chains ausgetragen werden. Daher sind die Supply Chain-Prozesse unternehmensübergreifend zu konzipieren. Ein wichtiges Hilfsmittel dazu ist das Supply Chain Operations Reference-Modell, kurz SCOR, das von mehreren hundert Unternehmen genutzt und weiterentwickelt wird.

Die Entwicklung von SCOR

Die Entwicklung eines Prozessreferenzmodells basierte auf der Erkenntnis, dass die damals bestehenden Prozessbeschreibungen die Komplexität der Supply Chain nicht systematisch erfassen konnten. Den Unternehmen fehlte ein umfassendes Hilfsmittel für die vielfältigen Aufgabenstellungen bei der Gestaltung einer wettbewerbsfähigen Supply Chain. Bei der Gestaltung von Supply Chain-Prozessketten sind neben Prozessinhalten Leistungskennzahlen, Best Practices und Softwarefunktionalität zu betrachten.

Diese Aufgabenstellungen kennzeichnen viele Projekte zur Optimierung der Supply Chain-Leistung. Sie führten zu intensiven Diskussionen zwischen zahlreichen Industrieunternehmen, der Unternehmensberatung PRTM (Pittiglio Rabin Todd & McGrath) und dem Softwareberatungsunternehmen Advanced Manufacturing Research (AMR). Nach den Anwendungssoftwareanalysen von AMR zur Supply Chain und Produktion hatten die Unternehmen Schwierigkeiten, für ihre Prozesse die geeigneten Softwaresysteme auszuwählen und zu implementieren. Fehler bei der Softwareauswahl stellten sich erst zu spät bei der Implementierung heraus. Bei PRTM hatte sich bei den Diskussionen in Supply Chain-Projekten über Unternehmensgrenzen immer wieder herausgestellt, dass eine einheitliche Sprache für die Beschreibung der Prozesse fehlte.

Im Jahr 1996 trafen sich Vertreter von 70 Industrieunternehmen, um gemeinsam mit PRTM und AMR ein Prozessreferenzmodell zu entwickeln (Bild 1). Ziel der Zusammenarbeit war es, die unterschiedlichen Erfahrungen und Ausgangspunkte der Teilnehmer zur Entwicklung eines anwenderorientierten Hilfsmittels zu nutzen. Nach intensiver Zusammenarbeit in zahlreichen Sitzungen wurde das Supply Chain Operations Reference-Modell (SCOR) in der Version 1 im November 1996 vorgestellt. Mit diesem Modell können Unternehmen aus den verschiedenen Branchen ihre Prozesse detailliert beschreiben.

Mit SCOR Prozesse optimieren

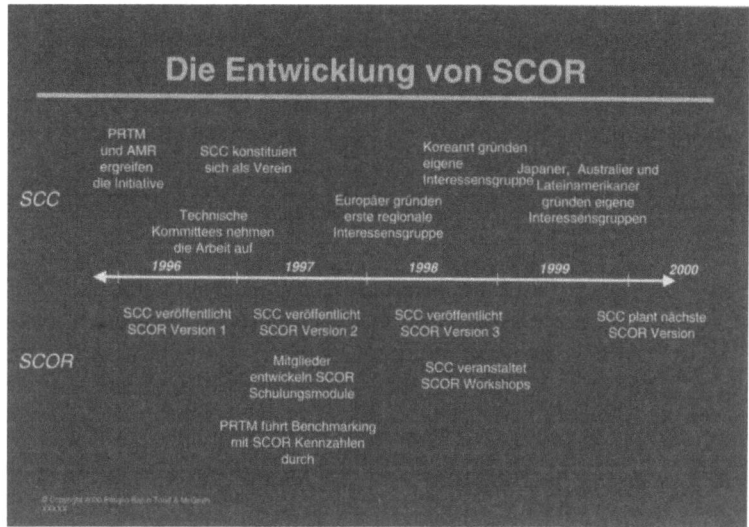

Bild 1: Die Entwicklung von SCOR

Ziel der SCOR-Entwicklung war das Schaffen einer Basis für die unternehmensübergreifende Konzeption von Supply Chains mit einer einheitlichen Beschreibungsmethode aus Sicht der Anwender. Es beschreibt über alle Softwaresysteme hinweg die grundsätzliche Funktionalität zum Schaffen wettbewerbsfähiger Supply Chain und bietet die Grundlagen für die Analyse, Verbesserung und Umsetzung von Supply Chain-Prozessen.

Zur Weiterentwicklung des Modells und zur organisatorischen Unterstützung wurde das Supply Chain Council(SCC) zunächst als loser Zusammenschluss von Unternehmen gegründet. Daraus entstand 1997 ein Verein, der seit der Gründung nun auf über 600 Mitgliedsunternehmen weltweit angewachsen ist. Die Mitglieder verpflichten sich, SCOR weiterzuentwickeln, gemeinsam erarbeitete Ergebnisse zu erproben und die Erfahrungen in die Diskussionen des Supply Chain Councils einzubringen.

Das schnelle Wachstum des Councils zeigt, wie wichtig die Supply Chain-Prozesse für die Wettbewerbsfähigkeit von produzierenden Unternehmen geworden sind.

Während der Weiterentwicklung dieses Werkzeugs stand die Praktikabilität und die branchenübergreifende Anwendbarkeit im Vordergrund. Durch Vereinfachungen und Veränderungen hat sich das Referenzmodell über Version 2 im August 1998 zur Version 3 am Ende des Jahres 1999 weiterentwickelt. Als nächstes

Arbeitsergebnis des SCC wird eine weitere Version von SCOR im Jahr 2000 erwartet. Alle folgenden Erläuterungen basieren auf SCOR Version 3.

Der Inhalt des Supply Chain Operations Reference-Modell (SCOR)

Das Supply Chain Operations Reference-Modell (SCOR) ist ein branchenübergreifendes Prozessmodell für die Supply Chain. Prozessreferenzmodelle sind Weiterentwicklungen aus den Prozessreengineeringansätzen, quantitativem und Best Practice Benchmarking und graphischen Prozessbeschreibungen.

Das Prozessreferenzmodell SCOR basiert auf der Grundüberlegung, dass sich alle Supply Chain- Aufgabenstellungen und Aktivitäten den vier grundlegenden Supply Chain-Prozessen - Planen, Beschaffen, Herstellen und Liefern – zuordnen lassen. Diese Prozesse beschreiben alle Elemente der Supply Chain-Prozesskette, vom Erfassen der Marktbedürfnisse über die Produktlieferung bis hin zur Ersatzteillogistik. Bild 2 fasst die wesentlichen Elemente von SCOR zusammen.

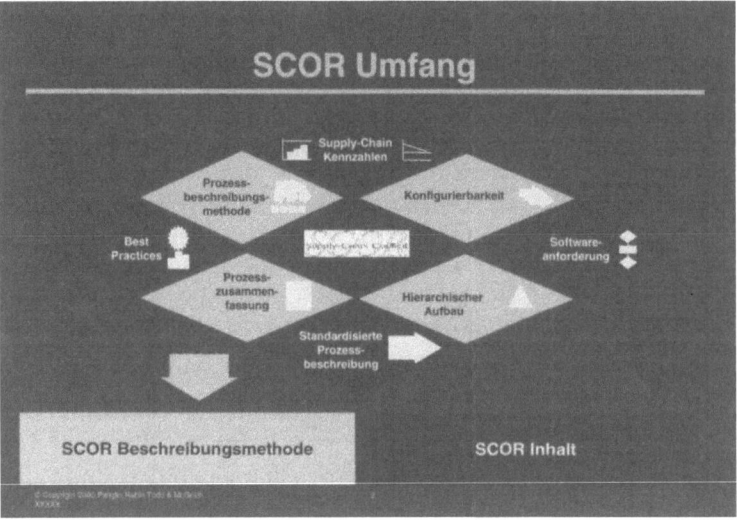

Bild 2: SCOR Umfang

Mit SCOR lassen sich der Aufbau und die Inhalte der Supply Chain-Prozesse definieren. Für den Aufbau beschreibt SCOR:

- **Prozessbeschreibungsmethode**

SCOR definiert eine Beschreibungsmethode, die zur Dokumentation der komplexen Supply Chain- Prozesse, Informations- und Materialflüsse erforderlich ist. Mit SCOR lassen sich die einzelnen Prozessschritte sowie die übergreifenden Informations- und Materialflüsse jeweils mit ihren Quellen und Empfängern darstellen.

- **Hierarchischer Aufbau**

Eine Prozesshierarchie mit vier Ebenen bildet die Grundlage für die Beherrschung der Supply Chain-Komplexität. Jede Ebene ist eine Detaillierung der vorangegangenen Ebene und beschreibt einzelne, eng abgegrenzte Zusammenhänge. Damit lassen sich unterschiedliche Aufgabenstellungen mit den verschiedenen Ebenen in variierendem Detaillierungsgrad beschreiben, zum Beispiel zur Analyse oder Neugestaltung der Supply Chain-Prozesse.

- **Konfigurierbarkeit**

Die Konfigurierungsmöglichkeiten gewährleisten den branchenübergreifenden Ansatz des SCOR. Durch Auswahlregeln und durch variable Zusammenstellungsmöglichkeiten kann SCOR nach einem Baukastenprinzip für alle Anwendungsmöglichkeiten angepasst werden.

- **Prozesszusammenfassung**

Zahlreiche Prozesse in der Supply Chain-Prozesskette können selbst nur durch einen Aggregationsmechanismus beschrieben werden. Jedes Unternehmen kann durch die SCOR-interne Aggregationslogik diese Zusammenhänge abbilden und verdeutlichen.

Zusammenfassend lässt sich feststellen, dass mit der SCOR-Prozessbeschreibungsmethode Unternehmen schnell die Abläufe in allen Supply Chain-Prozessen vom Kunden bis hin zum Lieferanten darstellen können. Dabei lässt sich je nach Verwendungszweck der Detaillierungsgrad variieren, um Diskussionen auf unterschiedlichen Ebenen zu ermöglichen oder bestimmte Teilprozesse detaillierter zu betrachten. Durch den hierarchischen Aufbau können Übersicht und Detail getrennt dargestellt werden. Mit dieser Analysemethode ist darüber hinaus eine hervorragende Ausgangsbasis geschaffen, mit der Unternehmen ihre Supply Chain-Prozesse an geänderte Randbedingungen anpassen können, da sich die Prozesse mit SCOR schnell beschreiben lassen kann.

Während die oben verdeutlichten Aspekte ein Hilfsmittel zur Beschreibung beliebiger Prozesse darstellt, unterscheidet sich SCOR von anderen Prozessbeschreibungsmethoden wie IDEF0 oder Flussdiagrammen durch die Festlegung und Definition von folgenden Supply Chain-Inhalten:

- **Standardprozessbeschreibung**

Die Standardprozessbeschreibungen helfen dem SCOR-Anwender, die einzelnen Prozesse und deren Inhalte zu verstehen. Sie sind eine Referenz, also ein allgemeingültiges, softwareunabhängiges Gerüst für sämtliche Supply Chain-Teilprozesse. Diese Standardprozessbeschreibung dient zwei Anwendungsfällen: Einerseits lässt sich diese Beschreibung als Referenz bei der Analyse der Istsituation verwenden, um Unterschiede zwischen den Ist- und Referenzsituationen herauszuarbeiten. Andererseits kann das Referenzwerk zum schnellen Entwurf eines neuen Sollprozesses genutzt werden. Um die Kommunikation zwischen unterschiedlichen Teilnehmern der Supply Chain-Prozesse zu vereinfachen, müssen alle Partner die gleiche Sprache verwenden. Das Glossar im SCOR definiert die Kernbegriffe und führt so Lieferanten und Kunden mit den produzierenden Unternehmen zusammen. Die Definitionen helfen, schnell und effizient eine Supply Chain mit mehreren Teilnehmern zu beschreiben.

- **Best Practices**

Die Best Practices fassen erfolgreiche Ansätze für die Optimierung der einzelnen Prozesse zusammen. Sie geben dem Anwender Hinweise, mit welchen Ansätzen er die Leistungsfähigkeit seiner Supply Chain verbessern kann.

- **Messgrössen**

Für jeden SCOR-Teilprozess liegen standardisierte Messgrössendefinitionen vor, mit denen alle Prozesse gemessen und gesteuert werden können. Diese Messgrössen sind unternehmensunabhängig und allgemeingültig definiert, um ein Benchmarking verschiedener Unternehmen zu erleichtern. Die einheitlichen Messgrössendefinitionen von SCOR bilden die Voraussetzungen für ein erfolgreiches Benchmarking.

- **Softwareanforderungen**

Für eine Automatisierung der Supply Chain-Prozesse werden üblicherweise leistungsfähige Anwendungssysteme eingesetzt. Aus jedem Prozess und jeder Best Practice lassen sich Anforderungen ableiten, die durch die Softwarehersteller in eine entsprechende Funktionalität umzusetzen sind. Für die Auswahl geeigneter

Softwaresysteme bietet SCOR daher die Beschreibung der Anforderungsdefinitionen an.

Die SCOR - Prozesstypen

Eine der wichtigsten Innovationen bei der Entwicklung von SCOR war die Einführung der unterschiedlichen Prozesstypen. SCOR unterscheidet zwischen Planungs-, Ausführungs- und Infrastrukturprozessen (Bild 3).

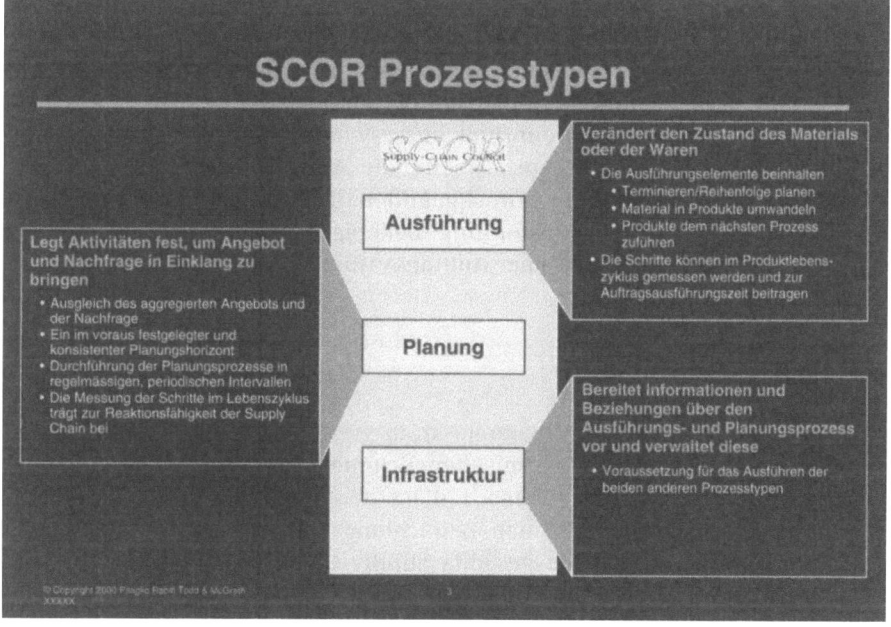

Bild 3: SCOR Prozesstypen

Die Ausführungsprozesse beschreiben alle Aktivitäten, die für die Auftragsabwicklung nötig sind, sowohl den Informations- als auch den Materialfluss. In den Ausführungsprozessen findet die Zustandsänderung des Materials oder der Waren statt sowie alle zugehörigen Steuerungsaufgaben, insbesondere die Auftragssteuerung. Dazu zählen die wesentlichen Prozesse Beschaffen (Source), Herstellen (Make) und Liefern (Deliver).

Die Planungsprozesse umfassen alle Tätigkeiten für die Vorbereitung von zukünftigen Materialflüssen. Ziel ist der Abgleich von erwartetem Bedarf und den unternehmensinternen Fähigkeiten. Typische Beispiele sind die Prognose, Vertriebs-, Beschaffungs- und Produktionsplanung. Diese Prozesskategorie wird durch die (Plan)-Prozesse dokumentiert.

Infrastrukturprozesse fassen die Elemente zusammen, die zur Vorbereitung oder für Sondersituationen in der Supply Chain erforderlich sind. Diese Prozesse schaffen alle Voraussetzungen für einen reibungslosen Ablauf der Supply Chain oder bewirken einen effizienten Ablauf. Durch die Trennung der Infrastrukturprozesse von den Ausführungsprozessen lassen sich die Ausführungsprozesse leichter gestalten und realisieren und die Infrastrukturprozesse nach anderen Zielsetzungen optimieren.

So gehört zum Beispiel die Auswahl eines neuen Lieferanten zu den Infrastrukturprozessen. Die Selektion des Lieferanten wird einmal benötigt, um die Supply Chain zu konfigurieren und die Daten in den Einkaufssystemen zu erstellen. Für die Abwicklung der Aufträge, also für die Ausführungsprozesse, wird auf diese Definition zurückgegriffen. Der Infrastrukturprozess kann nach der Erstausführung beliebig häufig ausgeführt werden, er ist nicht mit einer Auftragsausführung direkt verbunden.

Die SCOR - Ebenen

SCOR ist hierarchisch in vier Ebenen mit verschiedenen Inhalten gegliedert, mit denen unterschiedliche Zielsetzungen verfolgt werden. Ebene 1 dient der Abgrenzung der Supply Chain und beschreibt den Betrachtungsumfang (Bild 4). Während Ebene 1 und 2 die gesamte Supply Chain im Überblick betrachten, liegt der Schwerpunkt bei Ebene 3 und 4 auf einzelnen Teilelementen. Ebene 1 und 2 dienen daher strategischen Aufgaben und Gesamtanalysen/-gestaltungen, während die unteren Ebenen für die Detaillierung einzelner Teilaspekte geeignet sind.

Mit SCOR Prozesse optimieren

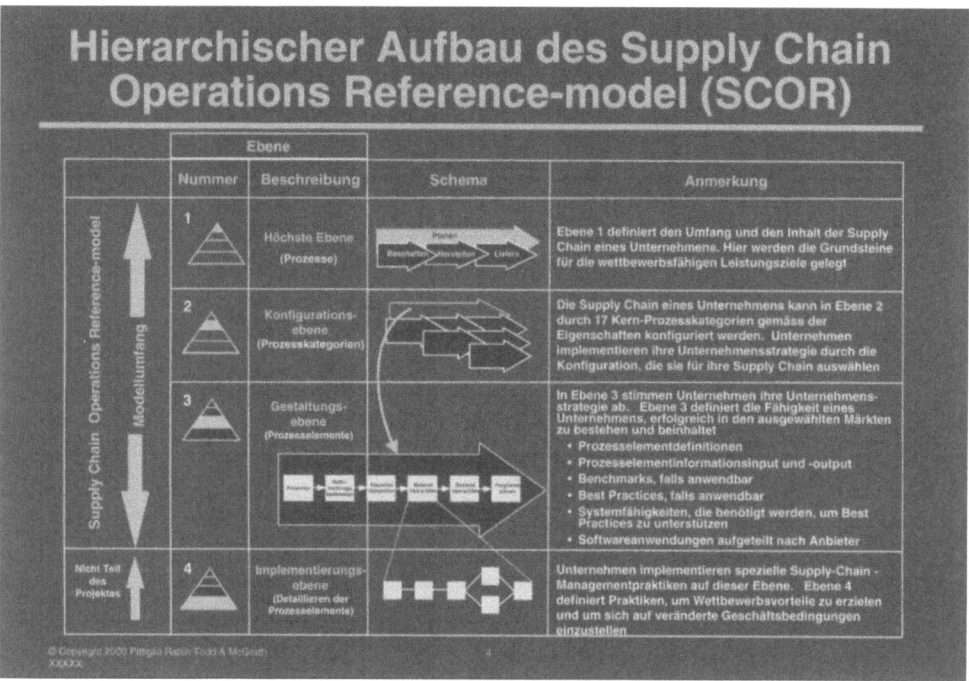

Bild 4:   SCOR-Ebenen

Während bei der Entwicklung von SCOR branchenübergreifend eine Lösung für die Ebenen 1 bis 3 geschaffen wurde, liegt die inhaltliche Beschreibung der Ebene 4 außerhalb des Modellumfangs. Die Prozesse auf dieser Ebene erwiesen sich als derart unternehmensspezifisch, dass eine Standardisierung über Firmen oder Branchen hinweg nicht durchführbar ist.

Durch die Ebene 1 werden die beteiligten Standorte und der Umfang der Supply Chain definiert (Bild 5). Die Beschreibung ist auf die Prozesse Planen (Plan), Beschaffen (Source), Herstellen (Make) und Liefern (Deliver) beschränkt, die in den nächsten Ebenen weiter detailliert werden. Die Prozesse werden durch die Anfangsbuchstaben beschrieben (P: Plan, S: Source, M: Make, D: Deliver).

Mit SCOR Prozesse optimieren

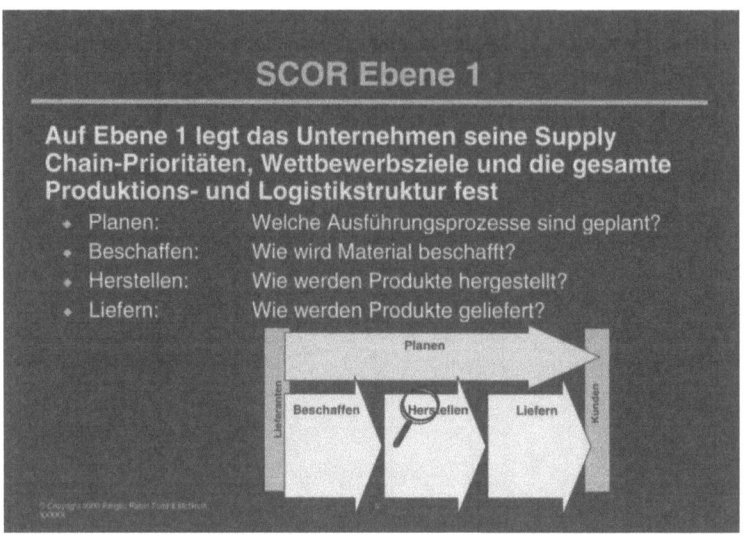

Bild 5:   SCOR Ebene 1

Mit der Ebene 1 lassen sich somit der Umfang der zu betrachtenden Supply Chain, die beteiligten Unternehmen einer durchgängigen Supply Chain und die Verknüpfungen der einzelnen Prozesse und Standorte beschreiben. An dieser Stelle muss die Bedeutung dieser Abgrenzung unterstrichen werden, da nur eine solche Gesamtbetrachtung die Optimierung und Abstimmung der einzelnen Supply Chain Partner ermöglicht. So sollte die Beschreibung beispielsweise die A-Lieferanten, Lieferanten mit langen Lieferzeiten auf der einen Seite und die Hauptkunden(-gruppen) auf der anderen Seite umfassen. Auf Ebene 1 werden bereits die wesentlichen Segmentierungen der Supply Chain ermittelt.

Die SCOR-Prozesse auf Ebene 1 bilden die Prozesse zur Auftragsabwicklung ab (Bild 6). Für die Ausführungsprozesse wird zunächst der auftragsbezogenen Informationsfluss betrachtet. Der Kunde erteilt einen Kundenauftrag (1), der vom Prozess Liefern (Deliver) bearbeitet wird. Daraus kann ein Produktionsauftrag (2) entstehen, der einen Materialbereitstellauftrag (3) auslöst. Für den Nachschub kann dann eine Materialbestellung (4) an den Lieferanten ausgelöst werden.

Mit SCOR Prozesse optimieren

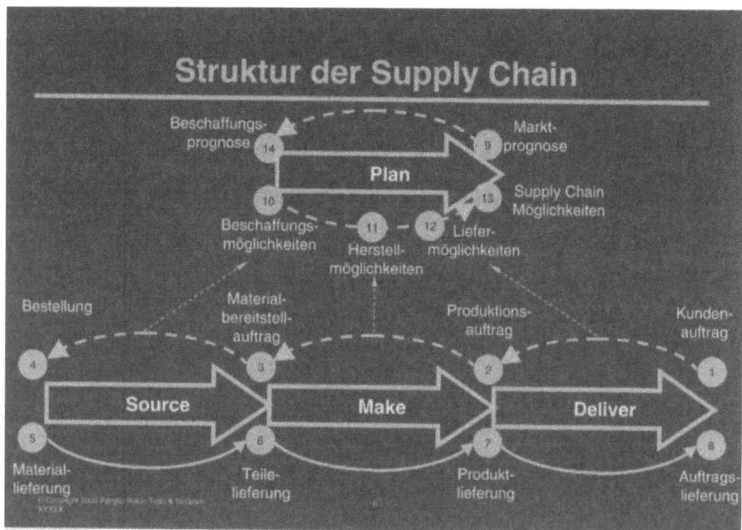

Bild 6: Struktur der Supply Chain

Der Materialfluss läuft nun genau entgegengesetzt zum Informationsfluss. Die Lieferant liefert das Material (5). Der Source-Prozess versorgt auf Basis der Materialbereitstellaufträge (6) die Produktion, diese stellt nach Produktionsauftrag daraus die Produkte (7) her. Durch den Deliver-Prozess wird anschließend der Kundenauftrag mit den Produkten kommissioniert, gepackt und als Lieferung (8) an die Kunden versandt.

Da bei vielen Unternehmen Auftragsdurchlaufzeiten länger als die vom Kunden geforderten Lieferzeiten sind, lassen sich die Prozesse nicht erst bei Eintreffen eines Kundenauftrags aktivieren. Die Supply Chain muss im Normalfall mit gewissen Material- und Produktbeständen gefüllt werden, um die vom Kunden erwartete Reaktionszeit sicherzustellen. Die Planungsprozesse antizipieren die zukünftigen Ereignisse, in dem unter Annahmen über die zukünftigen Auftragseingänge diese Bestände dimensioniert und bestimmt werden.

Dazu werden die Fähigkeiten in der Beschaffung (10), in der Produktion (11) und im Lieferbereich (1) zu den Supply Chain-Fähigkeiten (13) zusammengefasst. Zusammen mit der Marktprognose (9) ergeben sich eine Beschaffungsprognose (14)und ein Gesamtplan, der den Grundstein für die Aktivitäten in allen Teilbereichen bildet.

Die Supply Chains einzelner Unternehmen können nun an den Schnittstellen miteinander verknüpft werden, indem die Ausführungsprozesse Deliver des Lieferanten und Source der Kunden miteinander verbunden werden, ebenso wie die entsprechenden Planungsprozesse.

In Ebene 2 werden die Prozesse in Prozesskategorien aufgeteilt und die gesamte Supply Chain oder eine Teilprozesskette dargestellt (Bild 7), jeweils immer vom Lieferanten bis zum Kunden. Die Prozesskategorien unterscheiden sich bei den Ausführungsprozessen nach der Auftragsart, das heißt, ob auf Lager produziert wird oder ob auftragsbezogen oder Kundeneinzelfertigung mit auftragsspezifischen Anpassungen gearbeitet wird. Die Planungsprozesse werden nach den zugehörigen Ausführungsprozessen untergliedert. Die Prozesse werden durch den Anfangsbuchstaben der Ebene 1 und eine Nummerierung eindeutig identifiziert.

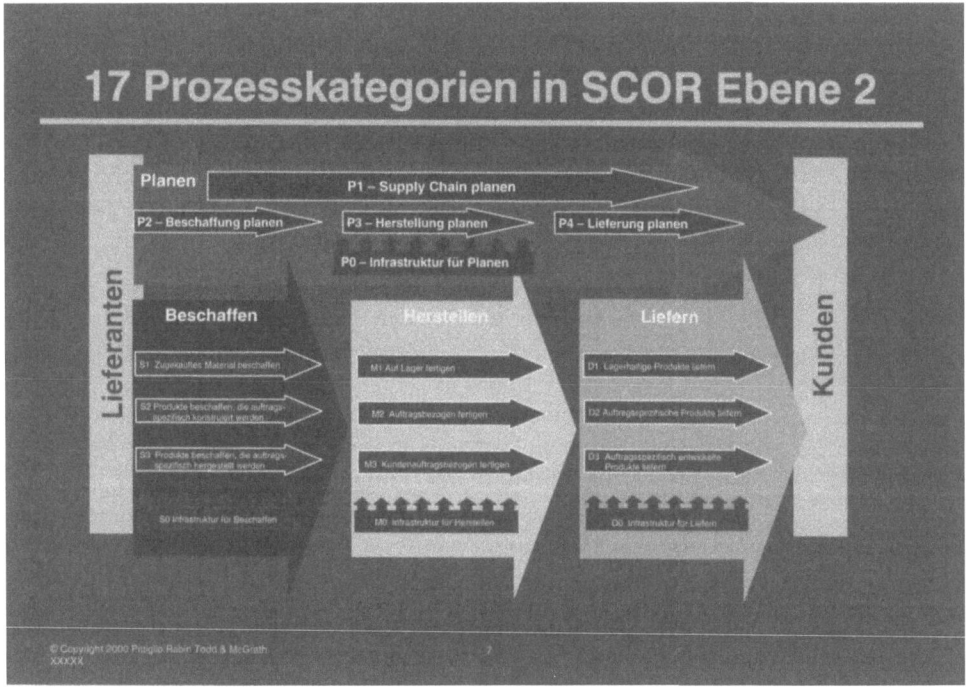

Bild 7:   SCOR Ebene 2

Mit SCOR Prozesse optimieren

Hauptaufgabe der Ebene 2 ist die Detaillierung der Gesamtkonfiguration und die Verknüpfung der Teilprozessketten. Viele Probleme der Supply Chain werden durch die systematische Beschreibung verdeutlicht: Offene Schnittstellen, unterschiedliche Steuerungsmechanismen, Doppelaktivitäten sind nur einige wenige Beispiel für die möglichen Probleme, die bei dieser Prozessbetrachtung entstehen können.

In Ebene 3 werden für jede einzelne Prozesskategorie einzeln die Prozesselemente dokumentiert. Für jede Prozesskategorie werden die Prozessschritte, deren Reihenfolge und die Eingangs- und Ausgangsinformationen getrennt dargestellt (Bild 8).

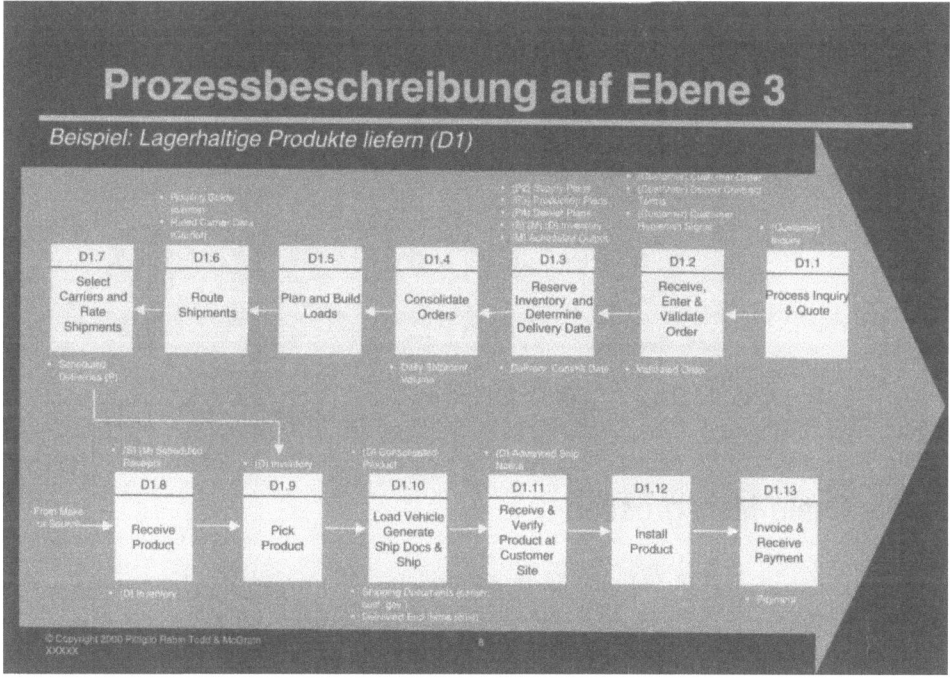

Bild 8: SCOR Ebene 3

Die Deliver-Teilprozesskette verdeutlicht den Unterschied zu den vorangegangenen Ebenen. Es wird nur ein Prozess betrachtet. Für diesen Teilbereich werden dann die erforderlichen Besonderheiten beschrieben. Die einzelnen Prozessschritte und ihre Sequenz werden dargestellt, zusammen mit den erforderlichen Informationen sowie deren Erzeuger oder Empfänger.

Ebene 4 beschreibt den Übergang von den standardisierten, branchenübergreifenden Prozesselementen in branchen- und unternehmensspezifische Prozessschritte, die nach Unternehmensbelangen ausgerichtet werden. Auf dieser Ebene dokumentieren die Unternehmen ihre Prozesse beispielsweise nach ISO und erstellen die detaillierten Arbeitsanweisungen (Bild 9).

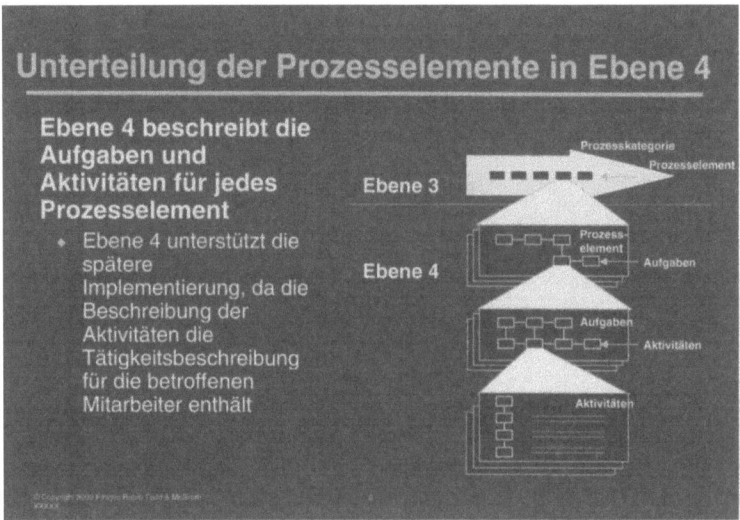

Bild 9: SCOR Ebene 4

Supply Chain-Messgrössen

SCOR enthält ein umfangreiches Kennzahlensystem, das für eine effektive Steuerung der Supply Chain unerlässlich ist. Dieses Kennzahlensystem ist analog der Prozessmodellhierarchie in verschiedene Ebenen unterteilt (Bild 10).

Diese Struktur trägt den unterschiedlichen Steuerungs- und Informationsbedürfnissen der Organisation Rechnung. Auf der höchsten Ebene werden die Prozesse im Sinne der Managementperspektive über die gesamte Supply Chain betrachtet, während auf der zweiten Ebene die Leistung der konfigurierten Prozesse gemessen wird. Diese Kennzahlen sind besonders für die Prozessverantwortlichen wichtig. Kennzahlen der Ebene 3 ermöglichen die Festlegung von Verbesserungsansätzen.

Mit SCOR Prozesse optimieren

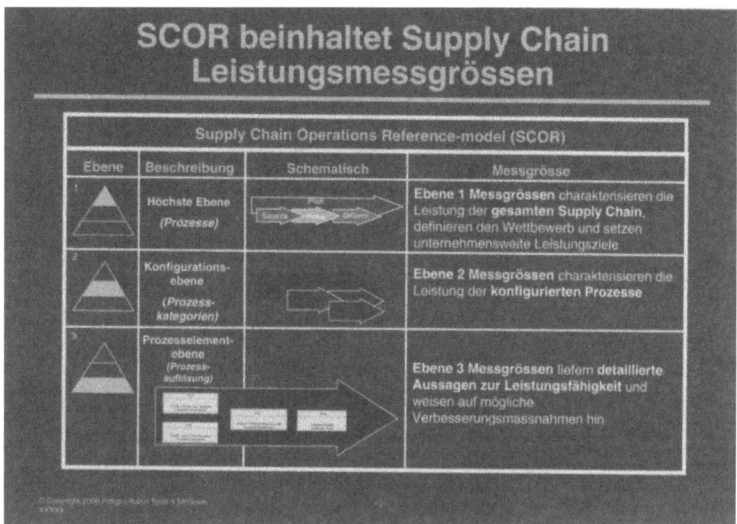

Bild 10: Leistungsmessgrößen

Bild 11 stellt eine Übersicht der Hauptkennzahlen der Ebene 1 dar. Die Messgrössen sind um vier Hauptachsen herum gruppiert: Kundenservice, Flexibilität, Logistikkosten und Kapitaleinsatz. Während die ersten beiden Bereiche kundenorientiert sind, stellen die beiden anderen Bereiche unternehmensinterne Prioritäten in den Vordergrund. Diese Kennzahlen stellen somit die verschiedenen Leistungsperspektiven dar, die das Gleichgewicht zwischen den verschiedenen Zielsetzungen gewährleisten. Dieses Gleichgewicht ist wichtig für den Gesamterfolg des Unternehmens. Es wäre zum Beispiel illusorisch, die Lieferzeiten zu verkürzen, ohne die Auswirkungen auf die Bestandsreichweite zu berücksichtigen.

Im Bereich der Lieferleistung gehören die Lieferzeit, die Lieferfähigkeit für lagerhaltige Produkte und die Liefertreue für auftragsbezogene Produktion zu den Standardgrössen. Die Messgrösse Fehlerlose Auftragsausführung gibt an, wie hoch der Auftragsanteil ist, bei dem die Kunden zum Kundenwunschtermin ohne Reklamationen, ohne Fehler in Auftragsbestätigung, Lieferpapieren und Rechnungen beliefert wurden.

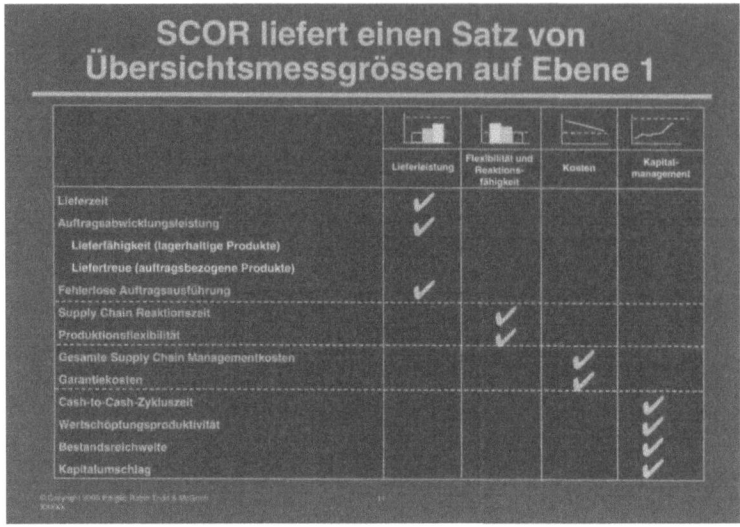

Bild 11: Messgrößen Ebene 1

Mit der Supply Chain-Reaktionszeit und der Produktionsflexibilität wird gemessen, wie schnell ein Unternehmen sich auf Marktveränderungen einstellen kann.

Bei den Kosten werden sowohl die Supply Chain Managementkosten als auch die Garantiekosten betrachtet. Während die erste eine Zusammenfassung aller Supply Chain-relevanten Kostenelemente darstellt, gibt die zweite eine Übersicht über die von der Supply Chain zu verantwortende Produktqualität.

Mit der Cash-To-Cash-Zykluszeit wird gemessen, wie lange ein Unternehmen von der Bezahlung des Lieferanten bis zur Erhalt des Rechnungsbetrages vom Kunden benötigt. Nach vielen Studien ist diese aggregierte Grösse ein hervorragender Bewertungsmaßstab für die Effizienz in der Auftragsabwicklung. Wertschöpfungsproduktivität, Bestandsreichweite und Kapitalumschlag sind andere, häufig verwendete Kenngrößen zur Bewertung der Supply Chain.

Die folgende Tabelle 1 verdeutlicht am Beispiel der Lieferprozesse, wie die Kennzahlen für Ebene 2 die Leistung und für Ebene 3 Komplexität, Konfiguration und Management bewerten.

Ebene	Kennzeichen	Kennzahlen
2	Leistung	Lieferfähigkeit
		Bestellmanagementkosten
		Lieferungsleistung
		Zykluszeit der Auftragsausführung
		Vorhersagegenauigkeit je Vertriebskanal
		Fehlerfreie Auftragsausführung
3	Komplexität	Anzahl der Bestellungen, Positionen und Lieferungen je Kanal
		% Rücklauf
		% erneuter Rücklauf
3	Konfiguration	Lieferziele nach Geographie
		Anzahl der Kanäle
3	Management	Veröffentlichte Lieferzeit
		Anzahl der fehlerfreien Rechnungen

Tab. 1: SCOR-Messgrössen für den Prozess „Liefern" auf Ebene 2 und 3

Wichtig für einen effektiven Einsatz ist die eindeutige Definition der verwendeten Kennzahlen. Beispielsweise muss bei Anwendung der Liefertreue als einer entscheidenden Messgrösse für den Kundenservice in der Organisation bekannt sein, mit welcher Genauigkeit, mit welchem Bezugstermin für die Sollkenngrösse und welcher Termin für die Istzahl gerechnet wird und wie vom Kunden und vom Unternehmen verursachte Abweichungen zu bewerten sind.

Zunächst ist die Genauigkeit der Liefertreue zu bestimmen, zum Beispiel ob die Soll- und Isttermine wochengenau, tagesgenau oder stundengenau bestimmt werden müssen. Es ist zu klären, ob gesamte Aufträge, Auftragspositionen oder gelieferte Stückzahlen gemessen werden und wie Teillieferungen zu bewerten sind.

Genauso muss eindeutig geklärt sein, gegen welchen Solltermin Liefertreue als Referenz gemessen wird. Während die Messung nach dem Kundenwunschtermin die Aussage aus Sicht des Kunden – Kundenwunschliefertreue – widerspiegelt, ist diese Messung in vielen Unternehmen nicht verbreitet, weil der Kundenwunschtermin von den EDV-Systemen entweder nicht erfasst werden kann oder bei der Eingabe nicht mit der notwendigen Sorgfalt bestimmt wird. Bei der Messung gegenüber dem bestätigten Termin ist genau zu definieren, ob es sich um den bei Auftragsbestätigung abgegebenen Termin oder um den letzten bestätigten Termin handelt. Auch bei der Definition des Isttermins ist genau festzulegen, ob der Termin der Versandfertigstellung, der Übergabetermin an den Frachtführer oder der Eintrefftermin beim Kunden zu verwenden ist.

Viele Unternehmen wollen darüber hinaus klären, wie das Vorziehen und Verschieben eines Auftrags zu bewerten ist. Ebenso muss die Abbildung von Rahmenaufträgen und Kundenabrufen geklärt werden.

Die Unternehmen, die einen großen Wert auf die Liefertreue legen, messen ihre Lieferleistung bezüglich des Kundenwunschtermins auf Basis tagesgenauer Bewertung des Eintreffens beim Kunden. Diese Unternehmen haben in der Kundenliefertreue einen deutlichen Vorsprung gegenüber ihren Wettbewerbern.

Die Anwendung von SCOR

Zahlreiche Unternehmen haben inzwischen mit SCOR ihre Supply Chain beschrieben, neu konfiguriert und verbessert. Die Anwendung von SCOR ist leicht, für viele erheblich leichter als gedacht.

Um SCOR anwenden zu können, hat sich eine Nomenklatur herauskristallisiert, die in Bild 12 dokumentiert ist. Die Ausführungsprozesse Source, Make und Deliver werden in einer Zeile angeordnet, während die Planungsprozesse direkt über den Ausführungsprozessen dargestellt werden und durch einen Plan Supply Chain-Prozess zusammengefasst. Der Materialfluss wird von links nach rechts mit durchgezogenen Linien beschrieben, während der Informationsfluss mit gestrichelten Linien beschrieben wird. Diese Standardisierung in der Darstellung vereinfacht die unternehmensübergreifende Kommunikation.

Mit SCOR Prozesse optimieren

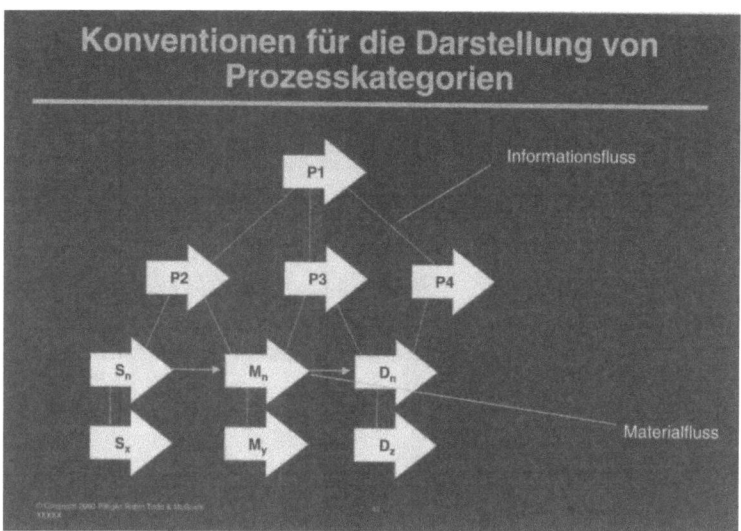

Bild 12:   SCOR Nomenklatur

Für die Erstellung der SCOR-Abbildungen hat sich folgende Vorgehensweise (Bild 13) etabliert: Zunächst werden die physischen Einheiten identifiziert. Dazu gehören alle Standorte des Unternehmens, die betrachtet werden sollen, sowie alle Kunden und Lieferanten. Für die bessere Übersichtlichkeit hat es sich bewährt, nur die A-Lieferanten und die wesentlichen Abnehmergruppen darzustellen. Diese lassen sich in der Regel einfach identifizieren und dokumentieren.

Mit SCOR Prozesse optimieren

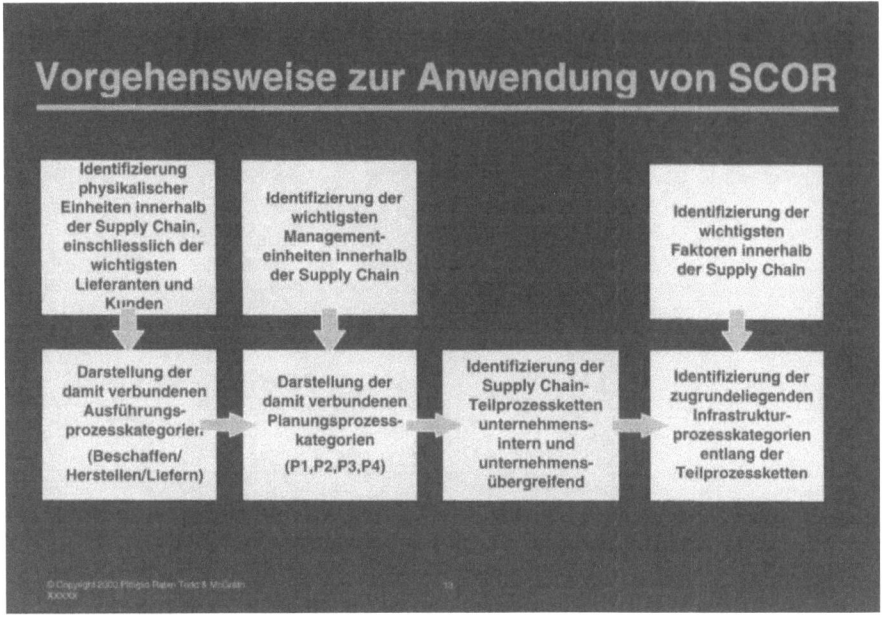

Bild 13: Anwendung von SCOR

Für alle Standorte werden nun die dort ausgeführten Ausführungsprozesskategorien der Ebene 2 bestimmt und dargestellt. Bei der Dokumentation ergeben sich hier bereits erste Fragestellungen, da vielfach die genaue Art der Prozessausführung erst in mehreren Diskussions- und Klärungsrunden gelöst werden kann.

Nun können die verantwortlichen Managementeinheiten für jeden der Standorte bestimmt und die ausgeführten Planungsaktivitäten ermittelt werden. Für jeden Standort werden die Planungsprozesskategorien ausgewählt und dargestellt. Zur Vollständigkeitskontrolle kann noch geprüft werden, ob zu jedem Ausführungsprozess eine entsprechende Planungsfunktion identifiziert wurde.

In einem weiteren Bearbeitungsschritt werden Teilprozessketten unternehmensintern und –extern konfiguriert, indem die entsprechenden Material- und Informationsflüsse ergänzt werden.

Nach der Definition der Planungs- und Ausführungsprozesse rücken dann die Infrastrukturprozesse in den Mittelpunkt der Betrachtungen. Für die Supply Chain werden die wichtigsten Faktoren zur Bestimmung der Komplexität und der Konfiguration bestimmt und die zugehörigen Infrastrukturprozesse zu den Planungs- und Ausführungsprozessen hinzugefügt.

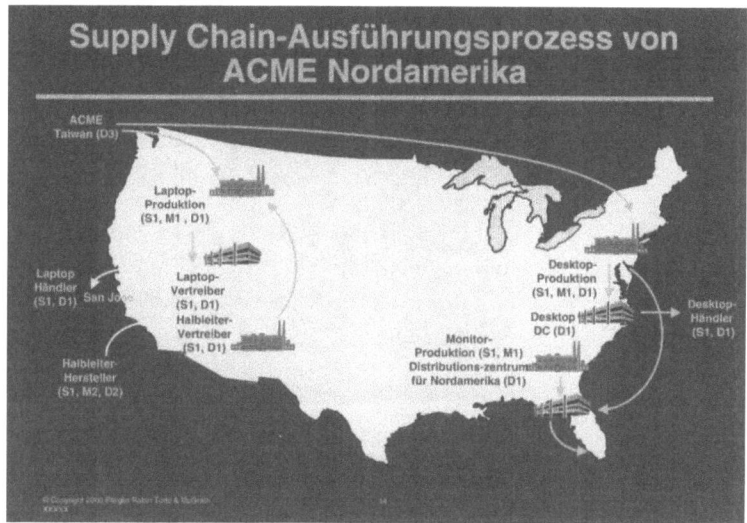

Bild 14: Supply Chain-Prozess für einen Computerhersteller

Auf Basis dieser Dokumentation lassen sich selbst komplexe Supply Chain-Prozesse schnell dokumentieren und analysieren.

Am Beispiel der Supply Chain für einen Computer-Hersteller lässt sich dies leicht nachvollziehen. Bild 14 beschreibt die Supply Chain-Prozesse für diesen Computerhersteller. Das Unternehmen stellt Desktop- und Laptop-Computer an unterschiedlichen Standorten mit unterschiedlicher Fertigungstiefe und unterschiedlichen Rollenaufteilungen her. Die Prozesskategorien der einzelnen Standorte sind auch bereits in dieser Übersicht enthalten.

Mit SCOR Prozesse optimieren

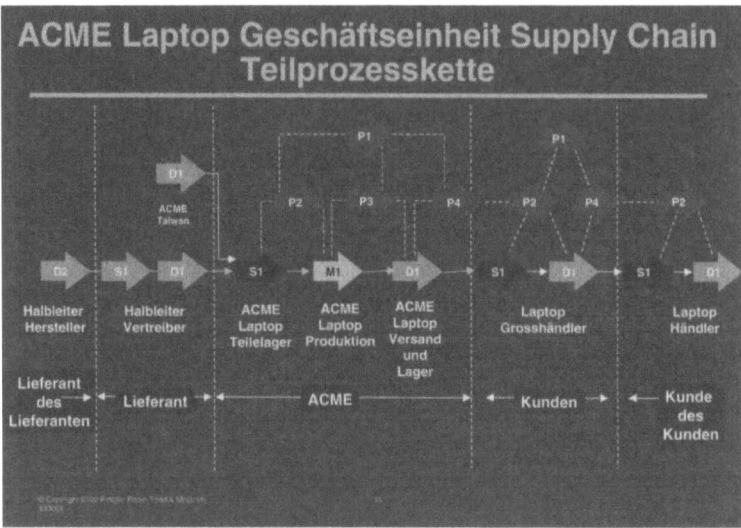

Bild 15: Teilprozess für Laptops

Bild 15 zeigt die Teilprozesskette für die Laptops in der SCOR-Darstellung. Die Prozesse sind von links nach rechts aufgebaut und reichen vom Lieferanten des Lieferanten bis hin zum Kunden des Kunden. Die einzelnen Aktivitäten an den Standorten sind dokumentiert und ermöglichen eine schnelle Identifizierung von möglichen Ansatzpunkten für Verbesserungen.

So lässt sich zum Beispiel zwischen Planungsprozessen P4 von ACME und P2 des Laptop-Großhändlers erhebliche Doppelarbeit identifizieren. Ein Prozess zum besseren Austausch von Planungsinformationen könnte diese Doppelarbeit eliminieren.

Auf Basis der Darstellung lassen sich aber auch strategische Aufgabenstellungen bearbeiten: Wenn ACME auf den Großhandel als Zwischenstufe verzichtet, ist zu klären, wie ACME den Händler direkt beliefern könnte? Wie können die Halbleiter direkt aus Fernost bezogen werden, ohne den zusätzlichen Schritt über die Vertriebsorganisation des Halbleiterproduzenten?

In vielen Projekten zeigt sich, dass bereits auf der Ebene 2 umfangreiche Fragestellungen zu bearbeiten sind. Auf dieser Ebene können insbesondere strategische oder gesamtgestalterische Planungsaufgaben gelöst werden.

Auf dieser Ebene kann auch identifiziert werden, in welchen Bereichen eine weitere Detaillierung der Prozesse sinnvoll sein kann.

Mit SCOR Prozesse optimieren

Anhang

Das Supply Chain Operations Reference-Modell (SCOR) wurde als branchenübergreifender Standard für das Supply Chain Management vom Supply Chain Council (SCC), einem unabhängigen, nicht-gewinnorientierten Verein, entwickelt und veröffentlicht. SCOR ist für alle Unternehmen zugänglich, die das Standard-Referenzmodell anwenden wollen.

SCC   Das SCC wurde 1996 von Pittiglio Rabin Todd & McGrath (PRTM) und Advanced Manufacturing Research (AMR) gegründet und hatte anfangs 69 Mitgliedsunternehmen. Die Mitgliedschaft steht nun allen Unternehmen und Organisationen offen, die daran interessiert sind, hochentwickelte Supply Chain Management-Systeme und -Praktiken anzuwenden und weiterzuentwickeln.

Mitglieder zahlen einen Jahresbeitrag, um die Aktivitäten des Supply Chain Councils zu unterstützen. Anwender des SCOR-Modells werden gebeten, in allen Dokumenten, die SCOR und seine Anwendung beschreiben, auf das SCC hinzuweisen.

Die Anwender von SCOR können durch eine Mitgliedschaft im SCC das Modell weiterentwickeln und in den Genuss der damit verbundenen Vorteile kommen.

Bild 16:   Supply Chain Coucil (SCC)

Weitere Informationen über das SCC und SCOR erhalten Sie auf der Internet-Seite des Supply Chain Councils unter: http://www.supply-chain.org (Bild 16).

7 Supply Chain-Simulation für kleine und mittlere Unternehmen

Bernd Scholz-Reiter, Carsten Münster und Jens Jakobza, Universität Bremen

Zusammenfassung: Verstärkter Wettbewerbsdruck, die Globalisierung der Märkte, der Wandel des Konsumverhaltens und auch die Entwicklung neuer Technologien stellen Unternehmen ständig vor neue Herausforderungen, sich am Markt erfolgreich zu behaupten. Um langfristig Wettbewerbsvorteile zu sichern, beschränken sich Unternehmen längst nicht mehr auf die internen Potentiale, Kosten zu senken beziehungsweise das Leistungsangebot zu differenzieren, sondern koordinieren die Geschäftsprozesse mit Partnern entlang der Wertschöpfungsketten. Mit dem Ziel, das Produkt zu wettbewerbsfähigen Kosten an die Bedürfnisse des Endkunden anzupassen, werden die wertschöpfenden Prozesse organisationsübergreifend geplant und gesteuert - also *Supply Chain Management* betrieben.

Daraus ergeben sich branchenübergreifend Herausforderungen an die Unternehmen, insbesondere an kleine und mittlere, den Anforderungen gerecht zu werden und die Vorteile des Supply Chain Managements für die Realisierung eigener Wettbewerbsvorteile zu nutzen. Nachfolgend werden Aspekte des Supply Chain Managements speziell hinsichtlich kleiner und mittlerer Unternehmen diskutiert. Es wird gezeigt, dass vor allem der Einsatz von Modellierungs- und Simulationstechnologien Erfolg verspricht, innerhalb von Planungs- und Entscheidungsprozessen die Komplexität, Intransparenz und Dynamik beherrschbar zu machen.

Supply Chain Management für kleine und mittlere Unternehmen

Der Wettbewerbsdruck auf *kleine und mittlere Unternehmen* (KMU) wächst. Einerseits ebnet der Wegfall von Handelsbarrieren, beispielsweise im Rahmen der EU-Harmonisierung, den Weg für überregionale und internationale Konkurrenz. Andererseits schaffen die heranwachsenden Märkte in Osteuropa, Asien und Lateinamerika neue Möglichkeiten der Entfaltung und Entwicklung [1].

Daraus ergeben sich Anforderungen an das Management der KMU, Geschäftsprozesse flexibel, aber robust zu gestalten und Wettbewerbsvorteile jederzeit zu ökonomisch vertretbaren Kosten zu erzielen. Sind die internen Potentiale für Wettbewerbsvorteile erschöpft, so besteht die Möglichkeit, durch eine Zusammenarbeit mit Marktpartnern unternehmensübergreifend Synergieeffekte zu entwickeln. Durch Supply Chain Management wird angestrebt, vorrangig die Potentiale solcher Synergien zu erschließen.

Supply Chain Management, auch Lieferkettenmanagement, ist die unternehmensübergreifende Koordination der Material- und Informationsflüsse über den gesamten Wertschöpfungsprozess von der Rohstoffgewinnung über die einzelnen Veredelungsstufen bis hin zum Endkunden mit dem Ziel, den Gesamtprozess sowohl zeit- als auch kostenoptimal zu gestalten. Die Herausforderung liegt darin, die Geschäftsprozesse und Zielsysteme der Partnerunternehmen zu vergleichen, zu kombinieren und aufeinander abzustimmen.

Das System Lieferkette wird durch eine Vielzahl von Entscheidungen geregelt. Das Regelsystem besteht aus überwiegend selbständigen Unternehmen, die untereinander vernetzt sind. Veränderungen innerhalb der Unternehmen und die sich wandelnden Kundenbedürfnisse verleihen dem Gesamtsystem hohe Dynamik. Die Vielzahl der unterschiedlichen Einzelentscheidungen und ihre gegenseitigen Verbindungen erschweren die Entscheidungsfindung durch Komplexität und Intransparenz [2].

Komplexität

Die Komplexität beschreibt die Zergliedertheit und Vernetztheit eines Systems. Sie lässt sich durch die Aspekte:
- Elementanzahl,
- Anzahl der Verbindungen zwischen den Elementen und
- Reaktionszeit der Elemente

beschreiben.

Elemente sind die realen Bestandteile eines Systems. Auf die Lieferkette bezogen repräsentieren sie beispielsweise die beteiligten Unternehmen. Je mehr Unternehmen am Wertschöpfungsprozess beteiligt sind, um so komplexer ist die Lieferkette. Die Elemente der Lieferkette agieren zudem nicht autonom, sondern sind durch Material- und Informationsflüsse miteinander verbunden. Die Anzahl dieser Verbindungen ist nicht zwingend an die Elementanzahl gekoppelt, sondern definiert lediglich Unter- und Obergrenzen. Die Untergrenze liegt im einfachsten Fall bei *(n-1)* Möglichkeiten. Maximal sind es *(n-1)!* Möglichkeiten. Dies ergibt bei beispielsweise vier Unternehmen eine Untergrenze von drei und eine Obergrenze von sechs Verbindungen (Bild 1).

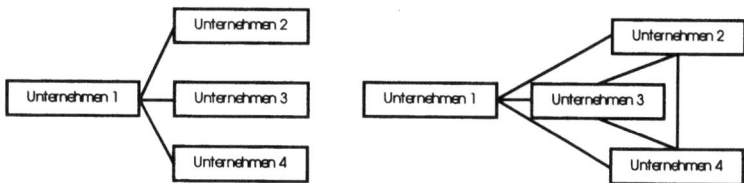

Bild 1: Beispiel für Unter- und Obergrenze der Komplexität

Die Anzahl der Verbindungen zwischen den Elementen steigert somit die Komplexität.

Die Reaktionszeit, welche den Zeitraum zwischen den Aktionen zweier verbundener Elemente darstellt, nimmt ebenfalls Einfluss auf die Komplexität. Je größer diese Zeiträume sind, um so schwieriger ist das Erkennen des Gesamtverhaltens. Unterschiedliche Reaktionszeiten parallel agierender Elemente verstärken diesen Trend.

Es ist jedoch wenig sinnvoll zu versuchen, die Komplexität eines Systems oder speziell der Lieferkette in absoluten Zahlen zu fassen. Zum einen wird ein durch eine so ermittelte Größe charakterisiertes System individuell und situationsabhängig unterschiedlich empfunden und zum anderen trägt es nicht zur Lösung der Herausforderung bei. Die Kenntnis der beeinflussenden Aspekte hilft jedoch, die Komplexität zu beherrschen.

Intransparenz

Die Intransparenz resultiert aus der Unmöglichkeit der vollständig deterministischen Abbildung des Systems Lieferkette und der unvollständigen Informationsbedarfsdeckung seitens der Entscheidenden.

Nicht alle einen Prozess beeinflussenden Größen lassen sich in konkreten Werten darstellen. Im Einzelnen betrifft dies die Elemente und die Verbindungen sowie auch die Rahmenbedingungen. Qualitative Aussagen wie „gut" oder „schlecht" oder Trendangaben wie „...ist positiv/negativ/ abhängig von..." als Charakterisierung von Elementen und Verbindungen sind ein Kennzeichen für Intransparenz.

Werden Verbindungen zwischen Elementen nicht erkannt oder in den Entscheidungsgrundlagen nicht berücksichtigt, wird die der Lieferkette zunehmend intransparent. Die fehlende Wahrnehmung oder Berücksichtigung kann die Prognosen über das künftige Verhalten des Systems von dessen realen Verhalten abweichen lassen. Sucht der Betrachter, als Folge der nun diagnostizierten Abweichung, die Ursachen dafür nicht in der Intransparenz des Systems, sondern in fehlerhaften Annahmen in den wahrgenommenen Bestandteilen, beeinträchtigt das die Verlässlichkeit der Ergebnisse nachfolgender Prognosen in noch stärkerem Maße.

Dynamik

Dynamik wird hier im Sinne von „bewegt" verwendet. Sie soll verdeutlichen, dass die Elemente, die Verbindungen und auch die Rahmenbedingungen permanent einem Wandel unterliegen können und dies zu berücksichtigen ist. Die Dynamik der Lieferkette resultiert vornehmlich aus der direkten Einbindung der Kundenanforderungen in das Regelsystem. Sich ändernde Kundenanforderungen können nicht nur eine Veränderung der geforderten Produkteigenschaften, sondern weitreichender auch den Bedarf neuer Zulieferprodukte und damit unter Umständen auch die Einbindung neuer Unternehmen in die Lieferkette bedeuten. Aber auch aus der Notwendigkeit der kontinuierlichen Optimierung der Prozesse innerhalb des Systems ergeben sich Veränderungen bei der Anordnung der Einzelelemente oder deren gegenseitigen Zusammenhänge.

Modellierung und Simulation von Supply Chains

Komplexität, Intransparenz und Dynamik der Lieferkette erfordern bei der Planung ein Werkzeug, mit dessen Hilfe die gesamte logistische Kette unter dem Gesichtspunkt ihres Zusammenwirkens untersucht werden kann. Dabei ist nicht nur der *Materialfluss*, sondern auch der *Informationsfluss* zu beachten. Hierzu bietet sich das Werkzeug der Simulation an (Bild 2). Simulation kann in diesem Zusammenhang als Nachbildung eines dynamischen Systems in einem Modell verstanden werden, um zu Erkenntnissen zu gelangen, die auf die wirklichen Logistikketten übertragbar sind [3]. Es können Probleme gelöst werden, die wegen ihrer Komplexität nicht ausreichend durch exakte, analytische Modelle darstellbar oder in mathematisch geschlossener Form nicht lösbar sind [4].

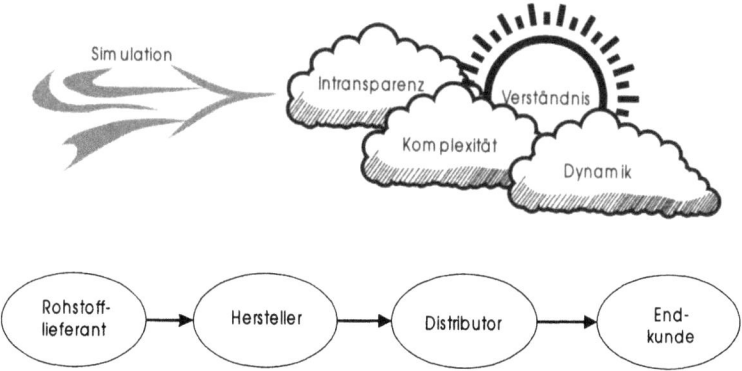

Bild 2:   Simulation schafft Verständnis

Diese Modelle können:

- Komplexität von Entscheidungen reduzieren, indem „what-if"- beziehungsweise Szenario-Analysen durchgeführt werden. Planer in komplexen Lieferketten lassen sich häufig von idealisierten Annahmen über das Zusammenwirken der verschiedenen Unternehmen leiten. Dies kann zu erheblichen Fehlbeurteilungen beispielsweise bei der Abschätzung der Lieferzeiten bis zum Kunden führen. Mit Szenario-Analysen lassen sich im Zeitraffer weitreichende Tests durchführen, indem unter dem Einfluss von Unsicherheiten wie Produktionsausfällen, Transportverzögerungen, Änderungen im Nachfrageverhalten etc. verschiedene Entscheidungen in der Lieferkette dargestellt werden. So ist es möglich, mit geringem finanziellem Aufwand realistische Abschätzungen über die Auswirkungen der Entscheidungen zu treffen.
- Transparenz schaffen, indem sie die Beziehungen zwischen den einzelnen Unternehmen jederzeit in der erforderlichen Schärfe darstellen und berücksichtigen. Dies erhöht die Planungssicherheit und verkürzt die Zeiten bei Modellmodifikationen.

- dynamische Effekte darstellen und deren Auswirkungen auf wesentliche Kenngrößen zusammenfassen. So können sowohl Produktions- und Lagerengpässe in Unternehmen erkannt als auch Warte- und Liegezeiten bestimmt werden, die ein zügiges Beliefern der Kunden verhindern. Weiterhin lassen sich der Einsatz anderer Transportmittel wie Schiff, Eisenbahn oder Flugzeug testen und die daraus entstehenden Logistikkosten ermitteln.

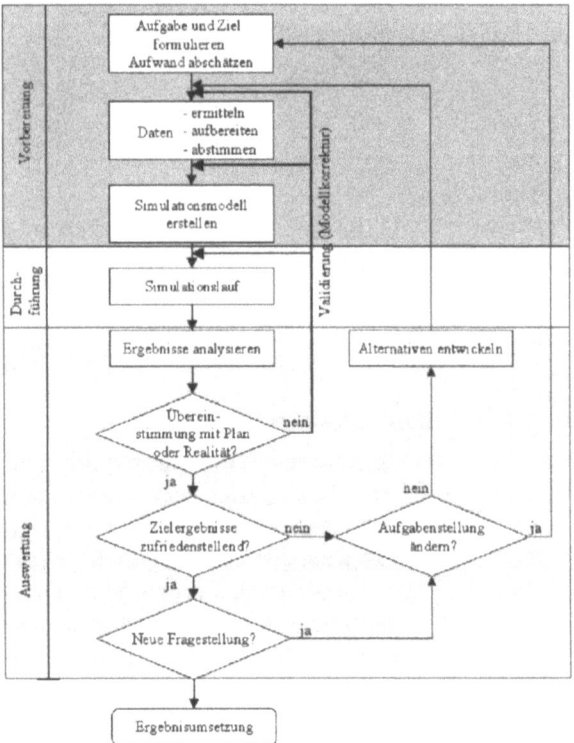

Bild 3: Vorgehensweise zur Erstellung von Simulationsmodellen [3]

Die Durchführung eines Simulationsprojektes zum Supply Chain Management lässt sich in die Phasen Vorbereitung, Durchführung und Auswertung gliedern (Bild 3). Zur Vorbereitung zählen die Zielformulierung, die Abschätzung des Aufwandes, die Datenermittlung und die Erstellung des Simulationsmodells. Die Durchführung beinhaltet den eigentlichen Simulationslauf. In der

Auswertung werden die Ergebnisse analysiert und gegebenenfalls Alternativen entwickelt.

Aus der noch sehr groben Aufgabenstellung müssen zunächst die konkreten Ziele des Projektes abgeleitet werden (Bild 4). Im Wesentlichen geht es beim Supply Chain Management darum, optimale Randbedingungen für das Zusammenwirken der Unternehmen zu schaffen, um auf der einen Seite die Logistikkosten in der Kette zu senken und auf der anderen Seite die Logistikleistungen für den Kunden zu verbessern.

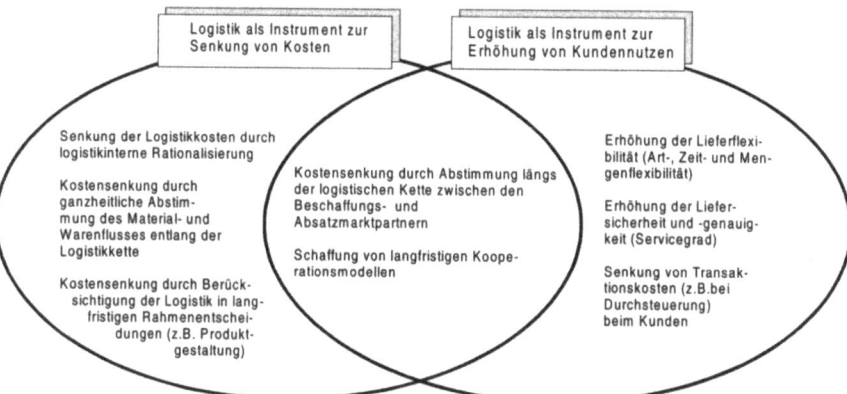

Bild 4: Ziele des Supply Chain Management [5]

Diese beiden Bereiche lassen sich in der Regel durch eine Abstimmung längs der logistischen Kette und durch langfristige Kooperationsmodelle verwirklichen. Die Veränderung von Lagerbestandpolitiken, die Errichtung von Konsignationslager oder das Durchsetzen von Postponement-Strategien bieten beispielsweise Potentiale, den neuen Anforderungen gerecht zu werden.

Nach der Zieldefinition müssen die relevanten Informations- und Materialflüsse identifiziert werden, das heißt, es werden die Basisdaten wie Distributions- und Transportregeln, Produktionsraten und Lagerbestände etc. ermittelt. Die notwendigen Daten sind aus den verschiedenen beteiligten Unternehmen zu sammeln. Idealerweise werden die Daten direkt aus externen Datenbanken gelesen, so dass der Initialzustand des Modells immer den aktuellen Daten des realen Systems entspricht.

Das größte Problem besteht aber darin, dass die Daten in verschiedenen räumlich getrennten Datenbanksystemen abgelegt sind und diese Daten aufgrund von Sicherheitsüberlegungen oftmals nur zögerlich freigegeben werden. Die Datensammlung benötigt daher in der Regel den größten Zeitaufwand zur Erstellung des Modells. Aus diesem Grund müssen die Eingangsdaten dahingehend geprüft werden, ob sie für die Zielerfüllung relevant sind. Eine solche Beschränkung der Daten reduziert den Modellierungsaufwand erheblich.

Mit Hilfe dieser Daten kann dann das Simulationsmodell erstellt werden. Mittlerweile existieren auf dem Markt zahlreiche *Simulationssoftwaresysteme*, die speziell zur Entwicklung von SCM-Modellen entwickelt worden sind. Zu erwähnen sind hier beispielsweise Produkte der Anbieter i2-Technologies, Manuguistic, Numerix, SAP etc.

Dabei unterscheiden sich die Produkte zumeist in der Funktionalität ihrer Module, in der Kompatibilität mit bestehenden Datenbanken und bezüglich Schnittstellen zu anderen Programmen. Aber auch andere Simulationsprogramme wie zum Beispiel Witness oder Simple++ eignen sich zur Erstellung einfacher SCM-Modelle, die in der Regel kleinen und mittleren Unternehmen genügen (Bild 5). Grundsätzlich bieten alle Simulationswerkzeuge drei Funktionalitäten:

- Visualisierung von Prozessen,
- Simulation von Prozessen und
- Entwicklung von Szenarien durch Veränderung der Prozessparameter und –strukturen.

Vor der Durchführung von Simulationsstudien muss das Modell validiert werden. Die Validierung dient dem Zweck, das Modell auf Fehlerfreiheit und Genauigkeit zu überprüfen. Eine Form der Validierung besteht darin, zuerst in dem Modell vergangenheitsbezogene Daten zu hinterlegen, mit diesen Daten zu simulieren und anschließend die Entwicklung der Kenngrößen mit den realen Kenngrößen zu vergleichen. Je größer die Übereinstimmung der Kenngrößen ist, desto wahrscheinlicher wird eine Fehlerfreiheit des Modells. Allerdings können unvorhersehbare Ereignisse wie beispielsweise der Brand einer Fabrik und damit verbundene Produktionsausfälle nicht mit in den Vergleich einbezogen werden.

Supply Chain-Simulation für kleine und mittlere Unternehmen

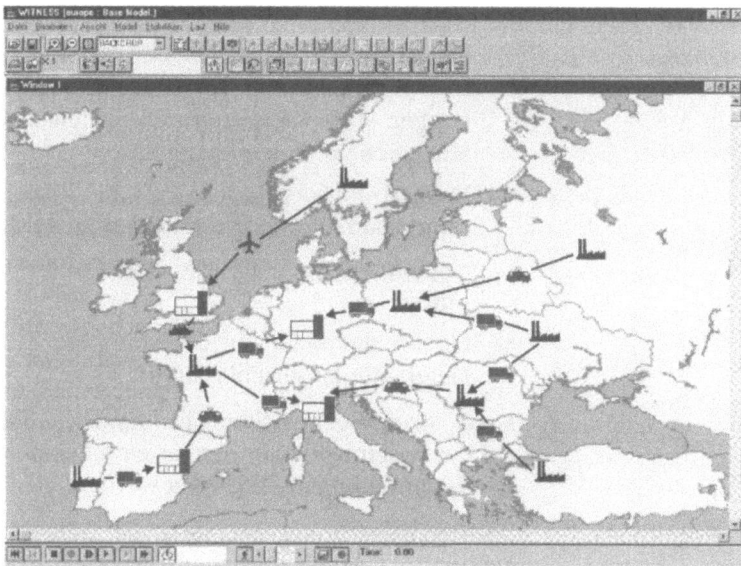

Bild 5: Beispiel eines Supply Chain-Modells

Zu Beginn des ersten Durchlaufes der Simulation sind die Anfangszustände der Eingangsgrößen festzulegen. Diese können erheblichen Einfluss auf die Ergebnisse haben. Es besteht zum Beispiel ein großer Unterschied, ob zu Beginn die Lager vollkommen leer oder voll sind. Plausible Werte können in der Regel aus historischen Daten der beteiligten SCM-Partner gewonnen werden. Wenn keine zuverlässigen Daten für die Anfangszustände vorhanden sind, so sind entweder die Anzahl der Simulationsläufe hoch anzusetzen oder es ist eine ausreichende Einschwingphase abzuwarten, bevor erste Ergebnisse analysiert werden können.

Da die marktüblichen Simulatoren nur in Teilbereichen „optimierend" sind, müssen Experimente mit dem Lieferkettenmodell durchgeführt werden. Dabei werden Parametervariationen wie Wechsel der Transportmittel, Änderung der Bestellpolitiken oder Erweiterungen von Unternehmensbereichen etc. vorgenommen und die Reaktionen des Lieferkettenmodells beobachtet.

Dies kann unter anderem helfen,

- verbesserte Lieferketten hinsichtlich Servicezeiten und Kosten zu finden,
- Distributionsnetzwerke zu optimieren,
- Logistikkosten zu senken,

- Lagerbestände zu senken, ohne Liefergradverschlechterungen hinzunehmen,
- Auswirkungen von Nachfrageschwankungen und Schwankungen bei Zulieferern zu untersuchen und angepasste Strategien zu entwerfen,
- Partnern in der Supply Chain die Zweckmäßigkeit einer Zusammenarbeit oder Kooperation zu verdeutlichen
- Segmentierungen für Zulieferer und Kunden vorzunehmen und
- eigene Mitarbeiter für das komplexe Zusammenwirken einer Lieferkette zu sensibilisieren.

Diese Szenarioentwicklungen veranschaulichen Auswirkungen auf das Systemverhalten, bevor einschneidende und kostenintensive Veränderungen umgesetzt werden.

Ergebnisse Bei der Auswertung der durch die Simulation gewonnenen Ergebnisse ist darauf zu achten, dass die Ergebnisse des Modells zunächst nur Aussagen über das Verhalten des Modells erlauben und nicht unbedingt gleichzeitig über das Verhalten der realen Lieferkette. Um Rückschlüsse auf das Verhalten der realen Lieferkette ziehen zu können, muss beachtet werden, dass nur ein Teil aller möglichen Eingangsgrößen im Modell berücksichtigt wurde. Es ist daher zu untersuchen, ob gegebenenfalls andere relevante Größen in das Modell mit aufgenommen werden müssen. Grundsätzlich lassen sich drei unterschiedliche Formen der Übertragbarkeit unterscheiden [6].

Zum einen gibt es Modelle, deren Eingangsgrößen hinreichend präzise und zukunftssicher sind. Hier lassen sich die Kenngrößen des Modells (z. B. „time-to-market") direkt verwenden. Zum anderen gibt es Modelle, die mit unsicheren oder schlecht prognostizierbaren Randbedingungen aufgebaut wurden. Die Kenngrößen dieser Modelle lassen sich nicht direkt verwenden, sondern nur das Verhältnis, um Varianten zu vergleichen. Beispielsweise kann in diesem Fall ausgesagt werden, dass ein Transport mit dem Flugzeug im Verhältnis zur Bahn 10% Zeit einspart. Zuletzt lassen sich noch Modelle erwähnen, die aufgrund nur grob prognostizierbarer Eingangsgrößen entstehen. Bei diesen Modellen lassen sich aber auch noch Sensitivitätsanalysen durchführen. So kann beispielsweise ein Ergebnis sein, dass durch eine Verdopplung der Transportgeschwindigkeit durch Einsatz eines Flugzeuges der Lagerbestand um 10% sinkt.

Zu jeder Auswertung sollte die Erstellung einer ansprechenden Visualisierung, also einer bildliche Darstellung von Daten und Informationen, gehören. Animationen visualisieren das dynamische Zusammenwirken der Unternehmen. Grafiken und Bilder geben dem gegenüber einen Überblick über statische Daten. Damit auch nicht direkt in das Projekt eingebundene Mitarbeiter ein Verständnis für die gesamte Lieferkette entwickeln, sind die Visualisierungen in eine einfache und verständliche Form zu bringen. So sind Ansätze geschaffen, um Mitarbeiter für das komplexe Zusammenwirken einer Lieferkette zu sensibilisieren, Zielkonflikte zwischen den Unternehmen zu lösen und ein globales Optimum für die gesamte Lieferkette zu erreichen.

Literatur

[1] Fieten, R.; Friederich, W., Lagemann, B.: Globalisierung der Märkte – Herausforderungen und Optionen für kleine und mittlere Unternehmen, insbesondere für Zulieferer; Stuttgart; Schäffer-Pöschel; 1997

[2] Dörner, D.: Die Logik des Misslingens – Strategisches Denken in komplexen Situationen; Reinbek; Rowohlt; 1995; 3. Auflage

[3] VDI 3633: Simulation von Logistik-, Materialfluss- und Produktionssystemen; Blatt 1; Düsseldorf; 1993

[4] vgl. Hubert, B.: 1995, http://home.t-online.de/home/hubert.becker/logivorl.htm; 1.Oktober 1999

[5] Weber, J.: Logistik-Controlling; Stuttgart; Schäffer-Pöschel; 1995; 4. Auflage

[6] vgl. Kuhn, A. (Hrsg.): Simulation in Produktion und Logistik; Springer; 1998

8 Supply Chain Management und Logistikdienstleister

Vom Frachtführer zum Manager komplexer Transportketten

Frank Nosbers, KPMG Consulting

Dr. Martin Plewnia, KPMG Consulting

Herausforderungen und Trends im Logistikmarkt

Die Liberalisierung im Welthandel, die Weiterentwicklung und Verbreitung von Transport- und Kommunikationssystemen sowie die durch das Internet geschaffene Informationsvielfalt und Vernetzungsmöglichkeiten haben die Märkte weltweit zusammenwachsen lassen. Im Zuge dieser Globalisierung haben sich die Absatzmärkte zu Käufermärkten entwickelt. Die Unternehmen sind nunmehr zur Nachfrageorientierung und damit u.a. auch zur Produktvielfalt gezwungen. Gleichzeitig müssen sie in der Lage sein, auf die sich rasch ändernden Marktbedürfnisse schneller zu reagieren. Abnehmende Fertigungstiefen gepaart mit Verlagerung von Produktionen ins Ausland um Kosten einzusparen sind an der Tagesordnung.

Das Klima unternehmerischer Tätigkeiten ist so zu einer dynamischen und komplexen Umwelt mutiert. Es ist von einem weltweiten Leistungs- und Kostenwettbewerb gekennzeichnet. Diese Situation verlangt nach problemorientierten Leistungs- und Lenkungssystemen für dynamische Markt- und Produktionsprozesse. Hier sind logistische Lösungen gefragt, die „... das richtige Gut, in der richtigen Menge, im richtigen Zustand, am richtigen Ort mit möglichst hoher Wirtschaftlichkeit bereitstellen"[1]. Die verschiedenen Quellen (z.B. Rohmaterialien, Zulieferer, etc.) und Senken (z.B. Endverbraucher, etc.) dieser weltweiten Wert-

---

[1] Grundke 1992, S.168

schöpfungskette gilt es dabei optimal zu verbinden. Zwischen diesen - allgemein gesprochen - Anfangs- und Endpunkten der Supply Chain liegen jeweils Schnittstellen der einzelnen Verkehrsträger Straße, Schiene, Luft und Wasser wie zum Beispiel Flughäfen, Paketzentren usw.

Quellen, Senken und Transport-Schnittstellen ergeben sogenannte Transportketten, die den logistischen Anforderungen (entsprechen sollen. Transportketten können zum Teil sehr komplex strukturiert sein, wenn sie weltweit ausgerichtet und vielfältige Kunden-Lieferanten Beziehungen berücksichtigen. Neben diesen Güterflüssen spielen auch transportbegleitende oder transportvorauseilende Informationsflüsse eine wichtige Rolle, da sie steuernd auf die Transaktionsprozesse einwirken.

Wer ist nun in der Lage, die Steuerung und Planung dieser Transportketten zu übernehmen? Sicherlich sind es nicht die Frachtführer, die Waren ausschließlich von A nach B transportieren. In dieses Leistungssegment gehören Transport- und Logistikdienstleister, die es verstehen, verkehrsträgerübergreifende Transportketten zu planen, selbst auszuführen oder zu überwachen. Full Service Logistik aus einer Hand ist das in den letzten Jahren geprägte Leistungsmerkmal (Bild 1).

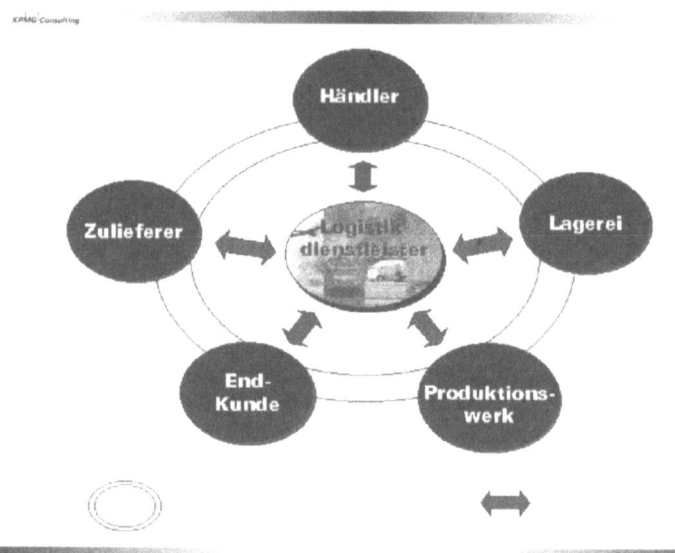

Bild 1:   Der Logistikdienstleister als zentrales Bindeglied im Wertschöpfungsprozess

Das potenzielle Aufgabenspektrum für die Transport- und Logistikdienstleister erweitert sich, indem sich die Verlader mehr und mehr auf ihre Kernkompetenzen konzentrieren und zum Beispiel Lager- und innerbetriebliche Transportdienstleistungen fremdvergeben[2]. Prof. Peter Klaus rechnet innerhalb der nächsten 4 Jahre mit einem 20 bis 30 prozentigem Wachstum der Anteile, die in den Logistik-Dienstleistungssektor verlagert werden. Das gesamte Geschäftsvolumen in Europa wird mit 336 Mrd. DM für Transporte und 615 Mrd. DM für alle Logistik-Leistungssegmente angegeben[3]. Eines wird dadurch deutlich: Die Verantwortung der Transport- und Logistikdienstleistern im Rahmen der Supply Chain der Verlader steigt und wird anspruchsvoller.

Exkurs Daher folgt nun ein kurzer Exkurs zu dem Marktsegment Transport- und Logistikdienstleistungen. Auch diese unterliegen äußerst turbulenten Marktbedingungen und einem starken Wettbewerbsdruck. In Europa liegen die Ursachen in den Deregulierungs- und Liberalisierungsmaßnahmen, die seit den 90er Jahren umgesetzt werden. Einerseits wurden Transportmärkte für ausländische Wettbewerber geöffnet und andererseits Marktzugänge zu ehemals monopolisierten Märkten ermöglicht. Diese von der EU getriebenen Reformen zielen auf die Erhöhung des Wettbewerbs und damit zu einer Senkung der Transaktionskosten im Transportsektor zu Gunsten der Endverbraucher.

Positiv gesehen vergrößern sich die einzelnen Transportmärkte und somit auch die Wachstumschancen für einzelne Unternehmen. Hier kommt es auf die Positionierung im Markt bzw. auf neue strategische Geschäftsmodelle an. Daß hier verschiedene Wege zur Neuorientierung beschritten werden, zeigen Beispiele wie die Deutsche Post World Net, die durch Unternehmenskäufe ein weltweites Logistiknetz aufbaut oder die Gründung von Kooperationen wie zum Beispiel VTL Cargo System in der sich mittelständige Speditionen zusammengeschlossen haben, um für die Gruppe Größenvorteile und Marktpräsenz zu sichern. Der Erfolgsfaktor für beide exemplarischen Geschäftsmodelle ist jedoch der gleiche. Es muß gelingen, die hohen Anforderungen der Verlader an Logistikdienstleistungen zu erfüllen. Hier stellen sowohl Post Merger Integration Prozesse als auch das Managen von Transporten über Kooperationen hinweghohe Anforderun-

---

[2] vgl. Magill 2000

[3] vgl. Klaus 2000, S.81-83

gen. Logistische Dienstleistungen sind also nicht nur an ständig steigende Kundenwünsche anzupassen, sondern müssen auch mit internen Prozessen und neuartigen Strukturen in Einklang gebracht werden.

Vor diesem allgemeinen Hintergrund wird im folgenden gezeigt, welche Wege es in Form der Prozessintegration von Verladern und Logistikdienstleistern gibt, und inwiefern Supply Chain Management Software Tools die Planung, Ausführung und Überwachung logistischer Transportdienstleistungen unterstützen können.

Verzahnung des Transporteurs mit der Supply-Chain seiner Industriekunden: status quo und Zukunft

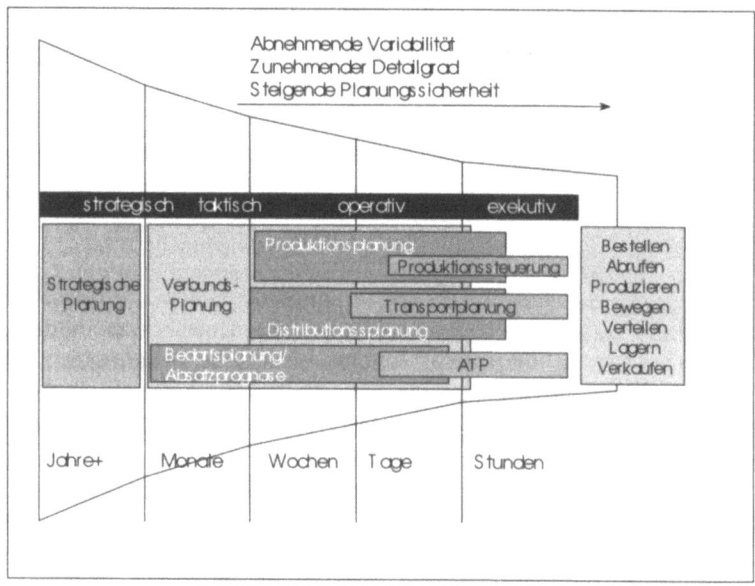

Bild 2: Planungstrichter der Fertigungsindustrie (Quelle: Kortmann, Lesssing, 1998)

Gütertransport als abgeleitete Dienstleistung

Warentransporte stellen noch keinen Wertschöpfungsvorgang an sich dar. Dieser ergibt sich erst indirekt aus der Deckung eines Bedarfs am Zielort, sei es zur industriellen Weiterverarbeitung oder Auffüllung eines Distributionslagers. Auf diese Weise kann man die bis zum Ort des endgültigen Verbrauchs angesammelten' anteiligen Transportkosten eines physischen Gutes als Wertschöpfungsanteil des Transports ansehen. Je höher dieser Anteil bei einem Produkt ist, desto wichtiger ist die Einbeziehung der Transportvorgänge in die Planung der Wertschöpfungskette. Naturgemäß gilt das für alle Produkte mit geringer Werthaltigkeit, z.B. für die meisten Roh- und Baustoffe, bedingt auch für Automobile. Umgekehrt ergibt sich für sehr werthaltige Produkte, z.B. aus der Halbleiterindustrie, eine relativ geringe wertmäßige Bedeutung von Transportkosten. Durch den Trend zu komplexen Wertschöpfungsnetzwerken ist aber das Interesse an Transport- und Logistikdiensteistungen in letzter Zeit wieder angestiegen.

Im folgenden werden verschiedene Modelle für Geschäftsbeziehungen zwischen industriellen Versendern und Transportdienstleistern skizziert. Wichtige Parameter dieser Geschäftsbeziehungen sind unter anderem

- Qualität und Komplexität des Serviceportfolios,
- Wettbewerbsintensität.

Anschließend wird dargestellt, welche IT-techniken die Kooperation von Versender und Loguistikdienstleister unterstützen.

Inhouse-Transportdienstleistungen

Bis zu den großen Liberalisierungswellen Anfang der neunziger Jahre wurden von den großen Industrieversender beachtliche eigene Transportfuhrparks unterhalten. Deren Aufgaben waren hauptsächlich Auslieferungen der Fertigprodukte (Distribution) sowie konzerninterne Transporte von Halbfertigprodukten zwischen Standorten (sogenannte Werkverkehre'). Einerseits waren Servicequalität und -umfang dieser Transportabteilungen naturgemäß durch langjährige Zusammenarbeit gut auf die Anforderungen ihrer internen Kunden abgestimmt. Andererseits ergab sich durch fehlende Konsolidierung mit anderen externen Transportbedarfen eine schlechte Ressourcenauslastung (z.B. durch häufige Leerfahrten) und kaum Möglichkeiten, Skaleneffekte zu nutzen, so daß der maßgeschneiderte Service teuer bezahlt wurde.

Der Spediteur als Lieferant von Commodity-Dienstleistungen

Der Begriff „Commodity-Dienstleistung" steht hier für die relativ austauschbare, anspruchslose Transportdienstleistung etwa vom

Typ „Gütertransport eines Containers zum Termin x von Ort A nach B". Hier ist das Verhältnis zwischen industriellem Verlader und externem Transporteur weitgehend durch traditionelles Bestellwesen geprägt. Wettbewerb wird über den Preis ausgetragen, die Spediteure durch kurzfristige Rahmenverträge gegeneinander ausgespielt. Die Kurzfristigkeit und Austauschbarkeit der Geschäftsbeziehungen bestimmt Qualität und Umfang der Dienstleistung. Planungsdaten werden nicht ausgetauscht, Bedarfe in Form von Bestellabrufen per Fax oder EDI übermittelt. Die Planungsprozesse beider Partner laufen asynchron ab, Aufbau von Materialpuffern (beim Versender) und Kapazitätspuffern (beim Transporteur) sind die Folge. Rationalisierungspotenziale durch Prozessintegration bleiben ungenutzt[4].

Trends zu engerer Kooperation und komplexeren Dienstleistungen

Durch engere Zusammenarbeit des Transportlogistikers mit dem Versender wird eine höhere Qualität der Dienstleistung erreicht. Längerfristige Verträge schaffen eine Vertrauensbasis und ermöglichen eine engere Verzahnung der Logistikplanung und –abwicklung. Durch die Intensität der Zusammenarbeit wächst das Verständnis des Logistikers für die Prozesse seines Kunden und die Möglichkeit, ihm zusätzliche maßgeschneiderte Dienstleistungen anbieten zu können. Je enger die Kooperation, desto größer ist der Mehrwert, aber auch das Risiko bei einer eventuellen Trennung der beiden Partner. Dies vermindert die Markttransparenz und erlaubt dem Logistikdienstleister eine Erhöhung seiner Marge. Stand der Technik für die IT-Unterstützung der Kooperation ist die Verknüpfung von ERP-Systemen mittels EDI.

Kontraktlogistik (3rd-Party-Logistik)

Eine besonders ausgeprägte Form der Kooperation ist erreicht, wenn der Dienstleister neben dem klassischen Transport noch eine ganze Reihe anderer logistischer Services für den industriellen Kunden durchführt, unter anderem

- Distribution,
- Lagerhaltung,
- Kommissionierung und Verpackung,
- IT-Dienstleistungen.

---

[4] vgl. KPMG, 2000

Die Reihe auszulagernder Funktionen kann noch weiter geführt werden bis zu Tätigkeiten, die bis vor kurzem als Kernkompetenzen betrachtet wurden. Kandidaten dafür sind

- Endmontage oder komplette Produktionsvorgänge,
- Bestandsführung und –Verantwortung,
- Teile der Logistikplanung selbst.

Die Vertragslaufzeit für solch enge symbiotische Kooperatinsformen zwischen Unternehmen liegt teilweise bei mehreren Jahren[5].

Extrembeispiele für die Nutzung von Logistik-Outsourcing sind beispielweise Sportartikelhersteller wie Nike oder Adidas. Diese kümmern sich nur noch um Produktentwicklung und Marketing und haben Produktion, Beschaffung und Distribution an Spezialisten ausgelagert.

Fourth Party Logistics Provider (4PL)

Das Schlagwort 4PL bezeichnet heute meist eher ein theoretisches Konstrukt als einen realen Zustand (vgl.[6]. Der 4PL bietet seinen Kunden ein änlich breites Leistungsspektrum an wie der Kontraktlogistiker. Der Unterschied liegt darin, daß der 4PL selber über keinerlei Ressourcen (etwa Fuhrpark, Lohnpersonal oder Lagerkapazität) verfügt. Seine Tätigkeit ist rein planerisch und koordinierend. Dafür setzt der 4PL modernste IT-Lösungen ein. Er erreicht damit ein perfektes Zusammenspiel einer Vielzahl von Sublieferanten, die dadurch zusammengenommen dieselbe Servicequalität und –vielfalt liefern wie der 3PL. Da die Sublieferanten nach wie vor dem Wettbewerb ausgesetzt sind, kann der 4PL Dienstleistungen aber eventuell günstiger anbieten. Er kann dem Kunden gegenüber auch glaubwürdiger auftreten, da er kein Eigeninteresse hat, eigene Kapazitäten oder Netze auszulasten (vergleichbar etwa dem freien Anbieter von Investmentfonds gegenüber dem an eine Bank gebundenen).

Transportmarktplätze

Einfache Transportdienstleistungen (‚Bringe Ladung xyz von 10t zum Termin x von A nach B') ähneln in hohem Maße standardisierten Massenprodukten (Commodities) und sind als solche gut

---

[5] vgl. Magill 2000

[6] vgl Logistik heute, 1-2/2001, Seite 32-33

geeignet, an speziellen Börsen gehandelt zu werden. Im B2B-Trend der jüngsten Vergangenheit haben sich tatsächlich eine Reihe elektronischer Marktplätze für dieses Segment entwickelt. Diese beschränken sich aber auf den Spotmarkt (kurzfristige, punktuelle Bedarfe). Spediteure können hier Kapazität verkaufen, die sonst als Leerfahrt vergeudet wäre. Durch die Markttransparenz herrscht gnadenloser Preiswettbewerb. Insgesamt erscheint das Potenzial dieser Marktplattformen begrenzt, da sie dem Trend zu hochwertigen, komplexen Kontraktdienstleistungen zuwiderlaufen, der den Hauptanteil des Logistikmarktes ausmacht. Es existieren Konzepte und Ansätze für B2B-Plattformen, die versuchen, komplexere Geschäftsprozesse wie Kontraktanbahnung und -optimierung zu unterstützen (z.B. die B2B-Plattform Freight Matrix' von i2 Technologies). Ob sich diese Konzepte bewähren, wird sich in den nächsten Jahren zeigen.

Die Abbildung von Transportprozessen in ERP-Systemen

Für die Planung von Transportprozessen ist eine standortübergreifende Sichtweise Voraussetzung. Die Logistikplanung klassischer ERP-Systemen stellt kaum mehr als eine Auflösung von Materialbedarfen nach Stücklisten dar. Demnach können Transportbeziehungen zwischen mehreren Standorten (sogar innerhalb eines Unternehmens) nicht planerisch abgebildet werden.

Transportmanagement

Ein Transportmanagement ist, wenn es denn überhaupt existiert, an die Erstellung von Lieferbelegen (z.B. zum Kundenauftrag) geknüpft. Da diese in der Regel sehr kurzfristig, nämlich bei physischer Verfügbarkeit des zu bewegenden Materials oder Produktes, erstellt werden, ist eine zuverlässige Bedarfsvorschau für den Transportdienstleister praktisch nicht gegeben. Die Auftragsvergabe an den Dienstleister findet im Rahmen des Bestellwesens statt. Eine Verknüpfung zwischen Erstellung einer Materiallieferung und Erzeugung eines Kontraktabrufes an den Transporteur ist z.B. in SAP R/3 erst seit wenigen Jahren möglich. Auch die zunehmende Verwendung von EDI als Informationsmedium hat an der Einseitigkeit kurzfristiger Orientierung der Kommunikation wenig geändert.

Standort- und firmenübergreifende Supply-Chain-Planung

Bei den großen industriellen Verladern setzen sich mehr und mehr standortübergreifende, auf Internettechnologie basierende Planungssysteme (Advanced Planning and Scheduling Systems, APS) durch. Diese erlauben eine schnelle Planung und Optimierung aller Wertschöpfungsvorgänge über viele Stücklisten- und Wertschöpfungsstufen hinweg, und können Engpässe bei Material- oder Ressourcenverfügbarkeit berücksichtigen. Transportprozesse sind integrale Bestandteile des Materialflusses innerhalb eines Supply-Netzwerkes und können entsprechend modelliert und mitgeplant werden (siehe Abbildung unten). Die so generierten Transportpläne können als Transportbedarfe an Dritte kommuniziert werden. Ein APS-System bietet daher etwa einem Kontraktlogistiker einen guten Aufsetzpunkt für weitergehende Transportplanung.

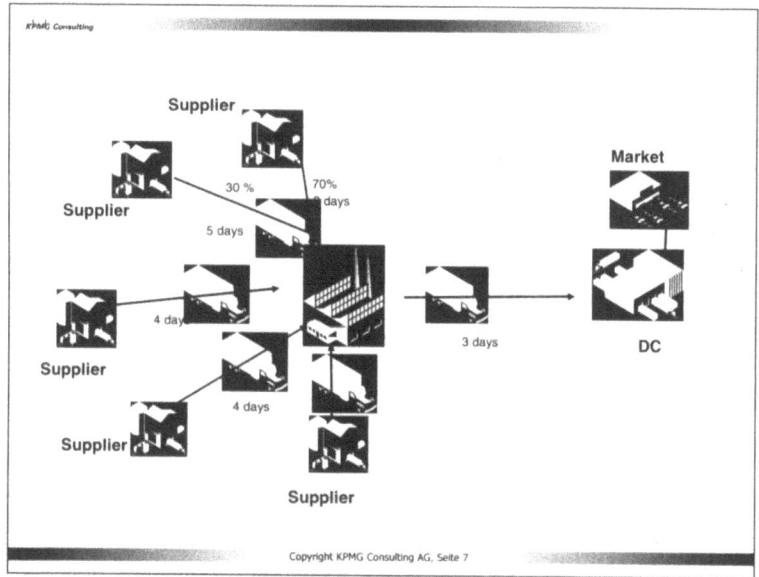

Bild 3:   Transportprozesse in der erweiterten Supply-Chain

Zusammenfassung

Auf der nachfolgenden Grafik sind die zuvor aufgezählten Formen der Zusammenarbeit zwischen industriellem Versender und Logistikdienstleister einer Portfoliodarstellung mit den zwei Parameter Wettbewerbsintensität' und Servicequalität und –Umfang' verzeichnet. Der Zielkonflikt zwischen diesen Kriterien wird verdeutlicht durch die durchgezogen Linie. Moderne, technologiegetriebene Konzepte wie B2B-Transportmarktplätze oder 4PL versuchen diesen Zielkonflikt durch Einsatz von Internettechnologie, APS und unternehmensübergreifender Planungskoordination zumindest teilweise aufzuheben. Das soll durch die gestrichelte Linie verdeutlicht werden. Die Marktplätze kommen dabei von der Low End'-Seite des Marktes, während der 4PL am High End' operiert.

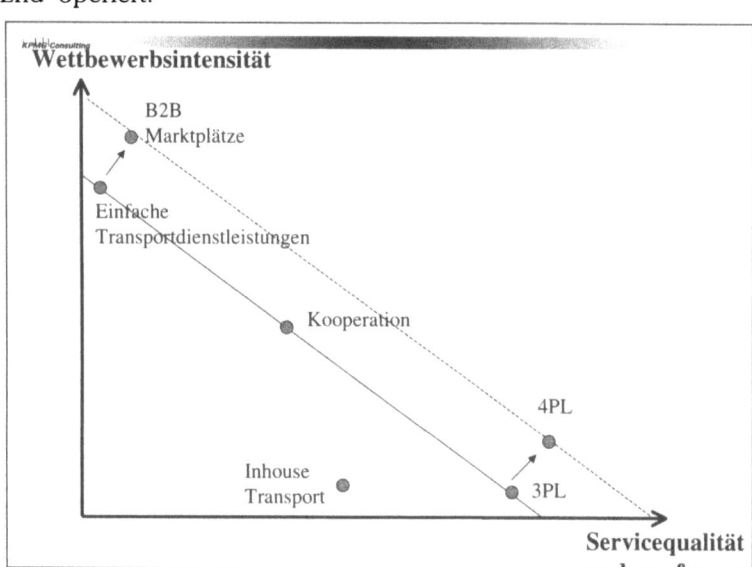

Bild 4: Organisationsformen für Logistikdienst-leistungen

Strategische und operative Transportplanung mit Advanced Planning and Scheduling

APS im Kontext Transport und Logistik

Während die Supply-Chain-Planung von Industrieunternehmen meist die Produktion, Montage und Distribution von Enderzeugnissen aus fremdbezogenen Vorprodukten zum Thema hat, gibt es bei der Planung des Transportunternehmens andere Prioritäten. Alles dreht sich um Kapazität: Langfristig die Vorhersage des Marktbedarfes und entsprechende Ressourceneindeckung, mittelfristig die Allokation der Ressourcen und kurzfristig die optimale Erfüllung des Logistikbedarfs unter bestmöglicher Auslastung der allokierten Kapazität. Auf allen Planungsbenen gibt es mittlerweile Softwaretools, die Entscheidungsunterstützung anbieten und folgende APS-Kriterien erfüllen:

- Modellierung komplexer Supply-Netzwerke
- Hauptspeicherbasierte Systeme, wodurch schnelles Simulieren von Was-wäre-Wenn?- Szenarien' möglich ist

Supply Chain Management und Logistikdienstleister

- Datenversorgung aus operativen Systemen über entsprechende Schnittstellen
- Optimierungsfunktionen
- Über Web-Schnittstellen und Middleware ist eine Integration der Geschäftspartner bis zur Anbindung an B2B-Plattformen möglich
- Über Produktions-fokussierte APS-Tools hinaus geht die Integration elektronischer Landkartenwerke. Für exakte Routenoptimierung ist die Repräsentierung von Straßen und anderen Verkehrswegen notwendig.
- Aggregation und Konsolidierung von Transportbedarfen verschiedener Kunden
- Netzwerkoptimierung
- Mittelfristig: Routenoptimierung

Die strategisch/taktischen, operationalen und abwicklungsbezogenen Ebenen der Transportlogistik sind in folgendem Planungstrichter zusammengefasst:

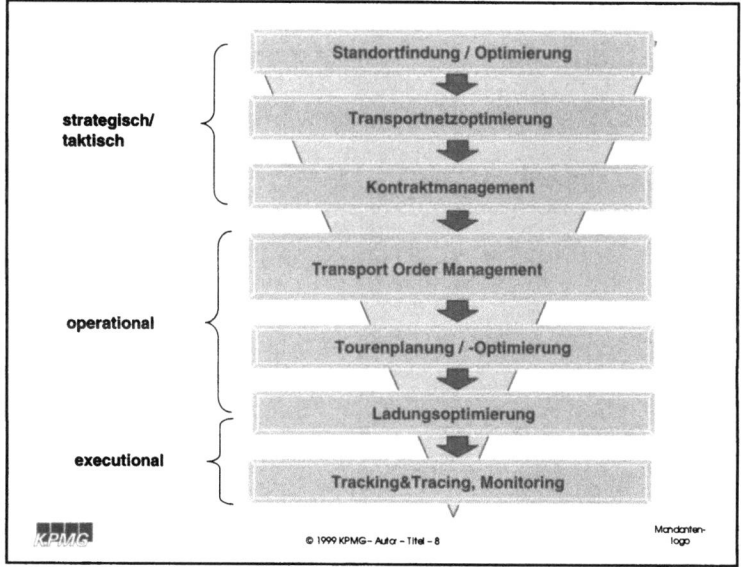

Bild 5:   Der Planungstrichter der Transportlgistik

Die verschiedenen Planungsebenen spiegeln gleichzeitig zeitliche Horizonte wieder. Je höher im Planungstrichter, desto größer ist die zeitliche Entfernung zur eigentlichen Durchführung und

Überwachung der Transporte. Nachfolgend werden die einzelnen Ebenen näher beschrieben.

Standortfindung / Optimierung:

Tools zur Standortfindung werden von Verladern eingesetzt, um optimale produkt- und absatzspezifische Werksstandorte zu eruieren. Diese Simulationsmodelle berücksichtigen regional gegliederte Bedarfe von Industrieprodukten. Zusätzlich werden Transportkosten der Beschaffungs- und Distributionsprozesse berücksichtigt. Somit lassen sich verschiedene Varianten von Produktionsstandorten (Anzahl und Lage) in Form von „was wäre wenn-Szenarien" durchrechnen. Standortentscheidungen können so auf Basis von „Lagekosten" und den daraus resultierenden „dynamischen Kosten", also den Aufwendungen für- Beschaffungs- und Distributions-transporte bezogen auf die jeweiligen Werksstandorte und den Kunden, getroffen werden.

Optimierung von Transportnetzen:

Lösungen dieser Art finden bei den Transport- und Logistikdienstleistern Anwendung. Basierend auf Sendungsdaten können hier komplexe Transportketten simuliert und optimiert werden. Dies kann sowohl kundenspezifisch erfolgen als auch das gesamte Netzwerk des Logistikdienstleisters mit all seinen Kooperationspartnern und Subunternehmen einbeziehen (Bild 6).

Verschiedene Optimierungsstrategien sind einstellbar. So kann beispielsweise ermittelt werden, inwiefern Schließungen oder die Neuerrichtung zusätzlicher Güter-Umschlagszentren die Transportkosten beeinflussen.

Supply Chain Management und Logistikdienstleister

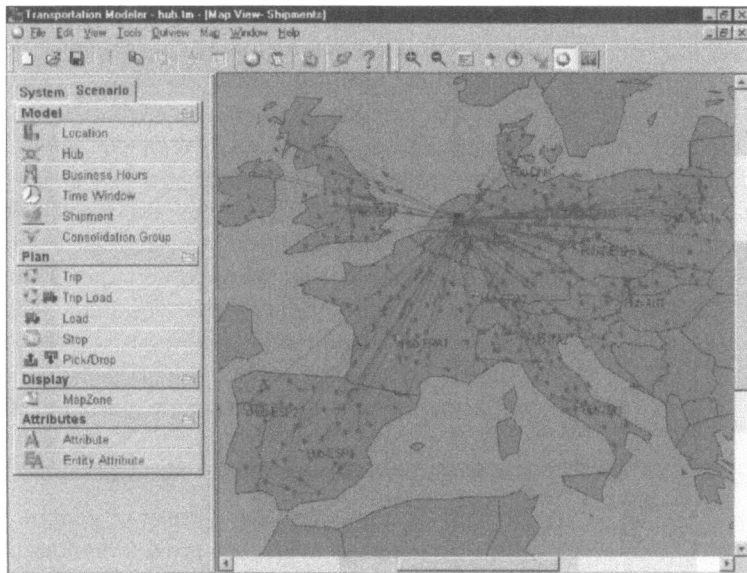

Bild 6: Beispiel einer Simulation zur Transportnetz-Optimierung (Quelle i2 Technologies)

Es kann auch geprüft werden, ob die bestehenden Transportkapazitäten bei einem zusätzlichen Großauftrag ausreichen. Die Ermittlung der jeweiligen Transportkosten ist ein wesentliches Element der Simulation und damit ist eindeutig, daß diese Anwendungen auch als Preisfindungsunterstützung bei Transportausschreibungen von Verladern genutzt werden können. Aber auch bei bestehenden Vertragsverhältnissen zwischen Verlader und Logistikdienstleister kann der Einsatz dieser Werkzeuge das Transportnetz optimieren und Kosteneinsparungen aufzeigen. Kostenersparnisse können so auch an die Kunden weitergegeben werden, was einer längerfristigen Bindung zu Gute kommt und der weiteren Verzahnung der Prozesse förderlich ist. Gibt der Verlader beispielsweise weit im voraus seine zukünftigen Transportbedarfe an, so ist der Logistikdienstleister in der Lage, die eigenen Kapazitäten auf Basis dieser Tools anzupassen und zu optimieren.

Kontraktmanagement und -Optimierung:

Diese Anwendungen können sowohl von Verladern als auch von Logistikdienstleistern eingesetzt werden. Hierbei geht es um die Auswahl des Transportdienstleisters für bestimmte Transporte. Der Auftraggeber schreibt eine Transportleistung aus und erhält entsprechende Angebote zurück. Die Entscheidung zugunsten eines Anbieters kann nun nach Preis und Servicegrad getroffen werden. Die übrig gebliebenen Anbieter können jedoch auch in einer zweiten Runde zu einem verbesserten Angebot aufgerufen werden. Die Angebote und Preise der Wettbewerber werden genannt und jedem zugesandt, der Name bleibt jedoch anonym. Mit diesem Instrument können Preise für Transportdienstleistungen nach unten gedrückt werden. Diese Systeme finden aber eher im Bereich von Spotmärkten und Transporten von Commodities (hochstandardisierte Produkte oder Dienstleistungen wie etwa Rohstoffe oder Aktien) Anwendung. Gewollte Verzahnungen zwischen Verlader und Logistikdienstleister bauen eher auf Vertrauen sowie mittel/langfristigen Beziehungen auf.

Auftragsabwicklung(Order Management)

An ERP-Systeme für die Transportbranche werden besondere Anforderungen gestellt. Die großen Standardsoftwaresysteme orientieren sich an den Anforderungen von industriellen Fertigungsunternehmen und erfüllen diese Anforderungen der Spediteure oft nicht. Hier geht es um die Verwaltung von Transportaufträgen und deren planerische Umsetzung. Die hierzu notwendigen Informationen über Kunden, Schnittstellen, Transportunternehmen, deren Tarife, Standorte und das zur Verfügung stehende Transportequipment sind auf einer Datenbank hinterlegt und werden zur Transportplanung nach den logistischen Anforderungen verknüpft. Spezielle transportspezifische Funktionen sind unter anderem

- Schnittstellen zum Verlader bzw Auftraggeber
- Routenfindung
- Transportpreis-Kalkulation auf Grundlage von Gewicht und Entfernung unter Berücksichtigung kundenindividueller Konditionen
- Zusammenstellung von Ladungen unter Berücksichtigung von Gewichten, Geometrien und Gefahrgutklassen un der Reihenfolge der anzusteuernden Ziele
- Erstellung von Touren
- Tourenausschreibung an Subcontractors
- Erstellung aller notwendigen Transportpapiere und Zolldokumente
- Fakturierung und Zahlungsabwicklung

Supply Chain Management und Logistikdienstleister

Routen- und Tourenoptimierung

Unter Routenoptimierung versteht man die Bestimmung des kürzesten geographischen Weges, der eine bestimmte Zahl anzusteuernder Ziele umfasst. Bei der Tourenoptimierung werden dynamisch Routen für eine gegebene Anzahl zu transportierender Warenlieferungen ermittelt (bedonders im Stückgutverkehr relevant). Je nach Art des Transportnetzes und der Transportart (z.B. Komplettladung, Stückgut oder Paketdienst) und Topologie des Transportnetzwerkes (z.B. mit oder ohne Konsolidierung in Hubs) gibt es viele Varianten. In Bild 7 wird das Ergebnis eines Optimierungslaufes dargestellt, bei dem mehrere Lieferungen zu jeweils einer Tour zusammengefasst werden, und sich dadurch die Zahl der benötigten Fahrzeuge drastisch reduziert.

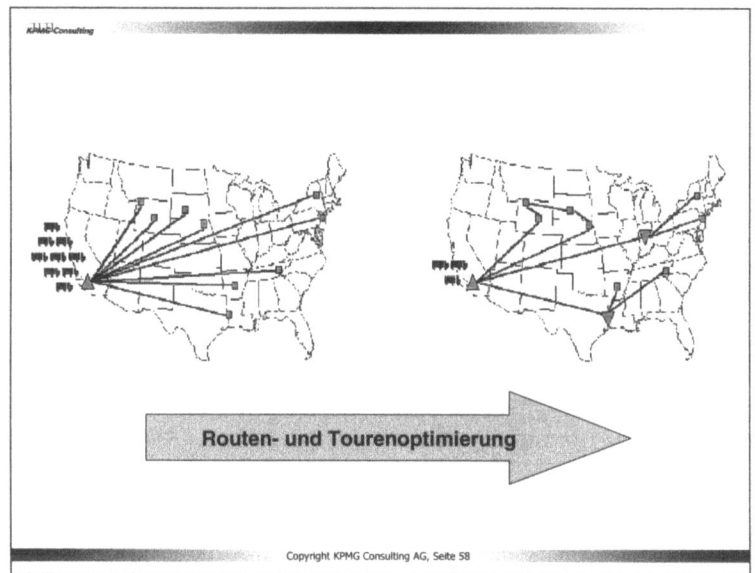

Bild 7: Schema Tourenoptimierung

Ladungsoptimierung

Hier geht es um die optimale Ladungs-Konfiguration von Transportgütern in Container oder Trucks, die sich bis auf Paletten, Collis oder Packstücke herunterbrechen lassen. Die verschiedenen Volumen- und Gewichts- bestimmungen können berücksichtigt werden, ebenso wie die richtige Reihenfolge bei der Beladung. Der vorhandene Laderaum wird somit effizient genutzt.

Die Abbildung zeigt, wie mehrere Lieferungen mit einem Softwaretool interaktiv zu einer Komplettladung kombiniert werden.

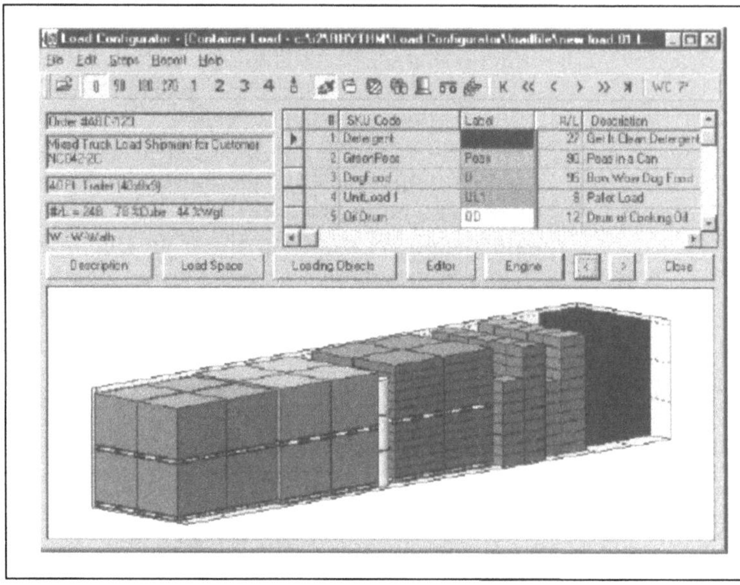

Bild 8: Interaktive Ladungsoptimierung (Quelle: i2 Technologies)

Sendungsverfolgung und SC-Monitoring

In komplexeren Logistiknetzwerken gibt es vielfältige Arbeitsteilung, die oft über Länder- und Firmengrenzen hinausgehen. Von entscheidender Bedeutung ist hier die Sendungsverfolgung (Tracking & Tracing, T&T), die eine permanente Statusauskunft für jede im Netzwerk befindliche Lieferung ermöglicht. Jeder Leistungserbringer übermittelt (manuell über Terminals oder automatisiert mit Transponder, GPS oder GSM) Quittierungsmeldungen an eine zentrale Datenbank. Damit kann der Warenempfänger jederzeit z.B. über das WWW den Lieferstatus seiner Lieferung' ermitteln.

Diese Tracking-Daten bilden die Grundlage für sogenannte Supply-Chain-Monitoring-Lösungen. Diese Tools vergleichen permanent die T&T-Statusinformationen mit eigenen Planzahlen und filtern Abweichungen, besonders im Hinblick auch das geplante Endablieferdatum heraus. Diese Abweichungen werden als sogenannte Exceptions' aufbereitet und nach definierten Regeln weiterverarbeitet und z.B. per E-Mail an Verantwortliche geleitet. Das ermöglicht ein proaktives Eingreifen, um eventuelle Verspätungen aufzuholen oder den Verbleib von Sendungen zu klären. Die folgende Abbildung zeigt eine grafische Repräsentation eines Transportnetzwerkes mit aktiven Alerts, die dem Logistikverantwortlichen Handlungsbedarfe signalisieren.

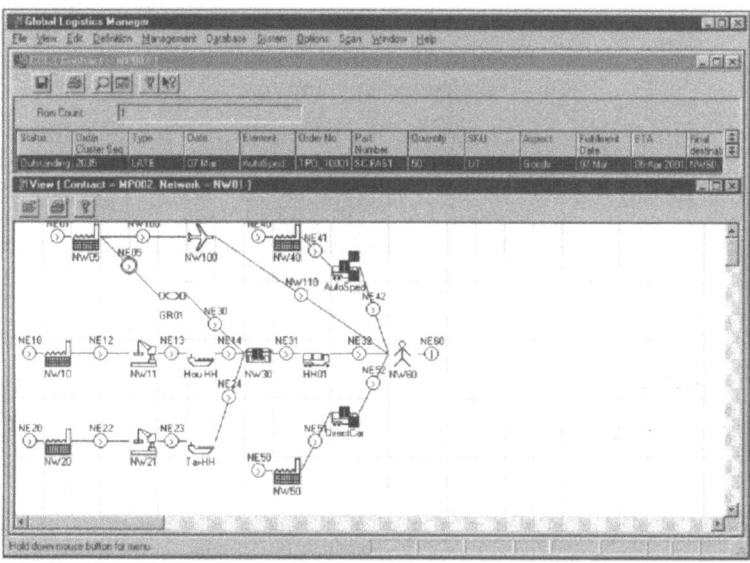

Bild 9: Monitoring Software i2 Global Logistics Manager' mit Netzwerkdarstellung und Exceptions (Quelle i2 Technologies)

Zusammenfassung

Den Transport- und Logistikdienstleistern kommen zentrale Rollen im Rahmen der Wertschöpfungskette der Verlader zu. Sie sind Dreh- und Angelpunkt der Beschaffungs- und Distributionsprozesse. Um die zu organisierenden Transaktionen effizienter und kostengünstiger zu gestalten schreitet die Verzahnung von Verladern, Zuliefereren und den Logistikdienstleistern immer weiter voran. Zur Lösung und Beherrschung dieser komplexen logistischen Transportketten können transportspezifische Supply Chain Management Software Tools eingesetzt werden. Diese bieten Decision Support auf allen Planungs-ebenen: von der strategischen Standortfindung bzw. -Optimierung über die operative Tourenplanung bis zur Überwachung der Ausführung.

Quellenverzeichnis:

Grundke, G., 1992: Zur Weiterentwicklung der Logistik, In: Bonny, C.-H. (Hrsg.), Jahrbuch der Logistik, S. 168-172.

Klaus, P. u. Müller-Steinfahrt, U., 2000: Die „TOP 100" der Logistik. Eine Studie zu Marktgrößen, Marktsegmenten und den Marktführern in der Logistik-Dienstleistungswirtschaft, Deutscher Verkehrsverlag Hamburg

Logistik heute, „Machtübernahme der 4PLs?", Heft 1-2/2001, 23. Jahrgang, Seite 32-33

Magill, P., 2000: Outsourcing Logistics – The transition to 4th party partnerships in Europe, KPMG Studie, Verlag: Financial Times Retail & Consumer, London

Kortmann, J., Lessing, H., Paderborn 1998, Marktstudie SCM-Software

I2 Technologies, Logistics Footprint, 2000

KPMG, European Transportation & Distribution Benchmark Survey, Rotterdam 2000

9 Supply Chain Management-Lösung mit mySAP.com

Ralph Schneider und Claus Grünewald, SAP AG

Supply Chain-Planung

Supply Chain Management ist ein Schlüsselfaktor für den Erfolg von Industrieunternehmen. Ziel von Supply Chain Management ist es, den Daten-, Material- und Geldfluss von den Basislieferanten über mehrere Produktions- und Logistikstufen bis hin zum Endverbraucher optimal zu steuern. Material und Ressourcen werden nicht mehr sukzessive, sondern integriert geplant. Im Zuge von Internetvernetzung wird die Wettbewerbsfähigkeit einer Firma heutzutage immer mehr an der Fähigkeit gemessen, die richtigen externen Partner zu finden. Jedes Unternehmen stellt innerhalb eines logistisch-virtuellen Netzwerkes einen Knoten dar und muss über die Märkte die Bedürfnisse der Endanwender befriedigen.

Erfolgreiche Unternehmer wissen, dass eine optimal aufeinander abgestimmte Wertschöpfungskette von strategischer Bedeutung ist. So trägt eine optimal koordinierte Supply Chain wesentlich dazu bei, dass neue Produkte schnell eingeführt werden können und eine hohe Liefertreue garantiert werden kann. Dies ist insbesondere aufgrund der immer kürzer werdenden Produktlebenszyklen von besonderer Bedeutung. Wichtigste Kriterien für eine reibungslose Prozessgestaltung sind die Berücksichtigung aktuellster und zukünftiger Kunden- und Marktanforderungen sowie die unternehmensinterne und unternehmensübergreifende Optimierung.

ROI Praxiserfahrungen zeigen, dass der ROI (Return on Investment) bei Supply Chain Management-Lösungen zwischen 30 und 300% liegt. Der Ertrag von Supply Chain Management-Konzepten übersteigt den Projektaufwand um das 12fache (Quelle: AMR Research).

SAP Advanced Planner & Optimizer

Der Advanced Planner and Optimizer (APO) bietet Planungsfunktionen für strategische, taktische und betriebliche Planung für Logistikketten. Damit ist sowohl die betriebsinterne als auch überbetriebliche Steuerung und Kontrolle der zugehörigen Abläufe gemeint. Das APO-System besteht aus mehreren integrierten Modulen, die auf eine gemeinsame Datenbasis zugreifen.

OLTP

SAP liefert eine Integrationsschicht zwischen APO und dem zugrundeliegenden Ausführungssystem, das APO direkten Zugriff auf die OLTP-Geschäftsdaten (Online Transaction Processing) ermöglicht. Die Datenobjekte im APO sind in den meisten Fällen strukturell optimierte Instanzen von OLTP-Daten. Sie werden durch eine Reihe von Echtzeit-Auslösern und Nachrichtenaustausch aufeinander abgestimmt. Diese Aufgabe wird über die Integrationsdienste des Business Framework gelöst. Die SAP bezeichnet diese Technik als „semantische Abstimmung". Der APO-Server ist auf die gleiche Art auch an das SAP BW (Business Information Warehouse) angebunden, wodurch der Planer direkten Zugriff auf die elementaren Entscheidungsdaten erhält.

Neben den hochspezialisierten Datenobjekten nutzt APO eine Bibliothek fortschrittlicher Optimierungsalgorithmen und liveCache einen leistungsfähigen, speicherresidenten Datenprozessor zur Planung und Optimierung. liveCache nutzt Mehrprozessorkonfigurationen und unterstützt eine Speicherausstattung von mehreren Gigabyte. Mit liveCache lassen sich Berechnungen umfangreicher, komplexer Modelle, wie das einer Logistikkette, schnell und effizient durchführen.

Der ganze Bereich der Planung wird von den integrierten APO-Modulen abgedeckt. Planung und Optimierung erfolgen auf der Basis von Constraints. Im Folgenden sollen diese Module beschrieben werden.

Supply Chain Engineer (SCE)

Mit dieser Komponente können Netzwerkmodelle von Logistikketten per Drag & Drop entworfen oder geändert werden. Das Netzwerkmodell stellt eine spezielle Logistikkette dar und besteht aus verschiedenen Knotenpunkten und Verbindungen auf einer Landkarte. Ein Modell kann verschiedene Planungsversionen haben. Damit wird die Option ermöglicht, verschiedene Modelle zu entwerfen, von denen jedes mit anderen Versionen für Simulationszwecke ausgestattet ist. Das Modell ist die Basis für alle APO-Planungsfunktionen. Es deckt alle Bereiche der Netzwerkkette vom Lieferanten des Lieferanten bis hin zum Kunden des Kunden ab. Hier werden die relevanten Datenobjekte vom Quellsystem in den APO importiert. Das Supply Chain-Modell kann geographisch auf der Karte oder logisch angezeigt werden.

Supply Chain Cockpit (SCC)

Das Supply Chain Cockpit ist eine der vier APO-Planungsanwendungen. Es besteht aus einer grafischen Schalttafel zum Verwalten und Kontrollieren der Logistikkette. Es ist konfigurierbar für Zustände innerhalb einer großen Vielfalt von Industrie– und Unternehmenssituationen. Es handelt sich um eine hochgradig intuitive und grafische Benutzungsoberfläche, die als höchste Planungsstufe fungiert und andere Planungsbereiche wie Herstellung, Bedarf, Vertrieb und Transport abdeckt. Diese Komponente ermöglicht es,

- die gesamte Logistikkette von allen Seiten detailliert zu beaufsichtigen,
- die vielschichtigen Beziehungen der Komponenten innerhalb der Logistikkette zu reduzieren,
- Informationen aus dem APO-System abzurufen,
- die Supply Chain Performance mit Hilfe von Kennzahlen (KPIs) zu messen,
- auf neue Entwicklungen sofort und akkurat zu reagieren,
- die Flexibilität im Entscheidungsprozess beizubehalten.

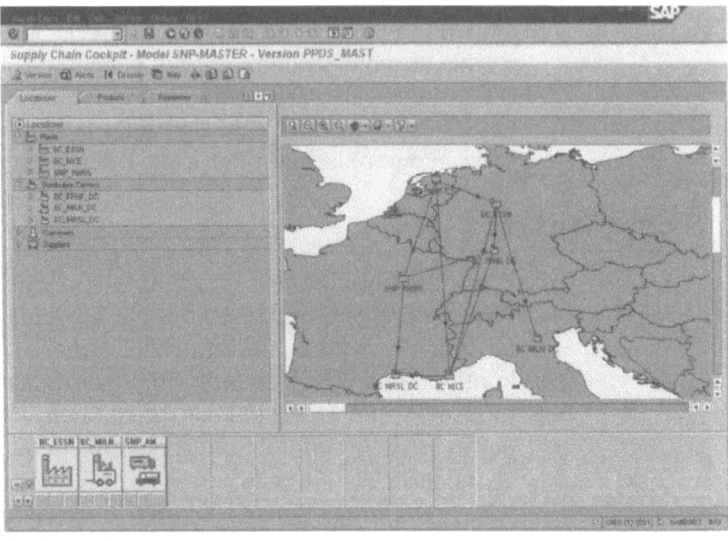

Bild 1: Supply Chain Cockpit

In seiner Rolle als Einstiegspunkt zum APO bietet das Supply Chain Cockpit (Bild 1) einen Ausblick auf die Logistikkette. Darüber hinaus vereinfacht es den Umgang mit der großen und unübersichtlichen Logistikkette. Dadurch, dass individuelle Arbeitsbereiche angelegt werden, können mehrere Planer gleichzeitig an verschiedenen Teilen der Logistikkette arbeiten. Wie alle vermögensbildenden Aktivposten gehört auch die Wissens- und Informationsbasis zu den Vermögensgegenständen des Unternehmens. Das Cockpit ist das Werkzeug für globale Informationsaggregation. Seine Rolle im Supply Chain Management hat zweierlei Aspekte. Es ermöglicht

- Zugriff auf aktuelle Daten aller Planungsobjekte im APO-System durch APO-Abfragen und
- Messen der Performance unter Verwendung von Kennzahlen (KPIs), die im Business Information Warehouse (BW) gespeichert sind.

Abfragen vereinfachen die Planungsfunktion. Zum Beispiel ermöglicht eine APO-Abfrage, die Transportmengen, aggregiert nach Ankunftszeit, für eine spezifische Transportbeziehung anzusehen. KPIs hingegen geben Feedback über die eigentliche Performance. Vom Cockpit aus kann die Supply Chain Performance in alle Bereiche von Wiederbeschaffungszeit bis hin zur Bestandstreue verfolgt werden. Der Anwender kann zum Beispiel eine Messung der Ressourcen-Effizienz eines seiner Werke oder der Lieferleistung eines der Lieferanten durchführen.

Alert Monitor

Der Alert Monitor ist eine eigenständige Komponente des SCC, die es ermöglicht, einen einheitlichen Zugang zur Lösung von Problemsituationen im APO zu bekommen. Es wird angezeigt, wenn während der ATP-Prüfung oder eines SNP-Laufs oder bei der Generierung von Produktions- oder Bedarfsplänen in einer der APO-Applikationen ein Problem auftaucht. Der Alert Monitor ist ein Werkzeug, mit dem Planer den Status eines Plans überwachen können. Basierend auf dem Überwachungsprozess kann der Plan, wenn nötig, immer wieder neu angepasst werden. APO-Alerts spiegeln den zukünftigen Status eines Plans wieder und werden als Richtlinien für Neuplanung verwendet. Die Absicht des Alert Monitors ist es, die Planer zu informieren, wenn eine Bedingung in einem Plan verletzt wurde.

Der Alert Monitor gehört zusammen mit dem Supply Chain Cockpit und dem Supply Chain Engineer zu einer Reihe von Supply Chain-Navigationskomponenten im APO. Es kann von jedem Supply Chain Manager oder Planer verwendet werden, der Mangement-by-Exception in den folgenden Bereichen anwendet.

- Absatzplanung (DP)
- Supply Network Planning (SNP)
- Produktions- und Feinplanung (PP/DS)
- Available-to-Promise (ATP)
- TLB/Deployment Alerts
- Transportation Management (TMS)

Bei der Ausführung von Management-By-Exception behält der Planer andauernde Kontrolle über das Supply Chain Network. Der Planer oder Manager wird nicht unvorbereitet von auftretenden Problemen überrascht. Statt dessen wird er rechtzeitig informiert, so dass die nötigen Vorkehrungen getroffen werden können.

Absatzplanung

Die APO-Absatzplanung (Abkürzung "DP" entsprechend der englischen Bezeichnung "Demand Planning") wird zur Erstellung einer Prognose für die Nachfrage nach den Produkten eines Unternehmens auf dem Markt benutzt. Diese Komponente erlaubt eine Berücksichtigung der zahlreichen verschiedenen Kausalfaktoren, die den Bedarf beeinflussen. Das Ergebnis der APO-Absatzplanung ist der Absatzplan (Bild 2).

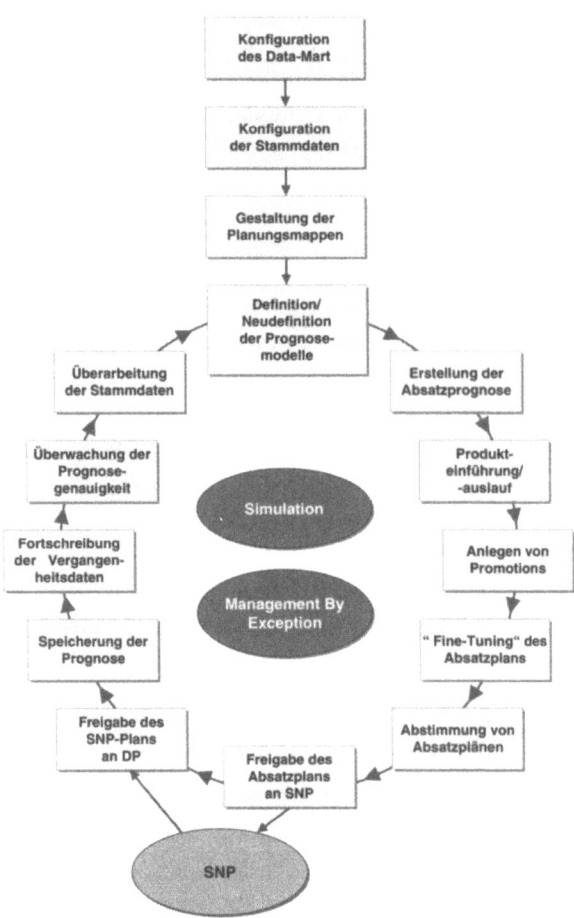

Bild 2: Demand Planning Zyklus

Die APO-Absatzplanung verfügt über einen Data-Mart, in dem die Informationen gespeichert und gepflegt werden, die zur Abwicklung des Absatzplanungsprozesses im Unternehmen benötigt werden. In APO besteht der Data-Mart aus InfoCubes. In diesen InfoCubes werden Daten gespeichert, die zur Planung des

Absatzes/Bedarfs verwendet werden, sowie die Planungsergebnisse. Falls ein SAP Business Information Warehouse (BW) zur Verfügung steht, stellt der Data-Mart der Absatzplanung (DP-Data-Mart) eine Untermenge der Daten des Data-Warehouse dar. Der Data-Mart wird mit Hilfe der Administrator Workbench konfiguriert. Die Administrator Workbench ist das Werkzeug, mit dem Daten aus einem Quellsystem (Bsp. SAP BW) in die InfoCubes geladen werden. Als Ergänzung zum Data-Mart ermöglichen benutzerdefinierte Planungslayouts sowie interaktive Planungsmappen nicht nur die Einbeziehung verschiedener Abteilungen in den Prozess der Prognoseerstellung, sondern auch anderer Unternehmen.

APO-Absatz-planung

Die im Rahmen der APO-Absatzplanung verfügbaren statistischen Prognoseverfahren und erweiterten Makro-Techniken bieten die Möglichkeit, Prognosen anhand von Absatzhistorien und einer Vielzahl verschiedener Kausalfaktoren zu erstellen. Mit erweiterten Makros lassen sich komplexe Berechnungen schnell und einfach durchführen. Die Makros werden entweder direkt durch den Benutzer oder automatisch zu einem festgelegten Zeitpunkt ausgeführt. Die Makros für die Aggregation und Disaggregation werden mit dem System ausgeliefert. Sie müssen daher nicht selbst geschrieben werden. Nachfolgend sollen einige Prognosemodelle etwas genauer beschrieben werden.

Eine Prognose, die in vergangenen Perioden durchgeführt wird, für die auch eine Historie mit Ist-Absatzdaten existiert, nennt man Ex-post-Prognose. Stehen dem System mehr Vergangenheitswerte zur Verfügung, als es zur Modellinitialisierung benötigt, so führt es automatisch eine Ex-post-Prognose durch, wobei die Vergangenheitswerte in zwei Gruppen unterteilt werden. Die erste Gruppe mit den älteren Werten wird zur Initialisierung verwendet; für die neueren Werte der zweiten Gruppe wird eine Ex-post-Prognose durchgeführt. Grundwert, Trendwert, Saisonindex und mittlere, absolute Abweichung (MAD) werden in jeder Ex-post-Periode modifiziert. Diese Werte werden zur Prognoserechnung für die Zukunft herangezogen. MAD ist ein Maß zur Beurteilung der Fähigkeit eines Modells, genaue Prognosen zu liefern. Das System berechnet außerdem die Fehlersumme im Ex-post-Horizont.

Beim Modell des gleitenden Mittelwerts soll die Ausschaltung von Unregelmäßigkeiten im Verlauf einer Zeitreihe erreicht werden. Diese Strategie berechnet den Mittelwert der Zeitreihenwerte im Vergangenheitszeithorizont. Dieses Verfahren ist nur sinnvoll anwendbar bei konstanten Zeitreihen, das heißt bei Zeitreihen, die keinen trendförmigen oder saisonalen Verlauf aufweisen. Da alle Vergangenheitsdaten mit dem Faktor 1/n gleich gewichtet werden, dauert es genau n Perioden, bis sich die Prognose an eine eventuelle Niveauänderung anpassen kann. Beim Modell des gewichteten gleitenden Mittelwerts wird jeder Vergangenheitswert mit dem Faktor aus der Gewichtungsgruppe im univariaten Prognoseprofil gewichtet. Bei der Ermittlung des Mittelwerts ermöglicht das Modell des gewichteten gleitenden Mittelwerts eine stärkere Gewichtung jüngerer Vergangenheitsdaten gegenüber älteren Daten. Diese Möglichkeit wird dann genutzt, wenn jüngere Daten eher dem zukünftigen Bedarf entsprechen als ältere. Daher erfolgt eine schnellere Anpassung an eine Niveauänderung.

Außerdem unterstützt das System Konstantmodelle sowie Trend-/Saison-Modelle mit exponentieller Glättung 1. und 2. Ordnung. Weist eine Zeitreihe über mehrere Perioden hinweg eine trendförmige Änderung des Mittelwerts auf, so hinken die Prognosewerte bei dem Verfahren der exponentiellen Glättung 1. Ordnung den Istdaten stets um eine oder mehrere Perioden hinterher. Durch die Methode der exponentiellen Glättung 2. Ordnung kann eine schnellere Anpassung der Prognose an den tatsächlichen Verlauf der Verbrauchswerte erreicht werden. Für Produkte mit sporadischer Nachfrage (z.B. Ersatzteile) bietet das DP des APO die Croston-Methode als Prognosestrategie an.

Eine weitere Modellkategorie stellen die Kausalanalysen dar. Dabei ist die multiple lineare Regression (MLR) eines der wichtigsten statistischen Verfahren. Ziel der multiplen Regressionsanalyse ist es, auf der Basis der unabhängigen Variablen, deren Werte in der Vergangenheit und Zukunft bekannt sind, die zukünftigen Werte der einen unabhängigen Variablen zu prognostizieren. Jede erklärende Variable (Xi) wird gewichtet, wobei die jeweilige Gewichtung (βn) den relativen Anteil an der Gesamtprognose bezeichnet. Diese Gewichtungen erleichtern ebenfalls die Interpretation des Einflusses der einzelnen in die Vorhersage einfließenden Variablen, obgleich die Korrelation zwischen den unabhängigen Variablen den interpretativen Prozess komplizieren kann.

Prognoseverfahren

Es können ebenso unterschiedlichen Prognoseverfahren miteinander kombiniert werden (z.B. Zeitreihen-, Kausal- und/oder Schätzverfahren). Es hat sich gezeigt, dass die kombinierte Prognose, die auf verschiedenen mathematischen und/oder Schätzverfahren beruht, häufig den Einzelprognosen und deren jeweils zugrundeliegenden Verfahren überlegen ist.

Desweiteren können Prognosemodelle und Prognoseergebnisse vordefinierten und selbstdefinierten Tests unterzogen werden sowie die Absatzpläne verschiedener Abteilungen unter Verwendung eines konsensbasierten Ansatzes konsolidiert werden. Zur Berücksichtigung von Marktinformationen und Managementvorgaben werden Promotions beziehungsweise entsprechende Prognosekorrekturen verwendet. Die nahtlose Integration mit APO Supply Network Planning unterstützt einen effizienten Prozess der Absatz- und Produktionsgrobplanung (S&OP).

Supply Network Planning

Die APO-Komponente Supply Network Planning integriert die Bereiche Einkauf, Fertigung, Distribution und Transport und ermöglicht somit die Simulation und Umsetzung umfassender taktischer Planungsentscheidungen und Entscheidungen über Bezugsquellen auf der Grundlage eines globalen und konsistenten Modells (Bild 3). Anhand von hochentwickelten Optimierungsverfahren und auf der Basis von Restriktionen und Strafkosten plant Supply Network Planning den Produktfluss entlang der Logistikkette. Dies führt zu optimalen Einkaufs-, Produktions- und Distributionsentscheidungen, reduzierten Auftragsabwicklungszeiten und Lagerbeständen sowie einem verbesserten Kundenservice.

Supply Chain Management-Lösung mit mySAP.com

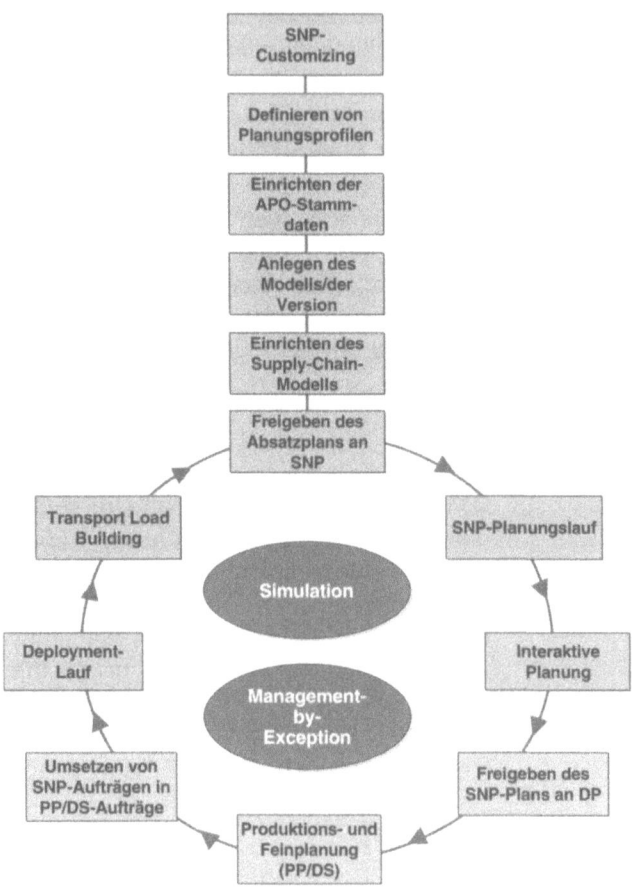

Bild 3: SNP-Zyklus und die Integration mit anderen APO-Komponenten

Ausgehend von einem Absatzplan ermittelt Supply Network Planning einen zulässigen kurz- bis mittelfristigen Plan zur Deckung der geschätzten Absatzmengen. Dabei werden Daten der Absatzplanungsversion (DP-Version) in eine SNP-Version kopiert und im liveCache als SNP-Aufträge gesichert. Der SNP-Planer kann diese Aufträge dann als Absatzplan verwenden, auf dessen Basis Entscheidungen zum Sourcing, Deployment und Transport getroffen werden. Dieser Plan deckt sowohl die Mengen, die mit einem Transportmittel zwischen zwei Lokationen transportiert werden müssen (z.B. Distributionszentrum an Kunde oder Produktionswerk an Distributionszentrum), als auch die zu produzierenden und zu beschaffenden Mengen. Wenn Supply Network Planning einen Vorschlag generiert, vergleicht das System alle logistischen Aktivitäten mit dem Kapazitätsangebot.

Deployment-Funktion

Die Deployment-Funktion innerhalb von Supply Network Planning ermittelt, wann und wie Bestände an Distributionszentren, Kunden und Vendor-Managed-Inventory (VMI)-Kunden geliefert werden sollten. Die Deployment-Heuristik berechnet einen Nachschubplan für ein Produkt in einer Lokation. Wenn die verfügbaren Mengen nicht zur Deckung des Bedarfs ausreichen, ermittelt das System den Distributionsplan anhand von Fair-Share-Regeln. Ziel von Fair-Share-Regeln ist es, den Bestand proportional an alle Bedarfslokationen entsprechend dem geplanten Distributionsbedarf zu verteilen. Ebenso können die Lagerbestände in allen Bedarfslokationen auf ungefähr den gleichen Prozentsatz des Ziellagerbestands erhöht werden, oder es wird anhand von Bedarfsprioritäten verteilt. Übersteigt dagegen das Angebot den Bedarf, so verwendet das System Push-Regeln zur Ermittlung des Distributionsplans. Der erzeugte Distributionsplan basiert auf Constraints (wie z.B. Transportkapazitäten) und Geschäftsregeln (wie z.B. Minimalkostenansatz oder Nachschubstrategien).

Die Funktion des Transport Load Builders (TLB) fasst geplante Umlagerungsaufträge zu praktikablen Transporteinheiten zusammen. Wenn der geplante Umlagerungsauftrag für einen VMI-Kunden bestimmt ist, wird das Ergebnis in Form von Kundenaufträgen im System verarbeitet. Andernfalls ist das Ergebnis ein unternehmensinterner Transportauftrag. Für VMI-Kunden können noch zusätzliche Bedingungen festlegt werden.

Supply Network Planning wird zur Berechnung von Mengen verwendet, die auf Periodenbasis an eine Lokation geliefert werden müssen, um den Kundenbedarf zu decken und den gewünschten Lieferbereitschaftsgrad zu halten. Supply Network Planning umfasst sowohl heuristische als auch mathematische Optimierungsmethoden, um sicherzustellen, dass der Bedarf gedeckt wird und sich Transport-, Produktions- und Lagerressourcen innerhalb der festgelegten Kapazitäten bewegen.

- **Heuristik**
  Die Heuristik wird im Rahmen eines "korrekturbasierten" Planungsprozesses verwendet, der neben der Heuristik auch den Kapazitätsabgleich und das Deployment umfasst. Der Heuristiklauf verarbeitet die einzelnen Planungslokationen nacheinander und ermittelt die Sourcing-Anforderungen.

Diese Planungsmaschine wird Capable-To-Match genannt (CTM). Sie gleicht priorisierte Bedarfe an vorhandene Bestände in zwei Phasen an. Zunächst wird das CTM-Applikationsmodell, basierend auf APO Stammdaten, angelegt, indem aktuelle, auf dem liveCache basierende Ressourcenprofile verwendet werden. Danach wird der Bestand dem Bedarf auf einer ' first come, first served basis' angeglichen. Gleichzeitig werden Produktionskapazitäten und Transportmöglichkeiten mit einbezogen. CTM berücksichtigt Constraints und verwendet die aktuellen Bedarfsdaten, die im liveCache gespeichert sind, wie z.B. Kundenaufträge und APO-Bedarfsplanungsprognosen, und priorisiert diese basierend auf zugeordneten Prioritäten und Wunschlieferterminen. Um die Produktionsfähigkeiten bis zum Maximum auszuschöpfen, wird die Kapazitätsprüfung bis hin zur operationalen Ebene durchgeführt. Die resultierenden Anforderungen werden an den liveCache weitergegeben.

Die Heuristikverarbeitung fasst alle für ein Produkt in einer Lokation vorhandenen Bedarfe zu einem Gesamtbedarf für die Periode zusammen und plant alle Distributionsbedarfe für alle Lokationen innerhalb des Distributionsnetzwerks, bevor die Stückliste aufgelöst und der Sekundärbedarf in den Produktionslokationen verarbeitet wird.

Durch die schnelle Prüfung der Produktionskapazitäten und der Transportmöglichkeiten wird CTM nicht nur in der High Tech- und Automobilindustrie verwendet. Jedoch findet sich in diesen Industrien häufig ein werksübergreifender Produktionsablauf mit zeitabhängigen Ablaufparametern wie Ausschuss- und Durchlaufzeit. Ebenso werden bei der montagegestützten Fertigung mehrstufigen Stücklistenauflösungen benötigt. Während ATP nützlich zum kurzfristigen Nachvollziehen von Aufträgen ist, ist der CTM-Lauf besonders dann interessant, wenn die Aufträge mittelfristig im Pegging-Netzwerk zurückverfolgt werden sollen.

- **Optimierer**
Der Optimierer verwendet die Methode der linearen Programmierung, um alle relevanten Faktoren simultan als ein Problem zu berücksichtigen. Er vergleicht alternative Lösungen anhand einer Zielfunktion, die zum Beispiel aus Transport-, Produktions-, Lager- und Umschlagskosten besteht, und schlägt die beste zulässige Lösung auf Basis der im System definierten Strafkosten vor. Darüber hinaus berücksichtigt der Optimierer alle Constraints im Supply Chain-Modell,

die im Optimiererprofil aktiviert wurden. Je mehr Constraints aktiviert werden, desto komplexer wird das Optimierungsproblem und umso mehr Zeit wird für die Lösung des Problems benötigt. Die Optimierung sollte generell als Hintergrundjob ausgeführt werden. Ergebnis des Optimierungslaufs ist eine optimale Lösung (Minimalkostenlösung), die Transport-, Produktions-, Lager- und Handling-Constraints berücksichtigt. In diesem Sinne ist die Lösung zulässig. Das Ergebnis kann aber auch bedeuten, dass Fälligkeits-Constraints verletzt oder Sicherheitsbestände nicht aufgefüllt werden. Fälligkeitstermine und Sicherheitsbestände werden als Soft-Constraints betrachtet. Solchen Verletzungen sind Kosten zugeordnet, so dass der Optimierer diese Lösung nur vorschlägt, wenn sie entsprechend den im System festgelegten Kosten die kostengünstigste Lösung darstellt. Das Wesen der Optimierung besteht darin, die bestmögliche Lösung zu finden. Ist es beispielsweise kostengünstiger, zwei Tage zu spät zu liefern oder drei Wochen zu früh zu produzieren? Die Herausforderung liegt bei der Optimierung darin, die entsprechenden Kosten richtig zu definieren (z.B. die Kosten einer zu späten Lieferung).

Die Planung kann unter Verwendung der Massenverarbeitung in einem im Hintergrund ablaufenden Planungslauf durchgeführt und anschließend interaktiv angepasst werden. Das Interaktive Planungstableau bietet die Möglichkeit, Kapazitätsinformationen anzeigen zu lassen und interaktiv zu ändern. Dabei lassen sich alle Kennzahlen auch grafisch darstellen. Änderungen werden direkt über den liveCache verarbeitet. Alle Sichten des Interaktiven Planungstableaus zeigen sowohl aggregierte Periodeninformationen als auch Detailinformationen, einschließlich wichtiger Kennzahlen wie zum Beispiel Reichweitenberechnungen.

Produktions- und Feinplanung (PP/DS)

Mit der Komponente Produktions- und Feinplanung (PP/DS) wird die Produktion unter Berücksichtigung von Produkt- und Kapazitätsrestriktionen werksübergreifend geplant. Die Produktions- und Feinplanung dient der Planung kritischer Produkte (z.B. Produkte mit langen Wiederbeschaffungszeiten oder Produkte, die auf Engpassressourcen gefertigt werden). Mit Hilfe des PP/DS wird ein durchführbarer Produktionsplan erstellt, der folgende Verbesserungen mit sich bringt:

- reduzierte Durchlaufzeiten und erhöhte Liefertermintreue und damit höhere Kundenzufriedenheit,
- erhöhter Durchsatz von Produkten aufgrund einer besseren Koordination der Ressourcen,
- reduzierte Bestandskosten, da die Work-in-Process-Bestände durch die bessere Koordination der Produktfreigabe verringert werden.

Die Produktions- und Feinplanung wird zur Kurzfristplanung verwendet. Produkte können unter Berücksichtigung von Reihenfolgerestriktionen und Ressourcenkapazität sekundengenau geplant werden. Dabei stehen dem Planer verschiedene Werkzeuge wie die Feinplanungsplantafel und die Optimierung zur Verfügung.

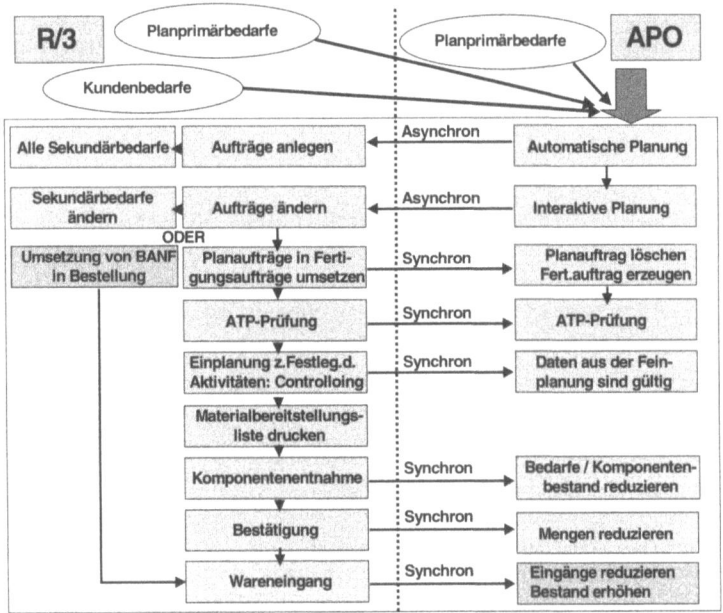

Abb.4: Auftragsabwicklung im APO und im R/3

Die Produktions- und Feinplanung wird zur Deckung von Produkt-bedarfen verwendet. Die planungsrelevanten Daten wie Stamm- und Bewegungsdaten stammen aus dem angeschlossenen OLTP-System. Die Produkte werden im APO-System geplant und die Planungsresultate an das OLTP-System übertragen, in dem die Ausführungs-funktionen durchgeführt werden (Bild 4).

Daten aus der lang- bis mittelfristigen Planung können vom Demand Planning und dem Supply Network Planning auch innerhalb des APO an die Produktions- und Feinplanung übergeben werden.

Automatische Planung

Es kann festlegt werden, dass das System die Produkte im PP/DS automatisch plant, sobald sich planungsrelevante Daten oder Aufträge im APO oder dem angeschlossenen OLTP-System ändern. Aus diese Weise ist die Planung in beiden Systemen auf dem aktuellsten Stand. Bei der automatischen Planung führt das System unter Berücksichtigung der Ressourcenkapazität eine mehrstufige ATP-Prüfung für das Produkt und seine Komponenten durch. Wenn ein Produkt nicht verfügbar ist, erzeugt das System passende Zugangselemente, wobei es die Kapazitäts- und Produktverfügbarkeit berücksichtigt. Wenn mehrere Beschaffungsalternativen definiert sind, wählt das System die kostengünstigste Alternative, mit der Bedarfe rechtzeitig gedeckt werden können. Resultat sind machbare Verfügbarkeitsdaten für das Produkt und seine Komponenten.

Ausgehend von der aktuellen Situation hat der Planer verschiedene Möglichkeiten, die Planungsergebnisse für ein Produkt, einen Auftrag, eine Ressource oder sogar eine ganze Pegging-Struktur zu überprüfen und zu bearbeiten. Das Auswertungsbild in der Produktions- und Feinplanung verschafft dem Planer einen Überblick über die aktuelle Bedarfs-/Bestandssituation eines oder mehrere Produkte und ermöglicht ihm, Auftragsdaten und -mengen interaktiv zu ändern. Ebenso ermöglicht das System eine Übersicht über alle Zugänge für ein Produkt in einer Planversion oder für alle Produkte in einer Lokation. Das System listet neben den automatisch erzeugten und manuell angelegten Zugängen auch im R/3-System angelegte Zugänge auf.

Automatische, mehrstufige Weitergabe von Änderungen

Mit Hilfe des Pegging-Verfahrens stellt das APO-System eine Beziehung zwischen den Zu- und Abgangselementen eines Produktes innerhalb einer Lokation her. Das System erzeugt dabei eine Pegging-Struktur, die entsprechend der Stücklistenstrukturen aller beteiligten Produkte organisiert ist. Mit Hilfe der dynamischen Pegging-Struktur wird sichergestellt, daß Änderungen bei der Menge oder den Terminen auch an die unteren Ebenen der Stückliste weitergereicht werden. In der Pegging-Struktur ist ersichtlich, welche Zugangselemente welchen Abgangselementen (oder umgekehrt) zugeordnet worden sind. Am Anfang der Struktur steht der ursprüngliche Kundenbedarf, und am Ende stehen die Aufträge für die Rohmaterialien auf der untersten Stücklistenebene. Alternative Elemente können anzeigt werden. Außerdem wird der Status der Pegging-Beziehung (dynamische oder fixierte Zuordnung) angezeigt und kann eventuell geändert werden. Das Datum und die Menge eines existierenden Auftrags können fixiert werden, um zu verhindern, dass der Auftrag geändert wird, wenn neue Aufträge automatisch eingeplant werden, eine Optimierung durchgeführt wird oder Änderungen automatisch auf einer höheren Ebene übergeben werden.

Interaktive Planung

Die interaktive Planung kann für wichtige Produkte verwendet werden, die manuell geplant werden sollen, oder um Planungsprobleme zu lösen, die bei der automatischen Planung aufgetaucht sind. Für diese Produkte erzeugt das System keine Zugangselemente, weshalb die Bedarfe durch das manuelle Anlegen von Bedarfselementen gedeckt werden müssen. Die interaktive Planung wird mit folgenden Werkzeugen unterstützt:

- **Feinplanungsplantafel**
  In der Feinplanungsplantafel werden die Planungssituation und die Ressourcenbelegung in einem Gantt-Diagramm abgebildet. Die Feinplanungsplantafel wird verwendet, um Aufträge oder Vorgänge manuell umzuplanen oder um Einplanungsfunktionen zu nutzen. Planungsprobleme wie beispielsweise Ressourcenüberlastung oder verletzte Anordnungsbeziehungen zwischen Vorgängen zeigt das System unmittelbar nach ihrem Auftreten im Alert Monitor an. Jede Ressource erhält eine zeitkontinuierliche Auslastungskurve, so dass Ressourcenüberlastung im Ressourcenauslastungsdiagrammn farbig dargestellt werden können. Wenn der Planer in der Feinplanungsplantafel Vorgänge und Aufträge neu einplanen möchte, kann er die entsprechenden Grafikobjekte mit Drag & Drop auf einen anderen Termin verschieben. Nachdem das System die Aktivität, die verschoben wurde, erfolgreich eingeplant hat, plant es ausgehend vom Einplanungstermin dieser Aktivität durch Mittelpunktterminierung die anderen Aktivitäten des Vorgangs um, das heißt die Vorgängeraktivitäten durch Rückwärtsterminierung, die Nachfolger-aktivitäten durch Vorwärtsterminierung.

- **Optimierung**
  Mit der Optimierung kann ein Belegungsplan bezüglich bestimmter Kriterien wie Rüstzeiten und -kosten optimiert, die Planungssituation verbessert und bestimmte Einplanungsprobleme gelöst werden. Mit welchem Optimierungsverfahren und welchen Gewichtungen für die Optimierungskriterien gute Lösungen erreicht werden, ist abhängig von der Planungssituation und den Unternehmenszielen. Die Optimierungsfunktion versucht im Laufe der Optimierung, den Wert der Zielfunktion zu reduzieren, eine Planung zu finden, in der die verschiedenen Kriterien entsprechend ihrer Gewichtung so klein wie möglich sind. Im Allgemeinen ist es nicht möglich, alle Kriterien gleich gut zu erfüllen. Eine Verkürzung der Rüstzeiten kann zum Beispiel zu einer Verlängerung der Gesamtdurchlaufzeit führen. Es kann zwischen den folgenden Optimierungsverfahren gewählt werden:

  - Constraint-Propagation
    Dieses Verfahren ist für komplexe Planungsprobleme geeignet, bei denen viele Abhängigkeiten und Randbedingungen (Constraints) berücksichtigt werden müssen und es für den Planer schwer ist, bei der interaktiven Planung z.B. mit der Plantafel manuell eine machbare Lösung zu finden.

  - Genetischer Algorithmus
    Dieses Verfahren ist für Planungsprobleme geeignet, bei denen es für den Planer nicht ein Problem darstellt, eine machbare Lösung, sondern eine sehr gute Lösung zu finden. Eine typische Anwendung für dieses Verfahren ist die Bildung einer rüstoptimalen Reihenfolge von Vorgängen.

  Während die Optimierung läuft, zeigt eine Grafik die Entwicklung der Werte der einzelnen Optimierungskriterien an. Zurück in der Plantafel übernimmt das System das Ergebnis des Optimierungslaufs in die simultane Planung und führt die entsprechenden Umplanungen durch.

Hintergrundplanung und Hintergrundeinplanung

Zur Massenverarbeitung von Daten sind zwei Funktionen verfügbar:
- Produkt-Planungslauf und Heuristik: Um Produkte periodisch planen und um bestimmter Planungsprobleme be-

wältigen zu können, werden Heuristiken im Produkt-Planungslauf verwendet. Zudem kann der Produkt-Planungslauf genutzt werden, um die System-Performance zu verbessern, wenn eine große Anzahl von Produkten gleichzeitig in mehreren Lokationen geplant wird.

- Massenfeinplanung: Die Massenfeinplanung kann für eine hohe Anzahl von Objekten sofort eine Feinplanung online oder als Hintergrundjob durchführen. Bei der Massenfeinplanung können mehrere Einplanungsfunktionen nacheinander ausgeführt werden. Die Optimierung und verschiedene Funktionen aus der Feinplanungsplantafel sind als Einplanungsfunktionen verfügbar.

Push-Produktion

Die Push-Produktion dient der Entscheidungsunterstützung des Produktionsplaners im kurz- bis mittelfristigen Bereich zur Lösung des klar abgegrenzten Push-Problems (Material-ohne-Verbraucher-Problem). Sie unterstützt den Planer in der Entscheidung, was in welcher Menge produziert werden soll, um ein Push-Material zu verbrauchen. Dabei arbeitet die Push-Produktion in entgegengesetzter Richtung wie die Bedarfsauflösung. Sie verändert den Produktionsplan nicht aufgrund von Bedarfen an Zielprodukten, indem sie sich vom Fertigprodukt über die Zwischenprodukte bis zu den Rohstoffen verarbeitet (Pull) - vielmehr kommt sie der Bedarfsauflösung einen Schritt entgegen, indem sie für noch nicht genutztes Angebot an Rohstoffen und Halbfabrikaten eine Verwendung sucht.

Blockplanung

Bei der Blockplanung handelt es sich um eine Vorplanung oder Vorbelegung von Ressourcenkapazitäten für bestimmte Produkte beziehungsweise Produkte mit bestimmten Eigenschaften zum Zwecke der rationelleren Auslastung der Kapazitäten.

In verschiedenen Industriezweigen, wie beispielsweise der Metall- und Papierindustrie (stück-orientierte Fertigung), werden auf verschiedenen Anlagen/Ressourcen/Arbeitsplätzen Aufträge beziehungsweise Vorgänge nicht alleine aufgrund ihrer terminlichen Reihenfolge, ihrer Priorität und der freien Kapazität eingeplant. Vielmehr wird für diese Anlagen in einer vorgelagerten Planung definiert, welche Produktarten/ Produkte mit welchen Eigenschaften zusammengefasst über die Anlage gefahren werden. Hauptursache hierfür ist meist, dass die Bearbeitung dieser zusammengefassten Produkte einen gleichartigen Rüstzustand der Anlage erfordert oder der Wechsel einen hohen Umrüstaufwand bedingt. Auch festgelegte Abfolgen von Produkten oder in festen Intervallen notwendige Wartungsarbeiten spielen eine Rolle - insbesondere bei der Dauer eines Blockes. Je nach Industrie kann diese Sichtweise variieren:

In der Prozessindustrie werden in der Regel mehrere Aufträge zusammen als sogenannte Kampagne durchgesetzt. Da ein einmal begonnener Prozess normalerweise nicht unterbrochen wird, kann hier die Betrachtung auf Auftragsebene erfolgen, ohne zwischen den einzelnen Anlagen, auf denen die Aufträge bearbeitet werden, zu unterscheiden. Eine Kampagne wird hier also eher über die Materialeigenschaften des Endproduktes definiert.

In einer stück-orientierten Fertigung hingegen liegt die Betrachtung eher auf der Ressource, auf der ein einzelner Produktionsschritt durchgeführt wird. Ein Auftrag kann durchaus über mehrere Ressourcen laufen, auf denen die jeweiligen Vorgänge unter anderen Gesichtspunkten zusammengefasst werden sollen. Insofern werden hier Vorgänge und Ressourcen abgeglichen, wobei die zu betrachtenden Eigenschaften nicht unbedingt nur von dem zu erzeugenden (Zwischen-) Produkt, sondern auch von den verwendeten Komponenten bestimmt werden können.

Die Blockplanung ist in die Komponente Produktions- und Feinplanung (PP/DS) integriert. Damit wird sie indirekt auch bei der mehrstufigen ATP-Prüfung bzw. der ATP-Prüfung bei konfigurierbaren Produkten eingesetzt.

Globale Verfügbarkeitsprüfung (Globale ATP)

Die Geschäftsabwicklung weltweit agierender Unternehmen erfordert in zunehmenden Maße auch eine Globalisierung der vorhandenen Informationen. Die gewünschten Auskünfte müssen über Systemgrenzen hinweg in kürzester Zeit verfügbar sein und dabei ein Optimum an Entscheidungsunterstützung bieten. Die Globale ATP kann in heterogenen Systemlandschaften eingesetzt werden, um die geforderten Auskünfte in entsprechender Zeit zu liefern. Die Globale ATP ist eine der zentralen Methoden des APO-Servers und versorgt sich mit Daten, die in Form von Zeitreihen im liveCache abgelegt sind, um Verfügbarkeitsaussagen machen zu können.

Für die betriebswirtschaftliche Zielsetzung der Globalen ATP heißt das, dass die Durchführung der Prüfung von Regeln abhängen kann, die erst durch den gerade durchgeführten Prozess bestimmt werden. In Abhängigkeit von diesen Regeln, die durch das Unternehmen und seine Kunden vorgegeben sind, werden nicht nur Termine und Mengen für mögliche Produktbereitstellungen bestimmt, sondern auch eine Analyse des Resultats angeboten. Darüber hinaus ist es möglich, die Prüfung in der Simulation durch manuelle Vorgabe von Parametern nachträglich zu verändern und die Auswirkung dieser Änderungen zu untersuchen und darzustellen. So kann in einem ersten Schritt geprüft werden, ob das erfragte Erzeugnis am Standort verfügbar ist. Bei Nichtverfügbarkeit wird eventuell ein alternatives Produkt am gleichen Standort gesucht. Endet auch diese Anfrage negativ, so dürfen beide Abweichungen zugleich auftreten. Als Letztes bleibt nur der Ausweg, den benötigten Artikel zu produzieren, da keine Vorräte zu finden sind.

Die Ermittlung alternativer Lokationen hat als Ziel, für einen Bedarf eines Produkts und eine Liste von Bezugsquellen automatisch eine oder mehrere Quellen aus dieser Liste auszuwählen, die diesen Bedarf befriedigen können. Die Lokationen, die für eine Lokationsfindung zu einem bestimmten Bedarf in die Prüfung aufgenommen werden, die diese Lokationen in der Prüfung erhalten, können von unterschiedlichen Parametern abhängen.

ATP	Ebenso kann durch die regelbasierte ATP Prüfung ein alternatives Produkt ermittelt werden. Diese Methode ist neben der Lokationsfindung die zweite Möglichkeit, auf die unvollständige Verfügbarkeit eines Produkts zu reagieren, ohne es zu produzieren. Hierdurch wird ermöglicht, in einem Prüfschritt aus einer Liste von Produkten automatisch ein oder mehrere Produkte auszuwählen. Welche Produkte als Alternativen zu dem eigentlichen Produkt geprüft werden, hängt im Wesentlichen von den Parametern ab, die bereits in der Lokationsfindung erwähnt worden sind.

Falls die Substitution von Produkten oder die Beschaffung aus einer anderen Lokation nicht zum Bestätigungsergebnis führt, kann durch Prüfung der tatsächlich vorhanden Produktionskapazität die Anfrage eventuell doch noch bestätigt werden. In diesem Fall beginnt die Prüfung, welche Stücklistenpositionen für das herzustellenden Fabrikat vorrätig sind. Diese Prüflogik kann sich auf mehreren Ebenen wiederholen. Ziel der dieser Prüfung ist es, bei nicht vollständiger Verfügbarkeit eines Bedarfs zu einem Produkt den Prozess der Fertigung dieses Produkts in der Simulation abzubilden. Die Anwendung dieser Methode ist nur dann sinnvoll, wenn für die Produktion genug Zeit vorhanden ist oder wenn die Produktion die schnellste beziehungsweise einzige Möglichkeit ist, das Produkt bis zum gewünschten Liefertermin zu beschaffen.

Besondere Herausforderungen stellen sich in weltweiten Liefernetzen, weil beispielsweise die Bestände, Produktions- und Transportkapazitäten verschiedener unabhängiger Unternehmen zu prüfen sind. SAP bietet hier eine lokale ATP Prüfung an. Diese erlaubt es, den ATP-Check gegen ein einziges OLTP-System durchzuführen. Globale ATP schafft die Möglichkeit, die Verfügbarkeitprüfung gegen mehrerer OLTP-Systeme durchführen zu lassen.

Kontingentierung

Eine wettbewerbsfähige Auftragsabwicklung, die eine termingerechte Belieferung von Kunden in der gewünschten Auftragshöhe gewährleisten will, setzt genaue Planungs- und Steuerungsmechanismen voraus. Unvorhergesehene Probleme wie Produktionsausfälle oder erhöhte Nachfrage können zu kritischen Situationen in der Auftragsabwicklung führen und müssen im Vorfeld abgefangen werden. Mit der Kontingentierung wird eine Funktion bereitgestellt, die diese Steuerungsmöglichkeiten erfüllt und das Unternehmen dabei unterstützt, kritische Situationen auf der Bedarfs- und Beschaffungsseite zu vermeiden. Die Kontingentierungsfunktionalität verbindet Planungswerkzeuge mit der Echtzeit-ATP-Funktionalität. Dazu muss sowohl eine gleichmäßige Einteilung knapper Produkte möglich sein als auch die rasche Reaktion auf sich ändernde Marktsituationen und Engpässe (Bild 5).

InfoCubes In der Planung werden die Merkmalswerte in InfoCubes abgelegt. Diese Planungsdaten werden in die Kontingentgruppe transferiert. Die Kontingentgruppe definiert eine Gruppe von Merkmalen und dient zur Ablage von Kontingentmengen und deren Belegung. Mit einer Merkmalskombination wird bei der Kontingentierung eine Kontingentzeitreihe ausgewählt, gegen die eine Prüfung ausgeführt wird. Wenn die Merkmalskombination definiert wurde, können alle Kontingentmengen geplant werden (z.B. von der Marktebene bis zur Kundenebene). Eine aktive Prüfung gegen Kontingente kann durch den Kundenauftrag zusammen mit einer Verfügbarkeitsprüfung durchgeführt werden. Basierend auf dem Prüfdatum (Lieferdatum, Warenausgangsdatum, Materialbereitstellungsdatum) wird sichergestellt, dass die angeforderte Menge nicht die Kontingentmenge überschreitet. Wenn die Bedarfsmenge die freie Kontingentmenge der Periode überschreitet, kann das System zukünftige Liefertermine vorschlagen, sobald die Kontingentmenge angeboten werden kann. Die Auftragseingangsmenge wird für die Kontingentmenge aktualisiert.

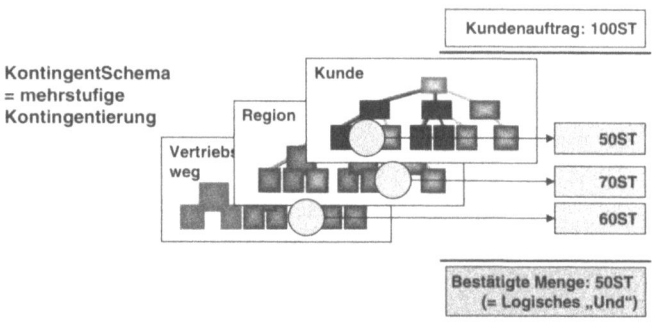

Abb. 5: Mehrstufige Kontingentierung

Mit Hilfe von Kontingenten kann eine periodenabhängige Zuteilung von Produkten für bestimmte Kunden oder Regionen erfolgen. Die Kontingentierung kann verhindern, dass bei einer Produktknappheit dem ersten Kunden die gesamte verfügbare Menge zugeteilt wird und nachfolgende Kundenaufträge nicht mehr oder viel zu spät bestätigt werden.

Transport Planung

Mit SAP APO 3.0 wird das Modul Transportation Planning und Vehicle Scheduling eine Methodenbibliothek bereitstellen, die vollständig in mit der R/3 Logistik Execution Lösung integriert ist. Diese zusätzliche Funktionalität soll dem **Planer** helfen, Routenplanung für Fahrzeuge durchzuführen sowie **Ladungen** zu optimieren und einen geeigneten Transportdienstleister auszuwählen. In Zusammenhang mit dem SAP APO Network Design und dem SAP APO Supply Network Planning stellt APO dem Transportplaner Werkzeuge zur Verfügung, so dass optimale Entscheidungen auf strategischer, taktischer und operationaler Ebene getroffen werden können. Die Transportplanung im APO berücksichtigt sowohl eingehende (Inbound) als auch ausgehende (Outbound) Transporte.

Vehicle Scheduling & Route determination

Im Vehicle Scheduling werden Probleme und Lieferschwierigkeiten wie „round trip / multi-pick / multi-drop Management" angegangen. Die Optimierungsrechnung zieht Constraints wie den Zeitrahmen, Fahrzeugkapazitäten und die Umschlagskapazität für Be- und Entladung in Betracht. Darüber hinaus terminiert es eine Abfolge von Bestellungen in Abhängigkeit von den verschiedenen Transportrouten.

Um die Transportkosten zu senken und eine Verbesserung des Kundenservices zu erzielen, gilt es, die stetig auftretende Optimierungsherausforderung anzunehmen und für ein Fahrzeug im Luft-, See- und Straßentransport die bestmögliche Route zu ermitteln. Das Problem der Routenplanung für ein Fahrzeug innerhalb eines Netzwerks kann bequem durch SAPs Methode der Routenfindung gelöst werden. Dabei werden die Transportbeziehungen aus dem Supply Network Modell zugrunde gelegt. Mehrere Lanes werden so durch den Optimierer zu einer Route zusammengesetzt.

Load consolidation

Um das gewünschte Kundenlieferdatum einzuhalten, enthält die Optimierungsmaschine eine Ladungskonsolidierung für Transportbedarfe, um die Lieferungen so konstant wie möglich an den Bestimmungsort zu terminieren. Abhängig von Constraints wie Volumenverträge mit einzelnen Frachtunternehmen werden die Auftragsbedarfe zu einem Versand zusammengefasst. Mit der Ladungskonsolidierung sollen volle Lastwagenladungen (FTL) erzielt werden, da nur zur Hälfte beladene Lastwagen (LTL) die Transportkosten für jede Einheit erhöhen, jedoch die Reduzierung der Transportkosten angestrebt werden soll. Sofern die Möglichkeit besteht, ist es auch angebracht, homogene Ladungen (ein Produkt) aufzubauen oder zumindest das Mischen von verschiedenen Produkten innerhalb einer Ladung zu vermindern.

Carrier Selection

Die Auswahl des Transportdienstleisters hängt von verschiedenen Servicemerkmalen ab, die vom Auslieferungsprofil bis zum Transportdienstleisterprofil reichen. Insbesondere die Kosten der Dienstleistung spielen bei der Auswahl des richtigen Spediteurs eine gewichtige Rolle. Darüber hinaus kann es Frachtverträge geben, die erfüllt werden müssen, ungeachtet der Frage, ob es ausreichend Angebot und Bedarf gibt, um die volle Nutzung des

Transportdienstleisters zu rechtfertigen. Diese Kriterien einschließlich der eigenen Flotte (soweit vorhanden), werden bei der Optimierung der Auswahl des Transportdienstleisters in Betracht gezogen.

Integration von APO und R/3

Neben der Nutzung als stand-alone APS-Lösung ist SAP APO gleichzeitig in der Lage, in heterogenen Systemumgebungen zu arbeiten. Dabei sind zwei Integrationskonzepte zu unterscheiden:

- Die Kopplung mit Nicht-R/3- und Legacy-OLTP-Systemen. Die erforderlichen Schnittstellen sind als BAPIs (Business Application Porgramming Interfaces) realisiert.
- Die Kopplung mit R/3 (einem oder mehreren Systemen). Die erforderliche Integrationsschicht wird als Plug In bezeichnet.

SAP bietet mit dem APO Plug In eine standardisierte Schnittstellenlösung, die es erlaubt, die SAP Supply Chain Management-Anwendung mit folgenden R/3-Release-Ständen zu integrieren:

- 3.1h
- 3.1i
- 4.0b
- 4.5b
- 4.6b
- 4.6c

Die wechselseitige Systemverbindung ermöglicht, die für die Planungsprozesse relevanten Daten aus dem ausführenden R/3-System in den SAP APO einzuspielen und die dort entstehenden Ergebnisse anschließend wieder an das R/3 zurückzugeben.

Über die R/3-seitige Schnittstelle können ebenfalls Merkmals- und Klassendefinitionen vom R/3 an den SAP APO übermittelt werden. Wenn der APO in einer einheitlichen Umgebung an ein Legacy-/ Fremdsystem gekoppelt wird, werden Merkmalswerte und Attribute im Up- und Download von Daten zusammen mit Bestands-, Produktions- und Kundenaufträgen übermittelt.

Supply Chain Execution

Der Transport stellt ein wichtiges Einzelelement bei den Logistikkosten für viele Unternehmen dar. Man hat festgestellt, dass für Frachtbewegungen zwischen einem und zwei Dritteln der gesamten Logistikkosten aufgewendet wird. Die Verkürzung der Zykluszeiten in der Fertigung macht nur Sinn, wenn das fertige Produkt rechtzeitig ausgeliefert werden kann. Es erscheint selbstverständlich, dass jede SCM-Strategie den eingehenden Fluss der Rohmaterialien und den ausgehenden Fluss der Fertigerzeugnisse beinhalten sollte. Die Supply Chain Management-Lösungen – bestehend aus SAP-R/3, SAP Advanced Planner and Optimizer (SAP APO) und SAP Logistics Execution System (SAP LES) – bieten umfassende Lösungen zur Verbesserung der Antwortzeit und stellen eine akkurate, termingerechte Lieferung an die Partnergesellschaften und Kunden sicher. Sobald die Planung ausgeführt wird, werden die erweiterten Planungs-, Terminierungs- und Ausführungsdaten von SAP nahtlos integriert.

Logistics Execution System (LES)

Das APO System umfasst Funktionalitäten für die Bedarfs- und Produktionsplanung und für die Verfügbarkeitsprüfung sowie die Planung von Transporten über alle Bereiche eines logistischen Netzwerkes hinweg. Das Logistics Execution System unterstützt die wirtschaftliche Lagerhaltung und Verteilung der Güter mit dem Warehouse Management System (WMS) und dem Transport Management System. Das LES ist Teil des R/3 Systems und besitzt daher den direkten Zugang zur R/3 Basistechnologie und dessen Daten.

Das Warehouse Management System erweitert die Funktionalität der Logistikkette um eine schnelle Eingangs- und Ausgangsverarbeitung, optimierte Lagerverwaltung sowie wertschöpfende Zusatzleistungen. Das WMS verfügt neben den SAP-Schnittstellen auch über Schnittstellen zu anderen ERP-, Kommissionierungs-, Lagertechnologie- und Lagerverwaltungssystemen sowie zu Lagersteuerungsrechnern. Zudem lässt sich die Lagerabwicklung durch den Einsatz von mobilen Barcode-Scannern, welche direkt an das WMS angeschlossen werden, erleichtern. Alles zusammen garantiert eine kundenorientierte und kosteneffiziente Lagerverwaltung.

Das Transportation Management System (TMS) organisiert multimodale Eingangs- und Ausgangstransporte. Ziel und Aufgabe eines TMS sollte die Tourenplanung und das Transportkostenmanagement sein. Die TM-Komponente umfasst Funktionalitäten zur Versandterminierung und Routenplanung, zur Frachtkostenberechnung sowie zur Transportabwicklung und -überwachung.

Die Transportkosten können pro Transportabschnitt unter Berücksichtigung von Grundfrachten, ausgehandelten Margen, Zuschlägen usw. ermittelt werden. Ebenso wird die Zuordnung eines Dienstleisters durch die Carrier Selection berücksichtigt. Die anschließende Fakturierung beziehungsweise die unternehmensinterne Verrechnung von Transportleistungen wird ebenfalls durch das LES angestoßen. Das TMS sichert dadurch verlässliche Kundenbetreuung und liefert aktuelle Informationen für alle Partner in der Logistikkette. Darüber hinaus bestehen Schnittstellen zu externen Systemen (z.B. zu Anbietern von Transportkapazitäten und Entfernungsdatenbanken), die insbesondere durch das Internet nutzbar gemacht werden. Ebenso stehen Kunden und Lieferanten die herkömmlichen Kommunikationsmedien wie EDI und EDIFACT zur Verfügung, wobei die Vorteile der Internetnutzung auf der Hand liegen. Gerade kleinere Unternehmen werden von der verbesserten Informationstransparenz große Vorteile haben, da es für sie oftmals nicht möglich ist, die teurere EDI-Technik zu nutzen. Das Medium Internet ermöglicht allen Teilnehmern der Logistikkette, am Datenaustausch teilzunehmen.

Von Logistikketten zu virtuellen Netzwerken

Innerhalb einer Logistikkette befassen sich Unternehmen mit ihren Kunden, wobei sie starken Wert auf die Auftragserfassung, den Status des Auftrages und der ausgehenden Lieferung legen. Umgekehrt verhält sich der Informations- und Warenfluss im Einkauf. Hier liegt der Fokus auf Bestellungen und deren Satus sowie auf den Beziehungen zu Lieferanten. Um den kontinuierlichen Warenfluss zwischen Einkauf, Produktion und Verkauf zu gewährleisten halten, sich viele Unternehmen eine Art Puffer-Lagerbestand. Dieser Puffer soll die Lieferbereitschaft aufrechterhalten. Jedoch kostet solch ein Lagerbestand auch Geld und Ressourcen. Ein Großteil des ROI eines Supply Chain Management-Projektes kommt aus der Reduzierung solcher Bestände. Damit Bestände klein gehalten werden können, ohne Lieferbereitschaft zu verschlechtern, wird das B2B als effizienter Austausch von Bedarfen rasch an Bedeutung gewinnen. In jüngster Zeit nutzen innovative Firmen das eBusiness nicht nur als Browser, um den Einkauf abzuwickeln; mit Hilfe des eBusiness werden Aktivitäten in der Produktion mit der Beschaffung und dem Verkauf synchronisiert. So ist das Supply Chain Management der Zukunft getrieben vom eBusiness.

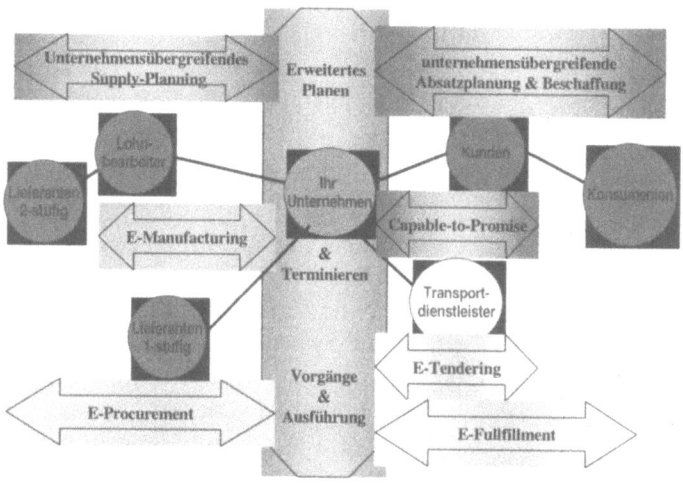

Bild 6:   Geschäftsvorfälle im virtuellen Netzwerk

Durch das eBusiness wird die Art und Weise, auf die Unternehmen interagieren, verändert. Das hat zur Folge, dass sowohl lineare als auch sequentiell starre Logistikketten von der Bildfläche verschwinden und an ihre Stelle ein Netz aus neuen dynamischen Parteien tritt. Es entstehen Verknüpfungen zwischen Partnern in vertikalen Ketten und den sie umgebenden Ketten. Diese Knotenpunkte bilden die neuen elektronischen Marktplätze, wo sich Frage und Antwort synchronisieren lassen und der Markt einen höheren Grad an Dynamik erreicht. Zu den größten Änderungen für das eBusiness gehört die Entwicklung von in sich geschlossen Ketten mit einem geregelten Platz für jedes Mitglied bis hin zu einem virtuellen Netzwerk, in dem man vielfältigere Möglichkeiten hat (Bild 6). Die wichtigsten Charakteristika der modernen virtuellen Netzwerke sind: Globalisierung, Schnelligkeit, Outsourcing, ein auf externe Ereignisse gerichteter Fokus und Wirtschaftlichkeit durch das Internet. Die im Wettbewerb erfolgreichen Unternehmen benutzen die verbesserte Transparenz ihrer eigenen Prozesse nicht nur, um diese weiter zu verbessern, sondern sie teilen ihre Erfahrungen auch mit ihren Kunden und Lieferanten, um im Umkehrschluss an deren Erfolg teilzuhaben.

Alles, womit wir arbeiten, soll schneller, zuverlässiger und flexibler sein. Dadurch wird ein großer Druck auf die Logistikkette ausgeübt. Vorstände und Führungskräfte haben erkannt, dass dem Supply Chain Management eine führende, zukunftsweisende Rolle innerhalb der Unternehmung zuteil wird. Das eBusiness ermöglicht eine schnellere und genauerer Produktion sowie größere Flexibilität bei der Eroberung neuer Vertriebskanäle. Auf diese Weise wird das eBusiness unverzichtbar. Was benötigen daher Führungskräfte und Spezialisten, wenn sie Entscheidungen in der zukünftigen Supply Chain vorbereiten und treffen müssen?

Es reicht nicht mehr, nur eine Website mit einem Katalog zu haben. Man muss schnell, in den richtigen Mengen, kostengünstig und den Bedürfnissen des Kunden entsprechend liefern können. Gefragt sind Systeme, die Bedarfe aus Kundenaufträgen oder aus einem Katalog im Internet ohne Zeitverzögerung in die Planungsumgebung weiterleiten können. Nur so kann sichergestellt werden, daß Termin und Mengen, die dem Endverbraucher auf der Website dargestellt werden auch auf realen Gegebenheiten beruhen.

Die Rolle von mySAP.com in der virtuellen Netzwerkumgebung

Der SAP Advanced Planner & Optimizer macht eBusiness möglich. Mit dem SAP APO Release 2.0 ist ein Echtzeit-Werkzeug für Constraint-basierte Absatz- und Supply Chain-Planung entstanden. Ausgefeilte Optimierungstechniken ermöglichen eine Abstimmung von Plänen und Terminen entsprechend den Änderungen bei Angebot und Bedarf. Die Möglichkeit, Planungsläufe anzustoßen, wenn ein spezielles Ereignis eintritt, ermöglicht einen hohen Grad an Automatisierung der virtuellen Netzwerkvorgänge. Die Vorgänge werden kontrolliert über das Management im Ausnahmefall, wo Alerts über Email und Internet an die Partner gesendet werden können. Jeder Partner im virtuellen Netzwerk hat Zugriff auf Informationen und Funktionen über das Internet über SAP APO Collaborative Planning. Umrahmt werden diese SCM-Lösungen von der mySAP.com Strategie, die ein offenes und flexibles eBusiness-Framework darstellt. mySAP.com besteht aus unterschiedlichen Komponenten, die es den Unternehmen ermöglichen,

- Aufträge über das Internet entgegenzunehmen,

- den Kunden eine große Produktauswahl und/oder die Möglichkeit zum Konfigurieren zu geben,
- den Auftrag sofort online zu bestätigen und an die Auslieferung weiterzugeben,
- den Auftrag online zu bearbeiten, einschließlich der Änderungen und Statusanfragen,
- das Produkt schnell, effizient und profitabel zu liefern,
- in ständigem Kontakt mit den Kunden und Lieferanten zu stehen,
- schnell auf "Pull-Signale" reagieren zu können, um die Bestände im Lager der Kunden zu verwalten, oder direkt an die Produktion liefern zu können,
- sich schnell an wirtschaftliche Veränderungen bei Angebot und Bedarf anzupassen,
- mit niedrigen Beständen zu arbeiten,
- in einer Welt von kurzen Produktlebenszyklen zu bestehen,
- an digitalen Marktplätzen als Käufer, Verkäufer und/oder Serviceanbieter vertreten zu sein.

mySAP.com verbindet diese Lösungen technisch zu einer Gemeinschaft. Der Anwender wird in die Lage versetzt, system- und unternehmensübergreifend zu arbeiten, ohne durch technische Barrieren aufgehalten zu werden.

Unternehmensübergreifende Netzwerk Optimierung (CNO)

Hinter Collaborative Network Optimization (CNO) verbirgt sich die Philosophie, Advanced Planning & Scheduling mit der unternehmensübergreifenden Planung zu verschmelzen, um das virtuelle Netzwerk mit Hilfe der folgenden Punkte zu optimieren:

- **Transparenz** von Informationen über Bestände, Prognosen, Aufträge, Pläne, Konstruktionsänderungen und Kennzahlen. Jeder Geschäftspartner kann die Logistikkette mittels Arbeitsplätzen, MiniApps für Alerts, Berichten, etc. einsehen.
- **Reaktionsschnelligkeit** kann durch die Integration von Informationsmitteln in das gesamte Netzwerk sowie durch Aufschubstrategien und Constrained-basierte Planung in Echtzeit erreicht werden.
- **Unternehmensübergreifende** Zusammenarbeit mit Kunden, Lieferanten, Lohnbearbeitern usw. wird beim Synchronisieren der Aktivitäten im Netzwerk und als Einfluss auf

neue Marktmechanismen, wie beispielsweise ausschreibungsorientierte Beschaffung, behilflich sein.

Mysap.com ermöglicht den Unternehmen, mittels Supply Chain-Effizienz in virtuellen Netzwerken in den Vordergrund zu treten. Die Geschäftspartner können unternehmensübergreifende Geschäftsszenarien direkt über die mySAP.com-Marktplätze abwickeln. Ausgehend von dem flexiblen und offenen Internet-Business-Framework ermöglichen die mySAP.com Unternehmensszenarien einem Unternehmen und dessen Supply Chain-Partnern, die Netzwerk-Transparenz zu verbessern. Auf diese Weise können kritische Informationen über Lagerbestände, Aufträge, Prognosen, Produktionspläne und andere Kennzahlen ausgetauscht werden. So enthält mySAP.com folgende Internet-gestützte Supply Chain Management-Anwendungen:

- **Collaborative Planning, Forecasting and Replenishment (CPFR)** Diese Anwendung ermöglicht den Käufern und Verkäufern eine unternehmensübergreifende Zusammenarbeit für Bedarfs- und Auftragsprognosen sowie ein regelmäßiges Update von Plänen, das auf einem dynamischen Austausch von Informationen über das Internet basiert und zu optimalen Lagerbeständen der Kunden und reduziertem Bestand beim Lieferanten führt. Lieferant, Hersteller und Kunde entwickeln einen gemeinsamen Geschäftsplan, der bevorstehende Ereignisse sowie Promotions zum Synchronisieren von Supply-Plänen und Prognosen beinhaltet. Wirksame Vorteilen erzielen Unternehmen durch niedrige Lagerbestände sowie sich daraus ergebende Erlöse, verbesserten Finanzstrom und geringere Kapitalinvestitionen, was einem Unternehmen ermöglicht, gleichzeitig die Profitabilität und den Marktanteil zu verbessern.

- **Internet-gestütztes Vendor-Managed Inventory (VMI)** erweitert die unternehmensübergreifende Zusammenarbeit mit Lieferanten und Kunden über das Internet, um es dem Hersteller proaktiv zu ermöglichen, seine Aufträge akkurat und termingerecht zu erfüllen. Der Hersteller kann, basierend auf dem eigentlichen und auf dem errechneten Bedarf des Kunden an Fertiggütern sowie dem gegenwärtigen Lagerbestand und der Zielreichweite des Kunden, die Beschaffungsaufträge proaktiv und in Echtzeit über das Internet ermitteln. Dieses Szenario ist wertvoll für Unternehmen, da es hilft, Kosten und Durchlaufzeiten zu reduzieren sowie effiziente Vorgänge und erhöhte Produktivität zu erzielen. Außerdem werden Entscheidungsunterstützung und Geschäftspartnerschaften erweitert und der Kundenservice verbessert.

- **Collaborative Supply Planning** ermöglicht dem Hersteller die Nutzung des Planungsmodells im Supply-Netzwerk, um umfassende Supply Chain-Produktionsanforderungen abzuleiten und die Ergebnisse des abhängigen Produktionsplans an die Lieferanten weiterzugeben. Diese Handelspartner arbeiten zusammen, um einen gemeinsam vereinbarten Produktions- und Einkaufsplan auszuarbeiten. Alle Partner können die Ergebnisse dieses Plans über das Internet ansehen und nach Bedarf die Lieferung von Komponenten und Beständen ändern. Der Nutzen ergibt sich aus reduzierten Lagerbeständen, reduzierten Durchlaufzeiten, effizienteren betrieblichen Abläufen und verbessertem Kundenservice.

- **Promise to be Available** unterstützt dynamisches Sourcing und Bestätigen von Aufträgen über das Internet. Darüber hinaus zieht es Informationen über Verfügbarkeit innerhalb der Herstellungswerke und Distributionszentren in Betracht, um einen Abgleich von Angebot und Bedarf durchzuführen. Dieser Vorgang berücksichtigt gleichzeitig Material- und Kapazitätsverfügbarkeit und ermöglicht regelbasierte Prüfung alternativer Materialien und Lokationen. Das Szenario befähigt Verkauf und Kundenservices, eine verlässliche Information bezüglich der Produktverfügbarkeit an die Kunden weiterzuleiten, sobald von Kundenseite ein Auftrag angelegt oder geändert wurde. Das führt zu genaueren Bestätigungen und einer zeitgerechten Lieferung. Darüber hinaus bietet es Unterstützung für Einzelfertigung.

Internet based Tendering & Transportation Exchange

Die mySAP.com Strategie nutzt das Internet sowohl in der Supply Chain-Planung als auch in der Ausführung, um Geschäftspartnern nahtlose Zusammenarbeit mit Lieferanten, Kunden und potentiellen Kunden mittels Echtzeit-Collaboration zu ermöglichen. Wie im vorangegangen Kapitel beschrieben, nehmen Internet-Anwendungen neue Unternehmens- und Geschäftsmodelle auf, um Dienstleistungen mittels Informationsaustausch bereitzustellen. So ist die Suche nach einem Frachtunternehmer mittels NTE.com (National Transportation Exchange) ein nahtloser und effizienter Vorgang, der Erfassungsfehler bei der Erstellung von Papierunterlagen verhindert. Darüber hinaus werden

Ressourcen eingespart, da der Kauf- und Verhandlungsprozess auf dem Desktop stattfindet. Durch mySAP.com kann die Effizienz eines virtuellen Markts, der vollständig mit dem Standard-R/3-System integriert ist, genutzt werden. Unternehmensübergreifende Zusammenarbeit zwischen dem Spediteur und Transportdienstleister floriert, wenn beide Parteien Zugriff sowie intuitive Möglichkeiten zum Interagieren auf dem virtuellen Marktplatz haben. Beide Interessenten können über den mySAP.com-Marktplatz kommunizieren und über Geschäfte verhandeln.

Transportplanung Transportplaner benötigen schnelle und akkurate Information, um eine Grundlage für ihre Entscheidungen zu haben. Transportkosten und Zeit spielen eine entscheidende Rolle bei dieser Entscheidung. Transportplanung mit einer simultanen Einbeziehung von Transport-Constraints und einem Ausschreibungsverfahren für Angebote eines Transportdienstleisters kann dem Planer helfen, eine effiziente Zeitterminierung und Kostenplanung durchzuführen.

Ein Ausschreibungsverfahren über das Internet ist bei der Zusammenführung mehrerer Unternehmenspartner ebenfalls zuträglich. Kleinere Frachtunternehmer und Spediteure, die nicht in der Lage waren, die Lieferungen derart pünktlich und effizienter Weise abzuarbeiten, da ihnen teure EDIFact-Ausstattung fehlte, können nun bequem auf eine beliebige Anzahl von Bestellungen von Spediteuren über das neue Internet-Portal reagieren. Für den Transportbeauftragten ist ein Ausschreibungsverfahren ebenfalls nützlich, da er auf eine größere Anzahl von Frachtunternehmern zugreifen und auf diese Weise niedrigere Preise erzielen kann.

Der Zugriff auf die Informationen und die Möglichkeit, Güter zum niedrigsten Preis transportieren zu können, ist der Schlüssel zur erfolgreichen Planung. SAP bietet hier die Möglichkeit von „Transportation Exchange-Providers" oder „Transportation-Exchange-Communities" für den Frachtunternehmer, um sein Angebot zu plazieren. Die Dienstleistungen eines virtuellen Marktplatzes ermöglicht den Mitgliedern des „Transportation-Exchange-Providers" einen interaktiven Abgleich zu erstrebenswerten Tarifen für Lieferungen und Transporte. Sowohl der Spediteur als auch der Frachtunternehmer erhalten Informationen über den Preis und die Bedingungen, die beide Parteien auf dem elektronischen Marktplatz akzeptieren müssen, bevor eine Vereinbarung getroffen wird. Sobald die Auslieferung der Ware bestätigt wird, bezahlt der Transportation-Exchange-Provider den Frachtunternehmer und stellt dem Spediteur eine Rechnung aus.

Diese neue Internet-Funktion gibt dem Frachtunternehmer die Möglichkeit, Lieferungen auszuwählen und zu konsolidieren sowie bestimmte Daten für die Lieferung einzugeben, indem eine einfache Internet-Transaktion verwendet wird. Da ebenfalls keine Frachtunternehmer ohne EDI-Fähigkeit das Internet zur Lieferplanung verwenden können, steigt der Nutzen dieser Gemeinschaft exponentiell (Netzwerk-Effekt). Dem Unternehmen wird ein leichter Zugriff auf das System des Spediteurs über ein Internet-Portal gewährt. Die Kosten für den Frachtunternehmer sind niedriger, da weder EDI-Ausstattung noch Software benötigt wird.

SAP Advanced Planner & Optimizer

1997 hat SAP auf der Sapphire in Orlando die Entwicklung einer hochmodernen Supply-Chain-Planning-Lösung angekündigt, genannt SAP Advanced Planner and Optimizer (APO). 1998 lieferte SAP das APO-Release 1.1 aus, das APO-Release 2.0 ist seit Oktober 1999 verfügbar. Bis zum heutigen Tage hat SAP mehr als 400 Kopien der SAP-APO-Software ausgeliefert. Kunden aus der Verpackungsindustrie sowie aus den Bereichen Chemie/ Pharmaindustrie, High-Tech, Automotive, Papier und Stahl sowie Luftfahrt und Verteidigung, verwenden SAP APO in einer Produktiv-Umgebung und haben bereits deutliche Verbesserungen in der Logistikkette erreicht. Zu den SAP-APO-Kunden gehören: Unilever, Nestlé, Colgate Palmolive, Kimberly Clark, Geneva Pharmaceutical, Bayer AG, Dow Corning, Eastman Chemical, HP, Motorola, Wacker Siltronic, SAPPI, Salzgitter AG, Vicaima, Sony, Goodyear, Daimler-Chrysler, PSA Peugeot, Visteon, Bosch, Lufthansa-AG, Lockheed Martin and ITT NighVision.

10 Profitables Wachstum im Visier – Von der Supply Chain zu eBusiness Trading Networks

Dirk Kansky, Manugistics

Zusammenfassung: Supply Chain Management und eBusiness sind populär. Doch was ist und was leistet ein Supply Chain Management, das die oft zitierten, sagenhaften Erfolge bringt? Wie wird eBusiness zu einer Strategie, die das Unternehmen nach vorne bringt? Was muss ein Supply Chain Management leisten für die Wettbewerbsfähigkeit in den Virtual Trading Communities der New Economy? Welche Voraussetzung muss eine Software erfüllen, die ein Supply Chain Management mit Kunden und Lieferanten unterstützt und hilft, die Unternehmenskennzahlen drastisch zu verbessern?

Die Dynamik der Märkte

Veränderte wirtschaftliche, politische, aber auch technologische Rahmenbedingungen fordern eine Anpassung der Denk- und Arbeitsweise von Unternehmen beziehungsweise ganzen Industrien. Die vielfach zitierte „Globalisierung" rückt den Kunden in den Mittelpunkt des Geschehens. Die Wünsche des Endverbrauchers in Produktvielfalt und Lieferfähigkeit zu erfüllen wird zum Gebot der Stunde. Warum? Produkte werden weltweit vergleichbar. Der Preisdruck reduziert die Margen und durch Konzentrationen werden gewachsene Wertschöpfungsketten immer komplexer. Gewinnen kann nur, wer sich konsequent auf den Kunden und dessen Wünsche ausrichtet. Ob in der Lebensmittel-, Chemie-, Automobil- oder High-Tech-Industrie, die Märkte drehen sich vom Anbieter- zum Käufermarkt. Es zählt nicht mehr allein, wie gut ein Produkt ist oder wie effizient die Produktionsverfahren laufen. Der Kunde will bedient werden: sein Handy in der Wunschfarbe jetzt kaufen, seine bevorzugte Eissorte im Kühlregal jetzt finden oder nach dem Sieg seiner Fußballmannschaft das Trikot seines Favoriten an jeder Straßenecke kaufen können.

Schnelles und effizientes Reagieren einer ganzen Lieferkette auf ein dynamisches Konsumentenverhalten ist die Herausforderung.

Die Vision: „Der programmierte Erfolg"

Haben Sie schon einmal am Fernsehen oder direkt im Stadion einen Hochspringer genau beobachtet? Bevor er zum Sprung anläuft, sieht man, wie er sich konzentriert. Der Springer sieht sich, wie er anläuft, jeden einzelnen Schritt. Er sieht, wie er abspringt, über die Latte springt, auf der Matte landet, wie die Latte unberührt liegen bleibt, wie er jubelt. Der gesamte künftige Bewegungsablauf wird im Kopf vorweggenommen. Sportler sind „Profis".

Auch Manager sind „Profis" in ihrer Disziplin. Doch werden die für den wirtschaftlichen Erfolg entscheidenden Unternehmensabläufe in ähnlicher Weise wie bei unserem Profisportler vorher durchgespielt, um dann die für die Zielerreichung richtigen Schritte durchzuführen? Tagtäglich, Auftrag für Auftrag? Natürlich nicht. Das unternehmerische Umfeld ist viel zu komplex, um manuell alle relevanten Einflussfaktoren berücksichtigen zu können.

Mit der Einführung von Unternehmenssoftware verspricht sich die Unternehmensführung, die erforderliche Transparenz in das Unternehmen und die Geschäftsprozesse zu bekommen. Durch die Datenintegration sollen alle Kunden-, Lieferanten- und Produktinformationen zusammenfließen, damit die Geschäftsführung, ähnlich wie unser Hochspringer, ihren Unternehmenserfolg programmieren kann.

Kann Software planen?

So entwickeln Softwarehersteller integrierte Systeme, die in einem Unternehmen die reibungslose Transaktion von Daten über die funktionalen Grenzen hinweg ermöglichen. Das Ergebnis des Zusammenwachsens einzelner Insel-Lösungen war Anfang der 90er Jahre das Enterprise-Resource-Planning System: ERP. Rechnungswesen, Personal, Produktions- und Materialwirtschaft, Auftragsabwicklung und das PPS - Produktionsplanungs- und Steuerungssystem wurden mit ihren eigenen Datenbanken in Abhängigkeiten gebracht. So konnten Daten konsolidiert zur Verfügung gestellt werden, die schnell zwischen den einzelnen Applikationen in der Firma ausgetauscht werden können.

ERP Die strategischen Vorteile dieser ERP-Systeme: integrierte Datenbasis mit integrierten Zugriffsmöglichkeiten, Vermeidung von mehrfachem Datenerfassungsaufwand, Vermeidung von Fehlern bei der Transformation der Daten, kürzere Zugriffszeiten und bessere Auswertungsmöglichkeiten der integrierten Daten.

Das „P" im ERP hielt jedoch nicht, was es verspricht. Bei ERP-Software handelt es sich um Systeme, die Informationen sammeln und katalogisieren. Aus dem Wissen des Ist-Zustands konnten diese Lösungen nicht ableiten, wie sich das Unternehmen in Zukunft zu verhalten hat, um am Markt erfolgreich zu sein. Enterprise Resource Planning-Systeme (ERP) verwalten lediglich Daten. Intelligente Verknüpfungen können sie nicht erstellen.

Hinzu kommt, dass relevante Parameter für eine betriebswirtschaftlich sinnvolle Steuerung der Wertschöpfung und Warenversorgung im ERP-System entweder starr, begrenzt oder gar nicht vorhanden sind. So wird zum Beispiel mit festen Losgrößen und festen Durchlaufzeiten gerechnet, was in der Regel zu unnötig hohen Beständen und nicht marktgerechten Durchlaufzeiten führt. Auch werden alle nötigen Ressourcen zur Deckung der Bedarfe nicht synchron betrachtet – bei der Materialdisposition wird von unbegrenzten Fertigungskapazitäten und bei der Kapazitätsreservierung von unbegrenzter Materialverfügbarkeit ausgegangen. Das Ergebnis sind nicht ausführbare Pläne, was in der Produktion fatale Konsequenzen für Produktivität und Effizienz hat.

Funktionen zur Ermittlung des künftigen Bedarfes oder zum bedarfsorientierten Bestandsmanagement sind nur eingeschränkt verfügbar. Für eine effiziente Distributions- oder Transportplanung fehlen sie teilweise ganz. Eine langfristige strategische Planung ist gar nicht vorgesehen. Insgesamt werden damit die Erschließung wertvoller Kostenpotentiale und eine dringend notwendige Reaktionsschnelligkeit verhindert.

Diese Eigenschaften werden jedoch gefordert in einem stets komplexer werdenden Netzwerk von Zulieferern, Produzenten, Händlern und Verbrauchern. Und die beschriebenen Anforderungen beschränken sich schon längst nicht mehr auf ein Unternehmen. Die erfolgreiche Zusammenarbeit mit Kunden und Lieferanten wird ein immer wichtiger werdender Faktor. Auch hier bieten ERP-Systeme außer einem Datenaustausch keine Unterstützung.

Was ist Supply Chain Management?

Supply Chain Management ist die Fähigkeit, Planung und Entscheidungsfindung für

die zentralen Geschäftsprozesse kontinuierlich zu verbessern. Supply Chain Management integriert Planungsprozesse und unterstützt Entscheidungen entlang der logistischen Kette. Die zu planende Versorgungskette (Supply Chain) erstreckt sich im Idealfall von "Mutter Erde" bis zum Endverbraucher. Dabei sollen alle an der Wertschöpfungskette Beteiligten als Geschäftspartner miteinander verbunden werden. Das bedeutet, dass nicht nur unterschiedliche Abteilungen eines Unternehmens wie Einkauf, Fertigung, Vertrieb und Transport miteinander kommunizieren, sondern unternehmensübergreifend Zulieferer, Produzenten und Händler. Die Daten aus den Planungsergebnissen können jederzeit an jedem Ort mit den Ist-Daten verglichen werden und so schnell Entscheidungsgrundlagen für das Management liefern.

Konkret werden bei der Planung der Supply Chain die Informationen über den künftigen Bedarf (wie Kundenaufträge, Planbedarfe) und die verfügbaren Ressourcen (beispielsweise Material und Kapazitäten) übereinandergelegt. Anders als bei herkömmlichen Produktionsplanungs- und -steuerungssystemen, die nacheinander einzelne Fragestellungen abarbeiten und eine Schnittmenge aus Bedarf, Material und Kapazitäten bestimmen, betrachten SCM-Lösungen wie Manugistics alle Planungsschritte parallel. Anstelle der statischen Abbildung unterstützen sie die Dynamik zentraler Geschäftsprozesse. Engpässe in der Produktion, wie Maschinenausfälle oder Schwierigkeiten bei der Lieferung, werden sofort erkannt und Alternativen aufgrund der Transparenz der Supply Chain sofort entwickelt. Das betriebswirtschaftlich

sinnvollste Planungsergebnis wird dann in Form eines Fertigungs-, Umlagerungs- oder Transportauftrages oder einer Bestellung an das Transaktionssystem, in der Regel ERP, zur operativen Ausführung übergeben.

Weil SCM den Ansatz der Durchgängigkeit verinnerlicht, werden Material und Informationen unternehmensübergreifend gesteuert. Dies setzt ein neues Denken voraus: Nicht mehr abgeschottet und isoliert, sondern Hand in Hand arbeiten Lieferanten, Hersteller, Vertrieb und Handel.

Die wesentlichen Attribute der SCP-Tools werden im Folgenden am Beispiel Supply Chain-Lösung NetWORKS™ von Manugistics beschrieben:

Planung

Um die Wettbewerbsfähigkeit zu verbessern, müssen SCP-Systeme eingesetzt werden, die eine schnelle Reaktion auf Marktveränderungen bei geringstmöglichem Kostenaufwand sicherstellen. Diese Herausforderung gilt für die unternehmensinterne ebenso wie für die unternehmensübergreifende Supply Chain. Objektorientierte Technologien ermöglichen es, komplexe, individuelle Logistikketten in unterschiedlichen Detaillierungsgraden wirklichkeitsnah abzubilden. So kann ein großer Teil der in der realen Welt existierenden Restriktionen dargestellt werden, was die Genauigkeit und Nutzbarkeit des Supply Chain-Modells verbessert. Constraints (Restriktionen) sind die terminierte Verfügbarkeit der Ressourcen. Hier spielen beispielsweise Arbeitszeitmodelle der Mitarbeiter hinein: Wieviele Schichten werden an welchem Arbeitsplatz an welchem Tag gearbeitet? Oder die Verfügbarkeit von Maschinen: Wie ist der Wartungszyklus der Maschine? Oder Flug- oder Bewegungspläne der Transportmittel: So dürfen frische Güter nur in speziellen Kühltransporten befördert werden.

Im Gegensatz zum herkömmlichen Ansatz einer sequenziellen Planung betrachtet die simultane Planung alle Ressourcen zur Deckung des Bedarfes zur gleichen Zeit. Unter Berücksichtigung der benötigten Ressourcen (Maschinen, Personal, Energie etc.), Materialien und der Restriktionen werden „durchführbare" Pläne generiert, die von den Mitarbeitern ausgeführt werden können.

Simulation

ERP-Systeme verwalten die Vergangenheit. Für die Zukunft ertragsrelevante Entscheidungen erfordern jedoch die Transparenz des künftigen Betriebs- und Versorgungsgeschehens. In SCP-Systemen können Planer mit „What-if"-Szenarien die Auswirkungen ihrer Entscheidungen innerhalb der Supply Chain schnell und einfach beurteilen. Mit einem einzigen Blick hat jeder im Unternehmen — von der Zentrale in München bis zur Fertigung in Taiwan — Zugriff auf dieselben Informationen. Hersteller, Distributoren und Einzelhändler haben somit die Möglichkeit, noch bevor eine Bestellung aufgegeben wird, die richtigen Entscheidungen bezüglich des Bestandes, der Materialien und der Ressourcen zu treffen. Was wäre, wenn die Produktion bestimmte Bedarfsbefriedigungen in der Zeit verschieben kann? Später oder früher ausliefert? Was wäre, wenn die Kapazität in der Zeit variiert wird. Dabei kann es Sinn machen, einzelne Ressourcen zuzukaufen, Maschinen zu beschaffen oder mehr Personal einzustellen. Kurzfristige Kapazitätsanpassungen können realisiert werden, indem bestimmte Maschinen in Spitzenzeiten zusätzlich in Betrieb gehen oder kurzfristig die verlängerte Werkbank in Anspruch genommen wird.

Auf der strategischen Stufe kann die Unternehmensführung sich mit „Was-wäre-wenn"-Analysen das gesamte Supply Chain-Netzwerk betrachten. Hier kann beispielsweise entschieden werden, ob und wo ein weiteres Distributionszentrum benötigt wird. Oder welche Produkte in welchem Distributionszentrum gelagert oder in welchem Werk hergestellt werden. Unter Umständen werden so Entscheidungen getroffen, neue Standorte aufzubauen oder ein Werk zu schließen.

Optimierung

Das Spektrum an Planungsaufgaben in der Supply Chain ist so vielschichtig, dass man nicht mit einem oder wenigen Algorithmen auskommt. SCP-Tools bieten daher in der Regel ein Portfolio an Algorithmen an, aus dem der Benutzer für ein bestimmtes Problem die Algorithmen auswählen kann, die für sein Geschäftsfeld und seine Aufgabenstellung am besten entsprechen.

Beispiele für gängige Algorithmen sind: Simplex-/Barrieremethoden, Branch and Bound, Genetische Algorithmen, Hybridalgorithmen und lokale Suchalgorithmen

Es gibt noch eine Reihe weiterer problemspezifischer Algorithmen zum Beispiel für die Versorgungsplanung oder Transportplanung, und ständig werden weitere Algorithmen entwickelt, um das Leistungsvermögen in Bezug auf Planungsqualität und Planungszeit weiter zu verbessern.

Geschwindigkeit

Früher haben MRP-Läufe Stunden und Tage gedauert. Supply Chain-Planungstools tragen den heutigen Anforderungen Rechnung, Antworten innerhalb weniger Minuten oder auch Sekunden zu geben. Die Antwortzeit hängt dabei wesentlich von der Problemstellung, dem Datenumfang und der erwarteten Qualität des Ergebnisses ab. Bei einem international tätigen Großkonzern mit komplexen Verflechtungen in der Supply Chain ist es ausreichend, wenn für Entscheidungen in der Distributionsplanung zweimal pro Tag simuliert wird. In der Automobilindustrie ist es dagegen beim Scheduling für die Endmontage unabdingbar, innerhalb weniger Sekunden eine Entscheidung zu bekommen. Wichtig ist in jedem Fall, dass nicht immer der „beste" Plan herangezogen wird, sondern primär ein realisierbarer, innerhalb der zur Entscheidungsfindung verfügbaren Zeit und in zweiter Linie bei mehreren zulässigen Lösungen die Auswahl des gemäß der Managementrichtlinien bestmöglichen.

Integrationsfähigkeit – Der Schlüssel für erfolgreiches SCM

Unternehmensübergreifende Aktivitäten erfordern Planungswerkzeuge, die auf die operativen Prozesse aufsetzen. So empfiehlt die Gartner Group, mit der Planung, also dem Supply Chain Management (SCM), zu beginnen und wenn möglich, das Transaktionssystem (ERP) gleichzeitig oder aber anschließend zu installieren. Denn SCM unterstützt strategische Entscheidungen, die für eine erfolgreiche ERP-Nutzung von vitaler Bedeutung sind. Voraussetzung ist, dass die Systeme miteinander kommunizieren können.

Im weiten Sinne unterliegen Unternehmen einem stetigen Veränderungsprozess, der ähnlich dem Evolutionsprozess eine ständige Anpassung an ein sich veränderndes Umfeld beschreibt. In einem heterogenen, dynamischen Umfeld ist das eine Herausforderung, die höchste Ansprüche an einen Organismus, sei dieser ein Lebewesen, eine Lebensgemeinschaft oder eine Arbeitsgemeinschaft, sprich ein Unternehmen, stellt. Versuche, sich durch Isolierung oder beharrliche Verweigerung diesem Anpassungsprozess zu entziehen, führen zwangsläufig zum Konkurs oder Aufkauf. Basis für die Anpassung sind der permanente Informationsaustausch mit dem Lebensumfeld und die Anpassung der eigenen Strukturen an die geänderten Anforderungen.

Die Qualität des Informationsaustausches hängt aber in einer heterogenen Welt wesentlich von der Qualität der „Schnittstellen" ab. In der IT sind „Schnittstellen" durch „integrierte ERP-Systeme" zum Unwort geworden. „Schnittstellen verursachen Mehraufwand und sind potentielle Fehlerquellen", ist ein weit verbreitetes Märchen. Aber wie viele Fehler werden tagtäglich in einem integrierten Monolithen verarbeitet, die sich nicht nachvollziehbar in Symptomen wie Fehlbeständen oder Fehllieferungen zeigen. Wie viele Unternehmen setzen denn im eigenen Konzern wirklich nur ein einziges Transaktionssystem – natürlich alle auf dem gleichen Releasestand – voll integriert ein? Ein dynamisches Umfeld und eine rasante technologische Entwicklung werden nie einen idealisierten Zustand wie bei Disney World ermöglichen.

Die Chance, im globalen Dorf zu gewinnen, besteht in der Andersartigkeit. Nur wenn es einem Unternehmen gelingt, sich seinem Umfeld anzupassen und durch spezielle Fähigkeiten Vorteile zu erzielen, wird es entsprechend wachsen können. Information als Herrschaftswissen funktioniert damit nicht mehr. Schlagkräftige Unternehmen brauchen intelligente „Ad On´s", um Wettbewerbsvorteile gegenüber Mitbewerbern zu erreichen, welche die gleiche integrierte Lösung für ihre Transaktionen einsetzen. Der Mehrwert lässt sich rechnen.

Informationstechnologie ist eine Kernkompetenz. Marktanteilsgewinne, Produktivitätssteigerungen und damit auch neue Arbeitsplätze werden im globalen Wettbewerb nicht mehr nur mit Qualitätsprodukten erreicht. Was heute zählt, ist die kompromisslose Ausrichtung auf den Kunden und damit die Flexibilität, seine Geschäftsprozesse auf der Dynamik des Kundenbedarfes anzupassen und die Deckung des Kundenbedarfes möglichst noch mit Gewinnmaximierung durchzuführen.

NetWORKS Manugistics gilt als eines der ersten Unternehmen, die das Konzept der durchgängigen Supply Chain entwickelt haben. Mit NetWORKS Connect hat Manugistics eine Technik eingeführt, um sich nahtlos in bestehende Supply Chain- und ERP-Systeme zu integrieren. Die leistungsfähigen Integrationskomponenten gehen über den einfachen Datenaustausch anderer Systeme weit hinaus und öffnen die Tür zur „Zusammenarbeit" - „Collaboration".

Die Interaktion zwischen dem SCP-System und anderen Softwarelösungen in den Unternehmen erfolgt differenziert, also für bestimmte Bereiche ereignisbezogen, beispielsweise, wenn ein neuer Auftrag hereinkommt. Andererseits kann definiert werden, was in einer Routine (in einem Batch) in das Planungstool geladen wird. Zum Beispiel müssen in der Automobilherstellung die Daten aus dem Lager in Echtzeit ausgetauscht werden. Bestimmender Faktor ist immer, wie zeitnah die Planung am operativen Geschehen ist.

Als führender Anbieter von Supply Chain Management-Software hat Manugistics mit seiner Integrationsarchitektur NetWORKS Connect und vorkonfigurierten Plug für die gängigen ERP-Systeme die Basis zum Datentransfer zwischen der Planungs-Software NetWORKS und zum Beispiel SAP R/3 geschaffen. NetWORKS plant und synchronisiert die gesamte Supply Chain von der Rohstoffgewinnung bis hin zum Verkauf des Produkts. Es lenkt den Materialfluss, plant Termine für Produktion und Transport und bildet alle relevanten Informationen aus den Geschäftsprozessen ab.

NetWORKS Connect hat die Aufgabe, Veränderungen in R/3 automatisch in die Planung von NetWORKS und umgekehrt zu übermitteln. Dabei ist NetWORKS Connect nicht nur Schnittstelle, über die Daten transportiert werden: Er kommuniziert vielmehr mit beiden Applikationen und verschickt bei Datenänderungen (zum Beispiel Bedarfs- oder Bestandsveränderungen) selbsttätig die benötigten Informationen zu den Anwendern.

Das Resultat ist eine Echtzeit-Abbildung aller relevanten Geschäftsprozesse. Durch die konsequente Synchronisation der Daten für die Planung (SCP) und die Steuerung (ERP) stehen unternehmenskritische Informationen für Entscheider schneller zur Verfügung. Dies erhöht die Lieferbereitschaft, reduziert die Kapitalbindung und senkt die Kosten.

Das Internet erhöht die Taktzahl

Mit dem Gang ins Internet erhöhen sich schlagartig das Volumen und die Geschwindigkeit, auf die Geschäftsprozesse und Organisation vorbereitet sein müssen. Das Internet ist genauso ein Vertriebskanal wie Außendienst, Handel oder Callcenter. Qualität und Service werden von den Kunden in gleicher Weise beurteilt wie über die übrigen Kanäle. Deshalb ist die direkte Anbindung der Supply Chain und damit die Sicherstellung kurzer Antwortzeiten und eines hohen Lieferservices mit Priorität zu betrachten.

Geschäftsbeziehungen im Internet können mit Geschäftskunden oder direkt mit den Endverbrauchern aufgebaut werden. Danach unterscheidet man zwei Bereiche:

Business-to-Business (B2B)

Lieferanten, Hersteller und Händler tauschen Informationen über Bedarfe und Ressourcen untereinander aus und erstellen gemeinsame Pläne. Sie halten insgesamt Bestände und Ressourcenaufwand gering und bedienen ihre Kunden schnell und effizient.

Business-to-Consumer (B2C)

Kunden „betreten" im Internet ein virtuelles Geschäft mit einer hohen Artikelvielfalt. Bei der Auswahl erkennen sie schon, ob und wann die Waren zur Verfügung stehen. Entscheiden sie sich für den Kauf, geben sie die Bestelldaten gleich in das Auftragsbuch, die automatisch gleich in die Maschinensteuerung des Produzenten einfließen können.

Sowohl Geschäftskunden als auch Endverbraucher werden selbstbewusster und fordernder. Die technischen Möglichkeiten von Datenbanken und Internet lassen individuelle Zuschnitte eines Produkts auf Kundenwunsch („Mass-Customization") geradezu explodieren. Darüber hinaus können die Käufer auf dem globalen Marktplatz in kurzer Zeit Preise und Qualitäten vergleichen und werden dabei von intelligenten Suchmechanismen wie den „Software Agents" unterstützt. Durch die Vielzahl der angezeigten Angebote sind die Verbraucher verwöhnt. Sie akzeptieren mittlerweile weder Waren, die nicht perfekt sind, noch verspätete Lieferungen. Daher wird es wichtig, dass Firmen sich des strategischen Instruments des Available-To-Promise (ATP) bedienen, einem wesentlichen Bestandteil von Supply Chain Management. Diese Funktionalität verschafft den Beteiligten der Supply Chain die Transparenz, um eindeutig zusagen zu können, wann sie ihr Produkt in welcher Ausführung zu welchem Preis liefern. Gleichzeitig optimiert ein solches Werkzeug die Fertigung, die Distribution und den Transport, um die Waren kostengünstig an den Verbraucher zu bringen.

Die Vision des amerikanischen Zukunftsforschers Alvin Toffler, der bereits Anfang der 80er Jahre den „Prosumenten", die Verschmelzung von Produzent und Konsument, beschrieb, ist dabei, Realität zu werden.

Collaborative Commerce

Ein Unternehmen muss jedoch seine Schleusen nicht von einem auf den anderen Tag der ganzen Welt öffnen. Gerade im Business-To-Business-Bereich empfiehlt sich eine mehrstufige Vorgehensweise.

Der erste Schritt ist die Erweiterung des Planungshorizontes in Richtung der Kunden und Lieferanten. Eine Initiative, die sich dabei um die Definition von industriespezifischen Best-Practice-Geschäftsprozessen bemüht, ist CPFR (Collaborate Planning, Forecasting and Replenishment), an der mittlerweile über 30 Unternehmen beteiligt sind. Basierend auf diesen Standards ist das Internet-basierende Collaboration Tool NetWORKS Collaborate von Manugistics entstanden. Weltweit gibt es bereits eine Vielzahl von Unternehmen, die mit der Manugistics-Lösung über ihre Unternehmensgrenzen hinaus kontrolliert mit Kunden und Lieferanten zusammenarbeiten. Die Zusammenarbeit hat unterschiedlichste Qualitäten und geht von einfachem VMI (Vendor Managed Inventory) oder CRP (Continuous Replenishment)-Lösungen bis hin zur gemeinsamen Planung von Verkaufsförderungsaktionen und Prognosen. Vorreiter sind hier vor allem Henkel, Procter & Gamble, M&M/Mars, Nabisco, Nestlé, Warner Lambert, Wal Mart, Wegmans, Elida Fabergé und BASF.

Die US-amerikanischen Unternehmen Nabisco und Wegmans machen vor, wie erfolgreich eine Zusammenarbeit ist. Nabisco ist weltweiter Anbieter von Snacks- und Knabberartikeln, die in 85 Länder vertrieben werden. Sein Umsatz im dritten Quartal 1998 belief sich auf über zwei Milliarden US-$. Wegmans ist eine Supermarktkette mit mehr als 50 Filialen in New York und Pennsylvania. Das Familienunternehmen erwirtschaftete 1997 mit 27.000 Mitarbeitern 2,3 Milliarden US-$.

CPFR In der Initiative CPFR - Collaborative Planning, Forecasting and Replenishment - haben sich beide Unternehmen zusammengeschlossen, um gemeinsame Ziele zu definieren und zu verfolgen. Gemeinsam planen sie Promotions und analysieren das Verbraucherverhalten. Diese Informationen werden unternehmensübergreifend gesammelt und für Bedarfsprognosen verdichtet. Die daraus resultierenden Pläne für die Produktion bei Nabisco und die Belieferung der 57 Wegmans-Filialen kann so zum gemeinsamen Vorteil synchronisiert werden.

Die Vorteile bis jetzt: Sowohl Umsatz als auch Kundenzufriedenheit konnten aufgrund der höheren Lieferzuverlässigkeit gesteigert werden; gleichzeitig wurden die Bestände verringert. Wegmans beziffert das Umsatzplus auf 40 Prozent.

eBusiness Trading Networks

In den nächsten Jahren wird im Supply Chain Management das Thema "eBusiness Trading Networks" und in diesem Zusammenhang das Entstehen von Supply Chain Communities ein wichtiges Thema sein. Die Zusammenarbeit von Unternehmen bewegt sich bei diesen Konzepten von One-To-One-Beziehungen hin zu komplexen Many-To-Many-Netzwerken. Manugistics bietet mit den intelligenten eBusiness-Lösungen bstreamz.com und b-networks.com komplette, industriespezifische eBusiness-Lösungen für flexible Netzwerke, die sowohl Planungs- als auch Transaktionsaufgaben übernehmen.

Die Herausforderung liegt in der schnellen Erschließung neuer Märkte sowie in der Behauptung der Marktführerschaft in bestehenden, wettbewerbsintensiven Märkten. Diese Phase beschreibt Prof. Martin Christopher, Professor für Marketing und Logistik an der Cranfield University in UK mit den Worten: "In Zukunft werden nicht Unternehmen, sondern Supply Chains im Wettbewerb stehen". In diesem Bild verbinden sich mehrere unabhängige Unternehmen zu Supply Chain Communities und konkurrieren gegen andere Supply Chains. Die Beteiligten einer Supply Chain-Gemeinschaft nutzen dabei das Internet, um Geschäftsprozesse und Materialflüsse mit ihren Partnern flexibel an Marktveränderungen anzupassen.

Lebenszyklus In dieser Phase hält der Gedanke Einzug, dass sich die Organisationsstrukturen in Unternehmen und somit die Supply Chains einem Lebenszyklus unterziehen, wie er von Produkt- oder Marktlebenszyklen bekannt ist. Sieht die Unternehmensführung einen Bedarf für ein Produkt in einem Markt, wird zusammen mit entsprechenden Lieferanten eine Supply Chain zeitnah aufgebaut und dieser Markt entsprechend besetzt, bevor konkurrierende Supply Chains anderer Unternehmensverbünde liefern können. Die Supply Chain entsteht und wächst mit dem Markt. Ist der Markt gesättigt, verschwindet die Supply Chain. In Verbindung mit Online-Börsen, auf denen Ressourcen wie Maschinen- oder Transportkapazitäten gehandelt werden, entstehen heute auch schon rein bedarfsorientierte Supply Chains.

Neue und etablierte Unternehmer nutzen bereits heute schon das Internet als vielseitigen Distributionskanal, um neue Kundengruppen zu erreichen, sowie als Kommunikationsmedium, um virtuelle Partnerschaften einzugehen. So können sie jederzeit, an jedem Ort und mit wem auch immer ihre Geschäftsbeziehungen aufbauen. Diese Möglichkeiten gab es bislang nur für die Großen. Die weltweite wirtschaftliche Entwicklung mit fallenden Handelsschranken, Einführung des Euros, globalen Finanzmärkten und der technischen Plattform des Internets ermöglicht dabei einen bequemen Einstieg für jedermann. Der Punkt ist nur: Keiner schafft es ohne Partner. Auch Internethändler brauchen Lieferanten, die in der Lage sind, die Waren bereitzustellen, sowie Logistikpartner, die die Ware letztendlich zum Endkunden befördern. Supply Chain Management schafft hierbei die Voraussetzungen, die Geschäfte miteinander zu verzahnen, so dass jeder Teilnehmer selbständig bleibt.

Pioniere für diese Konzepte sind Unternehmen wie Amazon.com, FreightWise.com, eDefined.com oder Marshall Industries, die über das Internet weltweit Produkte vermarkten und mit der Intelligenz der Manugistics-Lösung exakt und nach den Wünschen des Kunden liefern.

Kernbereiche Die zwei Kernbereiche, die von diesem Unternehmen gehandelt werden, sind Marketing und die Logistik von der Herstellung bei den Lieferanten über die Warenverteilung bis hin zur Auslieferung an den Einzelhandel. Ein ähnliches Vorgehen kennen wir aus dem Sportartikelbereich von "Herstellern" wie Nike und Adidas: Kompromisslose Konzentration auf die Kernkompetenzen wie Produktentwicklung und Marketing. Alle anderen Bereiche werden outgesourct beziehungsweise über Partner abgedeckt. So entsteht eine flexible, virtuelle Supply Chain, die alleine durch die Qualität der Kommunikation und des Informationsflusses schnell, schlagkräftig und effizient in einem dynamischen Markt agieren kann.

Was man ganz klar sehen kann bei allen diesen Geschäftsmodellen, ist Innovation und die Möglichkeit, dass jemand etwas ganz neues versucht. Die Technologie ist heute bereits verfügbar, das Geheimnis besteht darin, sie anzuwenden, Geschäftsprozesse zu verändern und konsequent neue Wege zu gehen.

Intelligentes eBusiness

eBusiness an sich ist noch keine Strategie. Erst mit der Fokussierung auf die Kundenzufriedenheit und die Supply Chain-Integration leistet eBusiness einen gezielten Beitrag zur Steigerung der Wettbewerbsfähigkeit. Noch vor einigen Jahren war es so, dass der Preis für ein Produkt in einem inflationären Markt stieg. Heute ist es so, dass bei der Produkteinführung bereits der Höchstpreis erreicht ist. Wenn ein Unternehmen also seine Margen beibehalten möchte, muss es effizienter werden. Das bedeutet auch, dass eine schnelle Markteinführung entscheidend ist. Und das ist es, was eBusiness in Verbindung mit Supply Chain Management bewirkt, Effizienz und Schnelligkeit.

Das Internet verbessert dabei sowohl die Leistungsfähigkeit als auch die Schnelligkeit des unternehmensübergreifenden Informationsaustausches. Supply Chain Management liefert die Intelligenz, die vorhandenen Ressourcen in der gesamten Lieferkette effizient auf den Marktbedarf auszurichten. eBusiness wird zu intelligentem eBusiness. Das Ergebnis ist ein gezielt steuerbares Umsatzwachstum, eine erhöhte Profitabilität und vor allem eine gestärkte Wettbewerbsposition in den entstehenden virtuellen Marktplätzen, den eBusiness Trading Networks.

Die intelligente Softwarelösung: Manugistics´ NetWORKS™

Das zunehmende Tempo und der wachsende Wettbewerb verlangen nach schnell und präzise arbeitenden Organisationen und damit nach intelligenten Softwarelösungen. Wenn wir zum Beispiel über "Collaboration" sprechen, ist damit mehr gemeint als der reine Austausch von Bestell- und Rechnungsdaten. Die Rationalisierung von bisher manuellen Tätigkeiten zur Reduzierung der Kosten beispielsweise eines Bestellvorganges ist lediglich die konsequente Fortführung des ERP-Gedankens. Aber es geht um mehr. Erst wenn Unternehmen Informationen schnell verfügbar haben und durch deren intelligente Verknüpfung ihren Kapitaleinsatz optimieren, erhalten sie einen wirklich wirtschaftlichen und strategischen Vorteil aus dieser Zusammenarbeit.

Manugistics bietet das gesamte Lösungspaket für die Optimierung externer und interner Supply Chains an, von B2B-Onlinebörsen und Webportalen bis hin zur Optimierung von Produktion, Transport und Bedarfsplanung. Die Lösung erfasst die gesamte Supply Chain vom Collaborative Planning und dem Vendor Managed Inventory bis hin zu eBuild-to-Order-Lösungen. Der integrierte Ansatz beginnt mit der Prognose des Endkundenbedarfs und setzt sich über die Versorgungsplanung, Produktionsfeinplanung und Transportplanung fort.

Die Manugistics-Software NetWORKS bietet für die komplexen Aufgabenstellungen in der Supply Chain unter anderem folgende Funktionalitäten:

NetWORKS Strategy

modelliert die gesamte Supply Chain und ihre Geschäftssituationen, um die wirtschaftlichste Strategie zu empfehlen. Unternehmen können schnell und einfach durch die Verflechtungen ihrer Wertschöpfungskette navigieren und nahtlos Entscheidungen in taktische und operative Planungsprozesse einfließen lassen.

NetWORKS Master Planning

liefert Realtime-optimierte Pläne unter Berücksichtigung von Material, Kapazität und individuellen Restriktionen im unternehmensübergreifenden Distributions-, Fertigungs- und Zuliefernetzwerk.

NetWORKS Demand

unterstützt Unternehmen dabei, die Auslöser für die Nachfrage nach ihren Produkten zu quantifizieren, um so Verkauf und Marketing effizienter zu gestalten. Intelligente Modellierungswerkzeuge prognostizieren akkurat den zukünftigen Bedarf, so dass aufwendige Fehleinschätzungen vermieden werden.

NetWORKS Commit

Die integrierte Sichtweise der Supply Chain erlaubt eine sofortige Machbarkeitsprüfung von Anfragen oder Aufträgen am Telefon oder über das Internet (Available To Promise/ATP und Capable to Deliver/CTP). Dabei werden verfügbare Bestände, Fertigungsaufträge, Ressourcenverfügbarkeit (Transport, Maschinen, Personal etc.) sowie alternative Fertigungsstätten, Materialien oder Lieferanten berücksichtigt.

NetWORKS Fulfillment

unterstützt ein bedarfsorientiertes Bestandsmanagement. Berücksichtigung finden auch unerwartete Ausfälle in der Produktion, grenzüberschreitende Transporte oder Warenströme, die durch die bedarfsgerechte Umverteilung in der Supply Chain entstehen.

NetWORKS Transport

schafft die erforderliche Transparenz, um in Echtzeit Transporte zu planen und alle Bewegungen auszuführen - sowohl innerhalb wie auch außerhalb der Landesgrenzen und im eigenen Unternehmen, inklusive Frachtgebühren, Sendungsverfolgung und Berichtswesen.

NetWORKS Scheduling

plant und optimiert die Produktion von einer und/oder mehreren Produktionsstätten und erzeugt eine detaillierte Zeit- und Reihenfolgenplanung.

NetWORKS Supply

reduziert die Kosten im Einkauf und beschleunigt die Warenströme, indem mit Nutzung des Internet informiert wird, wo das benötigte Material beschafft werden kann, wo sich austauschbare Teile oder Zutaten befinden und wo welcher Lieferant am ehesten in der Lage ist, dem Kundenwunsch zu entsprechen.

NetWORKS Configuration

unterstützt die Entwicklung neuer Produkte, indem Alternativmaterialien und Zukaufteile vorgeschlagen werden, um die Zeit bis zur Marktreife so gering wie möglich zu halten. Gleichzeitig werden resultierende Kosten und Auslieferungsdaten bestimmt.

Die Chance: Profitables Wachstum

Konsequentes Supply Chain Management bietet vielfältige Möglichkeiten. Obwohl es ursprünglich darauf abzielte, Kosten zu reduzieren und die Effizienz zu steigern, wird es heute vielfach strategisch eingesetzt, um zusätzliche Umsätze zu generieren und den Kundenservice zu verbessern. Innovative Technologien, wie sie in der Manugistics-Software eingesetzt werden, ermöglichen es Unternehmen, bessere und intelligentere Geschäftsentscheidungen zu treffen. Über das Internet können mit diesen Optimierungsmaschinen Echtzeitentscheidungen getroffen werden, die Unternehmen in die Lage versetzen, bedarfsorientiert zu produzieren, statt bisher prognose- und lieferorientiert. Damit wird es möglich, Lieferzusagen anhand der verfügbaren Produktionskapazitäten anstatt bisher auf Basis des verfügbaren Lagerbestandes zu machen. Dies führt dazu, dass die Bestandskosten signifikant gesenkt werden können. Es versetzt Unternehmen in die Lage, sich auf eine differenziertere und effizientere Bedarfsdeckung zu fokussieren und so die Bruttomarge zu optimieren, statt wie bisher undifferenziert den Markt zu beliefern.

Supply Chain Management hat ebenfalls einen signifikanten Einfluss auf den Shareholder Value. Wenn der Bedarf enger mit der Lieferung abgestimmt ist, dann lassen sich daraus höhere Margen ableiten, als wenn es Überkapazitäten eines Produktes auf dem Markt gibt, die durch Sonderaktionen abgebaut werden müssen. Offensichtlich bedeuten höhere Margen eine höhere Profitabilität, und das entspricht einem höheren Shareholder Value. Zweitens ermöglichen diese Lösungen eine höhere Kundenorientierung, indem Liefertermine eingehalten oder sogar übertroffen werden. Damit kann ein Kundenservice geliefert werden, den andere noch lange nicht erreichen, weil sie dafür noch nicht gerüstet sind. Auch dies trägt wiederum zu einer höheren Wertschöpfung bei und führt somit zu einem größeren Marktanteil und höherem Shareholder Value.

Unternehmen wie BASF, BMW, General Electric, Nokia, Novartis oder Wal Mart haben Chance und Potential dieser Aufgabe erkannt. Nachdem ein SCM etabliert wurde, konnte die Unternehmensführung den Hebel an den richtigen Stellen ansetzen, um Kostenstruktur und Wettbewerbsfähigkeit gezielt zu verbessern.

Benchmarking Partners hat in einer Untersuchung bei Kunden, die die Manugistics-Lösung einsetzen, herausgefunden, dass folgende Verbesserungen erreicht werden können:

- Reduzierung der Durchlaufzeiten um 67%
- Verkürzung der Lieferzeiten um 65%
- Reduzierung der Lagerbestände um 33%
- Senkung der Transportkosten um 25%

Diese Ergebnisse lassen sich aufgrund der kurzen Einführungszeiten von Supply Chain Management Tools in relativ kurzer Zeit erreichen. In der Regel werden die gesetzten Ziele nach neun bis zwölf Monaten erreicht.

Zusammenfassung

Bestehende Unternehmenssoftware ist in der Regel nicht geeignet, die von den Märkten geforderte Dynamik und Leistungsfähigkeit der Organisation sowie die Integration der Geschäftsprozesse mit Kunden und Lieferanten zu unterstützen.

Intelligente und offene Softwarelösungen für das Supply Chain Management sind gefordert, die ein effektives Zusammenarbeiten in dynamischen Unternehmensnetzen ermöglichen. Supply Chain Management beantwortet fundamentale Fragen wie „was mit wem, wo und für wen" produziert werden sollte. Supply Chain

Management unterstützt unternehmerische Entscheidungen, die für ein Unternehmen von vitaler Bedeutung sind.

Im Zeitalter des Internet bekommt Supply Chain Management eine zusätzliche Dimension. Für den langfristigen Erfolg zählen zwei Dinge: Wachstum und Profitabilität. Sowohl für etablierte Unternehmen als auch für Start Ups steht bei der Nutzung des Internets als Vertriebskanal die schnelle und aggressive Erschließung neuer Märkte und die Behauptung der Marktführerschaft in bestehenden, wettbewerbsintensiven Märkten im Vordergrund. Wachsende Marktanteile sind jedoch nur von Wert, wenn das Unternehmen mittelfristig in der Lage ist, mit seiner Geschäftstätigkeit Geld zuverdienen, also profitabel arbeitet. Die Behauptung in der „New Economy" wird daher künftig deutlich von der Schnelligkeit und Effizienz der eigenen Organisation und der Fähigkeit zur Zusammenarbeit mit anderen Unternehmen abhängen. Supply Chain Management und eBusiness verschmelzen zu intelligentem eBusiness. NetWORKS, die intelligente Software-Lösung für Supply Chain Management und eBusiness von Manugistics, unterstützt die effiziente, unternehmensübergreifende Zusammenarbeit in den entstehenden eBusiness Trading Networks.

Fazit: Unternehmen, die auch künftig eine führende Rolle spielen wollen, kommen an Supply Chain Management nicht vorbei. Wie bei dem anfangs erwähnten Hochspringer, der sich vor jedem Sprung mental vorbereitet, gilt auch in einem komplexen und dynamischen Unternehmensumfeld immer mehr und immer schneller „erst planen, dann handeln".

Literatur

Dirk Kansky, Ulrich Weingarten: Supply Chain- Fertigen, was der Kunde verlangt. Harvard Business Manager (1999) 4, S.87 ff.

Toffler, Alvin: Zukunftschance. 1. Auflage, München 1980

Benchmarking Partners: Benefits from Implementing the Manugistics Supply Chain Solution, April 1999

11 i2´s TradeMatrix

i2´s TradeMatrix – eine logische Weiterentwicklung der B2B-Lösung Supply Chain Management

Achim Ramesohl (i2)

Veränderte Herausforderungen im Internet-Zeitalter

eBusiness im Internet-Zeitalter ist Chance und Herausforderung zugleich. Ständige, rasche Veränderung und immer höhere Messlatten machen eBusiness zur Chance für Teilnehmer des globalen Wirtschaftsnetzwerkes, über das bestehende Geschäft hinaus rapide zu wachsen, und bergen zugleich eine Bedrohung für diejenigen, die sich nicht rechtzeitig auf den Wandel einstellen.

Der Gewinner ist der Kunde, der immer anspruchsvoller wird. Jederzeit verfügt er über interessante Alternativen – "just a klick away". Dauerhaften Erfolg haben wird nur der Anbieter, der es schafft, immer einen Schritt voraus zu sein, rapide neue Kunden zu gewinnen und bestehende Kunden langfristig an sich zu binden.

In der Vergangenheit war es hinreichend, Buchungen konsistent in ein ERP-System aufzunehmen und damit zügig den Jahresbericht zu erstellen. Die Abbildung von Prozessen war langwierig, schwierig oder gar unmöglich, wenn mehrere Geschäftseinheiten oder Firmen beteiligt waren. Heute unterliegen Geschäftsbeziehungen ständiger Veränderung, und schwerfällige Architekturen werden durch eBusiness-Netzwerke ersetzt, die sich über traditionelle Firmengrenzen hinwegsetzen und auf Grundprinzipien des Supply Chain Management beruhen.

Gleichzeitig entstehen elektronische Marktplätze, eine logische Weiterentwicklung von Wochenmärkten, Handelsorganisationen, Börsen. Hier werden Güter oder Dienste elektronisch gehandelt, aber dies ist erst der Anfang. Auktionen und Kataloge alleine reichen in der Zukunft nicht als Alleinstellungsmerkmale. TradeMatrix ermöglicht weitaus mehr als die kurzfristige Interaktion auf Spotmärkten, stets ausgerichtet auf die grundlegende Verbesserung langfristiger Geschäftsbeziehungen.

Schon heute besteht ein Überangebot an Spotmärkten. Marktplatzanbieter müssen sich daher durch zusätzliche Mehrwertleistungen differenzieren. Beispiele solcher Mehrwehrtdienste sind Logistikplanung und -abwicklung, Kollaboration mit Kunden und Zulieferern, Supply Chain-Planung und -Optimierung sowie Community Content. Je umfassender das Angebot, desto eher lassen sich Markplatzteilnehmer langfristig binden.

Denn bei aller Effizienz, die Spotmärkte bringen, bieten sie doch keine Planungssicherheit und können langfristige Geschäftsbeziehungen nicht ersetzen. Würden alle Transaktionen nur noch auf Spotmärkten getätigt, würde dies zu stark schwankender Nachfrage führen. Diese wiederum würde Ineffizienzen bedingen und teuer bezahlt werden müssen. Fordern heute beispielsweise große Automobilhersteller von ihren Zulieferern schnelle Reaktion auf Nachfrageänderungen, so muss dies durch hohe Bestände, teure Rüstzeiten, Überstunden etc. erkauft werden. Zukünftig werden Vorhersagen über Nachfragetendenzen und Kapazitätsbilder sowie Entwicklungszusammenarbeit zur Komplexitätskostenreduzierung noch viel stärker betont werden - der einzige Weg, die Vision des "Vier-Tage-Autos" zu realisieren. Beispiele für die erfolgreiche Umsetzung kollaborativer Planung und Optimierung gibt es bereits. So realisiert „Dell" dieses Modell erfolgreich auf Basis von TradeMatrix und hat damit einen erheblichen Wettbewerbsvorteil gegenüber seinen Mitbewerbern gewonnen.

Überblick: Beispiele für eBusiness Networks – öffentliche und private Marktplätze

Heute unterscheidet man zwischen öffentlichen und privaten Marktplätzen. Zudem muss man zwischen dem Zugriff auf Daten und dem Betreiben der Infrastruktur unterscheiden. So steht der Zugang zu öffentlichen Marktplätzen vielen Teilnehmern offen, betrieben wird dieses eBusiness-Netzwerk aber möglicherweise von Privatfirmen. Genauso gibt es private Marktplätze, auf denen nur wenige Teilnehmer intensiv miteinander kommunizieren können, die aber öffentlichen Firmen gehören.

FreightMatrix

FreightMatrix ist ein Internet-basierter Marktplatz, der allen Logistik-Dienstleistern offensteht. 40% der Transportkapazitäten sind heute als Leerfracht ungenutzt. FreightMatrix addressiert diese Verschwendung von Verkehrsinfrastruktur und Energie. Basierend auf TradeMatrix-Technologie werden Logistikleistungen geplant und optimiert. Heute werden weltweit bereits mehr als eine Milliarde Euro und Logistikleistung über TradeMatrix geplant und abgewickelt.

FreightMatrix ermöglicht die Online-Transaktion von Shipments, Management von internen Workflows, Routenplanung, Cross-Docking, Load-Optimierung und Finanzmanagement. Außerdem bietet FreightMatrix Tracking- und Tracing-funktionalitäten.

ChemicalsWorld.com

ChemicalsWorld.com ermöglicht den Teilnehmern der Chemieindustrie, mit einem Gesamt-Transaktionsvolumen von 1.6 Trillionen, den direkten, indirekten und kontraktbasierten Handel von Chemikalien. Die angebotenen Leistungen sind webbasierte, personalisierte Interaktionen, Einkaufs- und Logistikplanung, Supply Chain Management und Fulfillment. Außerdem bietet ChemicalsWorld.com Knowledge- und Information-Management.

MyAircraft

Bei MyAircraft.com handelt es sich um einen offenen Marktplatz für die Flugzeugindustrie und ein Gemeinschaftsunternehmen von United Technologies, Honeywell und i2. Die Partner setzen mehr als 20 Milliarden US-Dollar jährlich im Flugzeuggeschäft um. Das Internetportal ermöglicht die Optimierung von Ersatzteilverfügbarkeiten, Bestandsreduzierung, kollaborativer Planung und bietet Zugang zu technischen Informationen und Experten.

eGateMatrix

Gate Gourmets neuer Service für die Reiseindustrie beruht ebenfalls auf TradeMatrix-Diensten. Über diesen Service werden alle wichtigen Catering-Dienstleistungen für die Reiseindustrie angeboten. Delta Airlines wird als Initialpartner jährlich über 600 Millionen US-Dollar über eGateMatrix abwickeln. eGateMatrix-Dienste umfassen unter Anderem die Entwicklung von Menüvorschlägen, Einkauf, Bestandsmanagement und Logistik. Flugpassagieren wird dadurch frische und erhöhte Auswahl geboten. Gleichzeitig werden Deltas Kosten durch bessere Koordination erheblich gesenkt. Zu Gate Gourmets Kunden zählen über 250 Fluggesellschaften, darunter Delta Airlines, United Airlines, American Airlines, Northwest Airlines, British Airways und Swissair.

IT-Dienstleistungen

Paul A. Stodden, CEO von Siemens IT-Service (heute CEO von Fujitsu-Siemens Computers), erläutert: „Unser Geschäft erfordert genaue Kundenkenntnis, globale Präsenz, die Fähigkeit zur Bearbeitung komplexer Dienstleistungsprojekte, Zuverlässigkeit und Effizienz. Unser Ziel ist es, diese Stärken in die Welt des eBusiness zu übertragen. Dadurch können wir gemeinsam mit unseren Kunden noch schneller und effizienter arbeiten. Reine Web-Applikationen reichen dafür jedoch nicht aus, wir bauen vielmehr auf Wettbewerbsvorteile durch die direkte Kopplung unserer Services mit der Planungsintelligenz der i2-TradeMatrix-Lösung im eBusiness."

Die strategische Partnerschaft zwischen i2 und Siemens IT-Service konzentriert sich auf folgende Schwerpunkte: Betreiben eines eProcurement-Marktplatzes, dessen Zugang individuell konfigurierbar ist, um spezifischen Kundenanforderungen gerecht zu werden.

Außerdem bieten Siemens ITS und i2 kundenspezifische eProcurement-Services für Großkunden, die eine Optimierung ihrer Beschaffungsprozesse anstreben.

iStarXchange

Zusammen mit Toyota, einem führenden Hersteller auf dem amerikanischen und asiatischen Automobilmarkt, optimiert iStarXchange die Ersatzteillogistik und After-Sales-Services.

Volkswagen

Gemeinsam mit IBM und Ariba entwickelt i2 diesen weltweiten elektronischen Marktplatz für die Automobilindustrie. Im Mittelpunkt steht die verbesserte Zusammenarbeit mit den Zulieferern, die Abwicklung des elektronischen Einkaufs sowie die Planung über das Internet. „Durch Prozessverbesserung erwarten wir Einsparungen von bis zu 50%" sagt Francisco Javier Garcia Sanz, VW-Vorstand, verantwortlich für Einkauf. Der B2B-Marktplatz wird Effizienzverbesserungen für die gesamte globale Supply Chain und den damit in Verbindung stehenden Prozessfluss bieten. Dr. Jens Neumann, als VW-Vorstandsmitglied verantwortlich für Strategie, Legal Matters, Treasury und Organisation, strebt einen weiten europäischen Standard für die gesamte Automobilindustrie an.

Weitere TradeMatrix-Marktplätze erstellt i2 unter anderem für und mit IBM, Compaq, Sun, HP etc.

Grundprinzipien von TradeMatrix (anhand von Beispielen erläutert):

1. Durchgängig optimierte eBusiness-Prozesse
2. Einzigartige Kundenbeziehung: Umfassende Systemunterstützung für Käufer und Verkäufer
3. B2B-Zusammenarbeit statt reinem Preisdruck
4. Systemübergreifende Kommunikation durch offene Schnittstellen
5. Analyse und Optimierung als Vorbereitung auf die Echtzeitinteraktion
6. Weitblick statt reiner Reaktion
7. Angebot- und Nachfragesynchronisation, kurzfristig und langfristig
8. Basis für die virtuelle Firma
9. Basis für private wie auch öffentliche Marktplätze
10. Auch als hosted Services verfügbar

1. Durchgängig optimierte eBusiness-Prozesse

Trotz der Installation von ERP-Systemen bei fast allen unserer Kunden sind selbst die wichtigsten Prozesse immer noch von System- und Prozessbrüchen gekennzeichnet. Beispielhaft sei ein Elektronikhersteller betrachtet. Wiederbeschaffungszeiten für wichtige Komponenten betragen oft mehrere Wochen, der Kunde erwartet jedoch Build-to-Order von hochkonfigurierbaren Lösungen innerhalb weniger Tage. Traditionelle Systeme versuchen, den Auftrag möglichst schnell zu verbuchen, können dabei aber keine zuverlässige Lieferzusage treffen. Ohne Vorwarnung kommt der Auftrag nun in der Fabrik an, nachdem er möglicherweise mehrere Tage in den verschiedensten Rechnungskreisen zugebracht hat. Die Beschaffung der Komponenten ist zu diesem Zeitpunkt fast unmöglich, insbesondere wenn Komponenten mit langen Wiederbeschaffungszeiten verarbeitet werden müssen, da sich die Zusammensetzung der Produkte stark unterscheidet und erheblichen Schwankungen unterliegt. Nicht selten haben in solchen Fällen der Vertrieb und die Handelspartner den Auftrag schon sehr lange im Visier und kannten den Termin sowie die Wahrscheinlichkeit des Abschlusses. Diese Information wurde lediglich nicht reibungslos gesammelt, aufgearbeitet und dem strategischen Einkauf zur Verfügung gestellt, der dann bestehende Rahmenverträge frühzeitig hätte anpassen können. i2's TradeMatrix hat diesen Prozess bei den größten Elektronikherstellern durchgängig gemacht und damit die Lieferfähigkeit bei einer durchschnittlichen Lieferzeit von vier Tagen auf 95% gesteigert, und dies bei einer Umschlagshäufigkeit von 52 Turns.

Andererseits ermöglicht TradeMatrix Online-Konfigurations-Verfügbarkeits-Auskünfte. So können beispielsweise Compaq oder Toshiba innerhalb von Sekundenbruchteilen verlässliche Lieferterminzusagen machen. Diese Aussagen beruhen auf hochverlässlichen Plandaten und werden nicht über teure Lagerbestände erkauft. Somit schließt sich der gesamte Prozess vom Kunden über den Einkauf und die Zulieferer bis hin zum Kunden.

Zunehmend sind wechselnde Zulieferer, Auftragsfertiger oder Vertriebskanäle in den eBusiness-Prozess eingebunden. Dies kann mit traditionellen Systemen nicht effizient bewältigt werden. TradeMatrix ermöglicht dies durch eine offene und flexible Struktur.

2. Einzigartige Kundenbeziehung Umfassende Systemunterstützung für Käufer und Verkäufer

Internet-basierte Systeme ermöglichen eine umfassende Vertriebsunterstützung vom Lead-Management über die Informationsvermittlung und Statusauskunft bis hin zur Auftragsverfolgung. Nach Angaben eines führenden multinationalen Industrieunternehmens machen Logistikauskünfte vor und nach dem Auftragseingang 50% der Vertriebstätigkeiten aus. Von TradeMatrix können diese Auskünfte direkt abgefragt werden. Auch im Auskunfts- und Bestellwesen können Internet-basierte Systeme wertvolle Informationen zur Selbsthilfe liefern. Dies wird im Amerikanischen als "Task Displacement" bezeichnet. Jederzeit hat der Kunde Zugriff auf seine persönlichen Informationen. Beispiele dafür sind „Dell's Premier Pages", „Compaq's Channel.connect" oder „myYahoo!". TradeMatrix ermöglicht dem Vertrieb auf diese Weise, sich auf die Kundenbeziehung zu konzentrieren. Dazu gehören die Durchsprache von bestehenden und neuen Projekten und Plänen ebenso wie die Bearbeitung von Ausnahmen. Da der Vertrieb von langweiligen Routineaufgaben entlastet wird, kann er sich ganz auf die Beschaffung wichtiger Informationen konzentrieren.

3. B2B-Zusammenarbeit statt reinem Preisdruck

Derzeitige öffentliche Diskussionen haben zu oft lediglich sogenannte „Win-Lose-Situationen" wie beispielsweise harte Preisverhandlungen oder Auktionen im Visier. Dabei wird häufig das große Potential übersehen, das durch verbesserte Zusammenarbeit (Kollaboration) unter Geschäftspartnern erzielt werden kann. Oft erreichen Vorhersagen den Zulieferer viel zu spät und dieser muss sich durch hohe Bestände gegen Schwankungen in der Nachfrage absichern. Die Folge sind schlechtere Einkaufskonditionen auf beiden Seiten. TradeMatrix Collaboration Services beheben diese Schwierigkeiten und ermöglichen umfassende Business-to-Business-Zusammenarbeit.

4. Systemübergreifende Kommunikation durch offene Schnittstellen

Supply Chain Management ist per Definition firmenübergreifend. Versuche, unterliegende ERP-Systeme und deren Releasestände zwingend vorzuschreiben, haben sich als Totgeburten erwiesen und keine Marktakzeptanz erreicht. Dies trifft umso mehr auf eBusiness-Netzwerke zu. TradeMatrix basiert auf einer offenen Systemarchitektur mit Standard-Schnittstellen zu allen gängigen ERP-Systemen. Marketplace-to Marketplace-Connectivity stellt sicher, daß auch andere Marktplätze angeschlossen werden können.

5. Analyse und Optimierung als Vorbereitung auf die Echtzeitinteraktion

Ähnlich wie bei großen Sportereignissen ist Analysefähigkeit eine wichtige Voraussetzung, um im Handlungsfall richtig reagieren zu können. TradeMatrix Services ermöglichen die Entwicklung von alternativen Szenarien und die Abwägung von Tradeoffs.

Oft gibt es heute mehrere Alternativen, doch sind nicht alle direkt vergleichbar. Das Internet-Zeitalter ist von einer Informationsflut geprägt, und eine wichtige Kompetenz ist nicht nur die Beschaffung der Information, sondern auch die Sortierung und Analyse der verfügbaren Informationen.

TradeMatrix ermöglicht die Analyse, beispielsweise des Einkaufsprozesses, die parametrische Suche und das Vergleichen heterogener Beschreibungen (Artikelnummern, Funktionsbeschreibungen). Damit können Vorzugsteile und Lieferanten identifiziert, Volumina gebündelt und Beschaffungskosten sowohl im Design- als auch im "Redesign to Cost"-Prozess leicht berücksichtigt werden.

6. Weitblick statt reiner Reaktion

Ohne Vorausplanung ist gute Reaktion oft wertlos. Als kürzlich wichtige Komponenten wie Flat Panels durch erhöhte Nachfrage und das Erdbeben in Japan Mangelware wurden, gelang es Firmen mit genügend Weitblick, dies frühzeitig zu erkennen und nicht erst die kritische Situation abzuwarten. Dies war möglich durch die Nutzung von TradeMatrix Services, die schon kurz nach dem Eintreten der Naturkatastrophe vor den Auswirkungen warnten. Damit war es TradeMatrix-Kunden möglich, frühzeitig zu reagieren und den kritischen Bedarf zu sichern.

7. Angebot- und Nachfragesynchronisation, kurzfristig und langfristig

Marktplätze helfen heute, Käufer und Verkäufer effizient miteinander zu verbinden. Hier steht jedoch oft der kurzfristige Abgleich von Angebot und Nachfrage im Vordergrund. Dies ist eine wichtige Funktion, die durch TradeMatrix abgebildet wird. TradeMatrix Services gehen zudem über den kurzfristigen Horizont hinaus und bilden die Basis für den langfristigen, optimierten Abgleich von Angebot und Nachfrage. TradeMatrix-Kunden sind in der Lage, Märkte und Kundenverhalten effizient zu analysieren, Trends frühzeitig zu erkennen und Positionierung sowie Material- und Ressourcenbedarf daraus abzuleiten.

8. Basis für die virtuelle Firma

Immer mehr Hersteller konzentrieren sich heute auf die Kundenbeziehung und das Design sowie auf das Brand-Management. Produktion und Logistik werden zunehmend fremdvergeben. Dennoch muss dieses virtuelle Netzwerk immer noch koordiniert und orchestriert werden. So steuert SUN als "fabriklose Firma" seine Supply Chain durch TradeMatrix und sieht sich zunehmend als "Fluglotse". TradeMatrix ermöglicht den kompletten Aufbau wie auch die Steuerung einer virtuellen Firma (Bild 1).

i2's TradeMatrix

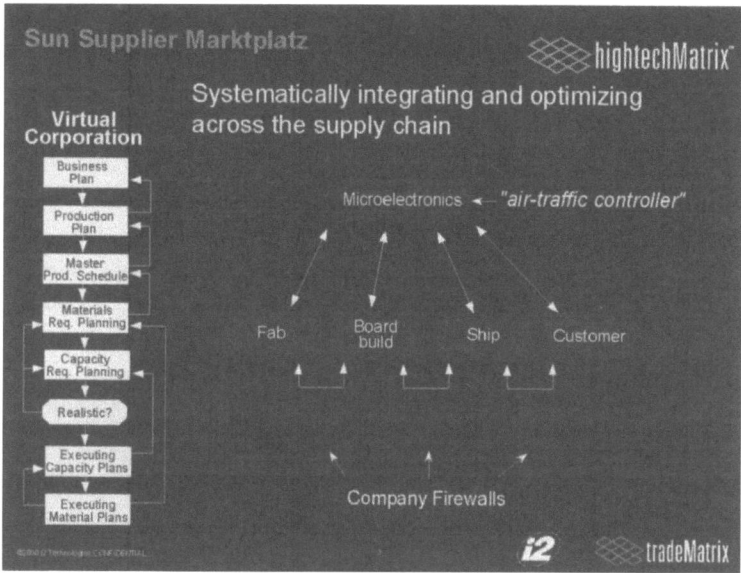

Bild 1: Sun Supplier-Marktplatz

9. Basis für private wie auch öffentliche Marktplätze

TradeMatrix ermöglicht den Aufbau von privaten wie auch öffentlichen Marktplätzen. Das Business Model bestimmt im einzelnen Falle die private oder öffentliche Struktur, die Systemarchitektur unterstützt beide Varianten.

10. Verfügbarkeit auch als hosted Services

TradeMatrix Services sind auch als hosted Service verfügbar. Dies erleichtert die Implementierung in stark dezentralen Organisationen sowie in lose organisierten Verbänden.

Hintergrund: Kernkompetenzen von i2, die "Power" von TradeMatrix

i2 war als erste Firma in der Lage, komplexe Optimierungen hauptspeicherresident mit Zugriffszeiten im Millisekundenbereich durchzuführen. Zunächst wurden i2-Produkte in der Fabrikoptimierung und -steuerung eingesetzt. Ob PC-Werk oder Stahlhütte - eine überwiegende Mehrzahl von Produktionsstätten in den verschiedensten Industrien wird heute durch i2-Produkte geplant und gesteuert. Diese Philosophie wird seit zehn Jahren auch zur Planung globaler, firmenübergreifender Lieferketten und Liefernetzwerke eingesetzt. So beträgt i2's Marktanteil beispielsweise im Elektronik-Sektor 72% (Quelle: Benchmarking Partners).

i2's Systemführerschaft wurde rasch zur Prozessführerschaft. Basierend auf der umfassenden Branchenerfahrung und der Arbeit mit Marktführern wurden Best-Pratice-Prozesse entwickelt, die heute in industriespezifischen Templates vorkonfiguriert mit der Software ausgeliefert werden.

Basierend auf dieser Historie kann i2 heute die Komplexität moderner Marktplätze effizient managen (Bild 2).

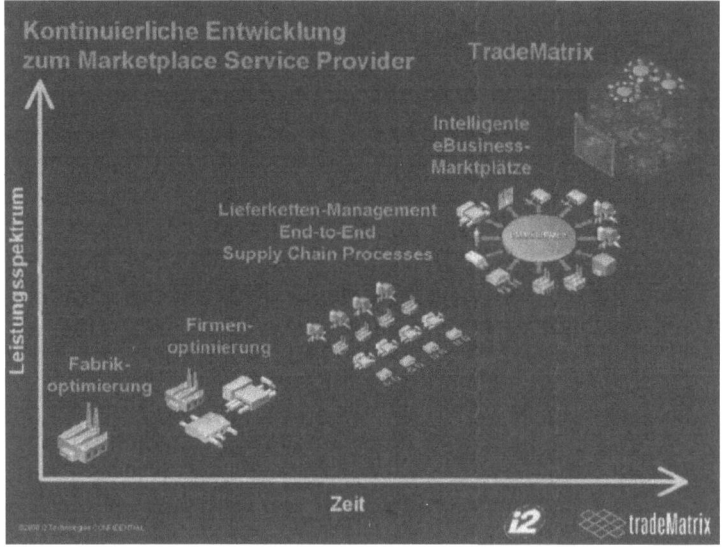

Bild 2: Entwicklung vom Anbieter für Fabrikoptimierung zum Marktplatzbetreiber

Lösungsüberblick TradeMatrix

- Einkaufs- und Beschaffungsmanagement:
  Auktionen, Bestellwesen, Einkaufsanalyse, Request for Quotation, Kollaboration, strategische Einkaufsoptimierung, Mengenplanung, (Re-)Design-to-Cost, Auktionen
- Planung und Optimierung:
  Masterplanung, Fabrikplanung, Distributionsplanung, Trans-

portplanung, Ersatzteilplanung, Crew Scheduling, Brand Planning
- Fulfillment:
Auftragsbestands-Management, Auftragseingang, Zustellung, operationale Entscheidungsunterstützung (Bild 3)
- Commerce:
Intelligentes Order-Management, Web Site Hosting, Konfiguration, Personalisierung, Profitoptimierung
- Retail und Distribution:
Preisbuch-Synchronisierung, Replenishment-Optimierung, Demand Creation, Bestandsoptimierung
- Customer Service:
Helpdesk- und Call-Center-Funktionen, Troubleshooting

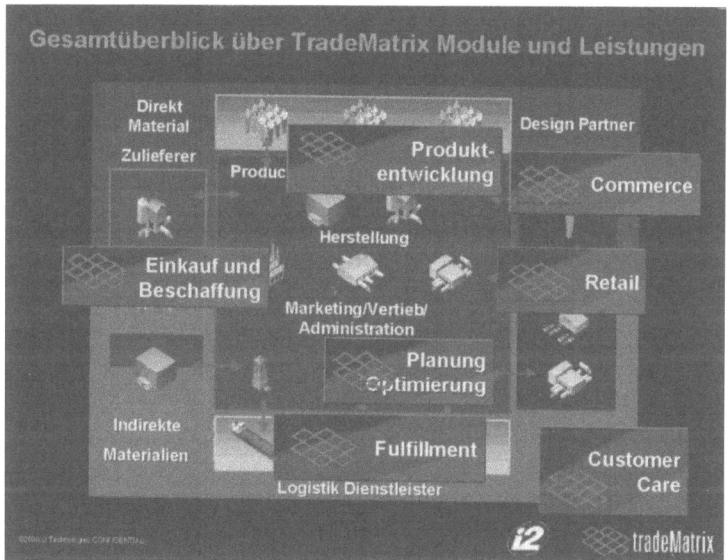

Bild 3: TradeMatrix Lösungsüberblick

i2

i2 ist weltweit der führende Anbieter von Supply Chain Management- und intelligenten eBusiness-Lösungen. Gegründet 1988, steht für i2 die Realisierung von über 50 Milliarden US-Dollar Mehrwert für seine Kunden bis zum Jahr 2005 im Mittelpunkt. Diese Mehrwertgenerierung wird ständig von unabhängigen Wirtschaftsprüfern geprüft. Bis heute ist i2 nachweislich die einzige Softwarefirma, die über zehn Milliarden Euro an Mehrwert geschaffen hat.

Das Unternehmen mit Hauptsitz in Irving, Texas, USA, beschäftigt heute über 3.400 Mitarbeiter und unterhält weltweit Niederlassungen, darunter in München, Brüssel, Kopenhagen, London und Paris. Zu seinen Kunden zählen über 750 namhafte Unternehmen aus den verschiedensten Industrien.

Ausführliche Informationen über i2 unter http://www.i2.com

12 End-to-End Supply Chain Management Lösungen

Schneller Time-to-Market mit vorkonfigurierten eSCM Lösungen

Erk J. Franz, KPMG Consulting AG

Raphael Hegeler, Intel GmbH

Einleitung

Bei der Einführung von eBusiness Lösungen ist Geschwindigkeit gefragt. Geschwindigkeit ist gefragt, da sich mit der Einführung in der Regel auch das Geschäftsmodell des Unternehmens hin zu eBusiness wandeln soll und so Verzögerungen bei Umsetzung, Integration oder Roll-out direkt spürbar werden. Der Beitrag „Einführung von eBusiness Lösungen" diskutiert die Möglichkeiten der Realisierung eines schnellen Time-to-Market mit vorkonfigurierten Lösungen am Beispiel der Einführung eines Business-to-Business (B2B) Marktplatzes.

Trends in eBusiness und Supply Chain Management

Wenn eBusiness Lösungen in einem Unternehmen eingeführt werden sollen bzw. müssen, so fragen die Verantwortlichen nach Lösungen, die alle Aspekte der Einführung – von der Strategie bis zur Technologieplattform - abdecken (end-to-end™ Lösungen). Die Geschäftsführung möchte eine klare Vorstellung davon haben, wie die eBusiness Lösungen das Geschäft verändern wird und sie fordert außerdem eine schnelle und einfache Einführung idealerweise durch vorkonfigurierte Lösungen.

Der Trend im Bereich eBusiness und electronic Supply Chain Management (eSCM) geht in Richtung Collaborative-Commerce, also die kooperative Abwicklung von Geschäftsprozessen zwischen Geschäftspartnern über private oder öffentliche Business-to-Business (B2B) Marktplätze. Die Vernetzung der einzelnen

Wertschöpfungspartner kann nachhaltig unterstützt werden, so daß Wertschöpfungsnetzwerke (Supply Webs) entstehen, in denen die Wertschöpfungsziele der beteiligten Partner aufeinander abgestimmt werden.

Wesentliche Vorteile des Collaborative-Commerce sind der schnelle Informationsfluss und die Transparenz entlang der Wertschöpfungskette zusammen mit der direkten Anbindung von Kunden und Zulieferern. Bestände und Durchlaufzeiten können reduziert, die Planungsgenauigkeit kann erhöht und Planungszyklen können verkürzt werden.

Die Nutzenpotentiale bei der Einführung software-technischer Lösungen für eBusiness und electronic Supply Chain Management (eSCM) sind im einzelnen:

- Verbesserung des Informationsflusses es durch bi-direktionale Änderungspropagierung
- Reduzierung der Auftragsdurchlaufzeit und kürzere Planungszyklen
- Produktivitätsgewinne durch Durchsatzerhöhung
- Verbesserung der Lieferleistung durch Reduzierung von Fehlbeständen
- Optimierung der Lagerbestände durch Verringerung des Prognosefehlers
- Reduzierung der Supply Chain Kosten

Die Verbesserung des Informationsflusses und die Vereinfachung der Beschaffungsprozesse über B2B Marktplatz Lösungen erhöht die Qualität der Planung, spart Zeit und führt zu einer erhöhten Flexibilität bei veränderten Kundenwünschen. Zeiteinsparungen und vereinfachte Prozesse helfen, Kosten zu senken. Die Qualität der Planung führt zu einer erhöhten Lieferfähigkeit und -treue; zusammen mit einer erhöhten Flexibilität werden Kunden nachhaltig gebunden und zusätzliche Kunden gewonnen.

Die oben genannten Nutzenpotentiale wie zum Beispiel „Optimierung der Lagerbestände durch Verringerung des Prognosefehlers„ können allerdings teilweise nur durch die Einführung aller Komponenten einer eSCM Lösung erschlossen werden. Neben B2B Markplatzlösungen beinhalten eSCM Lösungen auch Komponenten zur Planung von Prognosedaten, engpaßorientierte Planung und Optimierung einer Supply Chain.

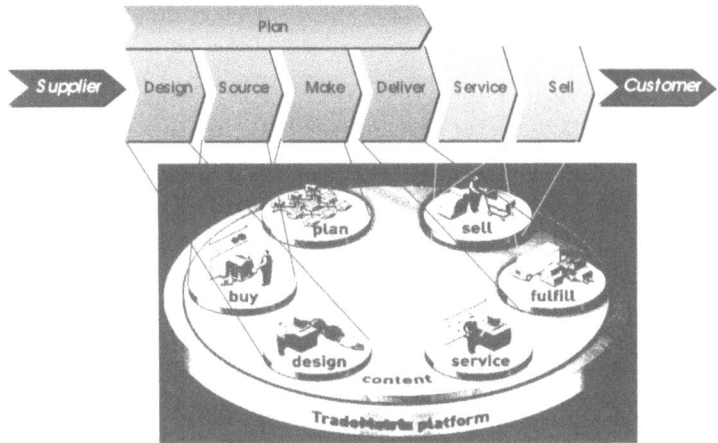

Bild 1:   Die eSCM Lösung von i2 Technologies

Standardprozesse

Durch effiziente Prozesse an der Schnittstelle zu Kunden und Zulieferern lassen sich grundsätzlich signifikate Einsparungen erzielen. Zusammen mit der Einführung von eBusiness Lösungen werden Standardprozesse und Workflows im Unternehmen etabliert, die diese Effizienz ermöglichen und zunächst vor allem durch die IT Lösung selbst bestimmt werden.

Die durch die software-technische Lösung für B2B Marktplätze von i2 Technologies zum Beispiel zu Verfügung gestellten Workflows helfen:

- Kundeninformation im Markplatz zu finden
- neue Kunden oder Zulieferer zu identifizieren
- aktuelle Preisinformation abzufragen
- Bestandsinformation und Absatzprognosen genauer zu ermitteln
- die Auslieferung von Aufträgen vom Hersteller zu Kunden genauer zu überwachen

Dabei können:

- Bestände reduziert werden
- die Reaktionszeiten auf sich verändernde Kundenwünsche verkürzt werden

- weitere Zulieferer ausgewählt werden, falls es an anderer Stelle zu Lieferschwierigkeiten kommt

Standardprozesse in dem genannten B2B Marktplatz von i2 Technologies sind zum Beispiel Demand Collaboration (DC) und Request for Quotation (RFQ).

Der Demand Collaboration (DC) Prozess versorgt die Zulieferer regelmäßig mit Informationen über den Bedarf eines Herstellers und erlaubt es, den Hersteller über eventuelle Schwierigkeiten, wie Produktionsengpässe, und mögliche Alternativen zu informieren. Diese Kommunikation innerhalb des mittel- bis langfristigen Planungshorizontes führt zu einer besseren Transparenz entlang der Supply Chain und zeigt Probleme frühzeitig auf.

- Wöchentliche Bedarfsprognosen statt monatlichen oder sogar quartalsweisen Schätzungen geben den Lieferanten ein weitaus genaueres Bild von den tatsächlichen Bedarfen des Unternehmens.
- Die Lieferanten können zusammen mit dem Hersteller potentielle Engpässe in der Supply Chain schneller erkennen und Abhilfe schaffen, damit der Endkunde davon nicht betroffen wird.

Durch eine besseren Transparenz entlang der Supply Chain und einer stärkeren Orientierung von Produktion und Auslieferung am tatsächlichen Bedarf und an den Kapazitäten der Lieferanten führt der DC Prozess also zu einer schnelleren und in Verbindung mit einer Integration mit den jeweiligen Planungssystemen verbesserten Reaktion auf Nachfrageänderungen.

Der Request for Quotation (RFQ) Prozess erlaubt es einem Hersteller, Anfragen an mehrere Lieferanten zu schicken, sich aus den Rückmeldung das beste Angebot auszusuchen und es zu bestätigen. Da RFQ über das Internet und stark standardisiert abläuft, vereinfachen sich Such- und Verhandlungsprozesse:

- Ein Hersteller sendet mehreren Lieferanten eine Anfrage für ein Produkt. Dabei werden der gewünschte Liefertermin, Menge und Preisvorstellung angegeben.
- Die Lieferanten erhalten die Anfrage via Internet und können nun Angebote mit den der Anfrage entsprechenden Parametern oder davon abweichende Angebote, zum Beispiel mit einem späteren Liefertermin aber günstigerem Preis, abgeben oder die Anfrage ablehnen.

RFQ führt zu einer enormen Steigerung der Effizienz von Beschaffungsprozessen. Planungszeiträume, Lieferzeiten und Lagerbestände sinken und die Vorbereitung, Abwicklung und Verwaltung vereinfacht sich auf Hersteller- und Lieferantenseite.

Best-practice Prozesse

Neben Prozessen und Workflows wie zum Beispiel DC und RFQ, die direkt durch die software-technische Lösung bedingt werden, zeigt sich aus der Erfahrung unterschiedlicher Projekte, daß zusätzlich Prozesse verändert oder neu eingeführt werden müssen, damit eBusiness Lösungen optimal im Unternehmen genutzt werden.

In der Regel werden daher neben der Bewältigung von software-technischen Problemstellungen ein signifikanter Anteil der Aufwände im Bereich des Management of Change liegen. Schlüsselfaktoren für eine erfolgreiche Einführung von eBusiness Lösungen sind:

- Schaffung eines hochrangig besetzten Projektmanagements, das die volle Unterstützung des Top-Managements besitzt
- Kontinuierliche Messung des Projektfortschritts und der erreichten Erfolge (Performance Management)
- Nur ein intelligentes umfassendes Change Management schafft die nötige Akzeptanz und ermöglicht eine von Anfang an hohe Produktivität der neuen Anwendung
- Prozesse müssen umgestaltet und an die zukünftigen Abläufe angepaßt werden (Process Reengineering)

Die Analyse von Projekten zur Einführung von eBusiness Lösungen zeigt, daß über Prozesse und Workflows wie zum Beispiel DC und RFQ hinaus Prozesse wie Shortage Management, Escalation Management und Supplier Change Request Management eingeführt werden, um die eBusiness Lösung für einen B2B Marktplatz optimal in das Unternehmen einzubetten. Die Prozesse werden im folgenden beschrieben.

Der Shortage Management Prozess (SM) dient dazu, einen vollständigen Überblick über alle momentanen und zukünftigen Materialknappheiten zu geben. Der Prozess hilft den Planern, Prioritäten zu setzen und Auswirkungen auf Kundenbestellungen zu vermeiden.

End-to-End Supply Chain Management Lösungen

Alternative Bezugsquellen können über den B2B Marktplatz identifiziert werden. Waren alle Lösungsversuche erfolglos, wird das Problem dem Planungssystem des Herstellers als Materialbeschränkung übermittelt. Die Kundenaufträge werden unter Berücksichtigung aller Materialverfügbarkeiten neu geplant. Im Gegensatz zu DC und IC ist der Shortage Management Prozess ein interner Prozeß des Herstellers bei Materialknappheiten.

Der Prozess des Escalation Management (EM) deckt verschiedene Probleme, wie Materialknappheiten, Verzögerungen und Verspätungen bei der Produktion oder zu geringe Lagerbestände ab. Das Ziel dieses Prozesses ist die Schaffung einer Management-Struktur zur schnellen und effizienten Lösung offener Probleme.

Der Prozess Supplier Change Request (SCR) bietet Zulieferern die Möglichkeit, beim Hersteller um eine Änderungen der Stammdaten nachzufragen. Da sich die beiden Seiten über gemeinsame Stammdaten bzw. über die Abbildung der jeweiligen Stammdaten aufeinander einig sein müssen, ist diese Anfrage der Beginn eines Einigungsprozesses. Das Arbeiten mit konsistenten Stammdaten (beispielsweise Produktbeschreibungen, Kontaktinformationen, Planungsparameter etc.) ist Voraussetzung für die Ausführung von Prozessen wie DC und RFQ.

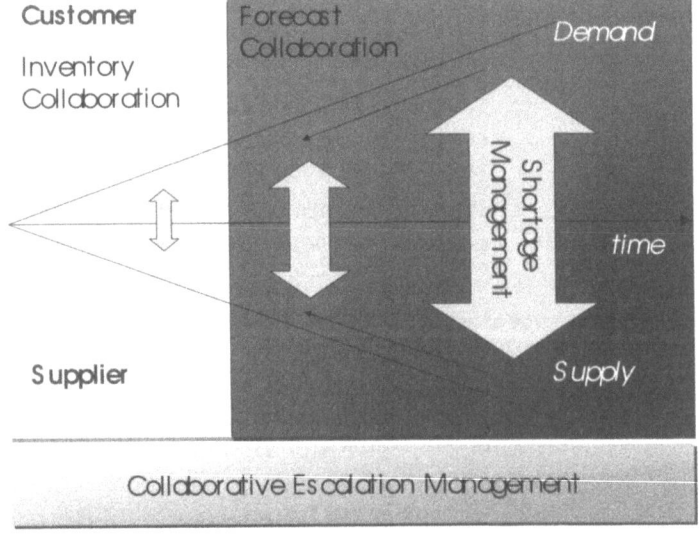

Bild 2:   Best-practice Prozesse B2B Marktplatz

Vorkonfigurierte Lösungen

Die Grundlage für eine schnelle, erfolgreiche Projektdurchführung sind vorkonfigurierte Lösungen, die branchenspezifisch bereits Show Cases, best-practice Prozesse und Plattformspezifikationen beinhalten.

Show Cases helfen, zusammen mit den Prozeßverantwortlichen des Kunden schnell ein Verständnis für die Möglichkeiten der Einbettung der Lösung zu erreichen, da die Standardprozesse und -workflows, die durch die Software vorgegeben werden, transparent sind und anhand des Show Case erfahren werden können.

Best-pratice Best-pratice Prozesse zeigen auf, welche Prozesse zur Einbettung der Lösung benötigt werden und bieten Ansätze zur Problemlösung an. Beispielsweise muß ein Prozess definiert werden, der sicherstellt, daß Stammdaten für neue Produkte rechtzeitig verfügbar sind, wenn Prognosedaten über den B2B Marktplatz an die Zulieferer gegeben werden sollen.

Plattformspezifikationen müssen in der Regel bereits in frühen Projektphasen erfolgen, um Hardware bei gegebenen Lieferzeiten rechtzeitig verfügbar zu haben.

KPMG hat zusammen mit Intel und i2 Technologies einen Solution Stack entwickelt, der auf einen B2B Marktplatz bezogen ein konkretes Business Szenario anhand der software-technischen Lösung von i2 Technologies vorkonfiguriert.

Der Begriff Solution Stack bezeichnet dabei Lösungen, die in den Ebenen Prozesse, Software und Hardware bezogen auf konkrete Business Szenarien vorkonfiguriert sind. Der Ansatz von KPMG Consulting ist dabei, zusammen mit führenden Technologiepartnern end-to-end (e2e™) Lösungen zu entwickeln: end-to-end vom Verkauf über die Planung bis zum Einkauf, end-to-end von der Strategie bis zur technischen Umsetzung.

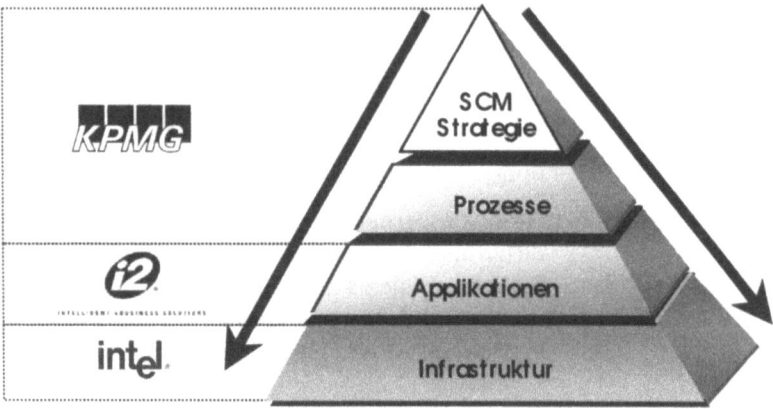

Bild 3: Solution Stack KPMG, Intel, i2 Technologies

In enger Zusammenarbeit entwickelten KPMG Consulting, Intel und i2 Technologies den Solution Stack, als Gerüst vorkonfigurierter Komponenten zum Aufbau einer B2B Marktplatz Lösung. Der Solution Stack verkürzt die Dauer der Implementierung dieser e-Business Vision und zeigt, wie der Marktplatz-basierte Einkauf und Verkauf die Unternehmensprozesse revolutionieren kann. Der Kunde profitiert von der erprobten Methodologie zur Umsetzung der e-Business Theorie in die Realität und von den Fähigkeiten, robuste Software und verläßliche Hardware-Plattformen bereitzustellen.

Projektdurchführung in Netzwerken

Für die Abwicklung von Projekten zur Einführung von eBusiness Lösungen müssen Kompetenzen aus unterschiedlichen Bereichen zusammengeführt werden. KPMG kann hier auf ein leistungsstarkes Netzwerk von Allianzen zurückgreifen.

Das Beispiel des Solution Stack von KPMG Consulting, Intel und i2 Technologies zeigt, wie durch die Kooperation der drei Unternehmen dem Kunden in allen Bereichen und Phasen eines Projektes die nötigen Kompetenzen zur Verfügung gestellt werden können. Die Projekte greifen auf das Know-How der Berater, Entwickler und Hardware-Spezialisten zurück sowie auf die Showcases und die Prototypen des KPMG Solution Center. Diese werden kombiniert mit den Fähigkeiten des Intel Solution Center im Bereich Prototyping, Last-Tests und Software-Optimierung.

Jeder neue Software Release wird auf Performance, Skalierbarkeit und Verläßlichkeit hin getestet.

Projektunterstützung durch die Solution Center KPMG und Intel

So können also die Solution Center von KPMG und Intel ein Projekt zur Einführung von eBusiness Lösungen in erfolgskritischen Phasen unterstützen.

Die e-Business Solution Center von KPMG und Intel stellen Kunden und Partnern eine Plattform zur Implementierung und Präsentation von e-Business Lösungen bereit. Im e-Business Solution Center kann KPMG

- e-Business Anwendungen live vorstellen
- Internet-basierte Standardlösungen und Prototypen entwikkeln
- e-Business Anwendungen simulieren und optimieren
- Anwender auf den Lösungen trainieren

Das Ziel des KPMG Solution Centers ist, die neusten Anwendungen, Infrastrukturen und Netzwerk-Technologien bereitzustellen. Damit kann KPMG vorkonfigurierte Lösungen entwickeln, die einen schnellen Return on Investment liefern und eine zügige Implementierung beim Kunden ermöglichen. Im KPMG eBusiness Solution Center können Installationen an kundenspezifische Anforderungen angepaßt werden; in Zusammenarbeit mit dem Intel Solution Center werden Lasttests zur Dimensionierung der Hardware und die Optimierung der Software angeboten. Das Load Testing hat einen entscheidenden Vorteil: es erlaubt einen Belastungstest bevor die Anwendung Kunden oder Zulieferern zugänglich ist und bietet Benutzern die Möglichkeit herauszufinden, ob ein geplantes Setup den Anforderungen gerecht wird. Durch das Stress Testing kann der Benutzer Fallen umgehen, weil er die möglichen Schwächen eines geplanten B2B Marktplatzes erkennt und rechtzeitig beseitigen kann.

Zusammenfassung

Bei der Einführung von eBusiness Lösungen ist Geschwindigkeit gefragt. Vorkonfigurierte Lösungen kann die eigentliche Projektarbeit zur Einführung von eBusiness Lösungen nicht ersetzen. Reduziert werden kann vor allem der Aufwand beim Start des

Projekts, wenn es darum geht, schnell anhand eines Show Cases die Leistungsfähigkeit der Lösung vor Anwendern zu präsentieren. Reduziert werden kann auch der Aufwand für das Engineering von Prozessen, die parallel zur Einführung einer eBusiness Lösung immer benötigt werden wie zum Beispiel Pflegeprozesse für Stammdatenänderungen.

Vorkonfigurierte Lösungen können also einen deutlichen Beitrag zur Geschwindigkeit bei der Einführung von eBusiness Lösungen leisten.

13 IT-Architekturen zur Realisierung von Supply Chains in Telcos

Jan-Peter Hazebrouck und Bernhard Janischowsky, Arthur Andersen

Anforderungen an Supply Chains in Telcos

Der weltweite Handel von Telekommunikationsgeräten verzeichnet seit Jahren überproportional steigende Umsätze. Die hohen Verkaufszahlen werden jedoch nur selten in strategische Vorteile umgemünzt und für die Unterstützung des Kerngeschäfts genutzt. Dabei kommt der engen Verzahnung zwischen dem Abverkauf von Equipment und der Generierung von Telefongebühren („Minutes of Use") eine Schlüsselrolle im hart umkämpften Telekommunikationsmarkt zu.

Wer sich in diesem hochdynamischen Markt einen nachhaltigen Wettbewerbsvorteil sichern möchte, muss Telekommunikationsdienste und angebotenes Equipment optimal aufeinander abgestimmt vermarkten. Dies erfordern vor Allem die kurzen Produktlebenszyklen der Geräte und die sich schnell ändernden TK-Dienste mit ihrem hohen Servicegrad.

Die Voraussetzung für eine gezielte Vermarktung bildet die Transparenz der Kundenbedürfnisse über die gesamte Logistikkette hinweg, angefangen beim Handel über die Auftragsabwicklung, Distributionslogistik und Installation bis hin zum Hersteller und Vorlieferanten. Entsprechend sind die Supply Chains marktorientiert und unternehmensübergreifend zu gestalten sowie mit strategieorientierter IT-Architektur umzusetzen.

Die oben genannten telekomspezifischen Anforderungen bildeten den Ausgangspunkt für ein Supply Chain-Projekt, das Arthur Andersen Business Consulting bei einem schweizerischen Start-Up-Unternehmen der Telekommunikationsbranche durchführte und das im folgenden Beitrag vorgestellt werden soll. Die Besonderheit von Supply Chains in Telcos ist, dass die Handelslogistik im Vordergrund steht; Produktionsprozesse beschränken sich auf einfache Montageprozesse wie beispielsweise Zusammenstellen von Paketlösungen.

Die Aufgabe bestand darin, die IT-Architekturen für Supply Chains, beginnend beim Subscriber (dem tatsächlichen Endkunden) über den Point of Sale (POS), zentraler Warenwirtschaft bis hin zum Lieferanten sowie der Integration mit der Finanzbuchhaltung, zu konzipieren. Im Einzelnen umfasste dies die Auftrags-, Stammdaten- und Seriennummernabwicklung der Handys, SIM-Karten und Calling Cards, die Integration der Provisionsabrechnung für Direktkunden (Händler, Großkunden und Stores) sowie die Anbindung an das Billingsystem. Aufgrund der rechtlichen Trennung von Festnetz- und Mobilfunk musste zudem für den Abverkauf von Mobilfunkprodukten (z.B. SIM-Karten) an Festnetzkunden einerseits und für die Auftragsabwicklung von Festnetz-Equipment und Dienstleistungen (z.B. Telefonkarten) an Mobilfunkkunden andererseits ein internes Verkaufs- und Verrechnungssystem aufgesetzt werden, das die unterschiedlichen Prozessabläufe und Verrechnungsstufen berücksichtigt.

Als Basis zur Realisierung wurde Standard SAP R/3 gewählt. Den Ausschlag zugunsten von SAP R/3 gaben vor allem die flexible unternehmensweite Integration der Geschäftsprozesse sowie die offene Systemarchitektur.

Architekturkonzepte der Supply Chains in Telcos

Besonderheiten von Supply Chains in Telcos

Das Ziel von Supply Chains ist es, die kunden- und leistungsorientierte Integration der Logistikketten für den Handel unternehmensübergreifend zu realisieren (Bild 1). In Telcos steht jedoch weniger die logistische Funktion als die strategische Bedeutung der Supply Chains im Vordergrund: mit dem Handel wird der persönliche Kontakt zum Endkunden erreicht.

Bild 1:   Ziele der Handelsprozesse in Telcos

Primäre Geschäftsprozesse von Telcos sind die Bereitstellung und die Vermarktung ihrer TK-Services. Der Enabler für die Dienste bildet das TK-Equipment. Dieses wird über Supply Chains an die Kunden als Paketlösung in Kombination mit TK-Verträgen angeboten (z.B. Handys plus Vertrag, ISDN-Anschluss inklusive ISDN-Anlagen, PreSelect mit Routerinstallation). Für den Point of Sale bedeutet dies, dass neben der Verteilung von Prospekten und anderen Werbematerialien der Vertrieb des Equipments sowie der effiziente Kundenservice (Reparaturen) erfolgskritische Faktoren geworden sind (z.B.: Like-for-like-Programme - Lagerbestände für Austauschgeräte).

Der verschärfte Wettbewerb und die dynamischen Entwicklung der TK-Technologie (Tri-Band-, WAP-Handys) und der TK-Dienste (Sondertarife) erfordert es, ständig Produktneuheiten anzubieten. Für den Handel bedeutet dies, dass sowohl für die auslaufenden als auch die neuen Produktpaletten alle TK-Equipments (Geräte, Akkus, Zubehör) vorrätig sein müssen. Dabei müssen durch Supply Chains nicht nur die eigenen Geschäfte der Telcos (Flagship Stores) versorgt, sondern auch Wiederverkäufer (Dealer) beziehungsweise Installateure miteingebunden werden.

Ebenso sind in Telcos Ausfallzeiten sowohl im Network (z.B. Antennen-Sites) als auch beim Kunden direkt (leerer Handy-Akku) erfolgskritisch, da in dieser Zeit keine „Minutes-of-Use" und somit kein Umsatz generiert wird. Um diese Zeiten möglichst klein zu halten, sind Supply Chains einerseits für die Netzwerkinstandhaltung und andererseits Reparaturersatzteile beziehungsweise Austauschgeräte im Handel effizient zu gestalten.

Struktur der Supply Chains in Telcos

Die Supply Chain für die Telco-Handelsprozesse umfasst den Einkauf, Lieferanten, die zentrale Warenwirtschaft mit Disposition und Lager sowie den Point of Sales mit Flagship Stores oder Dealer und endet beim Subscriber. Bei der Zusammenstellung von Paketlösungen treten auch einfache Montageprozesse auf. Deren Anwendung spielt jedoch oft nur eine untergeordnete Rolle, da diese von den Telcos an die Logistikdienstleister ausgelagert sind. Der für Telcos relevante logistische Prozess lässt sich daher in folgende Hauptteilprozesse gliedern:

- Einkauf und Warenwirtschaft,
- Großhandelsdistribution,
- Einzelhandelsdistribution.

Diese werden durch verschiedene Lagerstufen synchronisiert. Zu integrieren sind selbige einerseits in die telekomspezifischen Kernprozesse, anderseits in die Finanzbuchhaltung. Eine Übersicht zeigt folgende Abbildung: So kann beispielsweise im Einzelhandel mit dem Erfassen des Subscriber im POS-System direkt aktiviert werden. Desweiteren kann durch ein zentrales Rechnungswesen die Faktura von Einzelhändler mit den Commissions verrechnet werden (Bild 2).

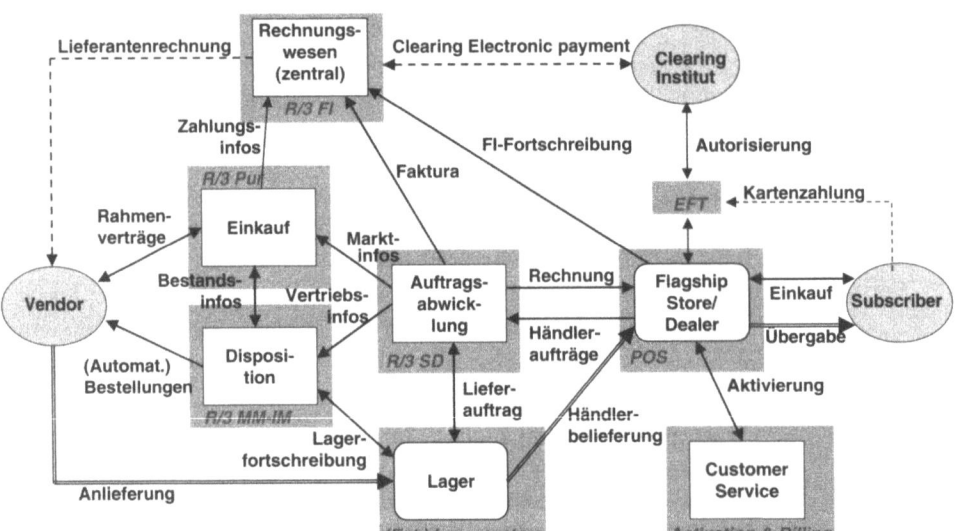

Bild 2:   Übersicht über Supply Chains im Telco-Handel

IT-Architekturen zur Realissierung von Supply Chains in Telcos

Bei der Anbindung an die telekommunikationsspezifischen Kernprozesse gilt es insbesondere, das Datenmanagement zwischen dem Logistik-System und den tk-spezifischen Systemen abzustimmen und die Workflows zur Bearbeitung aufzubauen. Die folgende Abbildung zeigt dies beispielhaft für Kundenstammdaten, die bereits im Vertrieb ermittelt werden und mit den tk-spezifische Systemen wie Activation, Commissioning und Billing abgestimmt werden müssen (Bild 3).

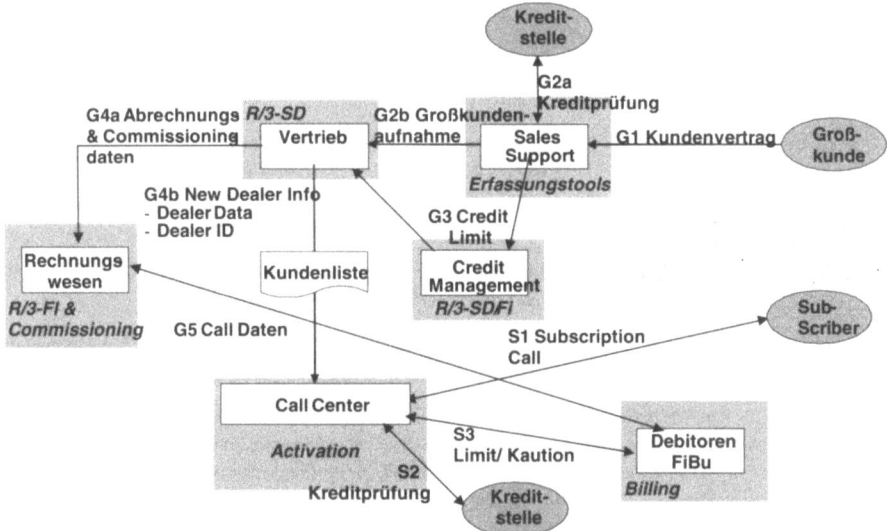

Bild 3: Workflow für Kundenstammdatenbearbeitung

In Telcos besitzt auch die Seriennummerverwaltung große Bedeutung. So sind die Seriennummern von TK-Equipment - im Mobilfunk gilt dies vor allem bei SIM-Karten und Handys – sowohl für die spätere Prozessabwicklung (z.B. Subscriber-Aktivierung, Netz-Routing) als auch für Garantieansprüche notwendig.

Der Komplexitätsgrad der Integration der Finanzprozesse wird durch die organisatorische Gestaltung der Telcos bestimmt. Rechtliche Trennungen von Geschäftssparten erfordern deren getrennte Fortschreibung (Intercompany) der Supply Chains in der Finanzbuchhaltung. Hinzu kommt die Forderung des Managements, jede organisatorische Einheit (Großhandel, Einzelhandel) selbständig zu behandeln. Um dieses in den Finanzprozessen nachzuvollziehen, ergeben sich sogenannte Intra-Company-Prozesse.

Einkaufsprozesse

Ziel der Einkaufsprozesse ist es, die Warenversorgung sicherzustellen. Auf die Lagerung wird nicht näher eingegangen, da diese strategisch weniger relevant und des Öfteren ausgliedert ist.

Der Einkauf handelt mit den Lieferanten die Rahmenverträge für das benötigte TK-Equipment aus. Basis der Abstimmung sind sowohl die technische Spezifikation bezüglich der TK-Services als auch die zu erwartenden Vertriebszahlen, die aus den Vertriebskanälen gemeldet werden.

Gemäß den Rahmenvertragsbedingungen bestellt die Disposition das TK-Equipment. Je nach Verfahren werden die Bestellungen durch Abgleich von Abverkaufszahlen, Lagerbestände und Mindestbestände ausgelöst und, basierend auf Wiederbeschaffungszeiten, terminiert. Desweiteren sind bei der Bestellauslösung Bestellfreigaben zu berücksichtigen.

Die für die Bestellabwicklung notwendigen Informationen werden durch die Lieferanten- und TK-Equipment-Stammdatenadministration verwaltet. Bei den Lieferantenstammdaten werden zusätzlich Zahlungsabwicklungsinformationen und lieferantenbezogene Produkt- und Preisinformationen erfasst. Bei den Stammdaten für das TK-Equipment ist neben der Erfassung prozessbedingter Informationen die Definition der Materialnummern- und -bezeichnungen vorzunehmen. So ist beispielsweise zwischen numerischer oder sprechender Nummernvergabe zu entscheiden, sind die EAN-Codes für handelbare TK-Equipments zu beantragen, die Bar-Codes für eine effiziente Prozessabwicklungen zu bestimmen sowie Formalismen der Materialbezeichnungen festzulegen, um Dubletten zu vermeiden.

Eine besondere Anforderung in Telcos ergibt sich aus der Seriennummerverwaltung, da Seriennummern für die spätere Prozessabwicklung - im Mobilfunk vor Allem bei SIM-Karten und Handys für die Aktivierung beziehungsweise für Garantieansprüche – notwendig sind. Für den Wareneingang bedeutet dies, dass die Seriennummern der angelieferten Produkte zu scannen sind. Da die Produkte jedoch in der Regel in Kisten oder auf Paletten angeliefert werden, muss vom Einkauf nicht nur das Produkt spezifiziert werden, sondern auch für die Verpackung die Außen-Etikettierung definiert werden, um einen effizienten Wareneingang zu gewährleisten (Bild 4).

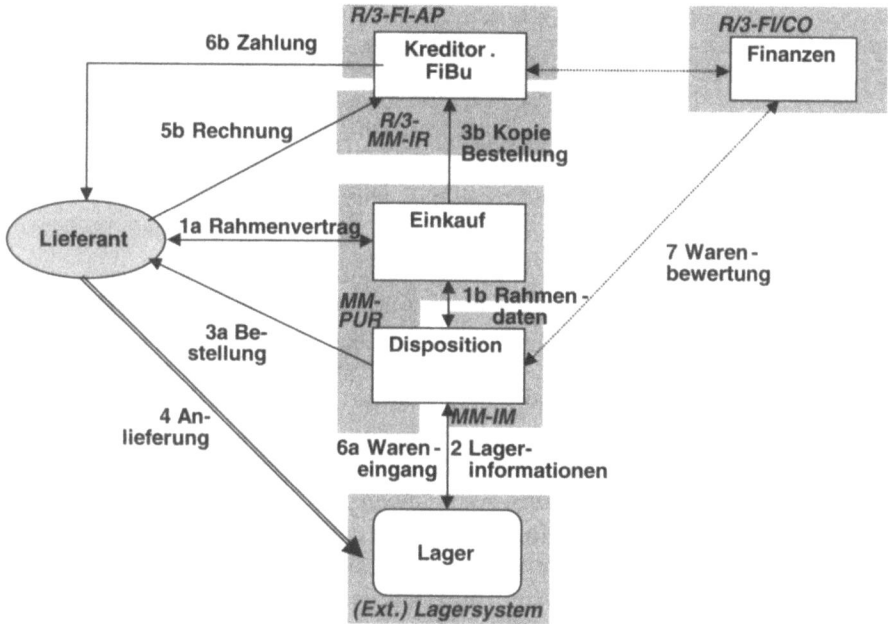

Bild 4:   Prozess des Einkaufs und der Warenwirtschaft

Großhandelsprozesse

Mit den Supply Chains im Großhandel soll die Versorgung des Einzelhandels, der eigenen Geschäfte (Flagship Stores) und Dritter (Dealer) abgewickelt werden. Zentrales Glied der Supply Chain ist die Auftragsabwicklung, da sie die Aufträge der Einzelhändler aufnimmt und zur Distribution freigibt. Im Folgenden wird auf die telekommunikationsspezifischen Besonderheiten des dargestellten Prozesses eingegangen.

Die **Bestellauslösung** kann mit unterschiedlichen Technologien realisiert werden. Denkbar ist eine direkte Bestellauslösung durch den Einzelhändler per Internet (z.B. Extranet, B2B) oder EDI oder auf konventionellem Wege wie beispielsweise per Telefon, Fax oder durch schriftliche Bestellung.

Durch die Integration der Flagship-Stores mit den zentralen Warenwirtschaftssystemen ist sowohl eine Bestellung nach dem Pull- als auch nach dem Push-Prinzip möglich: bei Ersterem entscheidet der Flagship-Store auf Basis der ihm zur Verfügung stehenden Abverkaufszahlen über Bestellmenge und Zeitpunkt, bei Zweitem wird eine zentrale Bestellung ausgelöst (z.B. bei Promotions oder bei Unterschreitung von Lagermeldebeständen), was eine Anbindung der Flagship-Stores an das zentrale ERP-System erfordert (siehe Einhandelsprozesse).

Bei der **Bestellabwicklung** muss den besonderen Anforderungen von Telco-Supply Chains Rechnung getragen werden. Flexible Preisfindungsstrukturen und die Integration der Provisionsabrechnung sind bei der Auftragsabwicklung ebenso zu berücksichtigen wie die weitere Verfolgung der Seriennummern von SIM-Karten und Handys.

Dabei geht es aber nicht nur um die Vertragsabwicklung und Kundenstammdatenerfassung für die Aktivierung. Vielmehr sollen am Point of Sale mit Kombinationsangeboten aus Vertrag und TK-Equipment (Handy & SIM-Karte) TK-Dienste sofort zur Verfügung gestellt werden. Im Store werden demzufolge die kompletten Paketlösungen, bestehend aus Handy, SIM-Karte und Vertragsvordrucken, inventarisiert und nicht deren Einzelbestandteile. Im Verlaufe der zentralen Auftragsabwicklung werden diese Paketlösungen aber „aufgeschnürt", um die Bestandsveränderungen der Lösungskomponenten auf Einzelpositionsebene zu verbuchen. Für die systemseitige Realisierung solcher **Stücklisten** gibt es zwei alternative Vorgehensweisen:

Einmal die Verknüpfung der Einzelbestandteile zu einer **Verkaufsstückliste** mit Bestandsführung auf Einzelpositionsebene. Dadurch wird die Kombination von einzelnen Seriennummern geführter Positionen zu einem Paket sicherstellt. Die Preisfindung wird auf Ebene des Gesamtpakets gesteuert. Die Bestandskontrolle und Verfügbarkeitsprüfung bedarf besonderer Aufmerksamkeit, da bei dieser Variante (Verkaufsstückliste) nicht das gesamte Paket, sondern dessen Bestandteile bestandsgeführt sind. Dieser Vorgehensweise liegt das Prinzip Make-to-Order zugrunde, wobei der Montageprozess systemseitig nicht abgebildet wird. Die Vorteile liegen in der „einfachen" Implementierbarkeit, da die Stücklistenauflösung nur beim zentralen Distributionsprozess gezogen wird.

Die Alternative zur „Verkaufsstückliste" liegt in der Implementierung einfacher **Montageprozesse (Vorverpacken;** gem. dem Prinzip Make-to-Stock), welche die Kombination von Handy, SIM-Karte, Vertrag und weiteren Artikeln zu einer Paketlösung nachbilden. Auch bei dieser Variante wird die Seriennummernverfolgung durch die Nummerierung des Gesamtpakets beim Vorverpacken erreicht. Die Vorteile liegen in der getrennten Auftrags- und Bestellabwicklung, dem jedoch die explizite Abbildung der Montageprozesse gegenübersteht. Die durchgängige Logik ist durch die Bestandsfortschreibung der Auftragsabwicklung in die Bestandsführung der zentralen Warenwirtschaft gewährleistet. Mit dieser Variante gelingt es aber, die Auftragsannahme für ein eBusiness-Angebot zu automatisieren.

Die Integration der Distribution mit der **Finanzbuchhaltung** ist wesentlicher Bestandteil der systemseitigen Unterstützung bei der Bestellabwicklung. Aufgrund der rechtlichen Trennung von Festnetz- und Mobilfunk in selbständige Unternehmen einerseits und unterschiedlicher Kunden innerhalb und außerhalb des Konzerns andererseits liegt ein Akzent auf der systemseitigen Kontenfindung. Besondere Aufmerksamkeit erfordert hierbei die rechtliche Trennung von Konzernunternehmen (z.B. Festnetz- und Mobilfunkbetreiber). Bei sogenannten Intercompany-Prozessen erzwingt diese Trennung eine Verbuchung, welche eine spätere Konsolidierung auf Konzernebene erlaubt.

Ein zusätzlicher Integrationspunkt mit Debitorenbuchhaltung ist das **Credit-Management**. In einem dynamischen Markt wie der Telekommunikation entsteht im Credit-Management der Zielkonflikt zwischen maximaler Sicherheit und maximaler Wachstumsgeschwindigkeit. Die prozessseitige Integration erfolgt bei voll integrierten Systemen klassischerweise zum Zeitpunkt des Warenausgangs. Das System vergleicht die offenen Forderungen gegen den Händler und den Wert der aktuellen Bestellung mit den im Credit-Management konfigurierten Einstellungen. Bei Überschreitung von definierten Schwellgrößen wird die Bestellabwicklung gestoppt. Bei erfolgreicher Verbuchung des Warenausgangs erfolgt die automatische **Rechnungslegung**. Das „Clearing" der offenen Forderungen gegenüber externen Kunden erfolgt nach der Bezahlung durch den Kunden automatisch über eine entsprechende Schnittstelle zur Hausbank, während intern bestehende Forderungsbeziehungen durch einen systemseitigen Clearinglauf ausgeziffert werden.

Einzelhandelsprozesse

Bei Versorgung der tatsächlichen Endkunden (Subscriber) mit Telekommunikationsprodukten werden oft parallele Wege beschritten.

Einerseits werden bereits bestehende Einzelhandelsketten integriert (siehe auch obiges Kapitel), andererseits stellen die meisten Telcos durch eigene Filialen die Präsenz am Markt und somit den persönlichen Kontakt zum Subscriber sicher. Der Prozess der Einzelhandelsdistribution wird voll in die bereits bestehende Systemlandschaft integriert. Die ganze Breite der integrierten Prozessschritte wird in folgendem **Beispiel** verdeutlicht:

Der Kunde König betritt die Filiale des Telekommunikationsunternehmens TELCO. Er ist am TELCO-Angebot interessiert, denn das Unternehmen bietet nach seiner Meinung neben der erfolgskritischen Netzabdeckung sehr attraktive Vertragsbedingungen und Equipmentpakete.

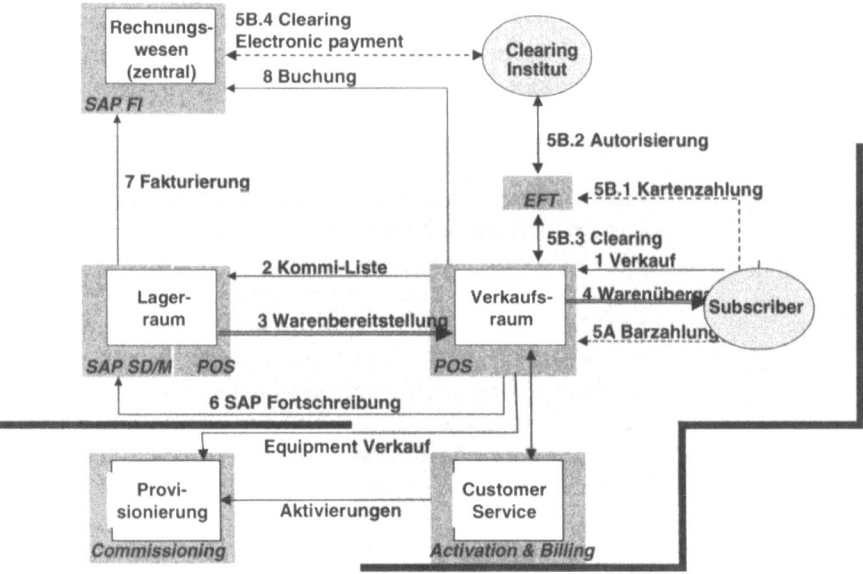

Bild 5: Prozess des Einzelhandels

Das Equipment kann in Abhängigkeit des Vertriebsweges als Vertriebsstückliste oder Einzelprodukt geführt werden. Equipmentpakete werden in den Filialen unter einer Artikelnummer ohne Stückliste geführt. Dieses Vorgehen erlaubt eine dynamische Materialstammhaltung im Zentralsystem, während in dem Point-of-Sale (POS)-System ausschliesslich die reine Verkaufslogik abgebildet wird. Die Preisfindung muss für die Filiale flexibel gesteuert werden.

Kunde König interessiert sich für ein Telefon einer bestimmten Marke. Er wird am Schalter bedient.

Der Verkaufsprozess an den Subscriber wird nicht im zentralen Transaktionssystem abgebildet, sondern in einem speziell auf die Bedürfnisse von Telcos zugeschnittenen POS-System. Das POS-System soll insbesondere den Anforderungen an Attraktivität, Effizienz und Benutzerfreundlichkeit gerecht werden. Die Anbindung eines dezentralen Warenwirtschaftssystems ist nicht notwendig, wenn die Schnittstellen mit dem ERP-System (dem zentralen Transaktionssystem) Folgendes leisten:

- ERP-System -> POS-System: Export aller relevanten Stammdaten (Materialstamm, Preistabellen) mit ausreichender Häufigkeit. Wichtigste Exportinformationen sind neben der Artikelnummer der vorgeschlagene Verkaufspreis, die Produktbezeichnung und die Seriennummernfolge.
- POS-System -> ERP-System: Nachbildung des Verkaufsprozesses mit Verkaufsvolumina, Preisen, auszubuchenden Seriennummern sowie, als Integrationspunkt mit der Debitorenbuchhaltung, der Zahlungsart.

Herr König entscheidet sich für den Kauf des Telefons. Er bezahlt mit Kreditkarte

Der **Verkaufsprozess** wird (klassischerweise nicht online, sondern im Batchlauf über Nacht) im zentralen System nachgezeichnet. Durch die (wiederholte) Abbildung des Verkaufsprozesses besteht auch aus der Finanzbuchhaltung die integrierte Sicht mit der Lagerverwaltung und der zentralen Beschaffung. Die Kreditwürdigkeit des Kunden wurde online über ein EFT-Terminal überprüft. Bei der Verbuchung des Verkaufsprozesses wird in der Debitorenbuchhaltung die offene Forderung gegenüber dem Kreditkarteninstitut gebucht. Die zentrale Nachzeichnung des Verkaufsprozesses erlaubt zudem detailliertere Auswertungen (z.B. Kundenzahlungsverhalten) über entsprechende Auswertungsmodule.

Nun muss noch die SIM-Karte des Kunden aktiviert werden, um sein Telefon freizuschalten.

Die Aktivierung erfolgt in einem speziellen System – dem Aktivierungssytem. Durch die Aktivierung wird die einzelne SIM-Karte freigeschaltet, und der Kunde in das Billingsytem aufgenommen.

Kunde König hat einen Defekt an seinem Gerät innerhalb der Garantiezeit entdeckt und will diesen reparieren lassen. Zu diesem Zweck wendet er sich wieder an die Filiale von TELCO.

Dem Anliegen des Kunden wird durch ein sogenanntes Like-for-like-Austauschprogramm Rechnung getragen. Ziel ist es , dem Kunden zu jeder Zeit ein funktionstüchtiges Telefon zur Verfügung zu stellen. In der Datenbank des POS-Sytems wird der Kunde anhand der Seriennummer des Telefons identifiziert. Das defekte Gerät wird entgegengenommen und gegen ein gleichwertiges Telefon (Like-for-like) ausgetauscht.

Der Austausch wird wiederum bei den Lieferanten geltend gemacht. Aus diesem Grund ist dieser Austausch auch im ERP-System nachzuziehen, um die Leistungsansprüche für die Kreditorenbuchhaltung zu dokumentieren.

Supply Chains für TK-Geräte-Installationen

Die Supply Chains für die Installation von TK-Geräten sind leistungsorientiert zur Gewährleistung des Netzbetriebs ausgerichtet. Das Spektrum geht dabei von Instandhaltungsprozessen der Antennen beziehungsweise Netzwerk-Locations bis hin zur Installation von TK-Geräten zur Realisierung bestimmter Services (Pre-Selection). Aufgrund der großen Materialwerte sind die Supply Chains aber nicht losgelöst von den finanzorientierten Prozesse zu sehen (Bild 6).

Für Pre-Selection im Festnetz ist zum Beispiel die Installation eines Routers notwendig, um die Signale des Kunden auf das eigene Netz umzuleiten. Dazu wird vom Vertrieb nach Erhalt des Pre-Selection-Auftrags der benötigte Router-Typ ausgewählt und eine Router-Installation ausgelöst. Für den Netzbetrieb gilt es, die Seriennummern zu verwalten. Die Installation wird meist nicht von Telcos selbst durchgeführt, sondern bei Dritt-Unternehmen in Auftrag gegeben. Die zu installierenden Router werden dabei entweder bei den Installateuren gekauft oder dort aus einem externen Lager genommen. Im Letzteren wurden die Router zuvor für das externe Lager eingekauft und dort zwischengelagert.

IT-Architekturen zur Realisierung von Supply Chains in Telcos

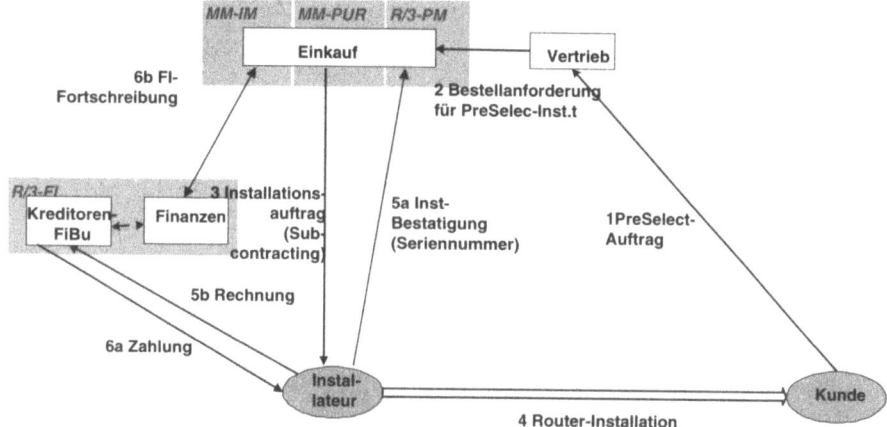

Bild 6: Prozess der TK-Geräte Installation

Im Rahmen des Installationsprozesses werden die Router in der Regel als Miet- oder Leihobjekt eingebaut. Da der Wert der Komponenten jedoch meist die Bemessungsgrundlage für geringwertige Güter übersteigt, können die Router nicht sofort in den Verbrauch gebucht werden, sondern müssen im Rahmen des Anlagespiegels geführt werden.

Einführung integrierter IT-Systeme zur Realisierung

Die Abwicklung der Supply Chains wird mit der Einführung integrierter, aber offener IT-Systeme gewährleistet. Bei der Gestaltung und Entwicklung sind diese auf strategischer Ebene an den Anforderungen der Kernprozesse auszurichten und in die heterogene Anwendungssysteme-Architektur zu integrieren (z.B. SAP R/3 für die Auftragsabwicklung; POS-System für den Abverkauf). Einen Überblick über die IT-Landschaft gibt folgende Abbildung 7:

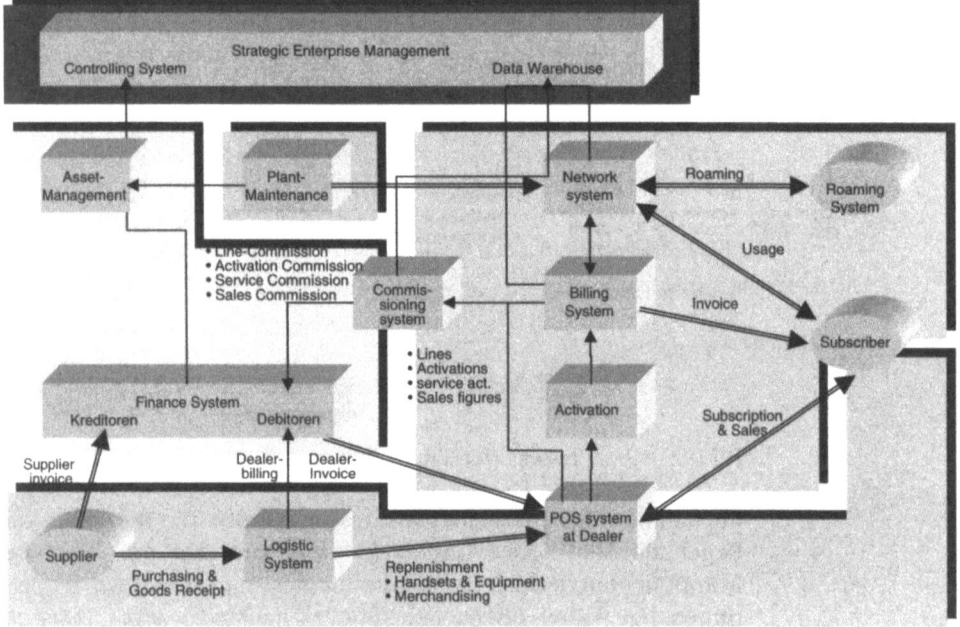

Bild 7: Beispiel einer IT-Architektur in Telcos

Bei der Einführung gilt es, die Entwurfs- und Einstellungsalternativen so auszuwählen, dass sowohl eine Integration als auch eine spätere Anpassung flexibel und schnell vorgenommen werden kann. Bei der Integration in die Gesamtarchitektur bieten sich gerade die ERP-Lösungen (z.B. SAP R/3) an. Deren Vorteil ist, dass eine auf Standardprozessen ohne Modifikationen basierende Einführung schnelle und große Flexibilität bei späteren Anpassungen garantiert.

Fazit

Die in diesem Beitrag beschriebenen Supply Chains zeigen tk-spezifische Anforderungen auf, die eine applikationsübergreifende Gestaltung notwendig machen. Dahingehend bietet, wie unsere Erfahrungen zeigen, SAP R/3 aufgrund der offenen Systemarchitektur die benötigte Flexibilität, um die Anforderungen zu erfüllen und weitere Satellitensysteme wie beispielsweise POS Systeme anzubinden. Die Planungskomplexität beschränkt sich in Telcos auf einfache kundenorientierte Montageprozesse, so dass mit Standard-SAP-R/3 die Komplexität abgebildet werden kann. Zur Abbildung der mit R/3 abgedeckten Prozesse wurde unter Anderem die Implementierungsmethode AcceleratedSAP (ASAP) eingesetzt.

Sowohl für die Integration der IT-Architektur als auch für die strategische Ausrichtung ist ASAP jedoch nicht ausreichend. Vielmehr ist diese Implementierungsmethode in eine ganzheitliche Methodik einzubinden, die eine Umsetzung der Supply Chains sowohl in strategischer Hinsicht als auch applikationsübergreifend unterstützt. Mit dem Ansatz der Architected Solutions Methodology bietet Arthur Andersen Business Consulting die Möglichkeit, die Unternehmensarchitektur ganzheitlich zu analysieren und zu gestalten. So gelang es, die Supply Chains auf die Erfordernisse des dynamischen Telekommunikationsmarkt auszurichten und marktorientierte Strukturen zu entwerfen, um daran aufbauend mit ASAP das R/3 System schnell einzuführen (z.B. konnten die Einkaufs- und Großhandelsprozesse in weniger als vier Monaten realisiert werden).

Literatur

Andersen Worldwide: Architected Solutions, Chicago, 1998

Ferstl O.K., Hazebrouck J.P., Schlitt, M., Knerr, M.: Business Engineering mit SOM und SAP-R/3, in Rundbrief des GI-Fachausschusses 5.2, 1/97, S.31-37

Ferstl O.K., Hazebrouck J.P.: Einführung in SAP R/3; Bamberg, 1997

Gartner Group: Research Note, July 10, 1998

Handfield R.B., Nichols E.L.: Introduction to Supply Chain Management, 1998

Hazebrouck J.P., Frerichs, P.: Use and Enhancement of ASAP - An example of SAP R/3 Implementation to enable the Supply Chain for a start-up Telecommunication Company, EMRPS 1999, Venice

Keller, G.; Teufel, T.: SAP R/3 – prozessorientiert anwenden, Bonn, 1997

Laura W. Garrison: Arthur Andersens Architected SolutionsTM, Chicago, 1999

Riggs D.A., Robbins S.L.: Supply Chain Management Strategies, 1998

Simchi-Levi d., Kaminsky P., Simchi-Levi E.: Designing and Managing the Supply Chain, 1999

14 Supply Chain Management im Bereich High Tech

Erfahrungen und Erfolgsfaktoren bei der Einführung integrierter Planungssysteme in der Halbleiterindustrie

Adrian O. Mielke, KPMG Consulting AG

Rolf Stähler, KPMG Consulting AG

Ausgangssituation

Die vergangenen 20 Jahre Halbleiterfertigung waren geprägt durch dramatische Fortschritte im Produktdesign integrierter Schaltkreise und sich rapide ändernder Prozesstechnologie. Mit ähnlicher Dynamik entwickelte sich auch das Abnahmeverhalten von Halbleitern, woraus immer kürzere Produktlebenszyklen, erhöhte Produktvielfalt, stark ansteigende Investitionsvolumina und kompliziertere Abstimmungsverfahren zwischen der zentralen Planung und der Fertigung in den weltweiten Standorten resultierten.

Anhand umfangreicher Erfahrungen der KPMG Consulting aus Beratungsprojekten lassen sich Besonderheiten und Herausforderungen im Bereich der Halbleiterproduktion identifizieren, die besondere Anforderungen an die eingesetzten Planungsmethoden und -werkzeuge stellen. Vor diesem Hintergrund wird im vorliegenden Artikel gezeigt, wie Wettbewerbsvorteile in der Halbleiterindustrie durch das Zusammenspiel von neuen, integrierten Planungssystemen und einer geeigneten Methodik zur Einführung solcher Systeme realisiert werden können.

Herausforderungen in der Halbleiterindustrie

Steigende Produktvarianten

Charakteristisch für die Herausforderungen, denen sich ein Halbleiterhersteller stellen muß, ist die Anzahl der unterschiedlichen Produkte, die in einer weltweiten Supply Chain gefertigt und den Kunden bereitgestellt werden. Die Ursache steigender Variantenvielfalt liegt in der Berücksichtigung der vielfältigen Anforderungen des Kunden an die Produkte. Darüber hinaus erhöhen verteilte Zuständigkeiten über Produktionsteilprozesse sowie uneinheitliche und zeitraubende Abstimmungsprozesse, wie z.B. die Prüfung der Kapazitätsverfügbarkeit oder die Ermittlung und Verarbeitung von Durchlaufbeständen bei einem wachsendem Produktspektrum die Komplexität der Planungs- und Steuerungsprozesse. Dieses kann sich u.a. in langen Planungsintervallen und häufiger Überlastung der verfügbaren Personalressourcen äußern.

Intransparenz der Kapazitätssituation einer globalen Supply Chain

Die Supply Chain in der Halbleiterindustrie ist gekennzeichnet durch weltweit verteilte Produktionsstandorte und eingebundene Vertragsfertiger. Ein Produktionslos durchläuft auf dem Weg vom Rohmaterial zum Endprodukt zahlreiche unternehmensinterne wie –externe Produktionsstandorte. Daher ist für die Fertigung dieses Loses die erforderliche Kapazität in den unterschiedlichen Standorten zu planen.

Der Materialfluss innerhalb eines Standortes führt zum Teil über alternative Ressourcen, die unter Umständen erst kurzfristig definiert werden. So können für die Endprüfung eines Loses unterschiedliche Ressourcen mit verschiedenen Testzeiten eingesetzt werden. Durch die hohe Anzahl an Produktvarianten, die die vorhandenen Produktionskapazitäten in ungleichem Maße nutzen, ist eine exakte Aussage über die tatsächlich nutzbaren Kapazitäten selbst in den Standorten schwierig.

Darüber hinaus optimieren Standorte, die über die Verfügbarkeit von Kapazitäten nach- oder vorgelagerter Standorte keine oder nur eine geringe Kenntnis besitzen, ihre Auslastung ohne Blick auf ein globales Optimum der Supply Chain. Aufgrund dieser intransparenten Kapazitätssituation ist eine effektive Auslastung der verfügbaren Ressourcen mit klassischen Planungsansätzen schwer zu realisieren.

Schwankende Nachfrage

Halbleiterhersteller sehen sich äußerst variablen und häufig ändernden Kundenbedarfen gegenübergestellt. Gründe für die auffälligen Kurvenverläufe im Bedarfsverhalten des Abnehmers sind vor allem die verschiedenen Vertriebskanäle zum Endverbraucher. Die Endprodukte werden sowohl direkt vom Hardwarehersteller, wie z.B. Hersteller von Mobiltelefonen oder Personal Computern, als auch von Distributoren abgenommen. Distributoren beliefern ihrerseits wieder unterschiedliche Vertriebskanäle wie Hardwarehersteller und OEM-Versorger. Daher sind die Bestandshöhen innerhalb dieser Vertriebskanäle nur sehr eingeschränkt transparent, was eine zuverlässige Vorhersage der Bedarfsmeldungen der Kunden erschwert. Der Zeitpunkt und die Menge der Bestellung sind nicht exakt zu prognostizieren. Selbst innerhalb der Durchlaufzeit kommt es oftmals zu nicht vorhersehbaren quantitativen wie auch terminlichen Änderungen der Abnahmemenge.

Demgegenüber steht der hohe Anspruch des Abnehmers, der seine eigenen Lagerbestände und Durchlaufzeiten minimiert hat, entsprechend hohe Liefertreue und kurze Auftragsbestätigungszeiten vom Halbleiter-Produzenten als „preferred supplier" garantiert zu bekommen.

Besonderheiten in der Halbleiterindustrie

In der Halbleiterindustrie wird zwischen den Produktionsprozessen des Front Ends und Back Ends unterschieden. Die einzelnen Fertigungs- und Lagerstufen und deren z.T. äußerst komplexen Materialflussbeziehungen werden in Bild 1 exemplarisch dargestellt.

Als Front End-Prozesse faßt man die Produktionsstufen FAB und PROBE (z.T. als SORT bezeichnet) zusammen. Das Back End wird nach Assembly und Test-Prozessen getrennt. Ein Produktionslos kann auf dem Weg vom Rohmaterial über Front End und Back End bis zum Endprodukt verschiedene Wege durchlaufen (Bild 1).

In der Produktionsstufe FAB findet die Bearbeitung der sogenannten Wafer statt. Das heißt dort werden durch fotochemische Prozesse zahlreiche elektrisch leitende Schichten auf die scheibenförmigen Rohmaterialien aus Silizium aufgebracht. In der Produktionsstufe SORT werden diese Wafer dann getestet und in einzelne Chips zersägt. Das Back End, mit den zumeist mechanischen Arbeitsschritten der Montage (ASSY) und der Endprüfung (TEST) wird vom Front End durch das Zwischenlager (Die Bank) entkoppelt.

Supply Chain Management im Bereich High Tech

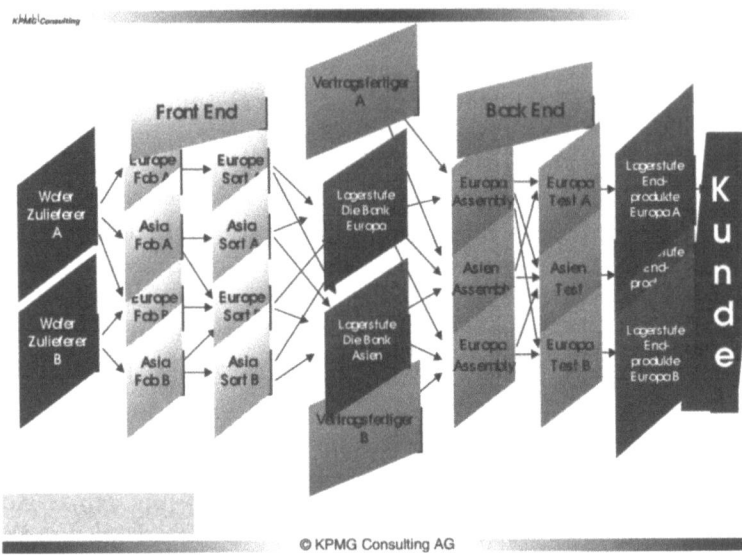

Bild 1: Die Supply Chain der Halbleiterindustrie

Die Produktion von Halbleitern charakterisiert sich durch einige Besonderheiten, die sie von anderen Produktionsprozessen gravierend unterscheidet.

In der Halbleiterindustrie findet sich eine spezifische Stücklistenstruktur

Im Gegensatz zur Halbleiterindustrie fließt in der Automobilfertigung eine sehr hohe Anzahl von Komponenten und Halbfertigfabrikaten in die Wertschöpfungskette des Automobilherstellers ein. Ein hoher Anteil an der Wertschöpfung bildet neben der Montage der bis zu 10.000 Teile die Organisation der Zusammenführung am richtigen Ort zur richtigen Zeit in der gewünschten Menge und Qualität. Diesen sehr hohen Aufwand zu koordinieren stellt bei der Produktion von Automobilen eine große Herausforderung dar.

Im Gegensatz dazu stehen bei der Betrachtung der Fertigungsprozesse von Halbleiterprodukten andere Fähigkeiten der Unternehmen im Vordergrund. Die Kernkompetenzen der Halbleiterhersteller liegen hier vor allem in der Forschung und Entwicklung neuer innovativer Produkte sowie in der Abwicklung der anspruchsvollen Prozesse im Front End. Die Anzahl der in das Endprodukt einfließenden Komponenten ist überschaubar. Materialien wie Silizium, Kupfer oder Kunststoffverbindungen sind nahezu unbegrenzt jederzeit verfügbar. Die Anzahl der aus den wenigen Materialien zu produzierenden Endprodukte ist aufgrund der zunehmenden Variantenvielfalt dagegen erheblich.

Die Bedeutung der Nutzung von Fremdkapazitäten nimmt zu

Neben der Nutzung unternehmensinterner Produktionskapazitäten gewinnt die Integration von Vertragsfertigern in der Halbleiterindustrie an Bedeutung. Die Nutzung von unternehmensexternen Kapazitäten im Front End und Back End wird aus unterschiedlichen Gründen betrieben. Zum einen werden die Kapazitäten von Vertragsfertigern in Anspruch genommen, wenn, begründet durch eine sehr gute Absatzlage, die unternehmensinternen Kapazitäten zur Befriedigung der Nachfrage nicht ausreichen. Zum anderen fokussieren sich die etablierten Halbleiterunternehmen zunehmend auf ihre unmittelbaren Kernkompetenzen, d.h. die wertschöpfungsintensiven Front End-Prozesse. Daher gehen die Tätigkeiten des Back End immer häufiger in die Prozessverantwortung von Vertragsfertigern über.

Die Produktlebenszeit unterschreitet zum Teil die Lieferzeit

Charakteristisch für die Halbleiterfertigung ist die Diskrepanz zwischen den kurzen Produktlebenszyklen und langen Intervallen zur Planung von Material und Kapazitäten. Die durch die Komplexität der Produktionsprozesse und deren unzureichenden planerischen Abbildung hervorgerufenen langen Planungszyklen reduzieren die Fähigkeit auf kurzfristige unvorhergesehene Bedarfsänderungen seitens des Kunden sowie auf ungeplante Ereignisse in der Fertigung zeitnah zu reagieren. Lieferterminzusagen gegenüber dem Kunden sind vor dem Hintergrund der langen Planungszyklen mit einem hohen Maß an Unsicherheit behaftet. Planer bekommen in der Regel zu einem Zeitpunkt Gewißheit über existierende Probleme, wenn es häufig schon zu spät ist, korrigierend zu reagieren.

Betrachtet man in diesem Zusammenhang die Lieferterminwünsche des Kunden, so ist die von ihm erwartete Lieferzeit in der Regel kürzer als die Durchlaufzeit zur Herstellung von Halbleitern, die sich in einigen Beispielen auf bis zu drei Monate beläuft. Viele Hersteller lösen diese Diskrepanz mit dem Aufbau von Beständen an Halbfertigprodukten. Da sich die Produktlebenszyklen in den letzten Jahren jedoch verkürzt haben, erhöht sich die Gefahr, Produkte vorzuhalten, die in dieser Art vom Markt nicht mehr angefordert werden. In der Praxis trifft man an diesen Lagerpunkten auf mehrere Jahre alte Produktionslose. Diese Lose können in vielen Fällen nur noch einer Verschrottung zugeführt werden.

Weltweite Supply Chains mit unterschiedlicher Datenbasis

Eine weitere Herausforderung in der Planung weltweit verteilter Fertigungsstandorte ergibt sich durch die Existenz heterogener Datenhaltung. Die oft „historisch" gewachsene, isolierte Verarbeitung und Vorhaltung von Produkt- und Planungsdaten in den weit verteilten Produktions- und Vertriebsstandorten erschweren eine Synchronisierung der Informationsflüsse innerhalb einer Supply Chain. Daraus resultierende Differenzen zwischen den in der Kapazitätsplanung und der standortspezifischen Feinplanung zu Grunde gelegten Durchlaufzeiten können zu inkonsistenten Planungsergebnissen führen.

Unterschiedliche Produktionsprinzipien müssen berücksichtigt werden

In der Planung der Halbleiterproduktion müssen z.T. zwei unterschiedliche Produktionsprinzipien berücksichtigt werden. Auf der einen Seite trifft man auf eine auftragsgesteuerte Losgründung. Die Produktion des Halbleiters wird in diesem Falle durch den Auftrag vom Kunden (build-to-order) nach den von ihm festgelegten Produktspezifikationen angestoßen. Das Material wird vom Kunden aus der Supply Chain „gezogen" (Pull-Prinzip) .

Auf der anderen Seite werden z.B. Speicherbausteine mit der Erwartung einer durch den allgemein hohen Bedarf am Markt garantierten Abnahme „auf Verdacht" produziert (build-to-stock). Der Produktionsauslösung steht kein eindeutig zuzuordnender Auftrag eines Kunden gegenüber. Speicherbausteine sind eine standardisierte Massenware. Halbleiterhersteller versuchen zeitweise mit der Einspeisung von Speicherlosen die Maschinenauslastung hoch zu halten, wenn die Auftragslage bei komplexen kundenspezifischen Produkten zeitweise nachlässt. Die Erzielung eines zeitnahen und genauen Planungsergebnisses bei divergierenden Produktionsprinzipien ist bei der Nutzung herkömmlicher Planungsprozesse und -tools kaum zu gewährleisten.

Hohe Investitionsvolumina bei der Ausweitung von Kapazitäten

Aufgrund des schwankenden Nachfrageverhaltens kommt es mitunter zu Situationen, in denen die im Unternehmen vorhandenen Kapazitäten nicht ausreichen, um den Bedarf zu decken. Um der erhöhten Nachfrage gerecht werden zu können müssen entweder die vorhandenen Kapazitäten effektiver genutzt oder neue aufgebaut werden. Für die Errichtung und in Betriebnahme neuer Produktionsanlagen sind insbesondere im Front End hohe Investitionsvolumina nötig. Dies trifft in gleichem Maße auch auf Prozessumstrukturierungen mit vorhandenem Equipment zu. Eine gleichmäßig hohe Auslastung der Produktionsanlagen steht somit im Vordergrund.

Supply Chain Planning als integrierter Planungsansatz

Die im vorherigen Abschnitt geschilderten Einflüsse in der Halbleiterindustrie führen dazu, dass die Komplexität der Planungsprozesse ständig zunimmt, während die dafür zur Verfügung stehende Zeit weiter abnimmt, da das Internet immer häufiger die postalische Kommunikation zwischen Kunden und Unternehmen ablöst. Daher spielt die fristgerechte und schnelle Verarbeitung von Informationen und eine möglichst realitätsnahe Planung von Bedarf und Ressourcen eine immer bedeutendere Rolle in Unternehmen. Sequenzielle und auf dem sogenannten MRP II-Prinzip basierende Planungsansätzen, wie sie häufig in Enterprise Resource Planning (ERP) Systemen Anwendung finden, werden diesen Anforderungen nicht mehr gerecht. Denn sie bieten nur geringe Funktionalitäten zur vorausschauenden Planung und Entscheidungsunterstützung an.

Klassische Planungsansätze erreichen kein Optimum in der Planung vernetzter, dynamischer Supply Chains

Konzipiert sind solche „klassischen" Planungslösungen nach dem Prinzip einer sequenziellen Abarbeitung einzelner Aktionen. Somit eignen sie sich zur Unterstützung administrativer, belegorientierter Funktionen, wie Auftragsbearbeitung, Buchführung, Einkauf, etc. da diese überwiegend transaktionsorientiert sind. So läßt sich mit Hilfe eines ERP-Systems ein Auftrag erfassen, bearbeiten und nachkalkulieren. Ein solches System läßt aber i.d.R. keine Aussage darüber zu, wie der Auftrag abzuarbeiten ist, damit die Ware schnellstmöglich an den Kunden geliefert werden kann oder ob der Auftrag überhaupt zur Ergebnisverbesserung beiträgt. Ein ERP-System arbeitet lediglich die Transaktionen in sequenzieller Reihenfolge ab.

Auf den Bereich der Produktionsplanung projiziert, bedeutet diese sequenzielle Abarbeitung, dass zunächst die Mengenplanung, dann die Termin- und die Kapazitätsplanung durchgeführt werden. Dabei stellen die Ergebnisse einer vorgelagerten Funktion die Eingangsdaten für eine nachfolgende Funktion dar.

Die Nachteile dieses sequenziellen Vorgehens werden insbesondere dann deutlich, wenn z.B. in der Termin- und der Kapazitätsplanung festgestellt wird, dass die Kapazität für die geplante Menge zu dem geplanten Zeitpunkt nicht zur Verfügung steht. Dann müßte rückwirkend die Mengenplanung angepaßt werden. Würde man dieses jedoch für alle Verbindungen der Funktionen in letzter Konsequenz durchführen wollen, so ergebe sich eine Vielzahl von Planungskreisläufen. Darüber hinaus führt durch die oft pufferfreie zeitliche Einplanung der Bedarfe jede unvermeidbare, noch so geringe Störung zu einem exponentiellem Änderungsaufwand.

ERP-Systeme Die transaktionsorientierten ERP-Systeme weisen, neben der ausschließlich sequenziellen Abarbeitung, eine weitere Schwäche auf. Sie sind i.d.R. nicht in der Lage natürliche Restriktionen, wie z.B. die begrenzte Kapazität einer Maschine genau abzubilden und in der Planung zu berücksichtigen.

Dieses Vorgehen kann dazu führen, dass das Planungsergebnis in dem Moment, in dem es vorliegt, schon veraltet ist. Plan und Realität können mitunter weit auseinanderliegen. Denn ERP-Systeme berücksichtigen nur eine Momentaufnahme der Supply Chain und erzeugen auf dieser Basis einen sequenziell erstellten Plan. Es ist auf diese Weise nicht möglich, die Realität, mit ihren sich ständig verändernden Parametern, durch ein kontinuierliches Anpassen und Verbessern des Plans, adäquat abzubilden. „Der Versuch, mit einem ERP-System einen optimalen Plan zu erzeugen gleicht sozusagen dem Versuch, ein Auto auf einer kurvigen Straße zu steuern in dem man in den Rückspiegel schaut."[1]

---

[1] Sidhu

Es läßt sich außerdem festhalten, dass auf dem MRP II-Prinzip aufbauende Planungslösungen transaktionsorientiert vorgehen, innerbetrieblich fokussiert sind - und damit weltweit verteilte Standorte oder Vertragsfertiger nur bedingt berücksichtigen können. Sie lassen keine dynamische Berücksichtigung von Alternativen in einer global vernetzten Supply Chain im Rahmen der Planung zu. Somit sind ERP-Systeme nicht geeignet, den komplexen Planungsprozess in der Halbleiterindustrie geeignet abzubilden. Sie stellen vielmehr die notwendigen Daten zur Verfügung, auf deren Basis sich durch ein SCP-System, eine realitätsnahe, vorausschauende Planung und Entscheidungsunterstützung entlang der Wertschöpfungskette etablieren läßt.

Erst intelligentes Supply Chain Planning ermöglicht integriertes Planen und damit Wettbewerbsvorteile

SCP-Systeme gehen nach einem grundsätzlich unterschiedlichen Planungsansatz vor, als er klassischen ERP-Systemen zu Grunde liegt.

SCP-System   Ein SCP-System behandelt eine Veränderung innerhalb der Supply Chain als vernetztes Problem mit Konsequenzen in Richtung Lieferanten und Kunden. Es berücksichtigt also sehr viel genauer die Dynamik und Vernetzung der Vielzahl von Parameter entlang der Wertschöpfungskette, wie z.B. der plötzlicher Ausfall einer Produktionsanlage/ -linie oder eine Verzögerung der Rohmaterialanlieferung.

Die flexiblen Modellierungstechniken erlauben eine exakte Abbildung weltweit vernetzter Ressourcen und Operationen, deren aggregierte oder detaillierte Darstellung den Anforderungen verschiedener Planungsaufgaben gerecht wird. In der Halbleiterindustrie sind z. B. Front End und Back End Standorte durch ein Halbfertigerzeugnislager (Die Bank) oft geographisch getrennt. Die Front- und Back End-Fertigung ist daher voneinander isoliert und es werden darüber hinaus zunehmend Vertragsfertiger eingebunden. Sowohl geographisch isolierte Standorte als auch Vertragsfertiger können in der Supply Chain modelliert und durchgängig beplant werden. Dadurch kann beispielsweise die Kapazitätsplanung im Unternehmen insgesamt verbessert werden, da Informationen aus Front End, Back End und von Vertragsfertigern berücksichtigt werden können.

SCP-Systeme erlauben eine globale Sicht auf die Supply Chain. In der Planung werden die Auswirkungen von Entscheidungen auf verschiedenen Planungsebenen und in verschiedenen Unternehmensbereichen auf sämtliche Ressourcen, wie z.B. Maschinen, Personal, Material oder Transportmittel in der Supply Chain berücksichtigt. Durch intelligente Early Warning Systeme' ist das Unternehmen auch kurzfristig in der Lage, sehr flexibel auf Probleme in der Fertigung zu reagieren. Dem Benutzer wird z.B. der Ausfall einer Testergruppe im Back End unmittelbar angezeigt. So kann er das Problem schnell und effizient lokalisieren, priorisieren und einer Lösung zu führen, die einen global optimalen Plan ermöglicht.

Anders als bei klassischen ERP-Systeme können zusammenhängende Planungsprobleme auf verschiedenen Planungsebenen – z.B. der strategischen, taktischen oder operationalen Ebene - und in unterschiedlichen Funktionsbereichen simultan berücksichtigt und damit integriert gelöst werden. Somit werden bestehende Interdependenzen zwischen Material- und Kapazitätsverfügbarkeit gleichzeitig betrachtet und in nur einem Planungslauf kontrolliert. Änderungen der Planungsgrundlage werden registriert und ihre Auswirkungen an alle betroffenen Bereiche propagiert sowie notwendige Plananpassungen zur erneuten Prozesssynchronisation vorgenommen.

Restriktionen Restriktionen verschiedenster Art, z. B. der oben genannte kurzfristige Ausfall einer Testergruppe des Back Ends werden in allen Bereichen der Supply Chain über Unternehmensgrenzen hinaus identifiziert und bei der Planung berücksichtigt. Dadurch können alle Mengenströme innerhalb der Supply Chain synchronisiert und aufeinander abgestimmt werden. Es wird somit nicht nur die Durchführbarkeit eines Plans gewährleistet, sondern auch die Informationen hinsichtlich etwaiger Engpässe können zur Priorisierung von Produkten für wichtige Kunden genutzt werden. Übersteigt beispielsweise die Kundennachfrage den prognostizierten Bedarf, so können oftmals Produkte nur verspätet oder gar nicht produziert und verkauft werden. Durch eine engpassorientierte Planung können die begrenzenden Ressourcen in Front End oder Back End und somit die betroffenen Produkte schnell identifiziert werden. Eine Klassifizierung der Produkte nach Key Accounts ermöglicht dann eine an definierten Zielgrößen, wie z.B. langfristige Kundenzufriedenheit oder kurzfristige Gewinnoptimierung, orientierte Entscheidung darüber, welche Produkte vorrangig zu produzieren sind.

Ein solcher Planungsansatz, in Verbindung mit einer hohen Planungsgeschwindigkeit durch hauptspeicherresidente Technologie, ermöglicht eine Reduzierung der Planungszyklen und -zeiten auf den verschiedenen Planungsebenen. Damit kann ein Abgleich zwischen Planung und Umsetzung häufiger stattfinden und so die Supply Chain schneller auf unvorhergesehene Veränderungen, z.B. der internen Kapazität oder des externen Bedarfs, reagieren. Dieses ist insbesondere in der Halbleiterindustrie, wo Produktlebenszyklen z.T. die Planungsfrequenz der Absatzplanung unterschreiten, von besonderer Bedeutung.

Aufgrund der vorgestellten Funktionalitäten werden SCP-Systeme – gegenüber klassischen Planungsansätzen – den für die Halbleiterindustrie charakteristischen Anforderungen eher gerecht. Die Implementierung solcher Planungslösungen schafft darüber hinaus die wesentliche Voraussetzung für eine informationstechnische Integration von Zulieferern und Kunden in die eigene Wertschöpfungskette über eProcurement bzw. eCommerce Applikationen.

Implementierung eines Supply Chain Planning Systems in der Halbleiterindustrie

Die Implementierung eines SCP-Sytems in die Unternehmensstruktur eines Halbleiterherstellers ist vor den in Abschnitt 1 geschilderten Rahmenbedingungen eine komplexe Herausforderung. Hierbei dürfen die einzelnen Unternehmensfunktionen über die komplette logistische Prozesskette nicht getrennt voneinander betrachtet werden. Das Ziel muß eine Geschäftsprozessbetrachtung und Implementierung sein, die auf eine eng verknüpfte Zusammenarbeit der unternehmensinternen Bereiche Marketing, Planung, Einkauf, Front End und Back End-Produktion, Vertrieb und Distribution als auch auf eine Optimierung der vor- und nachgelagerten Prozesse mit Lieferanten und Kunden abzielt. Von besonderer Bedeutung ist dabei, wie schnell die einer Implementierung zu Grunde liegenden Ziele erreicht werden können und sich das Projekt amortisiert. Projektdauer und –fortschritt werden wesentlich durch die Einführungsmethodik beeinflusst. Somit hat sowohl der Einsatz einer geeigneten Einführungsmethodik als auch die Begleitung der Organisation im Veränderungsprozess großen Einfluss auf den Erfolg der Implementierung. Beide Faktoren werden im folgenden diskutiert.

Die Wahl der Einführungsmethodik

Die primäre Fragestellung bei der Wahl der Methodik zur Einführung von integrierten Planungssystemen ist häufig folgende: Wie und wo kann ich schnell meßbare Erfolge erzielen?

Um zu einer Antwort zu kommen, sollten die Bereiche der Supply Chain ermittelt werden, bei denen ein besonders hohes Potenzial an Verbesserung durch ein Planungssystem besteht. Hierzu bietet KPMG Consulting ein breites Leistungsspektrum an, das von einer schnellen Schwachstellenanalyse mit grobem Detaillierungsgrad bis zur genauen Quantifizierung von erzielbaren Potenzialen vor der Implementierung eines SCP-Systems und den realisierten Einsparungen während und nach Abschluß der Einführung entsprechender Systeme reicht.

Sind die Schwachstellen in der Wertschöpfungskette identifiziert, erste Prozessoptimierungen erfolgreich realisiert und die nötigen Vorbereitungen zur Grunddatenbereitstellung weitgehend abgeschlossen, so ist noch die Frage nach der Einführungsstrategie zu beantworten. Auf diesem Weg von bestehenden, „vertrauten" Altsystemen zu einer neuen Planungslösung mit optimierten Geschäftsprozessen entscheidet oft die Wahl der Einführungsstrategie darüber, ob das Ziel schnell erreicht werden kann oder nicht. Diese Wahl wird beeinflusst durch den Projektfokus, die zur Verfügung stehende Zeit und das Budget, die individuellen Ausprägungen des Unternehmens und vieles mehr. In der Praxis existieren nebeneinander eine Vielzahl unterschiedlicher Methoden zur Implementierung eines SCP-Systems von denen zwei erläutert werden sollen um beispielhaft Gefahren und Chancen aufzuzeigen.

„Big Bang"

Bei der Methode des „Big Bang's" ist das Ziel, bestehende Altsysteme durch die vollständig entwickelte neue Planungsfunktionalität eines SCP-Systems in einem Schritt zu ersetzen. Eine Beeinflussung des laufenden Geschäfts soll vermieden werden, indem ein paralleler Betrieb von alten und neuen Funktionalitäten weitgehend entfällt und mit einem „Big Bang" die gesamte neue Planungslösung zur Verfügung steht. Es zeigt sich jedoch in der Praxis, dass eine derartige Einführungsmethodik kritisch betrachtet werden muß

Da die schrittweise Etablierung von Teilfunktionalitäten wegfällt, machen sich die gezeigten Vorteile eines SCP-Systems erst am

Ende des Projektes - und nicht schon im Projektverlauf - bemerkbar und tragen so relativ spät zur Ergebnisverbesserung bei.

Die kontinuierliche Optimierung der neuen Planungsfunktionalitäten und involvierten Geschäftsprozesse während des Projektverlaufs ist schwierig, da der produktive Betrieb und damit auch die Beurteilung des Systems durch die Anwender erst mit der Fertigstellung des System möglich ist.

Die phasenweise Einführung von integrierten Planungssystemen

In einer Vielzahl von Projekten hat sich die Implementierung solcher Systeme in abgeschlossenen, aufeinanderfolgender Phasen als zielführend erwiesen. Eine derartige Vorgehensweise erlaubt es, die Software in strukturierten und kurzen Schritten zu implementieren. Hierdurch wird die Komplexität, die in der Etablierung neuer Planungsfunktionalitäten entlang der logistischen Kette liegt, in überschaubare und meßbare Projektphasen aufgeteilt und somit reduziert. Jede Phase ist direkt mit Zielen gekoppelt, die zu einer nachhaltigen Ergebnisverbesserung beitragen – und das noch während der Projektlaufzeit.

Wesentlich für erfolgreiche Einführung eines integrierten Planungssystems und damit der Realisierung des Software-Rollouts ist darüber hinaus die detaillierte Strukturierung der Rollout-Schritte. Jede, der in der Regel aufeinander aufbauenden Phasen muß genau definierte Funktionalitäten beinhalten. Im Gegensatz zur „Big-Bang"-Methode sind alle Beteiligten gezwungen, nicht nur jede Stufe in Abwägung der technischen und organisatorischen Konsequenzen, sondern darüber hinaus auch den gesamten Rollout mit allen erkennbaren Wechselwirkungen auf die existierenden und teilweise zu ersetzenden Alt-Systeme zu durchdenken und auf Machbarkeit hin zu überprüfen. Dies zielt auf die Vermeidung von späten Überraschungen, wie z.B. der Inkompatibilität von Alt- zu Neusystemen und der Fehleinschätzung der zeitgerechten Rollout-Teamstärke. Überraschungen sind eine wesentliche Quelle für Verzögerungen.

Ziele Die Erarbeitung von machbaren und überschaubaren Zielen, d.h. der produktiven Freischaltung von Funktionalitäten der Software, sollte über die Festlegung von zeitnahen Meilensteinen gesteuert werden. Ein Meilenstein kann in diesem Zusammenhang z. B. die Überschreitung der Planungsgenauigkeit des neuen Systems im Vergleich zur Altanwendung sein.

Wer entscheidet jedoch über die Zielerreichungsvorgaben und nachfolgend über deren aktuelle Realisierung? Um der Festlegung von häufig „weichen" Kriterien des Projektteams einen Riegel vorzuschieben und somit schleichende Projektverzögerungen zu vermeiden, ist die frühzeitige und kontinuierliche Einbindung der Endanwender zu empfehlen. Die Endanwender sollten in Zusammenarbeit mit den Rollout-Verantwortlichen über die Erreichung der mit ihnen festgelegten Meilensteine entscheiden. Vorsicht ist jedoch dann geboten, wenn die Kreativität der Anwender hinsichtlich neuer Anforderungen an das Planungssystem unbegrenzt scheint. Nach der Prüfung neuer Anforderungen sollte in den meisten Fällen eine Berücksichtigung erst in späteren Phasen in Aussicht gestellt werden. Wird vor dem Hintergrund der vorhandenen Mitarbeiterstärke im Rollout an dieser Stelle eine Umsetzung in der aktuellen Projektphase in Aussicht gestellt, so wird die erfolgreiche Erreichung des gemeinsam vereinbarten Meilensteines gefährdet. Auswirkungen auf den gesamten Projektplan sind wahrscheinlich.

Die Anwender entscheiden vor dem Hintergrund der erreichten Prozessverbesserungen durch die neuen Funktionalitäten zum Altsystem über die Erreichung eines Meilensteines, also über den Beginn der nächsten Phase.

Endanwender Ein weiterer Vorteil der Einbindung der Endanwender in den Rollout-Prozess ist, neben der frühen Identifizierung und Akzeptanzfindung mit den neuen Prozessen und dem System, die Verdeutlichung der Ernsthaftigkeit der Software-Implementierung. Im Gegensatz zur „Big-Bang"-Vorgehensweise, wo der Zeitpunkt der höchsten Relevanz für den Endanwender recht weit in der Zukunft liegt, offenbaren sich bei der schrittweisen Einführung die unmittelbaren Änderungen in den Arbeitsprozessen recht schnell.

Aber auch die Partizipation der Endanwender im Rollout eines integrierten Planungssystems schützt das Projektmanagement nicht vor Fehleinschätzungen in der Aufstellung eines Projektplanes. Die in Abschnitt 1 beschriebene, dynamische Entwicklung kann zu veränderten Produktionstechnologien und Verlagerungen von Produktionsstandorten führen. Derartige Veränderungen während der Projektlaufzeit stellen einen zunehmenden Unsicherheitsfaktor bei der Abwicklung von umfangreichen SCM-Softwareprojekten dar. Im Rahmen der einzelnen Phasen können diese Veränderungen berücksichtigt werden. Konstruktives Feedback der im Rollout eingebundenen Unternehmenseinheiten kann in den nachfolgenden Einführungsphasen praxisnah berücksichtigt und erprobt werden. Synergien zu parallel betriebenen Rollouts in anderen Geschäftsgebieten sind in der Praxis üblich. Die Einführung anhand des „Big-Bang" könnte die beschriebenen Änderungen zweifellos ebenfalls berücksichtigen, hätte jedoch keine Möglichkeit, diese frühzeitig praxisnah zu testen und auf die, in früheren Phasen gemachten Erfahrungen, zurückzugreifen.

Ein wesentlicher Vorteile einer phasenweisen Vorgehensweise ist besonders hervorzuheben. Die Akzeptanz gegenüber laufenden umfangreichen Implementierungen sinkt und fällt mit der Realisierung von sogenannten „Quick wins", schnellen Erfolgen. Sie sind die Grundlage zur internen Argumentation der Projektleitung und ihrer Repräsentanten im Führungskreis über das laufende Projekt und den damit einhergehenden Kosten.

Ein Beispiel für die phasenweise Einführung eines SCP-Systems für die Produktions-Feinplanung

Im folgenden wird die Vorgehensweise der phasenweisen Einführung einer Planungslösung für die Feinplanung der Produktionsstandorte dargestellt. Im Vorlauf zum Rollout der ersten Funktionalitäten im Rahmen von Phase 1 sind vor allem folgende Vorarbeiten abzuschließen: Zum einen muß die Verfügbarkeit der Basissysteme sowie der erforderlichen Grunddaten und der Bewegungsdaten sichergestellt werden. Zum anderen ist bei der detaillierten Planung der unterschiedlichen Phasen die kontinuierliche Weiterführung des Geschäftsbetriebes zu berücksichtigen. Eine mögliche Variante ist die Aufteilung des Rollouts eines Feinplanungssystems in vier aufeinander aufbauende Abschnitte pro Standort. Jede Stufe wird, wie in Abbildung 2 dargestellt, mit einem Zeitaufwand von ca. 2-3 Monaten veranschlagt werden.

Phase 1 beinhaltet beispielsweise die Mengen- und Terminplanung ohne die Berücksichtigung von Kapazitäten. Die Mengen-Vorgaben der Dispositionsebene werden in den Standorten, in denen Phase 1 produktiv eingesetzt wird, in der Produktion termingerecht eingeplant.

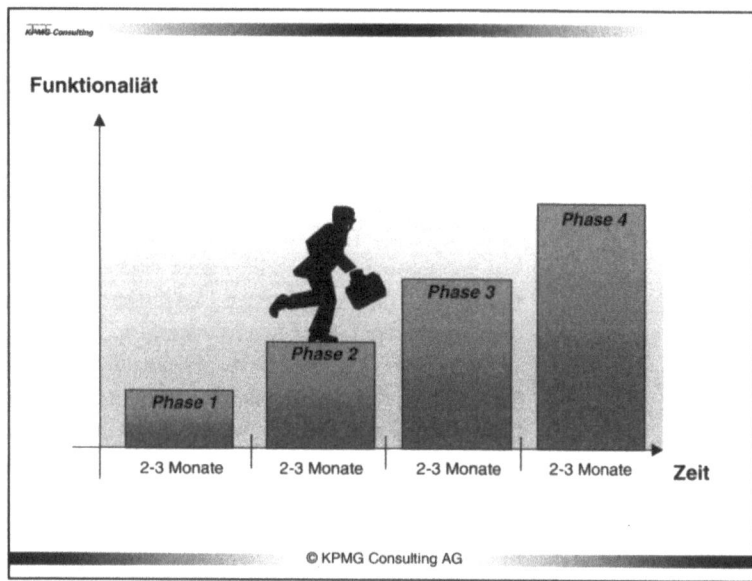

Bild 2: Die phasenweise Einführung eines Planungssystems am Beispiel der standortspezifischen Feinplanung

Zu der Basisfunktionalität von Phase 1 wird in Phase 2 eine statische Kapazitätsprüfung hinzugenommen. Das heißt, es wird die Nachfrage nach Kapazität dem Angebot an Kapazität in Maschinenstunden gegenübergestellt. Beide vorangegangenen Einführungsphasen betrachten ausschließlich eine wochenfeine Planung. In Phase 3 wird nun auf tagesfeine Planungsläufe übergegangen. Somit können auf Basis der ersten Phasen „work-in-progress" (WIP) und tagesfeine Materialablieferungen berücksichtigt werden. Die letzte Phase der Einführung vereint die Funktionalitäten aller bisher produktiv genutzten Einführungsstufen und fügt die restlichen Funktionen zur Realisierung der Engpassorientierten Planung hinzu.

Planungsebenen – Eine zusätzliche Dimension bei SCP-Implementierungen

Wie am vorherigen Beispiel gezeigt wurde, kann die operationale Planung – also z.B. die Feinplanung einzelner Standorte – durch eine phasenweise Einführung von SCP-Systemen deutlich verbessert werden. Ebenso lassen sich zahlreiche Praxisbeispiele anführen, wo bei dem Einsatz solcher Systeme ausschließlich auf die taktische Planungsebene – also z.B. die unternehmensweite

Bedarfsplanung – fokussiert wurde und dort eine nachhaltige Ergebnisverbesserung realisiert werden konnte.[2] Dabei kann die Implementierung der jeweils benötigten Funktionalität mit Hilfe der phasenweisen Vorgehensweise im Rahmen der definierten zeitlichen und inhaltlichen Ziele realisiert werden.

Bei größeren Implementierungen findet sich jedoch oftmals die Situation, das SCP-Systeme nicht nur für die isolierte Planung auf einer Planungsebene eingesetzt werden sollen. Denn die Effizienz der gesamten Planung läßt sich gerade dadurch nachhaltig verbessern, dass solche Systeme Planungsebenen-übergreifend zur Planung der logistischen Kernprozesse eingesetzt werden. So wird in einem Ansatz z.B. die unternehmensweite Bedarfs- und Kapazitätsplanung, die unternehmensbereichspezifische Disposition und die standortspezifische Feinplanung in der jeweils adäquaten Aggregationsstufe integrierten betrachtet. Dabei entstammen die Eingangdaten für die jeweilige Planungsebene der selben Datenbasis. Die Ausgangsdaten können entsprechend der benötigten Granularität verdichtet werden. Warum dieses insbesondere in der Halbleiterindustrie von besonderer Bedeutung ist zeigt das folgende Beispiel.

Die Verkaufsabteilung ist oftmals skeptisch gegenüber den in der Fertigung geplanten Durchlaufzeiten in Front End und Back End. Denn z.T. halten beide Organisationseinheiten die Durchlaufzeiten in unterschiedlichen Systemen, was zu Unterschieden führen kann. Diese fehlende Integration zwischen Bedarfs- und Produktionsplanung führt zu Lieferterminen, die von der Fertigung nicht eingehalten werden können und sich negativ auf die Liefertreue auswirkt. Mit Hilfe eines die Planungsebenen überspannenden integrierten Ansatzes wie ihn SCP-Systeme ermöglichen, lassen sich die verschiedenen logistischen Planungsprozesse eng miteinander verknüpfen. In allen Prozessen können dieselben Planwerte für Durchlaufzeiten herangezogen werden, die kontinuierlich mit den Ist-Werten der Exekutionsebene verglichen und aktualisiert werden.

Planungsprozesse Auf diese Weise lassen sich unterschiedliche logistische Planungsprozesse durch einen integrierten Planungsansatz abbilden. Gerade bei solchen Vorhaben ist im Rahmen der phasenweisen Implementierungen eine zusätzliche Dimension zu berücksichtigen. Denn nur allein die Definition einzelner Phasen, in denen

---

[2] KPMG

Funktionalitäten in festgelegter Zeit und mit bestimmten Zielen eingeführt werden, ist nicht hinreichend. Die Phasen sind vielmehr im Kontext der gegenseitigen Interdependenzen einzelner Planungsfunktionalitäten, wie z.B. zentrale Bedarfs- und Kapazitätsplanung oder standortspezifische Feinplanung, in den unterschiedlichen Planungsebenen zu definieren. Denn im Unternehmen fließen Informationen sowohl von „oben nach unten" als auch von „unten nach oben". Beispielsweise werden in der Bedarfsplanung definierten Stückzahlen auf Dispositionsebene zu einzelnen Fertigungswegen und Kunden zugeordnet und dann als terminierte Bedarfe an die Feinplanungsebene weitergegeben. Somit fließen die Informationen von der Bedarfsplanungs- über die Dispositions- in die Feinplanungsebene. In der Feinplanung wird dann sowohl die zeitliche Machbarkeit der Vorgaben an die Dispositionsebene als auch die verfügbare Kapazität an die Ebene der Bedarfs- und Kapazitätsplanung zurückgegeben.

Bei der Einführung eines integrierten Planungssystems sind diese Verflechtungen von Informationsflüssen über die Planungsebenen zu berücksichtigen.

Abbildung 3 stellt beispielhaft dar, wie eine Implementierung unter Berücksichtigung der drei Dimensionen Zeit, Funktionalität und Planungsebene aussehen kann.

Anhand der individuellen Rahmenbedingungen und Zielsetzungen des Unternehmens sollte ein optimales Zusammenspiel dieser drei Dimensionen gefunden werden, das dann den Verlauf einer Implementierung vorgibt. So macht es z.B. Sinn, eine Implementierung mit der Installation einer Feinplanung in den weltweit verteilten Front End und Back End Standorten zu beginnen, wenn damit besonders ineffiziente Altsysteme schnell abgelöst werden können. Gleichzeitig kann mit der Etablierung einer zentralen Bedarfs- und Kapazitätsplanung begonnen werden, die eng mit der Standortplanung verknüpft ist. Damit kann die weltweite Auslastung aller Ressourcen harmonisiert werden, indem die in den Standorten vorhandene Information bzgl. Durchlaufzeiten, Chip-Ausbeuten und verfügbarer Kapazität bei Bedarf abgefragt wird und als Eingangsgröße für die Kapazitätsplanung dient.

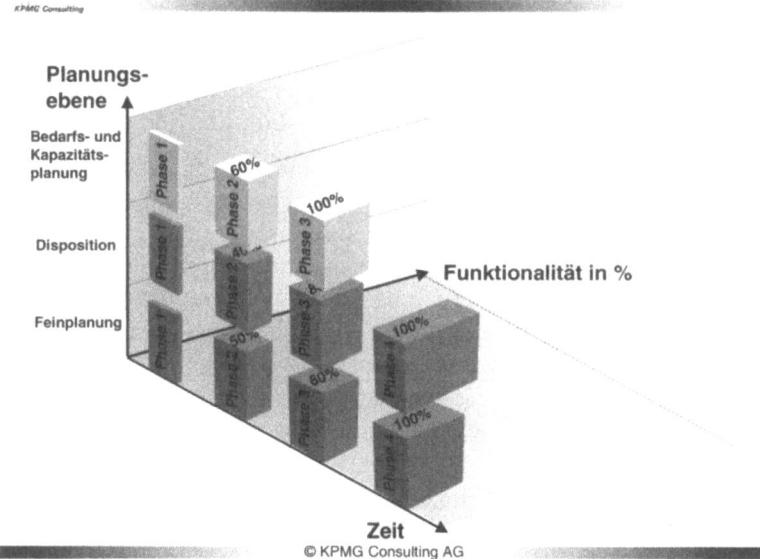

Bild 3: Bei der Implementierung integrierter SCP-Systeme sind die Dimensionen Zeit, Funktionalität und Planungsebene im Kontext zu betrachten.

Dieses optimale Zusammenspiel der drei Dimensionen Funktionalität, Zeit und Planungsebene wird von Unternehmen zu Unternehmen unterschiedlich sein und hängt vor allem von den Abhängigkeiten zwischen den für die logistischen Planungsprozesse vorhandenen Altsysteme ab.

Neben der Berücksichtigung dieser drei Dimensionen spielt aber auch die adäquate Begleitung der Organisation durch den Veränderungsprozess von Altsystem zu einer neuen Planungslösung eine oft entscheidende Rolle. Die Methoden und Maßnahmen des Management of Change können bei der Überwindung von scheinbar unlösbaren Widerständen hilfreich unterstützen. Es soll kurz auf die relevanten Aspekte des Management of Change bei der Einführung von integrierten Planungssystemen eingegangen werden.

Management of Change

Die Ursachen für einen negativen Verlauf von Projekten dieser Art sind vielfältig. Mangelnde Kommunikation, fehlendes Engagement der Unternehmensführung, unklare Ziele und Prioritäten und der unterschätzte Einfluss der oft heterogenen Unternehmenskultur sind nur einige Gründe für Misserfolge.

Daher soll in diesem Abschnitt auf einen wesentlichen Gefahrenpunkt bei der Einführung eines integrierten Planungssystems im Halbleiterbereich und dessen Vermeidung durch pragmatische Maßnahmen zum Management von Veränderungen eingegangen werden. Ein über Projekterfolg- oder Misserfolg entscheidende Faktor ist zweifellos der zukünftige Anwender des neuen Softwaresystems. Insbesondere kann die Ablösung von Alt-Systemen durch neue Planungslösungen beim Anwender zu immensen Widerständen führen. Arbeitsprozesse, in denen er seine Fähigkeiten jahrelang unter Beweis stellen konnte, werden vom neuen Planungssystem übernommen. Der operative Entscheidungsspielraum kann z.B. für den Disponenten je nach Softwarekonfiguration relativ gering sein. Andere wertschöpfendere Arbeitsprozesse können intensiver behandelt werden.

Der Abschied von jahrelang „erfolgreich" praktizierten Verhaltensweisen im Tagesgeschäft des Disponenten ist unter Verwendung der Methoden des Management of Change für die im Rollout tätigen „Überzeuger" besser zu vermitteln. Beispielhaft für herkömmliche Verhaltensweisen eines Disponenten kann der Aufbau von Lagerbeständen zur Vermeidung von Engpasssituationen oder die Reservierung von Produktionskapazitäten auf Verdacht sein. Die reservierten Kapazitäten wären für weitere Disponenten nicht mehr verfügbar. Die Aufgabe eines „Change Agents" ist es, anhand der Vorteile der integrierten Planungslösung, unter anderem der Bereitstellung genauer Bedarfsdaten, diese Verhaltensweise abzustellen.

Um die Vorteile des neuen Systems in einem frühen Projektstadium für die Disponenten herauszuarbeiten und sie zu positiven Meinungsführern machen, bedarf es eines hohen Grades an Partizipation im Projektverlauf.

Die positiven Aspekte, die sich in Form neuer Aufgaben für den Disponenten erschließen, lassen sich nicht immer kurzfristig erarbeiten. Kontinuierliche Information über den Status, Probleme und Lösungen im Rollout bauen Mißtrauen ab. In Projekten spielen „überzeugte" Schlüsselpersonen auf Anwenderseite eine bedeutende Rolle wenn es darum geht, auf breiter Ebene in den betroffenen Unternehmensbereichen die Einführung voranzutreiben.

Zusammenfassung

Die in Abschnitt 1 geschilderten Besonderheiten und Herausforderungen in der Halbleiterindustrie stellen besondere Anforderungen an die Planung entlang der Wertschöpfungskette. Klassische, auf dem MRP II-Ansatz basierende Planungssysteme sind diesen Anforderungen oftmals nicht mehr gewachsen. Die in Abschnitt 2 vorgestellten Supply Chain Planning Systeme zeigen aufgrund ihres intelligenten Planungsansatzes einen vielversprechenden Weg auf. Das alleinige Produktivsetzen der vorgestellten Funktionalitäten führt jedoch nicht immer zum Ziel. Vielmehr ist die Wahl einer geeigneten Strategie und Methodik zur Implementierung einer integrierten Planungslösung und die kontinuierliche Begleitung der Organisation durch den Veränderungsprozess auf dem Weg zum Ziel von entscheidender Bedeutung.

Die Praxis zeigt, dass unter Berücksichtigung dieser Faktoren das Zusammenspiel von erstklassiger Optimierung der logistischen Geschäftsprozesse und deren integrierter Planung durch SCP-Systeme die Wettbewerbsposition nachhaltig verbessert werden kann. Durch die simultane Planung und äußerst schnelle Technologie kann die Planungsfrequenz von Wochen auf Tage reduziert werden. Plan und Umsetzung rücken so näher zusammen und Abweichungen müssen nicht mehr durch unnötig hohe Bestände abgepuffert werden, um zugesagte Liefertermine einhalten zu können. So lässt sich bei reduzierten Beständen eine Liefertermintreue von beispielsweise bis zu 90 Prozent erreichen. Die Transparenz über die gesamte Supply Chain erlaubt die gezielte Berücksichtigung und Kontrolle der Engpass-Ressourcen. Dadurch reduziert sich der Umlaufbestand und beschleunigt sich der Durchlauf durch die Fertigung um bis zu 50 Prozent, da weniger Material vor Engpass-Ressourcen wartet. Die gesamte Supply Chain wird agiler und flexibler und es lässt sich sehr viel schneller auf Schwankungen in der Nachfrage, den Ausfall einer Ressource oder die verspätete Lieferung eines Vertragsfertigers reagieren. Auf diese Weise lassen sich gerade in der Halbleiterindustrie Wettbewerbsvorteile realisieren.

Quellenverzeichnis:

Sidhu, Sanjiv: www.i2.com

KPMG: „Supply Chain Management und eBusiness", KPMG Consulting AG, November 2000: www.kpmg.de/ebusiness

15 Supply Chain-Management in der Automobilindustrie

Anforderungen an die Prozesse und IT

Michael Koschnike, KPMG

Einleitung

Supply Chain-Management – das Management integrierter Versorgungsketten, rückt trotz Just-in-Time, Just-in Sequence, KANBAN und anderer logistischer Teiloptimierungen vermehrt in den strategischen Gestaltungsrahmen global agierender Unternehmen. Hintergrund dieser Entwicklung ist nicht nur die Realisierung des Order-to-Delivery-Prozesses (OTD) mit einer reduzierten Durchlaufzeit von weniger als 14 Tagen. Vielmehr verbirgt sich hier die Umstellung einer Branche auf das Online-Geschäft, das durch die direkte Kommunikation mit Kunden Umsatzsteigerungen und Kundenloyalität erheblich steigern soll. Eine wesentliche Voraussetzung für alle Beteiligten bei diesem Geschäftsmodell ist hierbei, alle relevanten Planungsinformationen wie beispielsweise Kapazitäten, Materialien oder in Transit befindliche Ware im direkten Zugriff zeitnah verfügbar zu haben. Dies ist die eigentliche Grundlage zur Entscheidungsfindung.

Führende Unternehmen realisieren verstärkt, dass sie zwar in wesentlichen Teilprozessen exzellente Organisationen aufgebaut haben, die intelligente Verknüpfung der Prozesse und Informationen jedoch häufig nicht gewährleistet ist. Hinzu kommt noch, dass das Rückgrat der Unternehmen – eine integrierte Versorgungskette – keine hundertprozentige Transparenz und Visibilität aufweist.

Veränderungen in der Automobilindustrie wurden bisher stets von den Automobilherstellern angestoßen. Der steigende Marktdruck zwang die Hersteller zur stetigen Optimierung ihrer Netzwerke und zur Verbesserung der Prozesse. Diese Maßnahmen hatten oft direkte Auswirkungen auf die verbundenen Lieferanten. In den letzten Jahren ist die Konkurrenz gesamter Wertschöpfungsketten immer stärker in den Vordergrund gerückt. Diese Entwicklung wird noch verstärkt durch die immer kürzeren Produktlebenszyklen, globale Produktion sowie den sich verstärkenden Preiswettbewerb.

Anforderungen an die Prozesse – der Order to Delivery-Prozess (OTD)

Der OTD beinhaltet die gesamte Durchlaufzeit beginnend bei der Bestellung eines kundenspezifischen Fahrzeugs bis hin zur Auslieferung an den Endkunden. Die Verkürzung dieses Prozesses bis auf 14 Tage oder weniger steht im Mittelpunkt vieler Bestrebungen von Automobilherstellern (OEM), ihre Versorgungsketten zu integrieren und flexibel zu managen. Die wesentliche Herausforderung stellt hierbei die Integration der Lieferanten dar. Die Chance für den OEM liegt in der Abkehr von der herkömmlichen Quotenplanung hin zu einer kundenauftragsbezogenen Fertigung (Bild 1).

Der Trend zum 14-Tage-Auto ist sicherlich kein Zufallsprodukt, sondern die Folge einer globalen Veränderung in der gesamten Automobilindustrie. Nicht nur in Europa stehen die OEMs vor einer großen Herausforderung. Allerdings ist der Wunsch nach Individualisierung der Fahrzeuge in Europa stärker ausgeprägt. Die OEMs tragen diesem Trend Rechnung, indem sie verstärkt ihre Modellpalette erweitern. Mittelfristig bedeutet dies, die bisherigen Verfahren zur Herstellung noch stärker auf Individualität und Variantenstärke auszurichten – bis hin zur kundenauftragsbezogenen Fertigung in deutlich kürzerer Zeit als heute.

Andererseits sind die Kunden - insbesondere in den USA - immer weniger bereit, auf ihr Auto lange beziehungsweise überhaupt zu warten. Der Faktor Zeit ist hier von wesentlicher Bedeutung. Der Unterschied zu europäischen Kundenbedürfnissen liegt heute noch in der flexibleren Bereitschaft zu Zugeständnissen. Aber auch in den USA wächst der Trend zur Individualisierung.

In Europa wird jedoch immer mehr ersichtlich, dass selbst im Premium Segment die Bereitschaft zu monatelangem Warten und vagen Liefertermiinzusagen sinkt.

Supply Chain-Management in der Automobilindustrie

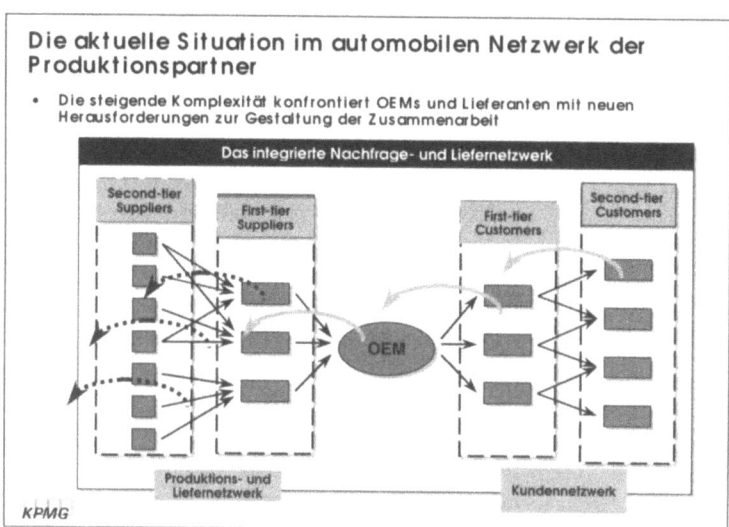

Bild 1: Der Order to Delivery-Prozess – vereinfachte Darstellung

Derzeit befindet sich die europäische Automobilindustrie noch in der Boom Phase. Bei dem derzeitigen Nachfrageüberhang werden die bestehenden Produktionskapazitäten für bestimmte Modelle über viele Monate ausgelastet. Somit ist ein 14-Tage-Auto ohne Anpassung der Kapazität nicht realisierbar. Der Überhang der Nachfrage zwingt die Hersteller zu innovativen Verfahren der Kapazitätsnutzung – beispielsweise über Arbeitszeitmodelle, Fremdkapazitäten oder durch die globale Produktion vereinheitlichter „Weltautos". Wenn jedoch in diesem Umfeld die Nachfrage stagniert, gerät dieses System aus dem Lot. Der Wettbewerb verstärkt den Zwang für die OEMs, durch ein schnell zu lieferndes kundenindividuelles Fahrzeug Marktanteile gegenüber der Konkurrenz zu behaupten und weiter auszubauen.

Vergleichbar zur Automobilindustrie befinden sich auch die Zulieferer in einem Konzentrationsprozess. Der Wertschöpfungsanteil an den Fahrzeugen nimmt weiter zu. Dies führt bei gleichzeitigem Aufbau von Entwicklungskompetenzen zu einer steigenden Marktmacht gegenüber den OEMs. Die Anzahl von Lieferanten, die den OEM direkt beliefern, nimmt hingegen deutlich ab. Die „Direktlieferanten" entwickeln sich zunehmend zu Lieferanten kompletter Systeme und integrierter Leistungen ihrer eigenen Lieferanten. Zur Realisierung verkürzter Durchlaufzeiten bis hin zum 14-Tage- Auto erfordert das Management des OTD-Prozesses eine noch engere Verzahnung von OEMs und Systemlieferanten, die bei konsequenter Umsetzung auch Kostenpotentiale für beide Seiten, zum Beispiel in Form von deutlichen Bestandssenkungen, ermöglichen kann.

OEMs Der Prozessablauf von OEMs und verbundenen Systemlieferanten ändert sich signifikant, wenn ein Fahrzeug kundenindividuell in zwei Wochen gefertigt und ausgeliefert werden soll. Zur mittelfristigen Prognose legen sich die Händler auf Fahrzeugtypen fest beziehungsweise erfüllen Abnahmeverpflichtungen, ohne jedoch eine nähere Spezifikation durchzuführen. Spätestens vier Wochen vor der Produktionswoche – ohne zugeordneten Endkunden – definieren die Händler die Fahrzeugtypen hinsichtlich der Menge und Ausstattung, basierend auf der subjektiven Markteinschätzung. Diese Bestellungen werden dann im Herstellerwerk hinsichtlich der Machbarkeit überprüft. Der OEM prüft insbesondere, ob das vom Händler spezifizierte Fahrzeug so vorgesehen ist, ob die Teile verfügbar sind und ob die Kapazitäten am Produktionsband für die bestellten Fahrzeuge ausreichen. Ergeben sich Abweichungen, muss der Händler schlimmstenfalls umbestellen. Der OEM erhält so zwei bis drei Wochen vor dem eigentlichen Produktionstag einen produzierbaren Auftragsbestand, der anschließend von der wochengenauen Planung in eine Tagesplanung verfeinert wird.

Sechs Tage vor dem nun geplanten Produktionsbeginn sucht der Händler im freien Auftragsbestand des OEM nach einem Fahrzeug, das den Wünschen des Kunden weitestgehend entspricht und verändert jetzt noch die Fahrzeugausstattung gemäß der Kundenanforderung. Jetzt wird aus dem Händlerfahrzeug ein Kundenfahrzeug, das innerhalb von 14 Tagen lieferbar ist.

Voraussetzung für diese Kundenanpassung ist allerdings, dass das veränderte Fahrzeug immer noch am gleichen Tag produzierbar bleibt. Zur Gewährleistung der Abwicklung innerhalb der 14 Tage ist es erforderlich, die Distribution mit der Produktion planerisch zu integrieren. Die Kontrolle der Machbarkeit dieser Planung kann eigentlich nur realisiert werden, wenn der Händler die Fahrzeuge direkt, online und innerhalb festgelegter Spielregeln in die Produktion und Distribution einplant. Somit steht sechs Tage vor Produktion das Programm und die Sequenz der Fahrzeuge am Band fest. Die Sequenz und die Ausstattung der Fahrzeuge sollen nun nicht mehr geändert werden, da dies eine komplette Überprüfung des geplanten Produktionsprogrammes verursachen würde. Durch die stabile Fahrzeugsequenzbildung entsteht eine „Frozen Zone". In diesem verbindlichen Planungszeitraum wird es ermöglicht, verbindliche Abrufe an die Lieferanten weiterzugeben. Das so entstandene Produktionsprogramm ist ein Mix aus Kunden- und Händlerfahrzeugen, die den Händlern (First-tier Customer) zum sofortigen Verkauf offeriert werden.

Diese kurze Einleitung in die Philosophie des OTD und die Herausforderung an die Automobilindustrie, das 14-Tage-Auto zu bauen, soll für die eigentliche Problematik auf der informationstechnischen Seite sensibilisieren. Die Realisierung dieser Vision ist mit vielfältigen Problemen belastet. Insbesondere die Integration der unterschiedlichen Partner des Supply Chain-Netzwerkes und ihre informationstechnische Verbindung über Unternehmensgrenzen hinweg ist noch nicht befriedigend gelöst. Gleichwohl steht die hierfür erforderliche Technologie zur Verfügung.

Netzwerkmanagement – Lieferantenintegration

Die zunehmende Geschwindigkeit von Planungs- und Steuerungsaktivitäten aller Partner in der Supply Chain sowie der steigende Kostendruck zwingen die Beteiligten dazu, neue Wege der Zusammenarbeit zu entwickeln. Der eingangs erläuterte Weg über die Prozessoptimierung (OTD) führt aber nur teilweise zum Ziel. Die eigentliche Herausforderung für Lieferanten und OEMs liegt darin, ihre werkszentrische Sicht zu erweitern und über organisatorische Grenzen hinweg Supply Chain-Prozesse und Verfahren auch mit geeigneter Software zu integrieren. Die entstehenden Anforderungen für die Beteiligten unterscheiden sich dabei sowohl bei den Prozessen als auch bei der Informationstechnologie.

Zum tieferen Verständnis ist es hierbei hilfreich, eine begriffliche Klärung der Rollen und Verantwortlichkeiten innerhalb des Netzwerkes zu finden. Wie in Bild 1 dargestellt, lassen sich auf der Versorgungsseite des Netzwerkes im Wesentlichen drei Lieferantenkategorien anhand ihres Produktspektrums differenzieren.

First-tier Supplier

Der First-tier Supplier oder auch Systemlieferant steht an vorderster Linie in der direkten Kommunikation mit dem OEM. Er liefert komplette Systeme zum Einbau in das Endprodukt. Aufgrund der engen Verzahnung und Anbindung an den OEM arbeiten diese Lieferanten auch häufig vor Ort beim Produktionsprozess mit, indem sie die gelieferten Komponenten bis an das Produktionsband liefern. Die Anlieferung der benötigten Teile berücksichtigt bereits heute die sequenzbezogene Belieferung. Die Herausforderung liegt hier in der Steuerung und Integration des Lieferantennetzwerkes (Second-tier und Third-tier Supplier) sowie in der Realisierung kleinerer Losgrößen (teilweise Losgröße 1).

Second-tier Supplier

Der Second-tier Supplier oder auch Komponentenfertiger ist eher auf ein Produkt beziehungsweise eine bestimmte Technologie fokussiert. Er fertigt höhere Volumina und sieht sich mit der Optimierung von Ressourcen und Kapazitäten konfrontiert. Die Verschleppung der Informationsweiterleitung von Bedarfen über den OEM und First-tier Supplier erschweren ihm die Planung.

Third-tier Supplier

Der Third-tier Supplier steht für die Fertigung von hohen Volumina wie beispielsweise Stahlblechen. Die Anforderungen an eine kostenoptimierte Produktion erlauben hier keine kleinen Losgrößen. Vielmehr spricht man in diesem Zusammenhang von Kampagnenfertigung. Das Problem für den Third-tier Supplier besteht zum Einen in der Verzögerung der Informationsweiterleitung durch das Netzwerk. Auf der anderen Seite sind die eingehenden Bedarfe aus Sicht des Third-tier Suppliers in der Regel zu gering, um hieraus direkt eine Kampagne fertigen zu können. Vielmehr muss aus dem eingehenden Mix an Bedarfen mit längeren Vorlaufzeiten ein Produktionsprogramm realisiert werden.

Die Auswirkungen auf die Zulieferindustrie sind beachtlich. Die OTD-Planungen der verschiedenen Automobilhersteller sind nicht identisch. Die derzeitigen Produktionsprozesse, Standardisierungsgrade der Produkte, Qualitätsanforderungen und Unternehmensphilosophien sind zu unterschiedlich. Trotzdem ließe sich zum Beispiel durch eine Reduzierung der möglichen Variantenvielfalt eine Vereinfachung herbeiführen, indem durch Ausstattungspakete die Freiheitsgrade eingeschränkt werden. Die Anforderungen an alle Beteiligten der Wertschöpfungskette sind bei der Produktion eines kundenindividuell konfigurierten Fahrzeugs wesentlich höher als bei der Herstellung eines vorkonfigurierten Wagens.

Betrachtet man nun die herkömmlichen Verfahren der logistischen Steuerung sowie Maßnahmen zur Optimierung, dann werden die Schwächen der werkszentrischen Sicht sehr transparent.

Im Rahmen dieser Ausführung soll exemplarisch das Zusammenspiel zwischen dem First-tier Supplier und dem OEM betrachtet werden. Aus Sicht eines First-tier Suppliers ergeben sich die Probleme und Herausforderungen mit den eingehenden Aufträgen seiner Kunden – den OEMs. Idealerweise existiert als Grundlage zu den eingehenden Aufträgen eine Rahmenvereinbarung, die rollierend aktualisiert wird und über Feinabrufe gesteuert ist. Häufig liegen jedoch in den Feinabrufen die Auslöser vieler Problemstellungen. Dahinter verbergen sich zum Beispiel Plausibilitätsprüfungen (wird wirklich doppelt soviel benötigt als normalerweise?) oder Mengen- und Terminabweichungen, die eine erhöhte Flexibilität im kurzfristigen Bereich erfordern.

Die eingesetzten Planungswerkzeuge (Tools) erlauben aufgrund ihrer Zeitintensität und Bindung von Rechnerkapazitäten nicht immer schnelle Antworten auf die Fragen:

- Können wir diese Menge in der geforderten Zeit fertigen?
- Was kostet uns das?
- Wie viele unserer Lieferanten sind davon betroffen?
- Welche kritischen/unkritischen Aufträge haben wir bereits bestätigt und in der Fertigungslinie?
- Wie sieht ein alternativer Fertigungsplan aus?
- Haben wir genügend Material?

Natürlich sind dies im Wesentlichen alltägliche Fragen, und die meisten Unternehmen haben mit der Beantwortung keine Schwierigkeiten. Die eigentliche Schwierigkeit und Herausforderung liegt vielmehr in der benötigten Zeit, um diese Fragen zu beantworten und in der Fähigkeit, eine qualitativ hochwertige Antwort in Form eines machbaren Plans zu erhalten.

Peitschen-effekt

Die Problematik wird noch verstärkt durch die unterschiedlichen Planungszyklen der OEMs und der First-tier Supplier. Der OEM plant in der Regel täglich, der First-tier Supplier wöchentlich. So entsteht unter Anderem der gefürchtete Peitscheneffekt in der Absatzkette (Bild 2).

Hier liegt genau der kritische Pfad der Zusammenarbeit der Beteiligten. Die Planung als solche ist nicht das Problem, sondern vielmehr das „intelligente" Neuplanen in sehr kurzer Zeit – bestenfalls in Echtzeit. Nur sind wir davon heute noch sehr weit entfernt. Die Technologie zur Ermöglichung dieser integrierten Planung in Echtzeit ist jedoch schon heute verfügbar.

Bisher haben wir vereinfacht das Zusammenspiel von OEM und First-tier Supplier betrachtet. Wenden wir uns nun dem „Frontend" der Supply Chain zu – dem Zusammenspiel von First- / Second-tier Customer und OEM.

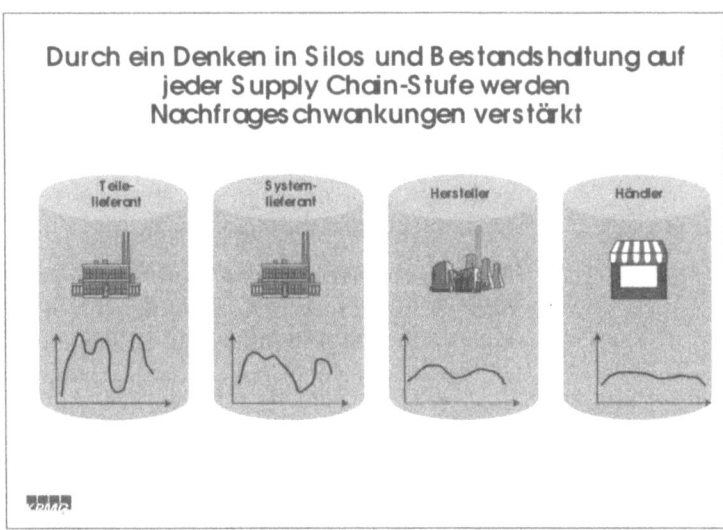

Bild 2: Der Peitscheneffekt in der Absatzkette

Unter Second-tier Customer versteht man den „Endkunden", während der First-tier Customer für den Autohändler beziehungsweise die Niederlassung steht. Da die Automobilbranche aufgrund der existierenden Rahmenbedingungen nur schwer eine reine kundenauftragsbezogene Fertigung realisieren kann, andererseits aber ihre Produktionsanlagen auslasten muss, ist ein Modell zur Bewältigung dieser ambivalenten Ziele notwendig. Dieser Prozess wird beispielsweise über eine Quotenplanung gesteuert. Natürlich gibt es auch andere Verfahren, jedoch soll in diesem Beitrag nur verkürzt auf diese Planungsvariante eingegangen werden.

Varianten

Das Problem hierbei ist zunächst, möglichst gute Planungsdaten der First-tier Customer zu erhalten. Diese können den künftigen Bedarf ihrer Kunden jedoch nur schwer einschätzen. Die Schwierigkeit liegt dabei in der Planung der nachgefragten Varianten. Während sich die Unterscheidung der Fahrzeugtypen sowie beispielsweise der Getriebeart noch verhältnismäßig einfach realisieren lässt, fängt die eigentliche Problematik in der Kombinatorik unterschiedlicher Ausstattungsmerkmale an. Je individueller das Fahrzeug konfiguriert ist, desto länger ist seine Lieferzeit und die Realisierung des Umsatzes. Was passiert nun im Markt? Wir alle waren sicherlich schon einmal im Autohaus auf der Suche nach einem neuen Fahrzeug. Normalerweise finden wir hier standardisiert ausgerüstete Fahrzeuge ohne signifikante Extras (Navigationssystem, Parktronic, elektrisch verstellbare Sitze). Das Risiko aus Sicht des Händlers besteht darin, seine Quotenkonfiguration mit dem Kundenauftrag zu verbinden. So werden oft Fahrzeuge in einer einfachen und daher preiswerten vorkonfigurierten Variante bestellt. Bei mangelnder Übereinstimmung von Kundenwunsch und vorhandenem Modell stehen diese gegen die Quote vorproduzierten Fahrzeuge auf Halde oder beim Händler und verursachen Kosten. Später werden sie oft mit beachtlichem Nachlass zu Lasten des Deckungsbeitrages veräußert.

Die Chance für alle Beteiligten liegt in der Ermöglichung von kundenauftragsbezogener Fertigung bei gleichzeitiger deutlicher Verkürzung der gesamten Zeit im OTD-Prozess.

Vereinfacht dargestellt lässt sich Folgendes festhalten: das Frontend zur Supply Chain wird mittels einer kontingentorientierten Planung gesteuert, während das Backend der Supply Chain über rollierende Vorschauzahlen gesteuert wird. Zusätzlich gibt es noch die je nach Anbieter variierende Möglichkeit der kundenauftragsbezogenen Fertigung.

Das hier näher zu untersuchende Zusammenspiel von OEM und First-tier Supplier wird maßgeblich von den zur Verfügung stehenden technischen Planungswerkzeugen beeinflusst. Die meisten Hersteller arbeiten mit Enterprise Ressource Planning (ERP)-Systemen sowie eigenentwickelter Software. Viele Verfahren beruhen auf der MRP II-Logik, die über die Stufen Absatz- und Produktionsgrobplanung, Materialbedarfsplanung, Kapazitätsbedarfsplanung sowie der anschließenden Fertigungssteuerung Bedarfe auflöst. Der Nachteil dieser Methode liegt in der Zeitintensität sowie in der sequentiellen Arbeitsweise. Wie oben bereits ausgeführt, planen die OEMs in der Regel täglich, während viele First-tier Supplier zur Glättung eher wöchentlich planen. Die so entstehenden Produktionsaufträge weisen deutliche Unterschiede zwischen geplanten und tatsächlichen Bedarfen auf. Aus Sicht des First-tier Supplier gestaltet sich die verstärkt geforderte Verantwortung zur Steuerung und dem Management seines Netzwerkes als zusätzliche Belastung bei den geschilderten Rahmenbedingungen. Der OEM erwartet von seinen Systemlieferanten die volle Übernahme aller Risiken. Das Netzwerkmanagement ist hierbei sowohl aus organisatorischer wie aus informationstechnischer Sicht relevant. Die stetig zunehmende Komplexität und Variabilität wird in den nächsten Jahren steigen und durch die verwendeten Planungsverfahren nicht einfacher.

Wertschöpfungspartnerschaften in der Automobilindustrie im Bereich der Lieferanten

Die Herausforderung für die Automobilhersteller liegt in erster Linie in der gesamten Überarbeitung des Wertschöpfungsprozesses vom Kunden zum Lieferanten. Gerade durch das Thema eBusiness ergeben sich hier ideale Möglichkeiten, direkt mit dem Kunden über das Internet zu kommunizieren. Voraussetzung ist hierbei natürlich die volle Transparenz in das eigene Netzwerk sowie in das Netzwerk verbundener Lieferanten zu haben. Aber auch die Harmonisierung unterschiedlicher Planungsverfahren, Geschäftsregeln sowie der eingesetzten technologischen „Ermöglicher" spielt hierbei eine entscheidende Rolle.

Im Abschnitt Netzwerkmanagement – Lieferantenintegration wurde bereits ausgeführt, dass die Zusammenarbeit über das gesamte Netzwerk zwischen Lieferanten und OEMs von diversen Herausforderungen geprägt ist. Vereinfacht gesagt beschäftigen sich aber viele der Beteiligten verstärkt mit der Optimierung der eigenen logistischen Prozesse und Verfahren aus werkszentrischer Sicht. Das bedeutet normalerweise die Minimierung von Beständen, die Beschleunigung von Durchlaufzeiten oder produktionstechnische Verfahren zur Steigerung des Durchsatzes. Natürlich sind dies wichtige und berechtigte Aufgabenfelder. Es stellt sich nur die Frage nach der Sinnhaftigkeit, wenn die informationstechnische Anbindung und Synchronisation der beteiligten Partner unterbleibt. Oft arbeiten OEM, First-, Second- und Third-tier Supplier mit der gleichen sequentiellen Planungslogik auf Basis von MRP II. Die verwendeten Algorithmen stammen zum Teil noch aus den 70'er Jahren. Nicht selten wird in der Fabrikationsplanung mit einer kostenoptimalen Losgröße „eine Strategie für Alles" entwickelt. Am meisten fällt hier die mangelnde Synchronisation von Material- und Kapazitätsplanung ins Gewicht. Die so realisierte Prioritäts- und Reihenfolgeplanung ist letzten Endes unwirksam, da sie an den realen Erfordernissen vorbeigeht.

Die Konsequenzen hieraus sind, dass zwar viele beteiligte Netzwerkpartner „ihre" logistischen Strukturen optimieren, die Integration in das Netzwerk und übergreifende Planung ist jedoch noch nicht oder nur ansatzweise realisiert.

Die Komplexität dieser Herausforderung liegt auf zwei Seiten: der organisatorischen und der informationstechnischen Integration. In diesem Abschnitt sollen verstärkt die organisatorischen Aspekte behandelt werden. Die informationstechnischen Anforderungen werden im Kapitel „Anforderungen an die IT" stärker betrachtet.

Durchlaufzeit Die wesentliche Frage für die OEMs bei der Reduzierung der Durchlaufzeit und der integrativen Steuerung des Netzwerkes ergibt sich aus der stabilen Fahrzeugsequenzierung. Mit den heute verfügbaren Arbeits- und Steuerungsprozessen kann die Fahrzeugsequenz nicht befriedigend stabil gehalten werden. Erst mit der Endmontage steht für die Zulieferer die Fahrzeugsequenz fest. Andererseits existieren bereits Modelle, bei denen durch Pufferung lackierter Rohbaukarossen die ursprünglich geplante Fahrzeugsequenz in der Endmontage trotz Störungen in Rohbau oder Lackierung beibehalten werden kann. Um hier als Grundlage für eine stabile Sequenzierung die Versorgung kritischer Teile zu garantieren, ist ein intelligentes durchgängiges Informationsmanagement erforderlich. Die Produktionsplanung mit einer durchgängigen transparenten Integration des Händler- und Liefernetzwerkes sowie die online-Überprüfung der Produzierbarkeit sind von zentraler Bedeutung für effektives und effizientes Supply Chain-Management sowie zur Ermöglichung des 14-Tage-Autos.

Auswirkungen auf die Zulieferer

Die Folgen für OEMs wie auch für die Lieferanten sind beachtlich. Die Dimensionen des Handlungsdrucks lassen sich in organisatorische beziehungsweise prozessbezogene und informationstechnische Maßnahmen differenzieren (Bild 3).

Alex Trotman – der ehemalige Chairman von Ford – sagte bereits vor einigen Jahren voraus: „Kleinere Zulieferer müssen sich überlegen, wie sie die Zukunft bewältigen wollen."

Zulieferer In Deutschland haben wir bereits zwei Beispiele von Zusammenschlüssen kleinerer Unternehmen. Mit einer engeren Zusammenarbeit wollen so die mittelständischen Zulieferer den Umbruch in der Automobilindustrie bewältigen. Die zunehmende Globalisierung stellt viele der Zulieferer vor neue Herausforderungen. Insbesondere der Aufbau von Fertigungskapazitäten vor Ort ist für viele ein zu hohes Investitionsrisiko, das sich alleine nur schwer bewältigen lässt.

Trends in der internationalen Zulieferindustrie

- Segmentierung in:
  - internationale Systemlieferanten
  - nationale Spezialisten
- Massiver Kosten- und Ertragsdruck
- Internationalisierung, Vertrieb, Einkauf, Produktion (Standortdiversifikation)
- Entwicklung der strategischen Position durch Kooperation, Beteiligungen, Fusionen, Übernahmen
- Wachstum der Systemführer durch Ausbau der Systemkompetenz, Technologievorsprung, Kapitalkonzentration, Leistungstiefentransfer
- Internationale Kooperation der Spezialisten

KPMG

Bild 3: Trends in der internationalen Zulieferindustrie

Der Handlungsdruck für die Netzwerkpartner ist enorm. Einerseits wird mit traditionellen Methoden versucht, die zunehmende Komplexität zu planen und zu steuern. Andererseits fokussieren sich viele der Ansätze auf werkszentrische Aktivitäten, die erst mittelfristig das Thema „Arbeiten in Supply Chain- Netzwerken" adressieren. Wie sträflich die Vernachlässigung dieser unternehmensübergreifenden Vernetzung sein kann, zeigt das Beispiel eines großen OEM, der in Südamerika seine Produkte fertigt. Aufgrund einer mangelnden Integration auf der informationstechnischen Seite ließ dieser OEM seine Lieferanten über den bereits eingetretenen Absatzverlust aus der Presse erfahren. In der Kommunikation OEM zu First-tier Supplier wurde diese Information bis zu diesem Zeitpunkt noch nicht ausgetauscht.

Supply Chain-Management in der Automobilindustrie

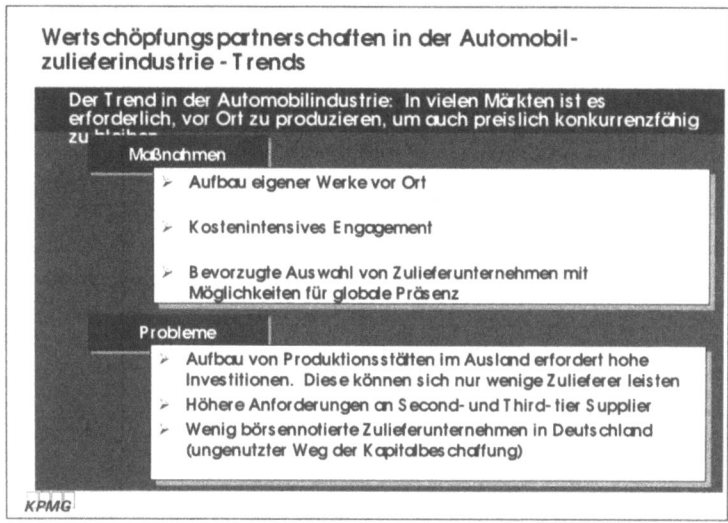

Bild 4: Wertschöpfungspartnerschaften in der Automobilindustrie – Trends

Zulieferer und OEMs müssen in der Zukunft zwei wesentliche gestalterische Chancenfelder wahrnehmen: Zum Einen wächst die Anbindung des Systemlieferanten an den OEM aufgrund seiner Gesamtverantwortung für die Produktion von komplexen Systemen. Zum Anderen ergibt sich hieraus die Notwendigkeit, unterschiedliche Planungssysteme stärker zu harmonisieren und auch zu integrieren.

Hinzu kommt, dass der Systemlieferant seitens des OEM verstärkt die Aufgabe hat, sein komplexes Lieferantennetzwerk zu integrieren beziehungsweise zu orchestrieren. Informationsweiterleitung mit mehrwöchigen Verzögerungen vom OEM über den First-tier Supplier bis zum Third-tier Supplier belasten alle Netzwerkpartner.

Die Chancen und Herausforderungen für alle Beteiligten ergeben sich aus den gestalterischen Anforderungen an die Informationstechnologie.

Anforderungen an die IT

Die Anforderungen an die IT ergeben sich aus den klassischen Defiziten der ERP-Systeme. Die Kernfunktionalität der ERP-Systeme beruht, wie bereits ausgeführt, in der sequentiellen Planungslogik. Wesentlicher Faktor für die Ermittlung machbarer Pläne mittels der verwendeten Systeme ist die zugrundliegende Annahme, dass die Produktionskapazitäten unbegrenzt (infinit) verfügbar sind. Die eigentlich wichtige Information über die Durchführbarkeit des Programmes ist nicht gegeben. In der nächsten, feineren Stufe der Planung werden für jeden Produktionsauftrag die Start- und Endtermine festgelegt. Auch hierbei bleibt außer Acht, dass die Kapazitäten in der realen Welt limitiert sind. Zur Ermittlung von Eckterminen werden statische Plandurchlaufzeiten herangezogen, bei denen es sich um empirische Werte aus der Vergangenheit handelt.

Normalerweise setzt sich die Durchlaufzeit aus den Zeiten für Rüsten, Bearbeiten, Transport und Liegen beziehungsweise Warten zusammen. Lassen wir die reihenfolgeabhängigen Effekte vorerst unbeachtet, so kann man die Zeiten für Rüsten, Bearbeiten und gegebenenfalls auch Transport als feste Plangröße ansehen. Die Liege- bzw. Wartezeiten hingegen sind in der Regel Ergebnis der Planung und hängen eng mit der Kapazitätssituation im Produktions- und Transportsystem zusammen. Hier liegt beispielsweise ein systematischer Fehler: die Verwendung der Liegezeit als Planungsparameter.

Bei der anschließenden Kapazitätsbetrachtung im MRP II-System zeigt sich zu Beginn der Terminplanung gegebenenfalls eine Überschreitung der gegebenen Kapazitätsgrenzen. In diesem Fall kann nachträglich versucht werden, einen Belastungsausgleich herbeizuführen. Oft wird dies durch das Schieben von Aufträgen oder zusätzlicher Schichten erreicht. Häufig werden diese Anpassungen noch manuell ausgeführt. Die Folgen für andere Aufträge und Netzwerkpartner sind jedoch aufgrund der Komplexität der Planungen nicht mehr überschaubar. Die Verwendung statischer Plandurchlaufzeiten auf das gesamte Ergebnis wirkt auch hier negativ – man spricht in diesem Zusammenhang auch von dem Durchlaufzeitensyndrom. Wenn jetzt bereits geplante Produktionen durch Eil- und Zusatzaufträge belastet werden, wächst die Zahl der Aufträge im Wartezustand und die gesamte Supply Chain gerät aus der Balance.

Bedenkt man jetzt noch, dass in der Regel jedes der beteiligten Unternehmen nach diesen Grundsätzen plant, wird offensichtlich, warum es solche Schwierigkeiten in der Planung und Steuerung komplexer Supply Chains gibt.

Die Folgen sind steigende Umlaufbestände, reduzierte Servicegrade, erhöhte Kapitalbindung und Kosten.

Was bedeutet das für die Informationstechnologie?

In erster Linie soll die Informationstechnologie Transparenz und Visibilität über die gesamte Supply Chain ermöglichen. Diese Transparenz soll auf Informationen in Echtzeit basieren, um Planer und Entscheider in Echtzeit miteinander kommunizieren zu lassen. Für ein integriertes Supply Chain- Modell bedeutet das die Differenzierung in unterschiedliche Planungsebenen wie beispielsweise

- Strategische Ebene
- Taktische Ebene
- Operative Ebene
- Ausführende Ebene

Die Integration nicht nur aus werkszentrischer Sicht, sondern auch über die Unternehmensgrenzen hinweg führt erst zur Ermöglichung übergreifender Optimierung. Bei der strategischen Planung spricht man von einem Planungsfenster im ein- bis mehrjährigen Bereich, wobei sich die taktische Planung durch die Masterplanung im mehrmonatigen Zeitraum bewegt. Die eigentliche operative Planung ist die Tages- und Stundenplanung. Das Zusammenspiel dieser unterschiedlichen Dimensionen integriert und harmonisiert den Informationsaustausch über die Unternehmensgrenzen hinweg.

Klassische Probleme herkömmlicher Art sind nach wie vor:
- Material- und Kapazitätsplanung sind nicht synchronisiert,
- Kapazitätsabgleich erfolgt maschinell,
- Dezentrale Fertigungssteuerung ermöglicht nur lokale Optima,
- Die Prioritäts- und Reihenfolgeplanung ist aufgrund der beschriebenen Systematik unwirksam. Es sind wenig Mittel und Werkzeuge für die intelligente Lösung von Planungsproblemen vorhanden, die eine Optimierung ermöglichen.
- Es existiert keine Realitätsnähe der erzeugten Pläne – weder für Material noch für Kapazität,
- Die Planung basiert auf Planungsinseln und ist selten integriert,
- Der Planungsprozess ist aufwendig und langsam (lange Iterationsdauern),

- MRP läuft im Batch-Modus, das bedeutet: keine Planung mit Echtzeit-Leistungsmerkmalen (z.B. Simulation unterschiedlicher Planungsentscheidungen),
- Jeder Schritt wird mit unterschiedlichen Werkzeugen ausgeführt (wie z.B. Master Production Scheduling, MRP, Shop Floor Control),
- Die Grundannahme der unbeschränkten Kapazität ist unrealistisch für die Materialbedarfsplanung (Stücklistenexplosion)

Die Anforderungen an die Informationstechnologie ergeben sich aus der ganzheitlichen Betrachtung der Prozesse und der ermöglichenden Technologie. Zur Realisierung unternehmensübergreifenden Supply Chain-Management insbesondere in der Automobilindustrie ist die integrierte Planung über mehrere Stufen erforderlich.

Die strategische Supply Chain-Planung

In dieser Planungsdimension werden Netzwerkdesign und Optimierung geplant. Die gesamte Supply Chain und ihre unterschiedlichen Geschäftssituationen lassen sich hier modellieren und analysieren, um wirtschaftlich sinnvolle Gestaltungsalternativen ermitteln zu können. Unternehmen können so schnell und einfach durch die Verknüpfungen ihrer Supply Chain navigieren und Entscheidungen ohne Informationsbrüche in taktische und operative Planungsprozesse integrieren.

Die Bedarfsplanung

Sie dient dazu, über unterschiedliche Vertriebskanäle die Nachfrage nach Produkten zu quantifizieren, Marketingeinflüsse und Marktintelligenz zu berücksichtigen und über viele Stufen bei den Planungsbeteiligten einen einheitlich abgestimmten Konsensplan zu erreichen.

Die engpassorientierte Planung

Auf der operativen Planungsebene ermöglicht die engpassorientierte Planung die dynamische Identifikation von Engpässen und versetzt Planer in die Lage, in Echtzeit Pläne zu optimieren bei gleichzeitiger Berücksichtigung von Materialien, Kapazitäten und individuellen Restriktionen im unternehmensübergreifenden Fertigungs- und Lieferantennetzwerk.

Insbesondere der durchgängige Bezug von Kundenauftrag und Produktionsauftrag bei Berücksichtigung der Kritikalität ist hier ein entscheidender Vorteil.

Die Masterplanung

Die Masterplanung ermöglicht Produktionspläne, die auf globaler Ebene den operationellen Bereich von Unternehmen im Hinblick auf die Geschäftsziele optimieren. Diese Planung realisiert bereits frühzeitige Warnungen bei mangelnder Übereinstimmung von Nachfrage und Bedarf in einem Produktionsnetzwerk, beispielsweise eines Systemlieferanten - und ermöglicht so stabilere Produktionspläne. Dieses Planungsmodell stabilisiert die Nachfrage, die Materiallieferung und Ressourcennutzung zur Optimierung der Unternehmensziele. Es berücksichtigt das Lieferantennetzwerk, Produktionsressourcen und auch die Distributionsnetzwerke.

Available to Promise (ATP)

Die Verfügbarkeitsabfrage als Bestandteil der Supply Chain-Planung ermöglicht die integrierte Sicht auf die gesamte Supply Chain und erlaubt so die sofortige Machbarkeitsprüfung bei beispielsweise telefonischen Anfragen oder der Auftragsbearbeitung über das Internet. Hier werden die verfügbaren Bestände, Fertigungsaufträge gegen Plan und kundenauftragsbezogene Fertigungsaufträge, Ressourcenverfügbarkeit sowie alternative Fertigungsstätten, Materialien und Lieferanten bei der Ermittlung intelligenter Antworten berücksichtigt.

Distributionsplanung

Die Distributionsplanung unterstützt ein bedarfsorientiertes Bestandsmanagement. Hier lassen sich auch unerwartete Produktionsausfälle, grenzüberschreitende Transporte und Warenströme berücksichtigen, die durch bedarfsgerechte Umverteilungen in der Lieferkette entstehen.

Transportplanung

Die Transportplanung beinhaltet alle Transporte und Bewegungen innerhalb und außerhalb der jeweiligen Landesgrenzen beziehungsweise innerhalb und außerhalb des Unternehmens. Es berücksichtigt Frachtkosten und ermöglicht gegebenenfalls die Sendungsverfolgung sowie ein zeitnahes Berichtswesen.

Die oben aufgeführten Planungswerkzeuge betrachten sowohl unterschiedliche Zeithorizonte der Planung als auch unterschiedliche Detaillierungsebenen und die jeweiligen „Teilnehmer" der Supply Chain. Erst ihre ganzheitliche Orchestrierung weg von der werkszentrischen Optimierung und hin zu einer kundenzentrischen Ausrichtung führt Unternehmen auf den Weg zu integriertem Supply Chain-Management. Die vorhandene Planungskomplexität in der Supply Chain ist extrem hoch – insbesondere in der Automobilindustrie. Daher ist der Einsatz von Supply Chain-Management-Planungssoftware erst durch leistungsfähige Hardware und leistungsfähige Algorithmen (z.B. genetische Algorithmen) möglich geworden. Früher haben die MRP-Läufe Tage und Wochen gedauert. Heute verfügbare technologische Lösungen ermöglichen die Durchführung von Planungen innerhalb von Minuten oder gar Sekunden – je nach Komplexität der Supply Chain. Wichtigstes Kriterium hierbei ist es, einen realisierbaren Plan zu erhalten, der auf den verfügbaren Materialien und Kapazitäten basiert, die hierbei gleichzeitig betrachtet werden müssen.

Anbindung der Kunden: Net Supply Chain-Management und eCommerce

Vereinfacht gesagt verbirgt sich hier die Chance, mit den Möglichkeiten modernster Informationstechnologie die Vorderseite (Frontend) der Supply Chain mit der Rückseite (Backend) zu integrieren. Hierfür ist aber ein stabiles Supply Chain-Management über alle Wertschöpfungsstufen und beteiligte Partner unabdingbare Voraussetzung. Immerhin versteht man darunter die Kommunikation mit den Kunden in Echtzeit. Das Beispiel der Firma Dell wird in diesem Zusammenhang gerne erwähnt. Die Firma Dell hat es geschafft, ein Geschäftsmodell zu realisieren, das den Direktvertrieb über das Internet ermöglicht. Voraussetzung hierfür war die volle Visibilität und Transparenz in die komplette Supply Chain über alle Fertigungsstufen in Echtzeit. Nur so kann der Kunde an der vordersten Seite der Supply Chain seine Bedarfe eingeben, die – vereinfacht gesagt – einmal durch die Supply Chain durchgereicht werden und innerhalb kürzester Zeit mit einer intelligenten Antwort dem wartenden Kunden ein Feedback über die mögliche Realisierung seiner Wunschkonfiguration geben (Bild 5).

Supply Chain-Management in der Automobilindustrie

```
Ein Beispiel für Supply Chain-Exzellenz: DELL
                   Computer

  REAL-TIME Produktions- und Bestandskontrolle im
              Informationszeitalter
```

	Warenumschlag	ROIC	Wachstum
DELL	46	217%	54%
Ein führender Wettbewerber	9	-17%	6%

Quelle: Kevin Rollins, Vice Chairman Dell

Bild 5: Ein Beispiel für Supply Chain-Exzellenz

Die Berücksichtigung des Kundenwunschtermines ist hierbei eine zusätzliche Dimension. Bei Testkäufen mehrerer Produktanbieter über das Internet zeigte sich, dass viele Unternehmen dem Kunden mitteilen können, eine Ware sei nicht verfügbar. Die „intelligente" Antwort bezüglich einer akzeptablen Alternative in Form eines alternativen Produktes beziehungsweise die Information, wann die Ware wieder verfügbar ist, blieben viele schuldig.

Wer einmal im Leben Planung mit herkömmlichen Werkzeugen betrieben hat, weiß, welche Informationsmenge zur Beantwortung individueller Konfigurationswünsche bei Produkten wie beispielsweise PCs verarbeitet werden muss und wie zeitintensiv dieser Vorgang ist. Zur Realisierung dieses Geschäftsmodells war es aber unabdingbar, den Zeitraum des Wartens für den Kunden so gering wie möglich zu halten. Dell hat das mit modernster Informationstechnologie realisiert.

Die Automobilindustrie steht heute vor einer ähnlichen Herausforderung wie die Computerindustrie vor einigen Jahren. Nur ist die online-Konfiguration eines Fahrzeugs mit integrierter Verfügbarkeitsprüfung und Lieferversprechen über das Internet aufgrund des komplexen Produktes eine größere Herausforderung (vgl. hierzu die Ausführungen zu den Planungsebenen). Die bisherigen Ansätze der Optimierung reichen dafür nicht aus. Vielmehr müssen sich Hersteller und Lieferanten mit den Kunden zu einem Netzwerk integrieren (Bild 6). Die größte Aufgabe kommt hierbei den Systemlieferanten und OEMs zu, da diese nicht nur organisatorische, sondern auch informationstechnische Barrieren zu überwinden haben. Der Systemlieferant steht vor der Herausforderung, neben seinem Kerngeschäft verstärkt Verantwortung für das Management komplexer Netzwerke von Lieferanten zu übernehmen.

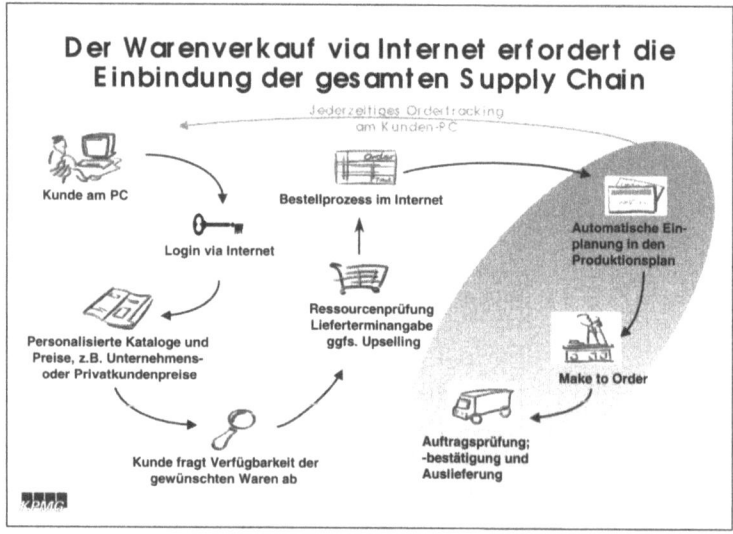

Bild 6: Der Warenverkauf via Internet erfordert die Einbindung der gesamten Supply Chain

Zusammenfassung

Die Verfügbarkeit von technologischen Lösungen zu werksübergreifender Optimierung sowie Integration ist zwar gegeben und auf einem akzeptablen Reifegrad verfügbar. Trotzdem beschäftigen sich viele Unternehmen mehr mit den Folgen als mit den Ursachen logistischer Prozess- und Informationsbrüche. Den Schritt zu einem durchgängig integrierten Supply Chain-Management scheuen viele aufgrund der hohen Komplexität.

Nicht nur an die Organisationen und Prozesse werden dabei sehr hohe Anforderungen gestellt, sondern auch an die Informationstechnologie. Viele Unternehmen scheitern bereits an der Hürde einheitlicher Nummernkreise. Langfristig gesehen führt der Weg einer werkszentrischen Optimierung aber in die Sackgasse.

Viele Unternehmen waren bisher mit der Einführung von ERP-Systemen beschäftigt und mussten dabei feststellen, dass ein unternehmensübergreifender Standard nur sehr schwer oder gar nicht zu realisieren ist. Die hier investierten Beträge erreichten schnell eine Dimension von 100 Millionen DM. Manche Unternehmen schrieben gar in ihren Geschäftsbericht, dass sich das Unternehmensergebnis „erwartungsgemäß" aufgrund der Einführung einer Standardsoftware (ERP-System) um 2% reduzierte. Um so schwerer wiegt jetzt die Erkenntnis, ein Transaktionssystem mit entsprechend vielen abgegrenzten Datenmengen zu haben, das zu einer intelligenten Planung in Echtzeit eigentlich gar nicht fähig ist. Die zusätzlich erforderlichen Investitionen zur Realisierung eines Advanced Planning and Scheduling- Systems (APS) zur Ermöglichung integrierter Supply Chain-Management- Planung erreichen sehr schnell zweistellige Millionenbeträge.

Wenn die Unternehmen aber die so oft genannten Potenziale durch SCM realisieren wollen, müssen sie sich dieser Herausforderung stellen. Der „Pretest" bei einigen ausgewählten Werken mit einer Überarbeitung der Fabrikationssteuerung ermöglicht messbare Resultate. Ohne strategische Einbindung in ein Gesamtkonzept des Unternehmens lassen sich jedoch nur lokale Optima realisieren. Das wettbewerbsdifferenzierende Alleinstellungsmerkmal der Supply Chain fehlt. Das strategische Profil der Supply Chain-Exzellenz wird vom Markt und den Kunden wahrgenommen. Ohne Profil lässt sich auch kein Profit erwirtschaften. Dispositives Geschick im taktischen Bereich ermöglicht OEMs und Lieferanten geschicktes Ausnutzen ihrer Ressourcen. Die Umsetzung im Tagesgeschäft lässt sich messen anhand der operativen Effizienz. Hier geht aufgrund mangelnder Abstimmung und Visibilität nicht nur durch den Peitscheneffekt in der Absatzkette sehr viel Geld verloren.

eCommerce Die Komplexität der möglichen Lösungen sowie ihre strategischen Chancen und Risiken verleitet viele Unternehmen dazu, lieber ein eCommerce-Projekt zu starten und sich mit der Gestaltung von Webseiten zur Kundenkommunikation und Auftragsannahme zu beschäftigen. Weihnachten 1998 wurden beispielsweise von allen über das Netz abgewickelten Geschenkbestellungen ca. 29% zu spät ausgeliefert. Die Gründe hierfür waren mangelnde Visibilität über die möglichen Auftragsvolumina sowie die operative Abwicklung der Aufträge mit herkömmlichen Transaktionssystemen. Übertragen auf die Automobilindustrie werden die Herausforderungen klar ersichtlich. Die steigende Globalisierung sowie die vermehrt notwendige Integration von globaler und lokaler Kundenwunschkonfiguration über das Internet erfordert ein starkes Rückgrat durch die Supply Chain.

Die Supply Chains haben bereits begonnen, die klassischen Unternehmensgrenzen zu überspringen. Die Beherrschung dieser Entwicklung sowie die Integration unternehmensübergreifender Prozesse mit der geeigneten Informationstechnologie entscheiden über Kundenbindung, professionellen Service sowie attraktive Preis-/Leistungsrelationen und somit über die wettbewerbsdifferenzierende Positionierung im Markt.

Michael Dell hat mit seinem Unternehmen den Beweis für die High-Tech-Industrie erbracht. Ein vergleichbares Beispiel aus der Automobilindustrie steht noch aus.

16 SAP-APO Projekt bei Aventis

Claus Grünewald, SAP AG

Supply Chain Management bei Aventis

Aventis Pharma Deutschland ist ein weltweit führendes Unternehmen der Pharmaindustrie. Im Hauptstandort Frankfurt war SAP R/3 als ERP-System schon sehr früh im Einsatz. Als innovatives Unternehmen hat sich Aventis Pharma Deutschland sehr intensiv mit den Thematiken e-Commerce und APS (Advanced Planning and Scheduling) beschäftigt.

Die Anforderungen an die Effizienz und die Leistungsfähigkeit der Supply Chain von Aventis Pharma Deutschland steigen, auch aufgrund neuer, jetzt zur Verfügung stehender Techniken wie e-Commerce. Die Steuerung der Material- und Informationsflüsse unter der Beteiligung von Kunden und Lieferanten (Absatz- und Produktionsgrobplanung, Disposition von Komponenten, Management von Lohnfertigern etc.) rückt in den Mittelpunkt des Interesses, die Geschwindigkeit und Validität aller Geschäftsprozesse wird immer stärker zum Wettbewerbsparameter in einer globalen Umwelt.

Weitere Herausforderungen an die Supply Chain liegen in einer Vielzahl von Produktneueinführungen, kürzeren Produktlebenszyklen, einer zunehmenden Komplexität im Pharmageschäft und den steigenden Anforderungen der Kunden bezüglich Liefertreue und präzisen Informationen. Von Seiten des Aventis Pharma Business wurde dann bereits mit APO 1.1 ein Supply Chain Projekt aufgesetzt, das schwerpunktmäßig folgende Inhalte hatte:

- Machbarkeitsprüfung
- Prototyping neuer Geschäftsprozessszenarien auf Basis R/3 und APO 1.1

Nachfolgend soll über diese Einsatzuntersuchung berichtet werden, die im Jahre 1999 begann und Anfang 2000 zum Abschluss gebracht wurde. Es werden die erkannten Potentiale aus dem

Einsatz von SAP APO skizziert und ein Ausblick auf die Rollout-Phase und die eingesetzte Einführungsmethodik gegeben.

Die Funktionen und die Leistungsfähigkeit von SAP APO, die Einbettung in neue Geschäftsprozessszenarien und die erwarteten Potentiale wurde in Zusammenarbeit mit Supply Chain Teams der Unternehmensberatung Camelot IDPro AG evaluiert.

Planung mit SAP APO

Demand Planning

Für die Erstellung des Prototypen in der Bedarfsplanung wurden zwei Prozesse unterschieden: Bedarfsmanagement Inland und Export. Für beide Szenarien wurde beispielhaft ein Sales & Operations Planning Prozess abgebildet. Ziel war es, möglichst genaue und vor allem auf Ressourcenkapazität geprüfte Vorplanungsbedarfe an die Produktionsplanung zu übergeben.

Für das Inland findet die Planung auf Ebene von Kundengruppen statt. Die Vorplanungsbedarfe werden durch eine statistische Prognose anhand historischer Verkaufszahlen ermittelt. Die notwendigen Vergangenheitsdaten sind im Business Information Warehouse (SAP BW) gespeichert und werden monatlich in den Data Mart des APO geladen. Das Ergebnis des Planungslaufs kann durch die Planer um zukünftige Marktentwicklungen (Marktintelligenz) oder Lagerstrategien ergänzt werden. Für die Prüfung der kapazitären Machbarkeit wurde der restriktionsfreie Absatzplan an das Modul Supply Network Planning (SNP) übergeben. Mit diesen geprüften Bedarfen wird dann im Demand Planning der endgültige Absatzplan erstellt. Zur Unterstützung dienen Planungsmappen, die diesen Sales & Operations Planning Prozess abbilden.

Im Bereich Export werden die Landesgesellschaften in die Absatzplanung einbezogen. Die Länderreferenten in Deutschland erhalten dazu die Absatzprognose aus den einzelnen Ländern. Dieser Demand Planning Prozess wird über die Funktionalität des Collaborative Planning durchgeführt. Dazu wurden Internet-Planungsmappen erstellt, durch die der Planer einer Landesgesellschaft seine Absatzprognose an Aventis Pharma Deutschland weitergibt. Mit Collaborative Planning können die Landesgesellschaften auch über den weiteren Fortgang der Planung informiert werden, ohne dass ein Zugang zu den R/3-Systemen in

Frankfurt notwendig wäre. Die Funktionalität Collaborative Planning stand erst gegen Ende des Prototyping mit Release 2.0A zur Verfügung.

Auch die Bedarfe der Landesgesellschaften werden im Modul SNP auf Ressourcenkapazität überprüft, bevor der Absatzplan an die Programmplanung weiter gegeben wird.

Supply Network Planning

Nach dem Aufbau unterschiedlicher Supply Chain Modelle wurde das Supply Network Planning untersucht. Dafür wurden einerseits Modelle erstellt, welche die Wirklichkeit des Aventis Pharma Deutschland Umfeldes widerspiegeln, und andererseits Modelle erarbeitet, wie die Supply Chain aussehen könnte.

In die Supply Chain wurden neben den Werken in Frankfurt Lohnbearbeiter, wichtige Kundengruppen und strategische Supplier logistisch miteinander verknüpft. Der Aufbau der verschiedenen Ressourcen der Supply Chain Partner ist konzeptioniert und gemäß den vereinbarten Zielen umgesetzt worden.

Die Bedarfe, die über das Demand Planning in die werksübergreifende mittel- bis langfristige Beschaffungsplanung (SNP) übertragen werden, sollen nun auf die kapazitäre Auslastung der in den Supply Chain Modellen zugewiesenen Ressourcen geprüft werden. Dabei kommen unterschiedliche Lagerstrategien bei den Supply Chain Partnern und verschiedene Lagerstrategien auf den Stücklistenstufen zum Tragen.

Den „Mehrstufigen SNP-Heuristiklauf" im SAP-APO ersetzt das MRP II Konzept (getrennte Material-und Zeitwirtschaft, werksbezogen) indem Restriktionen wie tatsächliche Kapazitätsauslastung in Betracht gezogen werden. Es werden Kapazitätsangebot und -nachfrage mehrstufig und werksübergreifend gegenübergestellt. Das Ergebnis ist die schnelle Information über und Berücksichtigung der Kapazitätsauslastung, so dass diese für die nächsten Planungsschritte, zum Beispiel dem Kapazitätsabgleich, zur Verfügung steht.

Anstelle oder ergänzend zum „Mehrstufigen SNP-Heursistiklauf" galt es, das Ergebnis bei simultaner Betrachtung von Material- und Zeitwirtschaft durch die SNP-Optimierung zu analysieren. Hierzu werden unterschiedliche Optimierungsprofile (Optimierungsverfahren) und verschiedene Kostenprofile (Kostenparameter) je nach betriebswirtschaftlicher Zielsetzung erstellt und die Ergebnisse verglichen.

Die Ergebnisse der SNP-Optimierung sind sogenannte an den definierten Restriktionen gemessene „machbare Beschaffungspläne/Produktionspläne" der modellierten Supply Chain. Diese aus der SNP-Optimierung resultierenden „machbaren Bedarfe" können anschließend an das Demand Planning über einen feedback Loop zurückgegeben werden und stehen dort für den Sales & Operation Planning Prozess als erweiterte Information zur Verfügung.

Der durchgängige Planungsprozess vom Demand Planning über den SNP-Optimierer und zurück, zeigt eine gute Möglichkeit, den lokalen Sales and Operation Planungsprozess von Aventis Pharma Deutschland als auch die globalen Planungsebenen bei Aventis zu unterstützen.

Production Planning/Detailed Scheduling

Zur Bewertung der Funktionalitäten von Production Planning/Detailed Scheduling bei Aventis Pharma Deutschland standen die Anforderungen aus den Verpackungsbetrieben im Mittelpunkt. Es wurden Planungsszenarien aufgebaut, die unterschiedlichen betriebswirtschaftlichen und organisatorischen Zielsetzungen genügen sollten. So musste unter anderem festgelegt werden, welche Inputprodukte zur Beplanung in APO miteinbezogen werden, welche Outputprodukte auf welchen Verpackungslinien gefahren werden, welche rüstrelevanten Parameter in die Reihenfolgeplanung einfließen müssen, wie die Verantwortungsbereiche zur Gestaltung des Propagationsbereiches definiert sein sollen.

Gemäß der Durchgängigkeit der Supply Chain Planung und gemäß der Projektzielsetzung, modulübergreifende Planungsszenarien aufzusetzen, rollieren die „machbaren" Planaufträge, die in SNP generiert wurden, entsprechend der abgrenzenden Zeithorizonte auf der Zeitachse in das Production Planning/Detailed Scheduling. Diese Planaufträge werden nun an den unterschiedlichen Ressourcen der Verpackungsbetriebe unter simultaner Berücksichtigung der Material- und Kapazitätsrestriktionen über alle für Aventis Pharma Deutschland modellierten Produktions- und Fertigungsstufen eingelastet.

Bereits bei der Terminierung aus der interaktiven PP/DS-Planung, die über hinterlegte Planungsstrategien automatisch durchgeführt wird, ist sichergestellt, daß die definierten Restriktionen der Material- und Kapazitätsverfügbarkeit beachtet wurden. Jede Umplanung (auch die manuelle) führt zu einer dynamischen Neuberechnung der Auftragsrüst- und -reinigungszeiten, welche aus der veränderten Vorgänger/Nachfolger Beziehung resultiert und auf einer vorher konzipierten Rüstmatrix basiert. Auch für die Um- oder Neuplanung gilt, dass jederzeit die gesetzten Restriktionen über alle modellierten Produktions- und Fertigungsstufen berücksichtigt werden.

Optimierung Der erhaltene Produktionsfeinplan ist bereits umsetzbar, aber noch nicht optimal. Deshalb war es Teil der Aufgabenstellung, das Ergebnis nach der Optimierung in PP/DS zu untersuchen. Auch hierzu wurden unterschiedliche Optimierungsprofile erstellt, die, je nach betriebswirtschaftlichem Zielportfolio, die Optimierungsparameter (Auftragsdurchlaufzeit, Rüstzeit, Gesamtkosten etc.) zueinander gewichtet und die Optimierungsmethode enthält. Die einzelnen Kostenparameter, wie z. B. Rüstkosten, Produktionskosten, Wartekosten, Transportkosten, Opportunitätskosten wurden in APO gemäß den betriebswirtschaftlichen Anforderungen modelliert.

Je nach gewähltem betriebswirtschaftlichem Zielszenario versucht der Optimierer in PP/DS, die Ergebnissituation des bestehenden Produktionsplans durch Umplanungen der Planaufträge zu verbessern. Dabei werden alle Planaufträge einbezogen, die im Optimierungshorizont liegen, und auch die Restriktionen der Material- und Kapazitätsverfügbarkeit bleiben berücksichtigt. Wie lange die Optimierung läuft, bestimmt sich aus der eingetragenen Dauer, nach der ein Optimierungslauf beendet wird. Die Dauer, die gewählt werden sollte, richtet sich im Wesentlichen nach der Planungskomplexität und den Optimierungsparametern. Anhand der Auswertungen der Planungsqualitäten (Funktionalität in APO) und der Analyse der neu erstellten Peggingstrukturen (Zuordnung von Bedarfs- und Beschaffungselementen) wurden Vergleiche der Terminierung der interaktiven Planung und der Optimierung angestellt.

Die gesicherten Planungsergebnisse werden an das angebundene R/3-System simultan übermittelt, von dem aus die gewohnte Auftragsabwicklung durchgeführt wird. Jede Veränderung, die im R/3 (Auftragsstatus, Bestände etc.) stattfindet und planungsrelevant ist, wird zeitgleich an das APO übertragen. Jede Neuerung, die in APO ausgelöst wurde (z. B. Terminierung), wurde über den gleichen Weg an das angeschlossene R/3-System gesendet.

Global ATP und Capable To Promise

Ein weiterer Projektbestandteil war die Untersuchung der Funktionalitäten von Global Available To Promise (GATP) und Capable To Promise (CTP). Hierzu wurden umfangreiche Regelwerke definiert, nach welchen Verfahren die Verfügbarkeitsprüfung lokationsübergreifend ablaufen soll.

Vor allem CTP, die Verbindung zwischen der Kundenauftragsabwicklung aus dem R/3-System mit der Produktionsablaufplanung in APO (PP/DS), zeigt eine interessante Einsatzvariante des SAP APO bei Aventis Pharma Deutschland. Ziel ist es, kurzfristig eingehende Kundenaufträge aus den Landesgesellschaften automatisch auf einen möglichen Liefer- oder Produktionstermin hin zu überprüfen. Dazu ist es erforderlich, mit der Genauigkeit, wie sie die Feinplanung in PP/DS bietet, zu planen. Daher wird über das hinterlegte Regelwerk die Produktionsplanung angestoßen und der Produktionsauftrag unter Berücksichtigung von Kapazitäts- und Materialverfügbarkeit simulativ in die bestehende Planungssituation eingelastet. Auf diese Weise ist eine sofortige Auskunft an Kundenanfragen möglich.

Technische und semantische Integration

Eine solch integrierte Planung ist nur denkbar, wenn das Planungswerkzeug Echtzeitinformationen über Bewegungsdaten wie Bedarfs- und Bestandsveränderungen aus dem R/3-System erhält. Für diesen Datenaustausch stellt SAP die Standardschnittstelle Core Interface (CIF) zur Verfügung. Über das CIF erfolgt auch die Initialversorgung mit planungsrelevanten Stammdaten. Dazu werden Integrationsmodelle definiert, die für den Datenaustausch notwendige Objekte enthalten.

Wesentlich bei der Definition der Integrationsmodelle ist die inhaltliche Konzeption. Hier wird u.a. festgelegt, welche Datenobjekte zusammen in einem Integrationsmodell übertragen werden. Bei Aventis Deutschland sind dies im Wesentlichen Kundenaufträge und die hieraus resultierenden Planaufträge. Entscheidend für eine konsistente Datenübertragung ist darüber hinaus die Übertragungsreihenfolge der Datenobjekte.

Die Materialstammdaten sowie Planungsdaten der Verpackungsbetriebe wurden in einem Batchlauf an das Planungssystem übertragen. Dies ersparte eine aufwendige Doppelpflege.

Potentiale und Rollout

Die wesentlichen Potentiale, die bei einem Einsatz von SAP APO für Aventis Pharma Deutschland in diesem Projekt herausgearbeitet wurden, sollen abschließend skizziert werden:

- Simultane Planung von Material und Kapazität führt zu einer schnellen, abgestimmten und verlässlichen Planung.
- Lokationsübergreifende Planung erlaubt eine Betrachtung der gesamten Supply Chain.
- Optimierungsalgorithmen ermöglichen eine optimierte Planung nach betriebswirtschaftlichen Zielfunktionen.
- Real Time Planung stellt sicher, daß neue Informationen sofort in der Planung berücksichtigt werden.
- Echtzeit-Integration zu R/3 gewährleistet, daß Veränderungen im Execution System sofort im APO zur Verfügung stehen. Ebenso werden Planungsergebnisse ohne Zeitverzögerung dem ERP- System übermittelt.

Die Potentiale, die sich daraus ergeben, sind u.a. geringere Lagerbestände, höhere Umschlagshäufigkeit, geringere Rüstzeiten und damit höhere Produktivzeiten. Der verbesserte Informations- und Materialfluss ermöglicht ein flexibleres Reagieren auf die Kundennachfrage bei einer insgesamt verbesserten Gesamtkostensituation. Der Einsatz von SAP APO bei Aventis Pharma Deutschland lässt folglich einen schnellen Return on Investment (ROI) erwarten.

Der produktive Einsatz von SAP APO ist gemäß dem konzipierten Bottom up-Ansatz zunächst mit dem Modul PP/DS in den Verpackungsbetrieben geplant.

17 SCM in der Praxis - Projektmanagement komplexer SCM Projekte

Anforderungen an das Projektmanagement und Change Management

Rolf G. Poluha, KPMG Consulting

Einleitung

Die Durchführung von großen Supply Chain Management-Projekten, insbesondere in der High Tech-Industrie, stellen besondere Anforderungen an das Projektmanagement Die Supply Chain durchzieht im Sinne einer internen Supply Chain die gesamten Unternehmensfunktionen vom Einkauf über die Produktion bis hin zum Verkauf. Bezieht man darüber hinaus noch die Lieferanten auf der einen und die Kunden auf der anderen Seite mit ein, kann man von einer kompletten Supply Chain sprechen.

Die Durchführung eines Projektes, das einen derart weitreichenden Einfluß auf das Unternehmen hat, bringt eine Vielzahl von Chancen und Risiken mit sich: Chancen, weil die Ansatzpunkte zur Ausnutzung von Optimierungspotentialen vielfältig sind. Risiken, weil zwangsläufig an vielen Stellen Hürden zu überwinden sind. Welcher Art diese Hürden sind und worauf hier speziell zu achten ist, soll im folgenden Absatz aufgezeigt werden. Daraus abgeleitet werden daran anschließend exemplarisch mögliche Instrumente und Methoden behandelt, um die Risiken weitestgehend zu minimieren.

Erfolgsfaktoren von SCM-Projekten

Die wesentlichen Elemente im Hinblick auf den Erfolg bei der Durchführung eines komplexen SCM-Projektes lassen sich sehr anschaulich mit einem Auszug aus einem klassischen literarischen Werk verdeutlichen: „Vor lauter Freude über meinen Plan machte ich mir keine Gedanken, ob ich auch fähig wäre, ihn auszuführen (...) Dies war wahrlich der verkehrte Weg; doch mein Eigensinn behielt die Oberhand, und ich machte mich ans Werk. (...) Aber alle meine Versuche, das Boot zu Wasser zu bringen, schlugen fehl, sie kosteten mich nur unsäglichen Schweiß. (...) Das schmerzte mich sehr, und nun sah ich ein, wenn auch zu spät, wie töricht es ist, ein Werk zu beginnen, bevor wir die Kosten kennen und bevor wir recht erwogen haben, ob unsere Kräfte dem auch gewachsen sind." (Daniel Defoe, Das Leben und die unerhörten Abenteuer des Robinson Crusoe). Hierbei ging es nur um den Bau eines kleinen, wenn auch bedeutenden Bootes. Doch wieviel relevanter ist diese Erkenntnis dann im Hinblick auf ein großes Projekt innerhalb eines Unternehmens mit einer Vielzahl von beteiligten Projektpartner und Ressourcen. Einen klaren Plan davon zu haben, was man mit dem Projekt erreichen und wie man es durchführen will, ist sicherlich eine relevante Voraussetzung. Doch für die Durchführung sind die beiden entscheidenden Größen, die vorab möglichst realistisch eingeschätzt werden müssen: Die Kosten und die eigenen Kräfte, wobei letzteres die Sicherstellung von Ressourcen, die Durchsetzbarkeit in der Organisation und die Persistenz aller in das Projekt involvierten Parteien meint.

Die speziellen Anforderungen bei der Durchführung eines SCM-Projektes resultieren aus den besonderen Herausforderungen, die die Einführung einer integrierten Supply Chain Management-Lösung mit sich bringt. Diese sind im einzelnen:

- Die Einführung einer neuen Planung- und Steuerungsphilosopie
- Die Neugestaltung, Optimierung und Harmonisierung der logistischen Kernprozesse
- Die Definition von Zielen, Regeln und Meßgrößen zur gesamtheitlichen Optimierung
- Die Anpassung der Aufbauorganisation und effektive Zuordnung der Kompetenz und Verantwortung
- Die technische Integration mit ERP- und Legacy-Systemen
- Die Koordination von Reorganisation, APS-Systemeinführung und der ERP-/Legacy-Integration
- Die Durchführung von Change Management.

Vor allem auf den letzten Punkt wird aufgrund seiner überragenden Bedeutung später noch einmal explizit eingegangen.

Die Phasen eines SCM-Projektes

Ein SCM-Projekt kann, wie jedes andere Projekt auch, in mehrere Phasen unterteilt werden. Die besonderen Schwierigkeiten bei der Durchführung von SCM-Projekten lassen sich am besten mit dem Projektlebenszyklus, wie im nachfolgenden Bild dargestellt, verdeutlichen.

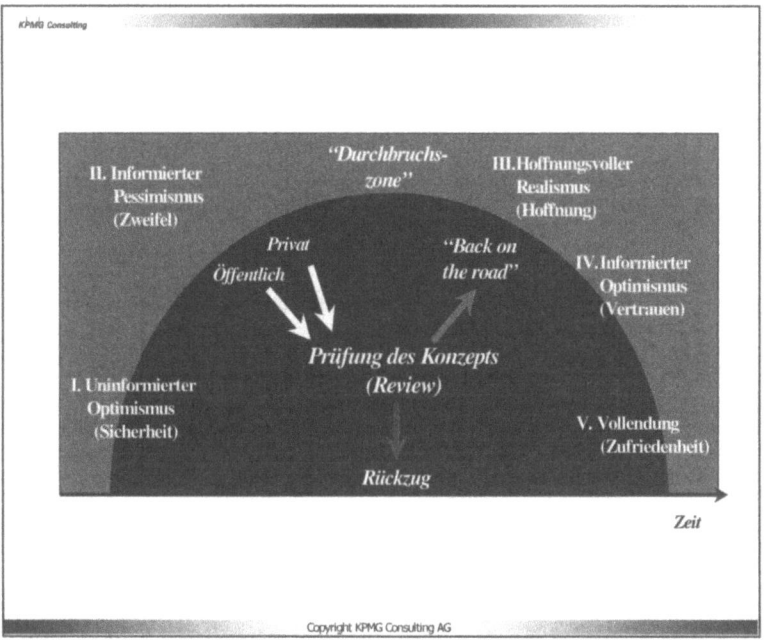

Bild 1: Die Phasen eines SCM-Projekts (in Anlehnung an ODR)

Die Phasen können im einzelnen folgendermaßen charakterisiert werden:

- Phase 1: Uninformierter Optimismus (Sicherheit):

  In dieser Phase liegt ein ausgeprägter Optimismus vor, da aufgrund der mangelnden Information noch keine hinreichende Einschätzung der ggf. auftretenden Schwierigkeiten vorgenommen werden kann.

- Phase 2: Informierter Pessimismus (Zweifel):

In dieser Phase wachsen die Zweifel, der anfängliche Optimismus weicht einem Pessimismus. Die Zweifel können sowohl öffentlich vorgetragener Art sein, wie auch privater Natur sein. Letzteres meint Zweifel der Art, die quasi hinter vorgehaltener Hand geäußert werden. Während den öffentlichen Zweifeln im Rahmen einer offenen Diskussion und durch gezielte Informationen begegnet werden kann, ist den privaten Zweifeln weitaus schwerer zu begegnen.

- Die Durchbruchszone:

  Im Mittelpunkt der Durchbruchszone stehen häufig eine Prüfung des Konzepts im Sinne eines Reviews. Im positiven Fall kommt das Projekt danach wieder „back on the road", im negativen Fall kann dies auch einen Rückzug und damit ein Ende des Projektes bedeuten.

- Phase 3: Hoffnungsvoller Realismus (Hoffnung):

  Auf Basis der innerhalb des Reviews gewonnenen Informationen keimt wieder Hoffnung auf, der Pessimismus geht in eine realistische Einschätzung über.

- Phase 4: Informierter Optimismus (Vertrauen):

  Durch die gewonnenen Erfahrungen wächst der Optimismus und das Vertrauen in den Erfolg des Projektes.

- Phase 5: Vollendung (Zufriedenheit):

  In dieser finalen Phase kann das Projekt erfolgreich abgeschlossen werden, was zu einer Befriedigung des Projektteams und der involvierten Parteien und Mitarbeiter führt.

Einbeziehung von Softwarelösungen in das SCM-Projekt

Häufig steht bei der Durchführung eines SCM-Projektes die Einführung einer Softwarelösung, einer sog. Advanced Planning Solution (APS), im Mittelpunkt. Dies kann zum einen daraus resultieren, daß die Softwarelösung als eine Art Enabling Technology fungiert, um die SCM-Prozesse mit einem Höchstmaß an Effizienz ausführen zu können. Eine andere Möglichkeit kann darin bestehen, daß die Softwarelösung den Ausgangspunkt für das SCM-Projekt darstellt und auf diese Weise das initiale Moment für die weiteren Aktivitäten (Business Process Reengineering, etc.) darstellt.

Ein APS-Implementierungsprojekt muß zwar in jedem Fall einen immanenten Bestandteil des SCM-Projektes darstellen, kann aber als Subprojekt innerhalb des gesamten Projektes gesehen und in verschiedene Phasen gegliedert werden. Im folgenden soll darauf eingegangen werden, wie die Phasen innerhalb eines APS-Teilprojektes typischerweise gegliedert werden können. Nachfolgend eine Darstellung der möglichen Projektphasen.

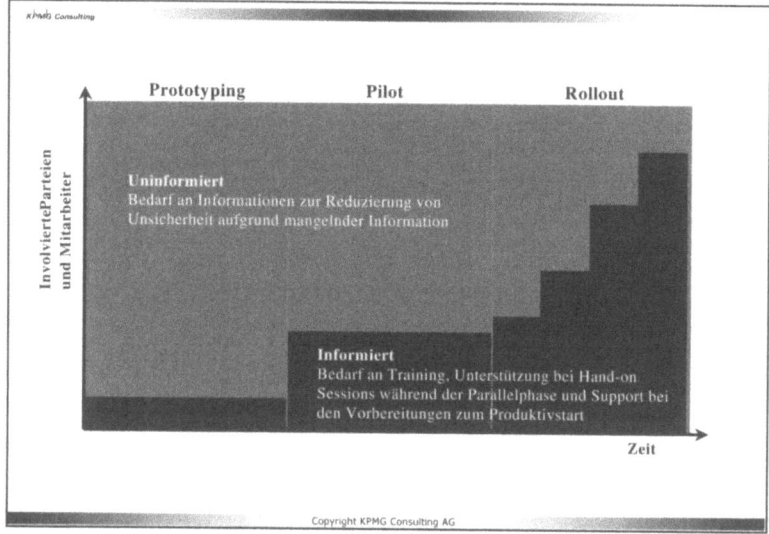

Bild 2: Phasen eines APS-Implementierungs-projekts (Rolf G. Poluha, KPMG Consulting)

Dabei wird davon ausgegangen, daß bereits eine Evaluierung und Auswahl einer Lösung stattgefunden hat. Ebenso wird das Vorhandensein eines Logistik- und IT-Konzeptes vorausgesetzt. Die Phasen können im einzelnen wie folgt charakterisiert werden:

- Prototyping:

    In der Prototyping-Phase wird die Lösung beispielsweise für ein exemplarisches Produkt o.ä. und mit einem eingeschränkten Umfang der erforderlichen Funktionalitäten aufgesetzt. Dabei können die Anforderungen an die Lösung auf der einen Seite und deren Möglichkeiten auf der anderen Seite gegenübergestellt werden. Hierbei ist zu beachten, daß der Prototyp in dieser Phase noch nicht produktiv gesetzt wird.

- Pilot:

  In dieser Phase wird zwar ein eingeschränktes Spektrum an abzubildenden Produkten, Produktdivisionen, etc. in dem Modell abgebildet, was auch zur Einbeziehung einer größeren Zahl an involvierten Parteien und Mitarbeitern führt. Der Umfang an Funktionalitäten wird nun jedoch stark erweitert und sollte möglichst schon den gesamten Mindestumfang umfassen. Die Lösung wird zu diesem Zeitpunkt produktiv gesetzt.

- Rollout:

  Die Rollout-Phase bezieht sukzessive alle relevanten Produkte, Produktdivisionen, etc. mit ein. Daraus resultierend werden nun auch alle relevanten Parteien und Mitarbeiter stufenweise einbezogen. Der Funktionsumfang der Lösung nimmt hier ebenfalls zu und geht schließlich bis zum gesamten geforderten Umfang. Dies wird beispielsweise durch die SCIM-Methode von KPMG Consulting sichergestellt.

Auf welche Weise die Einbeziehung des APS-Implementierungsprojektes in den gesamten SCM-Projektverlauf erfolgen kann, wird zu einem späteren Zeitpunkt aufgezeigt. Aufgrund der weitreichenden Konsequenzen, die die Einführung einer APS-Lösung sowohl im Hinblick auf die Prozesse als auch auf die Arbeitsabläufe der Organisation mit sich bringt, sind die oben dargestellten Projektphasen unbedingt als integraler Bestandteil des SCM-Projektes aufzufassen und entsprechend in der Gesamtprojektplanung zu berücksichtigen.

Instrumente zum Management komplexer SCM-Projekte

In diesem Abschnitt soll auf die Instrumente, die beim Management komplexer SCM-Projekte von besonderer Bedeutung sind, fokussiert werden. Die dargestellten Instrumente stellen keine vollständige Auflistung dar, sondern haben vielmehr exemplarischen Charakter.

1. **Projektmanagement**

Es gibt eine Reihe von wichtigen Veränderungen, die ein Projekt in seinem Ablauf von der Konzeption bis zum Abschluß prägen. Diese Veränderungen betreffen die relative Bedeutung der vier Faktoren eines Projekts: Zeit, Kosten, Ausführung und Qualität. In der Konzeptionsphase sind alle diese Faktoren von gleicher

Wichtigkeit, aber wenn die Phase der Entstehung und Entwicklung erreicht wird, liegt der Faktor Zeit weit vor dem Faktor Ausführung, während die Faktoren Kosten und Qualität den dritten Platz belegen. Dies resultiert daraus, daß die meisten Entscheidungen über Terminierung und Planung in dieser Phase getroffen werden müssen.

In der Durchführungsphase ist zwangsläufig die Ausführung der wichtigste Faktor, aber am Ende dieser Phase haben alle vier Faktoren wieder die gleiche Bedeutung erreicht. Diese Rangfolge bleibt auch während der letzten Phase bestehen. Im Projektablauf beansprucht die Durchführungsphase die meisten Ressourcen.

Der Management-Prozeß kann mit einem Balanceakt verglichen werden, in der der Projektmanager versucht, die Faktoren Zeit, Ausführung, Qualität und Kosten gegeneinander abzuwägen. Das Projektmanagement kann von daher auch als ein Umwandlungsprozeß angesehenwerden, in dem der ganze Projektablauf durch eine Vielzahl von Faktoren, bestimmt wird. Diese Faktoren beziehen sich auf Informationen (Zeit, Kosten, Ausführung und Qualität), Mitarbeiter (Fachkenntnisse, Erfahrungen, etc.) und Ressourcen (Material, Kosten, etc.).

2. Das Change Management

Nachdem im letzten Absatz die funktionale Seite des SCM-Projektes betrachtet wurde, soll nun auf die (unternehmens-)kulturellen Aspekte eingegangen werden. Die Frage, wie groß die Bedeutung des Change Management bei der Durchführung eines SCM-Projektes ist, läßt sich relativ einfach beantworten: 50% eines SCM-Projektes sind Change Management, wobei die Zahl weniger quantitativ als vielmehr qualitativ zu verstehen ist. Im einzelnen sind folgende Änderungen zu bewältigen:

- Änderung der Organisation
- Änderung der relevanten Planungs- und Steuerungsprozesse
- Änderung der Geschäftsregeln
- Änderung der Workflows
- Änderung der Verantwortlichkeiten
- Änderung der Planungszyklen
- Änderung der Kommunikation

Das Change Management betrifft demnach zu einem großen Teil die Mitarbeiter der Organisation, also den Faktor Mensch. Der Faktor Mensch hat einen unmittelbaren Einfluß auf die durchzuführenden Änderungsmaßnahmen im Bereich der Organisation, der Workflows, etc., mit anderen Worten auf die mit dem SCM-Projekt verbundenen Reengineering-Maßnahmen. Die Bedeutung des Einflußfaktors wird im folgenden Zitat sehr gut verdeutlicht: „... ungefähr 70 % aller Reengineering-Maßnahmen sind zum Scheitern verurteilt. Warum? Weil der wirkliche Erfolgsfaktor von Reengineering Maßnahmen - der Faktor Mensch - weder berücksichtigt noch verstanden wird (...) Ohne nachhaltige Bemühungen, sich mit den betroffenen Menschen zu beschäftigen, muß eine Reengineering-Maßnahme scheitern (...) Den menschlichen und kulturellen Aspekt eines Reengineering zu ignorieren ist zu vergleichen mit der Teilnahme am Indianapolis 500-Rennen mit einem von einem Rasenmähermotor angetriebenen Rennwagen." (Richard Wellins et al.)

Auf die Instrumente, die zur Realisierung der erforderlichen Veränderungen erforderlich sind, wird im folgenden näher eingegangen.

3. Die Projektorganisation

Die Projektorganisation muß die Phasen des Projektes und die involvierten Mitarbeiter einbeziehen. Dabei kann folgende Unterscheidung getroffen werden:

- Das Projektteam im engeren Sinne:
  Das Projektteam im engeren Sinne umfaßt das eigentliche Projektteam einschließlich des Projektmanagements. Dies kann als direkte Projektressourcen bezeichnet werden, die sich sowohl aus der Organisation (interne Ressourcen) als auch aus Beratern, Solution Providern und Mitarbeitern des Softwareherstellers (externe Ressourcen) rekrutiert.

- Das Projektteam im weiteren Sinne:
  Dieses umfaßt die über das Projektteam im engeren Sinne hinausgehenden Parteien und Mitarbeiter. Dies kann als indirekte Projektressourcen bezeichnet werden. Hierzu gehört das Top-Management, die Mitglieder des Steering Committees, die Key User und die Endanwender.

Nachfolgende Abbildung stellt die Projektorganisation innerhalb eines sehr komplexen SCM-Projektes aus der Praxis dar. Dabei kommt dem Projektmanagement eine besondere Bedeutung zuzu. Es stellt den Mittler zwischen dem Top-Management und dem Steering Committe auf der einen und dem Projektteam im engeren Sinne auf der anderen Seite dar.

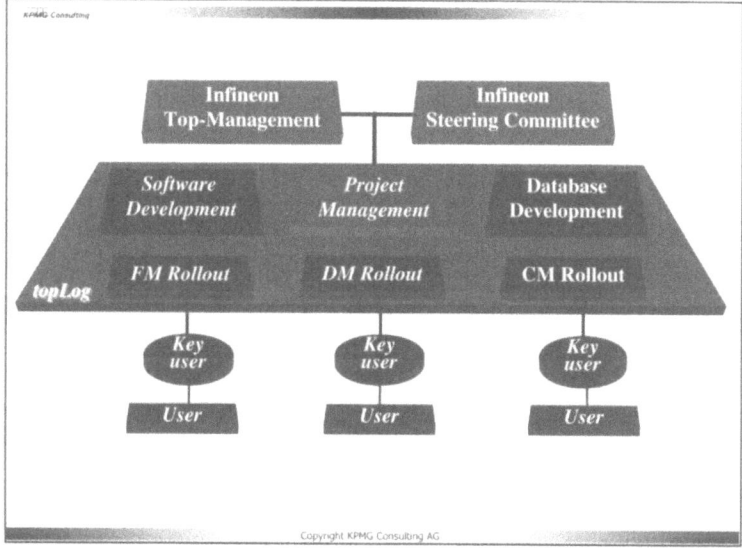

Bild 3: Die Projektorganisation (Quelle: RalfPeter Slomma und Detlef Hartmann, Change Management in Large, Complex Implementation, Vortrag PLANET 1999)

Auf die Notwendigkeit der Einbeziehung des Top-Managements wird zu einem späteren Zeitpunkt noch näher eingegangen. Im folgenden Abschnitt soll das Projektteam im engeren Sinne beleuchtet werden.

4. Der Team-Ansatz

Die zum Change Management aufgezeigten Veränderungen werden i.d.R. durch ein dediziertes Projektteam ausgeführt, das als Projektteam im engeren Sinne bezeichnet wurde. Dabei durchläuft das Projektteam mehrere Phasen, bis es seine optimale Leistung erbringen kann. Die folgende Abbildung stellt den Teambildungszyklus dar.

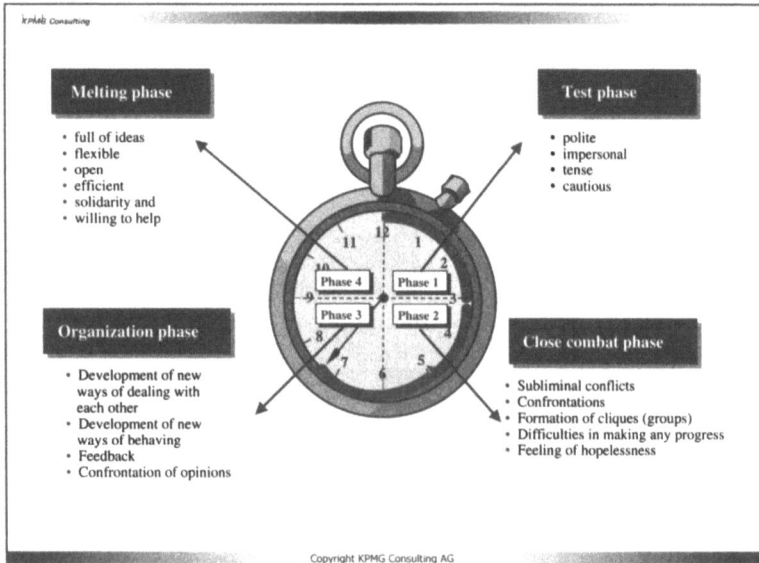

Bild 4: Der Teambildungszyklus (Quelle: Francis Young, More success in the team)

Für das Projektmanagement ist im Hinblick auf den dargestellten Zyklus wichtig, das Team dabei zu unterstützen, möglichst rasch zu Phase 3 und 4 zu gelangen. Außerdem ist darauf zu achten, daß die Teammitglieder das Projekt möglichst über die gesamte Projektlaufzeit begleiten. Denn Änderungen innerhalb des Teams führen dazu, daß der Zyklus – zumindest sporadisch – neu durchlaufen werden muß, was zwangsläufig Friktionen im Hinblick auf die Teamperformance mit sich bringt.

5. Die Einbindung des Managements

Der Faktor Mensch umfaßt auch in besonderem Maße das Management eines Unternehmens. Um dies zu verdeutlichen, nachfolgend zunächst eine Übersicht über die Schlüsselrollen innerhalb des Veränderungsprozesses und damit innerhalb des SCM-Projektes:

- Sponsoren (initiierende und tragende):

  Die Person oder Personengruppe, die für die Durchführung der Veränderung verantwortlich ist, d.h. die "Leadership"-Gruppe im Unternehmen.

- Beteiligte an der Veränderung:

  Die Personen, die beteiligt werden müssen, um die Veränderung durchzuführen und zu unterstützen.

- Change Agents:

  Die Personen, die dafür verantwortlich sind, daß die Veränderung umgesetzt wird, d.h. interne und externe Förderer.

- Champions:

  Personen, die zwar nicht unmittelbar in die Veränderung einbezogen sind, aber als Unterstützer bzw. Advokaten mitarbeiten.

In diesem Sinne fungiert das Management als Sponsor, wobei unter Sponsorship die Demonstration von Commitment und Schaffung einer Grundlage für die Veränderung durch effektives Sponsorship subsumiert werden soll. Die Aufgaben und Verantwortlichkeiten des Sponsors liegen dabei in folgenden Bereichen:

- Darlegung und Kommunikation des Kontexts/Umfelds des Unternehmens und seiner Grundprinzipien
- Aufbau einer Infrastruktur, die Commitment aufbaut
- Beteiligung an der Entwicklung von Zielen
- Überwachung des Änderungsprozesses
- Verteilung von Ressourcen
- Vergütungssystem, Motivationsinstrumente etc. an den Neuerungen ausrichten.

Somit kann das Management beispielsweise über die Bereitstellung von Ressourcen sowohl der in den Veränderungsprozeß involvierten Mitarbeiter innerhalb der Organisation (indirekte Ressourcen) als auch der Projektteammitglieder aus der Organisation (direkte interne Ressourcen) Einfluß auf den Projekterfolg nehmen. Dabei ist mit Blick auf den geschilderten Teambildungszyklus eine Kontinuität der Teammitglieder anzustreben, wozu auch das Management durch sein Commitment beitragen kann.. Darüber hinaus stellt dieses Commitment auch die Voraussetzung dafür dar, das Budget für direkte externe Ressourcen (Berater, etc.) zur Verfügung gestellt zu bekommen.

Das Erfordernis, das Management maßgeblich in das Projekt einzubinden, wird im Unterstützungsbedarf reflektiert, das ein Veränderungsprojekt und damit im besonderen ein SCM-Projekt mit sich bringt. Diese Unterstützung stellt eine conditio sine qua non für den Projekterfolg dar. Dabei ist jedoch häufig festzustellen, daß der Unterstützungsbedarf und die Aufmerksamkeitskurve seitens des Managements nicht unbedingt korrelieren. Bezieht man hierzu noch den voraussichtlichen Verlauf der Projektkosten über die Zeit mit ein, kommt man zu folgender Darstellung:

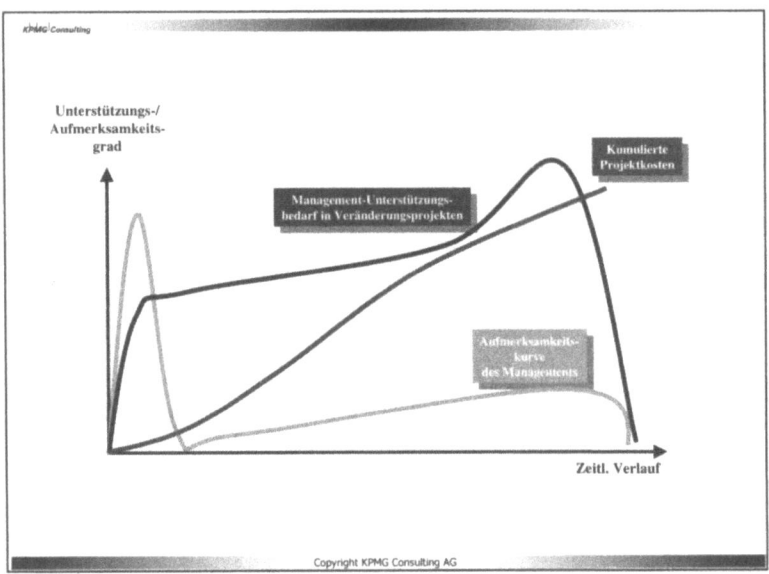

Bild 5: Management-Unterstützung in SCM-Projekten
(Quelle: Ralf-Peter Slomma, Erfahrungsbericht 2nd Logistics Managers' Conference Siemens EL, 2000)

Zu Beginn des Projektes ist die Aufmerksamkeit des Managements sehr hoch, da hier intensive Kickoff- und Informationsveranstaltungen durchgeführt werden und eine vorangegangene Entscheidung zur Projektdurchführung stattgefunden hat. Dieser Peak zu Beginn fällt dann häufig stark ab, da das Projekt in die Durchführung geht und die unmittelbare Involvierung des Managements abnimmt. Auf der anderen Seite beginnen jedoch nun die Projektkosten zu steigen, und der Unterstützungsbedarf seitens des Managements nimmt stark zu.

Es liegt auf der Hand, dass diese konträren Verlaufskurven ein Risikopotenzial in sich bergen. Ideal wäre es, den Verlauf der Aufmerksamkeitskurve an den des Unterstützungsbedarfes anzugleichen resp. wenigstens anzunähern. Dies würde auch unter betriebswirtschaftlichen Aspekten mit dem Verlauf der kumulierten Projektkosten korrespondieren, d.h. die Bedeutung einer erfolgreichen Projektrealisierung steigt zwangsläufig auch im Hinblick auf den Kostenaspekt mit zunehmender Projektdauer.

6. Die SCIM-Methode von KPMG

KPMG Consulting hat eine eigene, praxiserprobte Methode, die sog. SCIM -Methodik (SCIM = Supply Chain Implementation Methodology) entwickelt, um die Abwicklung komplexer SCM Projekte zu standardisieren und damit die Sicherstellung des Projekterfolges zu erhöhen. Wodurch ist die SCIM Methode im einzelnen charakterisiert, was ist die eigentliche Intention? Schnellebige Märkte, globaler Wettbewerb, steigende Komplexität und neue Technologien erfordern eine permanente Neuausrichtung und Weiterentwicklung der Unternehmen. Seit vielen Jahren unterstützt KPMG Consulting seine Kunden aktiv in der Gestaltung und Umsetzung von Veränderungs-Programmen, welche die Leistungsfähigkeit des Unternehmens langfristig steigern und erhalten. Qualität, Effizienz und Dynamik sind dabei die entscheidenden Erfolgsfaktoren im Wettbewerb der Zukunft. Um Unternehmen für diese Herausforderungen im SCM Kontext quasi fit zu machen, wurde der ganzheitliche Lösungsansatz SCIM entwickelt. Das nachfolgende Bild stellt die SCIM-Methode in grafischer Form dar.

Projektmanagement komplexer SCM-Projekte

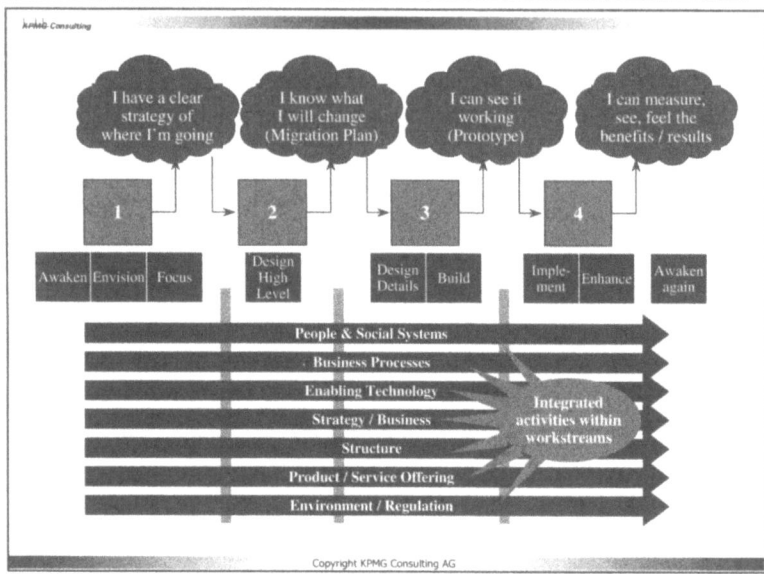

Bild 6: Die SCIM-Methode (KPMG Consulting)

Der Nutzen der SCIM -Methode zur Steigerung der Leistungsfähigkeit des Unternehmens resultiert dabei aus den folgenden Merkmalen:

- Erprobte, effiziente Vorgehensweisen von der Strategieformulierung über die Reorganisation von Aufbau- und Ablauforganisation (Business Process Reengineering) bis zur Überwachung und dem Nachweis des Projektnutzens für SCM Vorhaben.

- SCIM-Ergebnistypen, die bereits vor Projektbeginn klare Zwischenergebnisse aufzeigen. Dies fördert die Aufmerksamkeit und damit die Unterstützung seitens des Managements.

- Management of Change (MoC), das die Bereitschaft der Mitarbeiter zur Veränderung fördert und somit den Projekterfolg sichert. Auf die hohe Bedeutung des Change Managements bei SCM-Projekten wurde bereits eingegangen.

- Anpaßbarkeit und Skalierbarkeit der Methode an Bedürfnisse und spezielle Rahmenbedingungen des individuellen Unternehmens.

Das SCIM Vorgehensmodell beschreibt die Tätigkeiten von dem Moment an, wenn ein Unternehmen quasi "erwacht" und die Notwendigkeit eines tiefgreifenden Wandels bezüglich der

Supply Chain erkennt, bis zu dem Moment, an dem die geplanten Veränderungen realisiert und umgesetzt sind. Das SCIM - Framework der KPMG umfaßt insgesamt mehr als 100 Ergebnistypen, die mit Hilfe zahlreicher praxiserprobter Techniken erarbeitet und dokumentiert werden.

Exemplarische Ergebnistypen sind:

- Envision:

    Business Model, Business, Position, Vision Statement, etc.

- Focus:

    Product/Service Assessment, Current Process Model, Policy/Regulation Assessment, etc.

- Design Conceptual Solution:

    Future Process Model, Future Organization Model, Future Technology Model, etc.

- Design Solution Details::

    Detailed Process Descriptions, Policy/Regulation Changes, Functional Specifications, etc.

- Build and Test:

    Implementation Pilots, Updated Design Documentation, Process User Manuals, etc.

- Implement and Deploy:

    Solution Rollout, User Acceptance Results, Systems Maintenance, etc.

- Enhance:

    Comparative Benchmarking Data, Continuous Improvement, Ongoing Performance Results, etc.

Darüber hinaus steht dem gesamten Projektteam ein webbasiertes PC-Tool mit Praxisbeispielen sowie wertvollen Hinweisen und Erfahrungsskizzen zur Verfügung. Diese helfen, mögliche Probleme oder Fehlerquellen zu vermeiden, wie sie sich oft ohne professionelle Begleitung eines Reorganisationsprozesses ergeben. Diese modulare Struktur bietet den Kunden den Vorteil, daß an verschiedenen Punkten in den Veränderungsprozeß eingetreten werden kann. Der Grad der Veränderung kann dabei selbst bestimmt und aktiv mitgestaltet werden.

Auf diese Weise ist die SCIM-Methode in besonderem Maße dazu geeignet, die Durchführung komplexer SCM-Projekte zu unterstützen. Die SCIM-Methode stellt den (standardisierten) Rahmen für das Management des Projektes dar und begleitet damit den Projektablauf.

Der idealtypische SCM -Projektablauf

Zusammenfassend könnte der idealtypische Verlauf eines SCM-Projektes wie in der nachfolgenden Abbildung dargestellt aussehen:

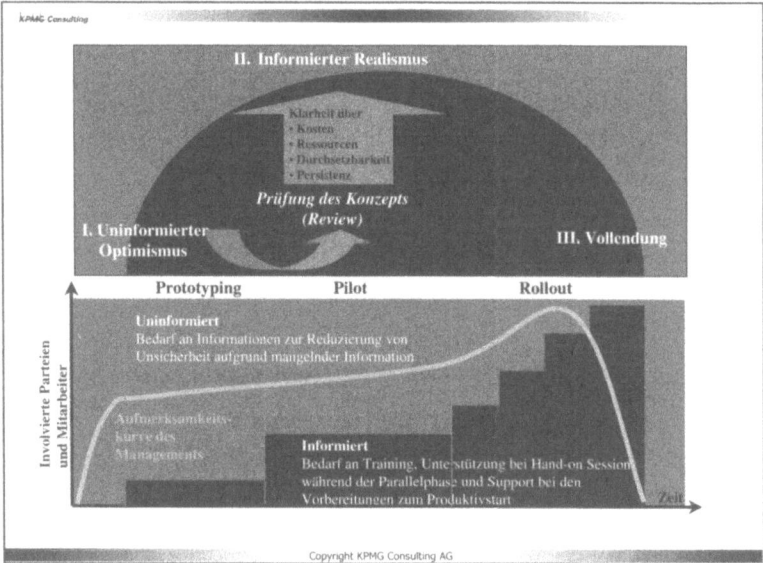

Bild 7: Idealtypischer Projektverlauf eines SCM-Projekts (Rolf G. Poluha, KPMG Consulting)

Durch die Prüfung des Konzeptes (Review) im unmittelbaren Anschluß an die Prototyping-Phase und zum Beginn der Pilotierung soll Klarheit zu den kritischen Erfolgsfaktoren, d.h. den Kosten, den Ressourcen, der Durchsetzbarkeit und der Persistenz, geschaffen werden. Die daraus resultierenden Erkenntnisse schaffen Vertrauen in das Projektmanagement und damit in den Erfolg des Projektes. Das Review wird proaktiv vom Projektmanagement initiiert und resultiert nicht (reaktiv) aus öffentlichen und privaten Zweifeln. Es verfolgt daher auch nicht die Absicht, wieder „Back on the road" zu kommen, sondern kritisch die

Machbarkeit des durchzuführenden Projektes zu prüfen. Sollte die Prüfung negativ ausfallen, heißt dies nicht zwangsläufig, daß das Projekt abgebrochen werden muß. Vielmehr ist die Intention, die erforderlichen Gegebenheiten zu schaffen, um das Projekt erfolgreich abwickeln zu können. Maßgeblich ist, sich Klarheit darüber zu verschaffen, wie die Anforderungen an einen erfolgreichen Projektverlauf im speziellen Fall liegen. Hierzu bietet ein Prototyping die ideale Grundlage. Die gewonnenen Erkenntnisse stellen zudem eine entscheidende Grundlage für die zunehmende Involvierung der relevanten Parteien und der Mitarbeiter während der Pilotierung und noch verstärkt in der Rollout-Phase dar.

Die Aufmerksamkeitskurve seitens des Managements ist dem Unterstützungsbedarf im Zeitverlauf angenähert. Dies stellt ebenfalls eine wesentliche Voraussetzung für den Projekterfolg dar, wie im vorangegangenen bereits ausgeführt wurde.

Zusammenfassung und Ausblick

Ungeachtet aller Herausforderungen, die ein komplexes SCM-Projekt in sich birgt, ist das Erfordernis zur Durchführung von Projekten dieser Art für viele Unternehmen eine überlebensnotwendige Voraussetzung, um wettbewerbsfähig zu bleiben. Denn die dabei eingeführten Lösungen bilden die obligatorische Grundlage für die Einführung von heute oftmals Internetbasierten Frontend-Lösungen zur Kollaboration mit Kunden und Lieferanten. Die SCM -Projekte und die dabei durchgeführten Reengineering-Maßnahmen und eingeführten Lösungen stellen damit einen zentralen Bestandteil der eBusiness-Strategie der Unternehmen dar. Und hierfür gilt aktuell und zunehmend die Devise „e-Business or out of business" (Oracle-Werbeanzeige, Süddeutsche Zeitung).

In diesem Sinne soll ein Zitat abschließen, das die Bedeutung von SCM-Projekten sehr anschaulich unterstreicht: „In Zukunft werden nicht Unternehmen miteinander konkurrieren, sondern Supply Chains" (Prof. Martin Christopher, Cranfield University, UK, 1999).

18 Supply Chains auf dem Weg zu eBusiness Networks

Oliver Lawrenz, Michael Nenninger

Neue Konzepte, Technologien und eMarkets: Revolution oder Evolution?

Abstract

Die New Economy ändert Wirtschaftsstrukturen. Wie wirken sich neue Internetkonzepte auf ganze Lieferketten aus? Welcher Zusammenhang besteht zwischen eBusiness und SCM? Für diesen Beitrag stellen sich folgende zentrale Fragen:

- Revolutioniert das Internet Geschäftsmodelle und Supply Chains, oder findet lediglich eine – wenn auch schnell ablaufende - Evolution statt?
- Welche Auswirkungen haben eMarkets und andere eBusiness-Konzepte auf die aktuelle SC-Diskussion?

Auf beide sollen Antworten und erste Lösungsansätze gefunden werden.

Einleitung

Das Aufkommen des Internet sorgt im Umfeld des SCM dafür, dass Konzepte des eBusiness, des eCommerce, der vertikalen Netze und neuerdings der elektronischen Marktplätze zunehmend im SCM-Kontext diskutiert werden.

Schon heute ist es möglich, Business-Dokumente wie Bestellungen oder Kundenaufträge per XML[1] über das Internet zu versen-

---

[1] XML = eXtended Markup Language. Mit XML ist es möglich, strukturierte Daten über das Internetprotokoll zu versenden. Somit ist prinzipiell jeder Wirtschaftspartner erreichbar, EDI-Konverter fallen weg; dennoch ist ein Mapping (Syntax und Semantik) der Informationen in das

den. Weiteres Ziel ist es, im Rahmen des eCommerce auch die operativen Geschäftsprozesse zu vereinfachen. Beispiele dafür sind eServices wie die Zahlungsabwicklung, Unterstützung bei Akkreditivgeschäften oder Content Services (Bereitstellung von Informationen über Zollabwicklung, Einfuhrbestimmungen, etc.).

Im Umfeld des SCM sollen elektronische Marktplätze, die auf Extranettechnologie[2] basieren, zum Beispiel die gemeinsame (kollaborative) Planung unterstützen. In diesem Zusammenhang spricht man auch von cCommerce, was collaborative Commerce bedeuten soll. Zudem sollen eProcurement-Lösungen den Bestellprozess optimieren, was nicht nur für die Beschaffung von C-Teilen, sondern auch von produktionsnahen Teilen gilt. Weiter soll das CRM-Konzept (Customer Relationship Management) mit dem Demand Forecast verbunden werden.

CRM

Damit dringt die IT-Unterstützung in neue Bereiche vor. Nicht nur fest definierte Wirtschaftspartner wie feste Lieferanten und Kunden und deren Beziehungen und somit Geschäftsprozesse werden im Rahmen der unternehmensübergreifenden Geschäftsabwicklung adressiert, sondern es ist durch die Technologie auch möglich, ad-hoc-Geschäftsbeziehungen zu neuen Wirtschaftspartnern elektronisch aufzubauen, ohne dass vorher wesentliche Veränderungen in den beteiligten ERP-Systemen (ERP = Enterprise Resource Planning, wie SAP R/3) vorgenommen werden müssen. In diesem Szenario werden nicht nur strukturierte Daten wie zum Beispiel Bestellungen übertragen, sondern auch semi-strukturierte Daten, beispielsweise Erfahrungswissen aus CRM-Datenbanken, sowie Internetforen. Insbesondere Business Communities werden in Zukunft die "Relationship"-Aufgabe des CRM unterstützen.

Wie hängen nun diese Begriffe (und Konzepte) miteinander zusammen und welche Auswirkungen haben sie auf die SC-Diskussion?

Motivation

Die Extranettechnologie schafft neue Business Communities, elektronische Marktplätze, vertikale Netze, Portale und vieles mehr. In diesem Kapitel geht es um eine Begriffsbestimmung,

---

Zielsystem notwendig.

[2] Extranet = überbetriebliches geschlossenes Netzwerk mit Zugangsbeschränkungen auf Basis der Internettechnologie.

die als Grundlage für die nachfolgenden, recht visionären Kapitel im Rahmen des Buchabschnitts "Ausblick" dienen soll.

Bewusst haben wir die Ausrichtung des Kapitels "Ausblick" mit einer sehr weiten Begriffsbestimmung des SCM gewählt, um den aktuellen Entwicklungen Rechnung zu tragen. Es soll im letzten Buchabschnitt mehr um den Einfluss der Internettechnologie auf Supply Chains gehen als um neueste Entwicklungen in der SC-Planung an sich.

Dazu ist es zunächst notwendig, zu erörtern, ob der Einsatz der Internettechnologie die Geschäftsmodellarchitektur der einzelnen Unternehmen wesentlich ändert oder ob lediglich eine Evolution und Verbesserung bekannter Geschäftsabläufe stattfindet, ähnlich des Einsatzes der ERP-Systeme Ende der 80er Jahre.

Neue Konzepte und Lösungen wie zum Beispiel eProcurement (buy), eSales (sell), virtual manufactoring oder Manufactoring on Demand (make) oder das eFulfillment (deliver) orientieren sich an bekannten, geschäftsprozessbasierten Unternehmensmodellen. Buy, Sell, Make und Deliver sind Funktionen der übergeordneten Supply Chain. Das Internet deckt zunächst lediglich Medienbrüche in der gesamten Prozesskette auf, bestimmte Funktionen der Prozesse werden eliminiert, der Gesamtprozess verkürzt, was insbesondere bei eProcurement-Lösungen (Genehmigungsstufen, Rückfragen beim zentralen Einkauf, etc.) der Fall ist. Die Geschäftsmodelle und –architekturen der Wirtschaftspartner an sich ändern sich somit nicht wesentlich. Die Planungshoheit verbleibt dezentral bei jedem Wirtschaftspartner [Heinzel].

Collaboration Im Falle des Collaboration (Plan) verschmelzen Planungs- und Durchführungsprozesse erstmals, die früher aufgrund der verfügbaren Technologien in verschiedenen Lösungspaketen abgebildet wurden [Heinzel]. Kollaborative Planung wird heute mit Hilfe von Extranets abgebildet. Kunde und Lieferant planen zum Beispiel in einer gehosteten Webapplikation gemeinsam (kollaborativ) den Demand Forecast. In diesem Moment entstehen neue Geschäftsmodelle und –architekturen, in welchen sich Strukturen und Planungshoheiten ändern.

Mitunter entsteht sogar eine n:m-Beziehung, die – bezogen auf die Anzahl der unterschiedlichen Teilnehmer - ein noch komplexeres Geschäftsmodell abbildet, als es bei vertikalen Netzen und Supply Chains der Fall ist. Diese Änderungen in den Geschäftsmodellen ganzer Unternehmen, Supply Chains oder gar Wirtschaftszweigen stellen die eigentliche Revolution der Internettechnologie dar. Eine solche n:m-Beziehung entsteht zum Beispiel beim Einsatz von eMarkets.

Beispiel: eProcurement und eMarkets

Ein Instandhaltungsauftrag meldet mittels einer Bestellanforderung den Bedarf an einem Repair-Gut, beispielsweise einer Pumpe. Der Einkäufer oder der Bedarfsträger selbst (zum Beispiel der Meister) findet in seinem eProcurement-System diese Pumpe nicht, da sie aufgrund des geringen Bestellvolumens und des seltenen Bestellvorgangs nicht im Intranetkatalog mitaufgenommen ist. Deshalb routet das eProcurement-System den Bedarf auf einen elektronischen Markt, in welchem nun der Bedarfsträger in einem Multilieferantenkatalog nach Pumpen und diversen Anbietern – nebst deren Konditionen, Verfügbarkeit etc. - suchen kann.

Diskussionsrahmen und Begriffsbestimmung

Zum Zweck der Begriffsbestimmung ist es zweckmäßig, die Elemente und Beziehungen einer Supply Chain kurz zu systematisieren und zu definieren.

Operative und taktische Ebene

Auf operativer Ebene finden zwischen den einzelnen Wirtschaftspartnern Einkaufs- und Verkaufsprozesse statt. Diese "Buy"- und "Sell"-Abläufe stellen den eigentlichen Internethandel dar. Deshalb versteht man in einer eng gefassten Definition genau diesen Handel als eCommerce. Alle weiteren Abläufe, die durch die IP-Technologie unterstützt werden, also Planung, Informationsdienste, eServices wie Zahlungsabwicklung, werden unter dem weiter gefassten Begriff des eBusiness subsumiert. Entscheidend wird die Integration von Logistikpartnern wie Spediteuren sein, denn diese können den eigentlichen "Flaschenhals" des eCommerce darstellen.

Auf taktischer Ebene zwischen den einzelnen Wirtschaftspartnern sind vor allem Planungsprozesse zu identifizieren. Dazu zählt der Demand Forecast ebenso wie gemeinsame (kollaborative) Planungsprozesse, in denen nicht nur einseitig (entweder durch den Planer oder den Kunden) die geplanten Primärbedarfe abgestimmt werden.

Transaktionsphasen

Neben diesem Unterscheidungskriterium können ebenfalls Transaktionsphasen (Anbahnung/Suche, Vereinbarung und Durchführung) differenziert werden. Die IT-Durchdringung dominiert immer noch die Durchführungsphase der betrieblichen Transaktionen, wenn es also darum geht, strukturierte Daten im Rahmen eines bereits angebahnten Geschäftsprozesses abzubilden. Dazu gehören der Austausch von Bestelldaten (EDI oder via XML) wie die Anfrage nach Verfügbarkeit und Konditionen von zu bestellenden Gütern.

Frühe Transaktionsphasen der Anbahnungsphase, wie zum Beispiel das Auffinden geeigneter Lieferanten oder Kapazitätsangeboten oder sales opportunities werden heute noch nicht durchgängig unterstützt. Ebenso werden frühe Transaktionsphasen der Vereinbarungsphase – wie zum Beispiel das Aushandeln von Preisen, Verfügbarkeit etc. – heute noch kaum unterstützt. Erste Ansätze sieht man durch Konzepte der Auctions, Reverse auctions sowie beim Einsatz von intelligenten virtuellen Agenten.

Strukturiertheit von Daten und Prozessen

Es können unterschiedliche Datenstrukturierungen unterschieden werden: In frühen Phasen der Suche nach geeigneten Wirtschaftspartnern, Absatzmärkten oder einzukaufenden Produkten sind die Daten meist semi-strukturiert, in der Durchführungsphase liegen Daten meist sehr strukturiert in Form von Bestelldaten vor.

Stabilität der Prozesse und Wirtschaftsbeziehungen

Bei enger Fassung des Begriffs Supply Chain werden meist nur feste Wirtschaftsbeziehungen (Kunden und Lieferanten) miteinbezogen, was für sich schon kompliziert genug ist.

Die neuen IP Technologien und Konzepte zielen nun darauf ab, eben auch jene frühen, semi-strukturierten Phasen einer Geschäftsbeziehung zu unterstützen. Insofern erweitert beziehungsweise verwischt der Begriff der Supply Chain. Elektronische Märkte, Portale und Business Communities sollen darüber hinaus auch neue Wirtschaftspartner und Absatzmärkte identifizieren helfen. ("buy meets sell").

Zentrale versus dezentrale Planungssysteme in der Supply Chain

Gemeinsam haben die meisten Konzepte, dass die SC-Planungssysteme auf einem gemeinsam (zu schaffenden) Datenbestand aufsetzen und somit eine zentralistische Planung über alle Wirtschaftspartner der zu unterstützenden SC hinweg verlangen. In der Automotive-Industrie ist aber diese zentralistische Vorstellung, dass ein Lieferant an mehrere Automobilhersteller zuliefert, kaum haltbar. In der Beziehung Handel/Großhandel zu Hersteller ist der Verflechtungsgrad noch höher.

Deshalb ist vermehrt der Einsatz von Systemen mit dezentralen Planungshoheiten zu berücksichtigen. In diesem dezentralen Ansatz wird auf einen zentralen SC-Manager verzichtet; vielmehr werden durch Verhandlungsprozesse (Agenten) die horizontalen Koordinationsaufgaben gelöst. Diese kollaborative Planung kann aufgrund der Transparenz und des sich einstellenden Marktmechanismus trotzdem ein Gesamtplanungsoptimum erreichen, obwohl sie dezentrale Planungshoheiten beinhaltet.

Neueste Entwicklungen auf elektronischen Marktplätzen zeigen dies deutlich, insbesondere sieht man durch das jüngste Engagement von i2-Technologies mit dem Tradematrix-Konzept, dass SCM, eBusiness (Fulfillment) mit eMP zusammenwachsen.[3] [Bremicker, Lührs, Wilke]

Zusammenfassend ist die obige Systematisierung polarisiert dargestellt:

Merkmal	SCM	eBusiness Networks
Prozessebene	operativ, manchmal taktisch	dito
Transaktionsphasen	Durchführungsphase	Anbahnung, Vereinbarung
Strukturiertheit von Daten	strukturierte Daten	semi-strukturiert
Stabilität der Prozesse	langfristige Beziehungen	ad hoc möglich
Planungssysteme	zentralistische Planungssysteme	dezentrale Ansätze
Wirtschaftspartner	Fest Partnerbeziehung	Lose bzw. neue Partnerbeziehungen

---

[3] siehe Beitrag von i2-Technologies

Auswirkungen aus der aktuellen SC-Diskussion heraus

Was die Diskussion ebenfalls schwierig gestaltet, ist die Tatsache, dass aus dem Umfeld des SCM ebenfalls Rufe in Richtung des eBusiness laut werden. So sollen CRM- Konzepte den Demand Forecast unterstützen, kollaborative Planungsszenarien im Internet abgebildet werden, eServices wie die Zahlungsabwicklung, Unterstützung bei Akkreditivgeschäften, Scoringverfahren die operativen Geschäfte beschleunigen, Content Services Sicherheit bei der Zollabwicklung bringen und Content Management-Systeme für Vertrauen und Traffic sorgen.

Der Übergang von der Supply Chain zu eBusiness Networks und elektronischen Marktplätzen

Ende der 80er Jahre ging es vermehrt um die Integration der innerbetrieblichen Geschäftsprozesse. Mitte der 90er Jahre rückten zwischenbetriebliche Geschäftsprozesse in den Vordergrund, die Systeme einer Lieferkette sollten (durch vorwiegend zentrale Planungssysteme) integriert werden. Heute steht eine vernetzte Betrachtung im Vordergrund, auf der einen Seite sind Unternehmen Teil von Supply Chains, auf der anderen Seite sind sie zu Kooperationen (Einkaufskooperationen und Distributionsnetzwerken) vernetzt und nehmen als Marktplatzteilnehmer auf verschiedenen elektronischen Marktplätzen teil.

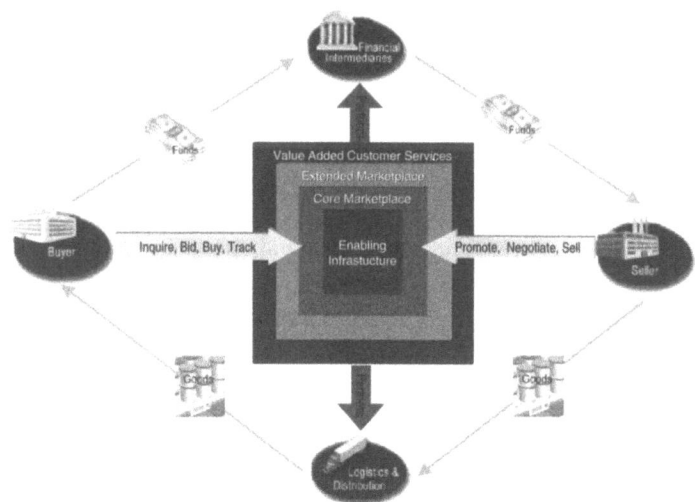

Bild 1: eMarket mit eService-Partnern

Elektronische Marktplätze sind (virtuelle) Orte, auf denen eCommerce stattfindet, der durch Konzepte des eBusiness unterstützt wird. eBusiness-Konzepte unterstützen nicht nur den eigentlichen Handel (Commerce), sondern auch – oft als eServices oder Intermediare – die Anbahnungsphasen und Fulfillmentprozesse. Gerade bei der Etablierung neuer Wirhschaftspartnerbeziehungen spielen Fulfillmentservices wie aus den Bereichen eFinance und eLogistics eine entscheidene Rolle.

Aus welcher Motivation heraus bilden sich Marktplätze?

Marktplätze bilden sich heute am häufigsten, wenn Supply Chains intransparent und fragmentiert sind und wenn die zu beschaffenden Güter keinem nachfragegesteuerten planbaren Dispositionsrhythmus unterliegen. Dies ist z.B. bei MRO-Materialien (MRO = Maitenance, Repair & Operations) ebenso der Fall wie bei verderblichen Gütern (Lebensmittel, Halbleiterchips). Bei der Beschaffung von volatilen Materialien (zum Beispiel Rohstoffe) bilden sich ebenfalls häufig Märkte und Intermediäre.

Bezogen auf die Ebene der einzelnen Unternehmen entstammen die heutigen Organisationsformen und die daraus resultierenden Lösungsansätze auf die SC-Frage aus einer Zeit, in welcher vor allem auf vertikale Integration gesetzt wurde. Lean Management ließ die Unternehmen sich zwar wieder auf ihre eigenen Kernkompetenzen zurückbesinnen, die Fertigungstiefe nahm ab. Dennoch stand und steht mit dem SCM-Ansatz die Planung vertikaler Ketten im Vordergrund.

Mit dem revolutionären Einsatz des Internet und dem Übergang zu und Aufkommen neuer Geschäftsmodelle und –prozessarchitekturen, zum Beispiel in Form von virtuellen Unternehmen (Cisco) wird ein Übergang von der vertikalen Integration zu mehr Partnerschaften in Beschaffung, Produktion und Handelsgemeinschaften vollzogen, der sich auf alle Funktionsbereicht des Unternehmens auswirken kann. In diesem Zusammenhang werden elektronische Marktplätze wohl zukünftig eine große Rolle spielen und werden sich entlang der gesamten Supply Chain bilden (Bild 2).

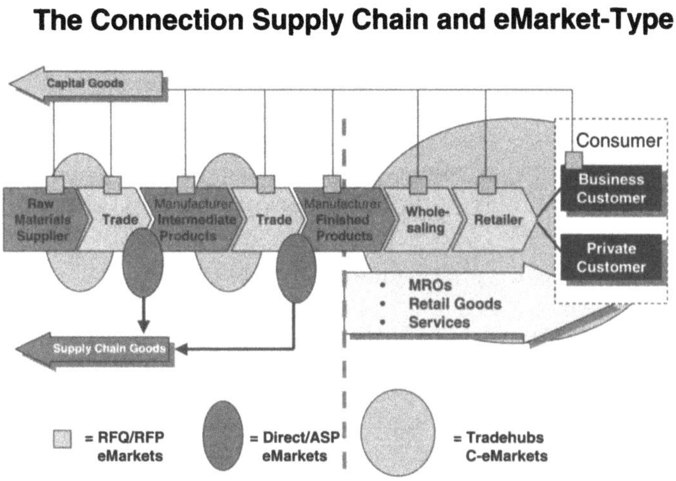

The Connection Supply Chain and eMarket-Type

Bild 2: Supply Chain und elektronische Marktplätze

Geschäftsprozesse und –anforderungen an elektronischen Marktplätzen

Die einzelnen Buy- und Sell-Aktivitäten entlang der Supply Chain werden zukünftig zusammengefasst und sollen über elektronische Marktplätze abgewickelt werden. Multilieferantenkataloge (MLK) werden gehostet, so dass der Änderungsdienst zentral vonstatten gehen kann. Dennoch ist in diesem Beispiel die Klassifizierung der Produkte noch ein Problem, will man den eigentlichen Vorteil von MLKs wirklich nutzen und nicht nur ein Sammelsurium einzelner Lieferantenkatalogen im Netz vorfinden.

Die Transformation von bestehenden Lieferantendaten in strukturierte und klassifizierte Katalogdaten stellen einen neuen eService für eMarkets dar. eServices werden als Value added Services verstanden, wie zum Beispiel die Anbindung von Logistik-/Fulfillment-Systemen oder die Unterstützung bei Akkreditivgeschäften oder bei der Finanzierung.

Beispiel eService

So wird bei Heiler Software mit Daidalos ein eService angeboten, der bei großvolumigen Einkaufstransaktionen innerhalb von Minuten ein Finanzierungsangebot einholt. Die Motivation der Banken ist dabei klar; B2B- Finanzierungen für den Einkauf gelten als relativ gesicherte Geschäfte. Technisch gesehen wird eine eMail von der Procurement-Komponente des Marktplatzes an Daidalos gesendet, welche wiederum mehrere Banken im Zugriff hat, an welche sie die Anfrage weiterleitet. Diese Anfrage wird dann vollautomatisch oder durch eine garantierte Bearbeitungszeit mit einem kompletten individualisierten Finanzierungsangebot beantwortet. Im Fall, dass noch Menschen seitens der Bank eingreifen müssen, sorgt die eingehende eMail dafür, dass ein Workflow mit zeitlichem Eskalationsverfahren in der Bank angestoßen wird. Daidalos leitet das Ergebnis weiter an den Marktplatz.

Arten von elektronischen Marktplätzen

Marktplätze können nach unterschiedlichen Zugangsregelungen, Wertschöpfungsmodell und Betreibermodellen sowie nach der Art der gehandelten Güter und Dienstleistungen unterschieden werden.

Unterscheidung der elektronischen Marktplätze nach Art der gehandelten Güter und Dienstleistungen

Je nach der Klassifizierung der zu beschaffenden Güter können vier Beschaffungsarten unterschieden werden. Dabei werden direkte versus indirekte Güter unterschieden sowie die strategische Bedeutung der zu beschaffenden Güter differenziert:

- Commodity Direct
  z. B. Niedrigpreis - Normteile, wie Schrauben, Verbindungselemente etc.
- Commodity Indirect
  z. B. C-Artikel: Druckerpapier, Stifte, Glühlampen etc.
- Strategic Indirect
  z. B. IT Services, Fuhrpark, Transportdienstleistungen etc.
- Strategic Direct
  z. B. A-Sortimentsware, Teile von Systemlieferanten etc.

Anlehnend an diese Unterscheidung können elektronische Marktplätze differenziert werden.

Unterscheidung der elektronischen Marktplätzen nach Zugangsregelungen, Wertschöpfungsmodell und Betreibermodellen

Es können öffentliche Marktplätze und nicht-öffentliche Marktplätze für geschlossene Teilnehmergruppen (einzelner Unternehmen oder ganzer Supply Chains) unterschieden werden. Im letzteren Fall spricht man auch von vertikalen Netzen oder synonym vertikalen Portalen oder verkürzt "Vortals". Bei öffentlichen Marktplätzen findet man oft konkurrierende Marktteilnehmer oder Handelskooperationen vor, bei Vortals hingegen sind diese konkurrierenden Teilnehmer meist nicht zu finden.

In beiden Marktplatzunterscheidungen der elektronischen Marktplätze spielt das Content Providing eine wesentliche Rolle, wenn auch aus unterschiedlicher Motivation heraus.

Bei Vortals gilt meist ein Unternehmen als Betreiber. Bei öffentlich zugänglichen Marktplätzen können auch dritte (unabhängige) Unternehmen, deren Geschäftsmodell die Abwicklung und das Betreiben von Marktplätzen ist, gefunden werden. In diesem Zusammenhang spricht man auch im Gegensatz zu evolutionär entstehenden Marktplätzen von initiierten Marktplätzen.

Szenario: Vortals

Wenn ein Kfz-Schlosser Grundierungsmittel auf die verrostete Karosseriestelle auftragen möchte, an der sich bereits ein ihm nicht bekanntes Grundierungsmittel befindet, dann wäre es von Vorteil, wenn dieser Kfz-Schlosser Informationen und Erfahrungswissen dazu abfragen und seine eigenen Erfahrungen bereitstellen könnte. Für Letzteres muss natürlich ein entsprechendes Anreizsystem (Incentive-Modell) geschaffen werden. Diese Informationen erhält er normalerweise nicht aus dem Einkauf oder der Werkstoffabteilung des Kfz-Händlers oder der KFZ- Werkstatt. Außerdem wird diese Information auch nicht beim Großhandel verfügbar sein und die Anfrage beim Hersteller gestaltet sich unter Umständen ebenfalls schwierig. Insofern hat zumindest der Hersteller ein Interesse, dass sein Produkt richtig eingesetzt wird. Außerdem erhält er so kritische, verkaufsrelevante (POS)-Informationen über sein Produkt.

Beispiel für ein gutlaufendes Forum, welches als ein Hilfsmittel für Vortals eingesetzt werden kann, ist das von Portal über Palm Top. 3Com musste für den Aufbau dieses Forums kaum Wissen zur Verfügung stellen. Vielmehr stellten Endanwender ihr Wissen (aus welcher Motivation heraus auch immer) zur Verfügung.

Weitere Beispiels sind das Cisco-internetbasierte Partnernetzwerk oder auch das Partnernetzwerk der SAP AG.

SAP baut zusammen mit KPMG und führenden Unternehmen der Chemiebranche unter dem Dach mysap.com einen

Marktplatz. Oracle und WalMart bauen einen Marktplatz, die Metro zieht zusammen mit Sears und Carrefour mit dem Bau eines Marktplatzes (Global Net Exchange, GNX) nach, Ariba und Sabre bauen einen Tourismus-Marktplatz, die deutsche Bank möchte neben Bankportalen á la OnVista ebenfalls eigene Portale, zum Beispiel im Bereich der MRO-Marktplätze, bauen. eBay adressiert als Auktionsplattform Städte mit mehr als 250.000 Einwohnern.

Bei öffentlich zugänglichen Marktplätzen spielt das Content Management zwar auch eine Rolle, bedeutender ist in der ersten Phase jedoch, Vertrauen und "Traffic" zu generieren, da bei diesen Marktplätzen im Gegensatz zu vertikalen Netzen der Etablierung neuer Wirtschaftpartnerbeziehungen eine große Rolle zukommt. Auf diesen Marktplätzen geht es ja darum, neue Geschäfte und neue Wirtschaftspartner zu identifizieren

Fulfillment Services

In diesem Zusammenhang spielen Fulfillment Services eine große Rolle. Die Geschäftsabwicklung bei neuen Wirtschaftspartnerbeziehungen ist meist noch nicht in den jeweiligen ERP Systemen abgebildet. Genau hier setzen Fulfillment Services wie eFinance und eLogistics an, indem sie zum Beispiel den richtigen Spediteur und Export Agenten finden und so die Geschäftsabwicklung zu einem neuen Wirtschaftsparter in ein neues Land ermöglichen.

In diesem Zuge wird auch die Rolle von Trustcentern, Marktplatzversicherungen und Zertifizierungspartnern, die im Fall von Ad-hoc-Beziehungen zu neuen Wirtschaftspartnern diese überprüfen, dramatisch wachsen.

Vertrauen kann aber auch durch Content und Business Communities geschaffen werden.

Szenario: Business Communities

Bei Amazon werden Bücher rezensiert, also beurteilt. Woher soll man wissen, ob diese Rezensionen auch gerechtfertigt sind? Handelt es sich bei dem Rezensenten um einen Experten, hat der Rezent besondere wirtschaftliche Interessen oder ist er gar der Autor, der sein eigenes Werk beurteilt? Auf eine andere Domäne bezogen: Wem würden Sie mehr trauen, dem VW-Fahrbericht über den VW Beatle, dem des ADAC oder den Berichten von Ihren Bekannten?

Konsequenz: Der Sender von Informationen muss bekannt sein, er muss darüber hinaus ebenfalls beurteilbar sein. Bei

Amazon existiert noch nicht einmal ein inverses Rezensionsinformationssystem. Man kann also nicht diejenigen Bücher pro Rezensent herausfinden, die dieser noch beurteilt hat um so gegebenenfalls Aufschluss darüber zu erhalten, in welchem Umfeld er sich befindet. Vielleicht befindet sich auf dieser Liste ein Buch, welches man selbst gelesen hat und über welches man eine eigene Meinung hat.

Zukünftige Systeme personalisieren die Informationssender. Dabei ist es nicht nötig, die echte Identität zu kennen, also eine Individualisierung vorzunehmen. Es reicht aus, jemanden unter seinem Usernamen auszumachen und diesem beispielsweise Erfahrungspunkte, eigene veröffentlichte Profile und Präferenzen sowie Beurteilungspunkte zuzuordnen. Dies würde bei der Bewertung der Rezensionen und somit dem Vertrauen enorm weiterhelfen. Vorteil ist, dass die Beurteilung großvolumig auch automatisiert vorgenommen werden kann, denn die Nutzeranzahl in Marktplätzen ist entsprechend groß.

Auswirkungen von elektronischen Märkten auf die Wirtschaftsstruktur

Hersteller-/Händler-Beziehungen wandeln sich. Auf der einen Seite versuchen die Hersteller, an Informationen der Kunden und des Marktes heranzukommen, um gegebenenfalls sogar Handelstufen auszuschalten (DesIntermediation). Auf der anderen Seite versuchen Händler aufgrund ihrer größeren Nähe zum Kunden, ihre Rolle in Richtung Portal und Marktplatz- beziehungsweise Business Community- Betreiber zu ändern.

Bei Vortals sollen Informationen der SC optimiert und der POS[4]-Punkt/ die POS-Informationen und damit die Verhandlungsmacht verlagert werden.

Beispiel POS Dell

Ein Beispiel für die Auswirkungen frühzeitiger Informationen des Absatzmarktes zeigt Dell. Das oft strapazierte Beispiel zeigt deutlich die Wettbewerbsvorteile und Kostensenkungspotentiale, die erzielt werden können. Dadurch, dass DELL das „make-to-order"-Prinzip verfolgt, produziert DELL aufgrund der optimierten SC zum spätmöglichsten Zeitpunkt. Dadurch, dass die PCs kundenspezifiziert sind, erhält

---

[4] POS = Point of sale

DELL marktorientierte Informationen. So stellten sie eines Tages fest, dass 2 GB- Festplatten nicht mehr gefragt sind, wohl aber 4 GB-Festplatten. DELL stieß die 2 GB-Festplatten zu günstigen Preisen ab und erzielte immerhin noch einen Deckungsbeitrag, während der Wettbewerb aufgrund der plötzlich günstigen Preise der nicht mehr gefragten 2 GB-Festplatten zuschlug und "am Markt vorbei" einkaufte.

Welche Effekte lassen sich womöglich erzielen, wenn man Kundenwünsche nicht nur kennt, wie im Beispiel DELL, sondern besser antizipieren kann!

Marktplätze

Bei öffentlich zugänglichen Marktplätzen ist die Verschiebung der Verhandlungsmacht noch gravierender. Dies hängt mit der Bedeutung des Content- und Wissensmanagements zusammen. Um Traffic zu generieren, muss attraktiver Content geboten werden. Der attraktivste Content kommt allerdings von den Marktplatzteilnehmern selbst. Deshalb fördert man auf einer Plattform, zum Beispiel im Rahmen von Foren oder (Experten)-Chats, den Austausch der Mitglieder untereinander. Dies hat den positiven Nebeneffekt, dass man selbst mit der Generierung des Contents nicht befasst ist. Entscheidend ist, dass der Kunde / Käufer nun nicht nur über die Preismacht verfügt, sondern dadurch, dass sich Community-/Marktplatzteilnehmer untereinander kennen, zunehmend auch den Kundenmarkt seiner Lieferanten, dem er ja selbst angehört, kennt. Dies war in der Vergangenheit nicht der Fall. Es entwickeln sich sogenannte "umgekehrte Märkte" [Hagel], da so die Verhandlungsmacht gänzlich zum Käufer übergeht.

Wesentlicher Trend ist hierbei die Entwicklung der öffentlichen eMarkets zu großen Handelsumschlagsplätzen mit zunehmend neuen Geschäftsbeziehungen. Zunächst anonyme Marktteilnehmer finden in Communities neue Geschäftspartner und vertiefen dann die Geschäftsbeziehung auf der gleichen Plattform unter zu Hilfenahme von Bereichen mit erhöhter Security und privaten Regelwerken.

Derzeit entstehen solche Private Exchanges zunächst unabhängig von öffentlichen eMarkets in vielen Unternehmen in einem ersten Schritt vorab, da die grossen öffentlichen eMarkets aufgrund vieler neuer Anforderungen noch sehr schwierig zum Erfolg zu steuern sind. Vor allem fehlende Funktionalitäten und die Schwierigkeit kritische Masse für ausreichend Angebot und Nachfrage zu erzeugen, lassen schnelle Erfolge häufig noch nicht zu [Nenninger/Lawrenz].

Ausblick

Noch weitgehend unerschlossene Potenziale bei den Funktionen liegen in der intelligenten IT-Unterstützung für frühe Transaktionsphasen (Anbahnung und Vereinbarung). Offene Marktplätze sorgen zwar für vermehrte Markttransparenz, unterstützen jedoch bislang nicht aktiv die Koordination der Marktteilnehmer. Hier wird es in Zukunft interessant sein zu beobachten, ob sich offene Marktplätze oder eher geschlossene Extranets/vertikale Netze in Form von Private Exchanges durchsetzen werden, bzw. beide zusammenwachsen.

Wie oben ausgeführt, wird mit dem Einsatz des Internets und dem Aufkommen neuer Geschäftsmodelle und −prozessarchitekturen ein Übergang von der vertikalen Integration hin zu mehr Partnerschaften in Beschaffung, Produktion und Handelsgemeinschaften vollzogen.

Es ist abzuwarten in wieweit ganze Supply Chains an elektronischen Marktplätzen teilnehmen werden oder ob sie weitgehend abgeschottet im vertikalen Extranet-Umfeld verbleiben werden. Stimulanz ist durch zunehmend neue und unterschiedliche Marktplatz-Arten, die über die Beschaffung von reinen MRO-Teilen hinausgehen, zu erwarten. Neben den "klassischen" MRO-Märkten werden mission-critical-MRO-Güter sowie produktionsnahe Materialien auf elektronischen Märkten beschafft werden.

Besondere Beachtung finden derzeit Ausschreibungsplattformen (wie ec4ec, Goodex, freemarkets, Procurezone). Diese versprechen neue Einsparungs- und Prozessoptimierungspotentiale durch elektronische Ausschreibungen und Auktionen von Investitionsgütern und Rahmenverträgen in erheblichem Umfang. Hierbei spielt in den vor- und nachgelagerten Phasen der Ausschreibung eines der Kernthemen des SCM, die Kollaboration, eine wesentliche Rolle. [Nenninger/Lawrenz].

Im Rahmen verkürzender und neuer Lieferketten fällt der bereits erwähnten DesIntermediation (Wegfall von Lieferstufen) sowie ReIntermediation (Einschalten eines neuen Maklers) eine große Bedeutung zu. Ganze Branchen und Wirtschaftstrukturen können sich ändern – sowohl in horizontaler als auch in vertikaler Weise. Elektronische Marktplätze und Business Communities sorgen dafür, dass sich Angebot und Nachfrage in ungewohnter und globaler Weise finden. Serviceanbieter, zum Beispiel aus den Bereichen eLogistics und eFinance, erleichtern auf betriebswirtschaftlicher und technischer Ebene, dass neue Geschäftsbeziehungen etabliert werden können und neue Lieferketten entstehen. SCM und elektronische Märkte wachsen zusammen.

Literatur

Bremicker, Helmut; Lührs, Timo; Wilke, Jörg: "Wunder dauern (noch) etwas länger" in: CW extra "Mehr Nähe zum Kunden", Ausgabe 2, 14. April 2000, S. 10–12.

Heinzel, Herbert "Supply Chain Revolution durch das Internet?" in: CW extra "Mehr Nähe zum Kunden", Ausgabe 2, 14. April 2000, S. 14–16.

Hagel, John; Armstrong, Arthur G.: "Net Gain. Profit im Netz. Märkte erobern mit virtuellen Communities", 1997.

Nenninger, Michael / Lawrenz, Oliver: "B2B-Erfolg durch eMarekts - Best Practice: Vom der Beschaffung über eProcurement zum Net Market Maker, Vieweg Gabler Verlag, ca. 500 S., Juni 2001

19 Business Communities als essentieller Bestandteil der Supply Chain

Moritz Seidel und Alexander Sieverts, Webfair

Zusammenfassung: Ziel dieses Beitrags ist es, Ihnen aufzuzeigen, welchen starken und unmittelbaren Einfluss das Internet auf das Beziehungsmanagement zwischen den agierenden Supply Chain-Partnern nimmt. Durch die Verfügbarkeit von Business Communities wird sich sukzessive das gesamte Partner Relationship Management, das heißt, die Beziehungen zwischen Herstellern und Zulieferern, zwischen Herstellern und Tochterunternehmen, zwischen Herstellern und Händlern und vor allem zwischen Herstellern und deren Business Partnern neu gestalten. Diese Form der Wirtschaftsbeziehungen eröffnet eine völlig neue Dimension der Geschäftsabwicklung und der Geschäftsanbahnung: sie nimmt direkten Einfluss auf die Art und Weise, in der die aktiven Beziehungen zwischen Partnern aufgebaut, gemanagt und realisiert werden. Business Communities eröffnen Unternehmen die einmalige Möglichkeit, ihren Ressourceneinsatz zu optimieren.

Beispiel: Business Communities in der Software-Industrie

In keiner anderen Industrie wird so viel Wert auf Business-Partnerschaften und Beziehungs-Management gelegt, wie in der Softwareindustrie. Von vielen wird deswegen die Softwareindustrie in diesem Segment als Vorreiter und „exemple par excellence" für andere vertikale Märkte in bezeichnet, weswegen sie hier als Beispiel zur Erklärung des Business Community-Konzeptes herangezogen wird.

Laut einer Studie von McKinsey&Company (einer Umfrage bei über 300 Softwarefirmen weltweit) geben erfolgreiche Softwarefirmen 75 Prozent mehr für ihr Partnermanagement aus als weniger erfolgreiche Softwarefirmen.

Der Grund, wieso Business-Partnern eine immer wichtigere Bedeutung im Softwaregeschäft zukommt, ist der Kunde und dessen Anforderungen und Bedürfnisse. Der Kunde entwickelt sich immer mehr zum eigenständigen Entscheider. Man stelle sich vergleichsweise vor, dass ein Automobilkunde sich morgen im Laden ein neues Auto frei zusammenstellen könnte. Er wählt eine Audi- Karosserie, ein BMW-Fahrwerk, einen Alfa Romeo-Motor und Pirelli-Reifen. Obwohl diese Vision laut Expertenmeinungen sehr unrealistisch ist, wird dieses in der Softwareindustrie bereits umgesetzt.

Bild 1: Partner Relationship Management

Das Unternehmen (als Kunde) wählt für sein individuelles Problem eine Auswahl an Produkten und Lieferanten. Nachdem es sich entschieden hat, engagiert es einen Systemintegrator, der diese Teile zusammenfügt und den individuellen Anforderungen entsprechend realisiert.

Da die Integration dieser Produkte immer komplexer wird, haben Softwarehersteller begonnen, Partner Communities zu bilden, in denen sich verschiedene Hersteller als Partner präsentieren und für den Kunden eine vorgetestete und ausgereifte Gesamtlösung anbieten. Beispiele hierfür sind Anbieter wie die SAP AG, IXOS, Oracle oder webfair.

win-win-Partnerschaften Diese Form von win-win-Partnerschaften ist nicht nur zwischen gleichwertigen Softwarepartnern, die ihre Produkte bündeln (am unteren Ende der Supply Chain - Partner Communities) wichtig, sondern diese Form der Partnerschaften gewinnt auch beim Einkauf (am oberen Ende der Supply Chain - Supplier Communities) und in der Schnittstelle zum Endkunden durch den Handel (Dealer Communities) eine essenzielle Bedeutung.

Ein typisches Beispiel für eine Supplier Community ist der Einkauf von verschiedenen Softwareprodukten, auf dem die Softwareapplikation aufsetzt. Das amerikanische Softwareunternehmen Business Engine setzt für die Produktion seiner Software-Applikationen Komponenten und Softwareprodukte von Oracle, Microsoft, Sun und Allaire ein.

Dealer Communities sind für den Absatz von Softwareprodukten entscheidend. So vertreiben Unternehmen wie die SAP oder die webfair AG 80% ihrer Software nicht direkt, sondern über Implementierungspartner wie die KPMG, Cambridge Technology Partners, Cap Gemini oder PWC.

Die Bedeutung von Partnerschaften wächst

Neben der Qualität spielt die Anzahl der Partner eine erfolgsentscheidende Rolle. Die Anzahl der Partnerschaften korreliert wesentlich mit der Höhe der dafür aufgewendeten Kosten. Interessanterweise ist das Verhältnis in allen Industrien nach der 20-zu-80-Regel zu bestimmen, das heißt, mit 20% der Partner werden etwa 80% des Umsatzes generiert.

Allerdings kann sich kein Unternehmen leisten, auf 80% seiner Partner zu verzichten, da sonst die Gefahr besteht, dass der Kunde nicht mehr optimal betreut werden kann und sich für die Mitbewerber die Markteintrittsbarrieren deutlich verringern. So konnte McKinsey in seiner Studie feststellen, dass erfolgreiche Softwarefirmen im Durchschnitt mehr als viermal so viele Softwarepartnerschaften pflegen als weniger erfolgreiche Unternehmen.

Obwohl die Softwareindustrie durch ihren technologischen Vorsprung als Ausnahmeindustrie gilt, ist diese Aussage von der Tendenz her auf andere Industrien zu übertragen.

Die Kosten für erfolgreiches Partner-Management steigen

Mit der Anzahl der Partner und der Intensität der Beziehung mit den Partnern steigen die Komplexität, der Aufwand und damit die Kosten, ein effizientes und zielgerichtetes Partner-Management zu betreiben. Dieses gilt in gleichem Maße für die Prozessbereiche Einkauf, Entwicklung/ Produktion und Vertrieb.

Um den Ausgangspunkt der Softwareindustrie zu verlassen, sollen als Beispiele die „klassischen" Industrien dienen. Ein großer deutscher Automobilhersteller gibt allein für die Händlerinformationen, Kommunikation und Investition etwa 100 Mio. DM in Deutschland pro Jahr aus. Ein deutsches Pharmaunternehmen kostet die Kooperation mit dem Handel im Durchschnitt etwa 200 Mio. DM pro Jahr und Land.

Eine neue Management-Herausforderung

Der Pionier auf dem Gebiet von „Virtuellen Communities" John Hagel III nannte diese Partnerschaften „Business Webs". In Anlehnung daran entwickelte webfair daraus den Begriff „Business Communities". Dieser Begriff wird heute von Unternehmen wie Cisco Systems, KPMG, Volkswagen, McKinsey, Roche Diagnostics als Synonym für effektives Partnermanagement verwendet. Als Partner gilt hierbei nicht nur der Händler, sondern am Beispiel von Roche Diagnostics wird deutlich, dass auch Ärzte oder kooperierende Forschungslabors zu Partnern werden können; am Beispiel von Cisco wird ersichtlich, dass vor allem Partner einbezogen werden, die auf die Technologie von Cisco aufsetzen.

Das Neue an Business Communities ist, dass der Fokus vor allem im Austausch von qualitativen Informationen und Wissen sowie der Kommunikation untereinander zu sehen ist; im obigen Beispiel von Roche Diagnostics kommuniziert also nicht nur Roche mit den Ärzten, sondern die Ärzte untereinander! Interessant ist auch, dass der Fokus nicht mehr allein im Geschäftsabwicklungsbereich liegt. Ziel ist es, schon in frühen Geschäftsprozessphasen (Anbahnungs- und Vereinbarungsphase) die Bedürfnisse der Kunden kennzulernen, zu analysieren und als strukturierte Information direkt in das Unternehmen, beispielsweise in die Produktentwicklung, ins Marketing oder in die Kundenbetreuung, weiterzuleiten.

WWW Durch die permanente Verfügbarkeit und der Interaktivität des World Wide Webs, den einfachen und schnellen Zugangsmöglichkeiten über PC, Mobiltelefon oder Handheld Devices, dem Einsatz von leistungsfähigen Datenspeichern oder der Integration von Information und Kommunikation existiert zum ersten Mal die Infrastruktur, die notwendig ist, um die Business-Beziehungen zwischen Partnern effizient und permanent erfolgreich zu unterstützen (Enabling-Effekt der Technologie).

Business Communities ermöglichen es, uns lang existierenden Herausforderungen endlich zu stellen. So ist sich der Vorstandsvorstandsvorsitzende der Volkswagen AG, Ferdinand Piech, sicher, dass Händler bis zu 30% mehr Umsatz generieren könnten, wenn die Information und Kommunikation zwischen den Supply Chain- Partnern, Hersteller und Handel, effektiver genutzt werden würde.

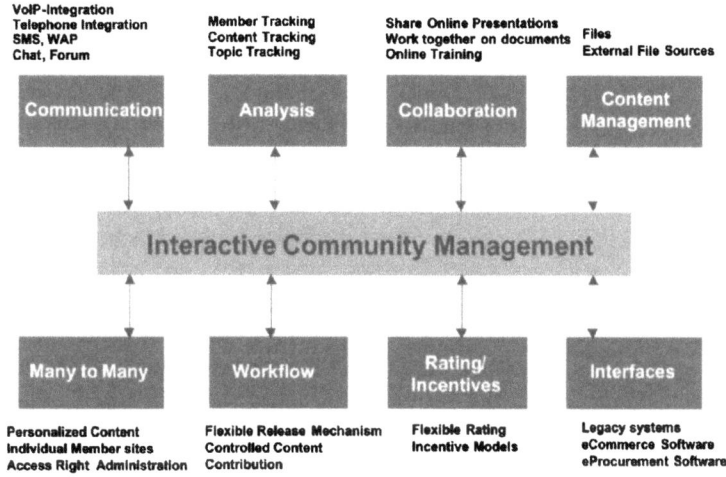

Bild 2: Community Management

Mehrwert Business Communities ermöglichen nicht nur die Interaktion vom Händler zum Hersteller oder vom Supplier zum Käufer entlang der Supply Chain, sondern zum ersten Mal können Händler oder Käufer ihre Erfahrungen direkt untereinander austauschen. Dieser Mehrwert, der durch die Kommunikation der Partner untereinander entsteht, der Erfahrungsaustausch, die Informationen, die von den einzelnen Partnern zur Verfügung gestellt werden und das hieraus resultierende Wissen können von einem Unternehmen niemals generiert werden. Dabei können alle Ideen, aktuellen Probleme und Erkenntnisse untereinander ausgetauscht werden. Die hier gesammelten Erkenntnisse und Erfahrungen führen letztendlich zu einem größerem Erfolg für den Partner und damit indirekt für den Hersteller oder Supplier. Die Kosten der Kommunikation und Information lassen sich durch die Reduzierung des Papierverbrauchs und die Reduktion von Support Calls bis zu 50% senken.

Feedback-Systeme Unstrukturierte moderierte Feedback-Systeme (Chat, Forum) zwischen Kunden, Handel, Hersteller und Lieferanten können vom Hersteller direkt ausgewertet werden. So werden auftretende Anwendungsprobleme oder Anwendungserfahrungen direkt vom Kunden an den Lieferant weitergeleitet. Dies führt zu einer kürzeren Reaktionszeit, also zu einer kunden- und problemorientierten Verbesserung von Produkten und Leistungen sowie zu einer deutlichen Steigerung der Kunden- und Partnerzubindung.

Wesentlich bei Business Communities ist, dass es sich nicht nur um ein Softwareprodukt handelt. Vielmehr sind Business Communities Konzepte beziehungsweise eigenständige Geschäftsmodelle. So ist zum Beispiel ein geschicktes Incentiveprogramm zu etablieren, damit die Supply Chain-Partner auch untereinander kommunizieren.

Ein weiterer wesentlicher Faktor ist die Realisierung/ der Aufbau von themenorientierten Wissensdatenbanken; diese entstehen dadurch, dass unstrukturierte Inhalte, wie sie typischerweise durch Themenforen oder Chaträume erzeugt werden, mit strukturierten Informationen wie Dokumenten, technischen Beschreibungen oder Presseartikeln themenorientiert verknüpft werden. So können beispielsweise Ärzte ihre Fragen direkt mit den entsprechenden Ansprechpartnern beim Hersteller diskutieren oder in FAQ (frequently asked questions)-Listen bereits von anderen Ärzten gestellte Fragen und Antworten ablesen und sogar auf Wunsch direkt mit den Autoren in Verbindung treten (z.B. via E-Mail oder voice over IP).

Business Communities generieren neue Unternehmenswerte

In den 80er Jahren wurde der Wert von Radiostationen an der Größe des Hörerkreises gemessen. Der Wert des Radiosenders Energy, genauso wie der Preis für die Werbeminute, wird also mit einem bestimmten Preisfaktor mit der Anzahl der erreichten Hörer multipliziert.

Metcalfe bemaß in den 90er Jahren den Wert eines Internet-Zugangsproviders nach der Anzahl der Besucher potentiert mit dem Faktor zwei. Dementsprechend ergab sich also der Wert von UUNet an der Anzahl der Kunden multipliziert mit dem Wert eines Kunden im Quadrat. Dies führte und führt zu den hohen Werten von Zugangsprovidern und Websites.

Laut Paul Colony, Founder und CEO von Forrester Research ergibt sich der Wert von Communities durch die Zahl 2 potentiert um die Anzahl der aktiven Mitglieder einer Community, was eine komplett neue Größenordnung von Bewertungen zur Folge hat. Dementsprechend seinen Communities ähnlich Onlinediensten im Business to Customer-Bereich (z.B. AOL oder Yahoo) heute noch bei weitem unterbewertet.

Folgt man allerdings der Argumentation von Colony, so werden diese Werte genauso im Business-to-Business-Bereich, also bei Business Communities erzielt. Dies bedeutet, dass der Wert einer Business Community für ein Unternehmen an der Anzahl der aktiven Mitglieder gemessen wird. Bei nur 100 Mitliedern liegt also der Wert einer Business Community bei 2*Faktor hoch 100. Die Zahl zwei ergibt sich dadurch, dass es sich in jeder Many-to-Many-Beziehung (Community) um One-to-One-Interaktionen (Partner zu Partner) handelt. Der Faktor bemisst den Prozentsatz, mit der eine Online Business Community die Kommunikationseffizienz im Vergleich zum einem permanenten, physikalischen „Zusammensein" der Mitglieder erreicht.

Neue Spiel- und Wettbewerbsregeln: keine Lösung, aber ein Ansatz

Business Communities adressieren eine der größten Herausforderungen der Wirtschaft: wie können Mitarbeiter, Unternehmen und Kunden effektiver zusammenarbeiten? Als Resultat wird eine größere Menge von besseren Produkten, die von Arbeitskräften effektiv produziert werden und dem Kundenwunsch tatsächlich entsprechen, entstehen.

Für diese Aufgabenstellung gibt es noch keine Lösung. Business Communities zeigen den ersten nachvollziehbaren, rechenbaren und sinnvollen Ansatz auf. Business Communities stellen eine neue Herausforderung für Unternehmen dar, denn sie ermöglichen nachweisbare Wettbewerbsvorteile, die zu einer Umverteilung von Kunden- und Marktanteilen innerhalb der einzelnen vertikalen Industrien führen können. Die ersten Ansätze sind in der Softwareindustrie, in der Automobilindustrie und in der Chemischen Industrie deutlich zu spüren. Aber kein Industriesektor wird sich dieser Entwicklung verschließen können.

Durch den Erfahrungsaustausch und die Möglichkeit, die aktuellen Bedürfnisse der Kunden ohne Zeitverzögerung kennenzulernen, ist man noch näher am Demand dran, als das beispielsweise bei DELL der Fall ist. Sogar DELL reagiert auf konkrete Kundenwünsche (Bedarfe), die bereits im Auftragseingang realisiert wurden. Business Communities sind in der Lage, diese Bedürfnisse noch vor dem Bedarfsfall herauszufiltern.

Auf der Anwendungsseite wurden bereits wesentliche Fortschritte erzielt. Heute steht Unternehmen eine neue Generation von Software Applikationen zur Verfügung, die den Aufbau von kompletten Business Communities unterstützen (Allaire, Openmarket, webfair).

„Best Practice"-Beispiele von Business Communities werden heute zum Beispiel bei Roche Diagnostics, Volkswagen, Cisco Systems, Compaq, KPMG, Audi sowie in der Finanz- und Versicherungsindustrie eingesetzt. Entsprechend dem Beispiel von Partnernetzwerken haben sich bereits unterschiedliche Netzwerke von Anbietern für „Turn Key" Business Community-Lösungen zusammengeschlossen. So haben beispielsweise Cisco Systems, Participate.com und webfair im Frühjahr 2000 ein Community ECO System vorgestellt, in das mittlerweile verschiedene Integrations- und Softwarepartner eingestiegen sind.

A Autorenverzeichnis

Torsten Becker

Torsten Becker ist seit 1995 Berater bei PRTM (Pittiglio Rabin Todd & McGrath). Er hat in zahlreichen Supply Chain-Projekten in verschiedenen Branchen Unternehmen bei der Umgestaltung ihrer Supply Chain unterstützt. In mehreren Projekten hat er die gesamte Neukonzeption und Umsetzung einer integrierten Supply Chain koordiniert. Zu den weiteren erfolgreiche Projekten zählen unter anderem die Verbesserung der Auftragsabwicklung bei einem Computerhersteller im Rahmen eines Projekts zur Integration der Logistikkette und die Verkürzung von Produktionsdurchlaufzeiten.

Vor seiner Tätigkeit bei PRTM hat Torsten Becker umfangreiche Erfahrungen bei der Verbesserung von Produktionsprozessen und der Betriebsorganisation gesammelt. Er war im Daimler-Benz Konzern sowohl als Berater im Stab als auch als Leiter eines Produktionswerkes beschäftigt. Torsten Becker wurde am Laboratorium für Werkzeugmaschinen und Betriebslehre (WZL) der RWTH Aachen zum Doktor-Ingenieur im Maschinenbau promoviert.

Torsten Becker, Pittiglio Rabin Todd & McGrath (PRTM), Schillerstr 42-44, 60313 Frankfurt, Tel 069/21994-0, Fax 069/21994-335, eMail tbecker@prtm.com

Dipl.-Ing. Erk J. Franz

Manager, KPMG Consulting AG

KPMG Consulting

- Alliance-Manager der Allianz von KPMG mit Intel
- 2000-2001 Projektleitung bei der Entwicklung der i2 basierten end-to-end Supply Chain Management Lösung (e2e i2) in KPMG's European eBusiness Solution Center
- 1999-2001 Projektleiter in einem der weltweit größten Projekte zur Einführung der software-technischen Supply Chain Management Lösung von i2 Technologies

Fraunhofer-IPA
- 1998-1999 Leitung von Industrie- und Forschungsprojekten im Bereich der simulationsgestützten Planung von Organisationsstrukturen

Werum GmbH
- 1994-1998 Projektleitung zum Reengineering von Software zur Steuerung und Überwachung dynamischer Ablaufpläne und die Entwicklung von kundenspezifischen Systemen für die Prozeßleittechnik (PAS-PLS)
- Design, Spezifikation, Entwicklung und Inbetriebnahme verteilter Software-Systeme

Harald Geimer

Harald Geimer verfügt über umfangreiche Projekterfahrungen in der organisatorischen und informationstechnischen Konzeption und Implementierung führender Supply Chain-Prozesse und Strukturen. In einer Reihe von Projekten in den USA und Europa hat Harald Geimer umfangreiche Erfahrungen hinsichtlich der erfolgreichen Anwendung des Supply Chain Operations Reference-models (SCOR) gesammelt.

Seit seinem Eintritt bei PRTM, Anfang 1995, hat Harald Geimer insbesondere in der chemischen und pharmazeutischen Industrie, der Telekommunikationsindustrie sowie im Spezialmaschinenbau Erfahrungen in der Gestaltung und Umsetzung integrierter Supply Chain-Lösungen sammeln können.

Bevor Harald Geimer zu PRTM kam, war er sechs Jahre für KPMG Unternehemensberatung tätig. Er hat in dieser Zeit eine Vielzahl von Projekten in der chemischen Industrie, Stahl-und High-Tech-Industrie bearbeitet bzw. verantwortlich geleitet. Zuletzt war er innerhalb der KPMG Deutschland verantwortlich für die Entwicklung und Vermarktung des Beratungsservices zum Thema Beschaffungsmanagement.

Der Beratertätigkeit von Harald Geimer ging eine zweijährige Industrietätigkeit bei den Schott Glaswerken, einem Unternehmen der Zeiss Stiftung, voraus. In dieser Zeit arbeitete er als interner Berater in Verbesserungsprojekten in den Bereichen Produktionsplanung sowie Auftragsabwicklung.

Harald Geimer besitzt ein Diplom des Wirtschaftsingenieurwesens der Technischen Hochschule Darmstadt.

Harald Geimer, Pittiglio Rabin Todd & McGrath (PRTM), Schillerstr 42-44, 60313 Frankfurt, Tel 069/21994-0, Fax 069/21994-335, E-Mail hgeimer@prtm.com

Claus Grünewald

Claus Grünewald, geboren am 27. Jan. 1970, hat während des Studiums zum Diplom-Wirtschaftsingenieur eine SAP-R/3-SD-Einführung bei einem deutschen Unternehmen in Kapstadt / Südafrika begleitet und ist seit 1996 bei SAP AG in der Logistik-Entwicklung beschäftigt.

Claus Grünewald war von Beginn an der Entwicklung und Konzeption des Advanced Planners & Optimizers als Produktmanager beteiligt. Als Schwerpunkt kümmert er sich momentan um das strategische Business Development für SAP-Supply Chain Management.

Dr. Jan-Peter Hazebrouck

Jan-Peter Hazebrouck ist seit 1998 als Unternehmensberater bei der Arthur Andersen Business Consulting GmbH tätig. Die Schwerpunktgebiete sind Business Re-engineering mit SAP R/3 und Telekommunikation.

Bei dem vorgestellten Projekt war Jan-Peter Hazebrouck für die Abstimmung der Fachteams sowie für die Abbildung der Supply Chain mit SAP R/3 zuständig.

Dipl.-Betriebswirt Raphael L. Hegeler

Raphael L. Hegeler ist bei der Intel Corporation verantwortlich für Market Development Programme in der Europa, Mittlerer Osten und Afrika Region. Zu seinen Aufgaben gehören Konzeption und Durchführung von Kooperations-Initiativen mit Beratungsfirmen, System Integratoren und e-Business Dienstleistungsanbietern. In dieser Tätigkeit ist Herr Hegeler dafür verantwortlich, wegweisende e-Business Lösungen auf Intel Architektur darzustellen und zu vermarkten.

Herr Hegeler absolvierte verschiedene Praktika in Europa und den USA, u.a. bei Microsoft und Alcatel, bevor er bei Intel eintrat. Er studierte Internationales Management sowohl in Frankreich als auch in Deutschland am ESB Reutlingen.

Prof. Dr. rer. pol. Knut Hildebrand

Knut Hildebrand studierte Volkswirtschaftslehre und Angewandte Informatik an der Universität Heidelberg. An der Universität Mannheim promovierte er in Betriebswirtschaftslehre mit einer Arbeit über Software-Tools. Er vertrat mehrere Semester die Professur für Betriebliche Datenverarbeitung an der Universität Münster. 1996 nahm er einen Ruf auf die Professur für BWL, insbesondere Wirtschaftsinformatik (SAP R/3, Informationsmanagement und Organisation), an die Hochschule für Wirtschaft in Ludwigshafen/Rhein an. Dort leitete er das SAP-Labor. Seit dem SS 2001 hat er die Professur für Betriebliche Informationsverarbeitung im Fachbereich Wirtschaft an der Fachhochschule Darmstadt inne.

In seiner Beratertätigkeit als zertifizierter SAP-Berater für Logistik, Schwerpunkt SD und MM, implementierte er in mehreren Projekten erfolgreich SAP R/3. Ferner ist er beratend tätig bei der Einführung von Internet-Applikationen in unterschiedlichen Geschäftsfeldern (B2B, B2C, Marketplace, Online-Marktforschung u.a.).

Kontakt: Fachhochschule Darmstadt – Fachbereich Wirtschaft, Haardtring 100, D-64295 Darmstadt
http://home.t-online.de/home/Knut.Hildebrand/
E-mail: Knut.Hildebrand@t-online.de

Dipl. Phys. Thomas Hillek

Partner, KPMG Consulting AG

KPMG Consulting

- Seit 2000 Leiter des Geschäftsfeldes eSupply Chain Management in Zentraleuropa
- 2000 Mitglied des deutschlandweiten KPMG eBusiness Strategiegremiums
- 1999 Leiter des Bereichs Consumer Markets in der Niederlassung München
- Durchführung und Betreuung mehrerer internationaler Supply Chain Management Projekte
- Executive Alliance Management für i2 Technologies
- Executive Alliance Management für Intel

1997-1999 Business Unit Manager i2 Technologies GmbH

- Leiter der Geschäftsbereiche „Consumer Products" und „Automotive Suppliers" in Zentraleuropa
- Business Development und Vertrieb von i2s RHYTHM
- Aufbau Sales- und Presales Beratung für die verantworteten Bereiche

1995-1997 Manager bei Ernst & Young Global Client Consulting

- Durchführung, Betreuung und Leitung mehrerer internationaler Supply Chain Management Projekte in der Konsumgüter- und Automobilindustrie
- Performance Management (Balanced Scorecards) in Supply Chain Netzwerken

1992-1995 Inhouse Consultant und Projektmanager bei Procter & Gamble Europe

- Leitung von Logistik- und Kostenrechnungsprojekten in den Sparten Waschmittel, Papierprodukte und Gesundheits- und Schönheitsprodukte in Europa
- Entwicklung und Abstimmung europaweiter SAP Logistikdatenstandards
- Vorbereitung und Begleitung des SAP Einsatzes in Mexiko und USA

Autor und Referent verschiedener Beiträge und Fachartikel zu den Themengebieten Electronic Business, Supply Chain Management und Entwicklungen in der High Tech- und Konsumgüterindustrie.

Dipl.-Ing. Jens Jakobza

Jens Jakobza studierte Wirtschaftsingenieurwesen in der Studienrichtung Baubetrieb an der Brandenburgischen Technischen Universität Cottbus. Seit 1998 arbeitet er als wissenschaftlicher Mitarbeiter am Fraunhofer Anwendungszentrum für Logistiksystemplanung und Informationssysteme (ALI) in Cottbus.

Sein Forschungsschwerpunkt liegt im Bereich der Charakterisierung und Modellierung von Lieferketten.

Kontakt: Fraunhofer Anwendungszentrum für Logistiksystemplanung und Informationssysteme (ALI), Universitätsplatz 3-4, 03044 Cottbus
Tel.: +49 (0)355/69-4832, Fax: +49 (0)355/69-4800, eMail: jens.jakobza@ali.fhg.de

Dipl.-Ing. Bernhard Janischowsky

Bernhard Janischowsky ist seit 1998 als Unternehmensberater bei der Arthur Andersen Business Consulting GmbH tätig. Die Schwerpunktgebiete sind Business Re-engineering mit SAP R/3 und Telekommunikation. Bei dem vorgestellten Projekt war Herr Janischowsky für die Realisierung der Supply Chain im Vertrieb in SAP R/3 zuständig.

Dirk Kansky

Dirk Kansky, von Hause aus Diplom-Ingenieur für Produktionstechnik, hat im Marketing für Industrieunternehmen sowie als Seniorberater für Reorganisations- und Supply Chain-Projekte in einer führenden Unternehmensberatung insgesamt 10 Jahre umfangreiche Praxiserfahrung gesammelt. Seit drei Jahren ist er bei Manugistics als Marketingdirektor für die Erschließung der Region Zentraleuropa verantwortlich.

Manugistics Group, Inc., mit Hauptsitz in Rockville, USA, ist Anbieter von Software und Dienstleistungen für Supply Chain Management und intelligentes eBusiness. Seit 1986 wurde die Software zur Steigerung der Effizienz in der Wertschöpfungskette in nahezu 1.000 Unternehmen eingeführt. Vor Allem Industrieunternehmen aus dem produzierenden Gewerbe, Vertriebs- und Transportunternehmen sowie Handelsketten werden durch die Manugistics-Lösung bei der Planung und Optimierung ihrer Logistikkette unterstützt.

Manugistics betreut in Europa Kunden wie BASF, Bahlsen, BMW, Ericsson, Hilti, Unilever, Kraft Jacobs Suchard, Schöller, Milupa, R.J. Reynolds, Novartis, Nokia, Volkswagen, 3M und andere.

Joachim Kodweiß

Nach dem Studium des Wirtschaftsingenieurwesens an der Universität Kaiserslautern war Joachim Kodweiß seit 1990 bei der IDS Scheer in den Bereichen Fertigungsplanung, -steuerung und Material- und Lagerwirtschaft tätig. Seit 1997 beschäftigt er sich mit dem Thema Supply Chain Management. Seit 1998 ist er in der IDS Scheer AG für den Bereich Supply Chain Design verantwortlich, der sich mit der Optimierung von unternehmensinternen und -externen Logistiknetzwerken und mit der Optimierung der Geschäftsprozesse zur Planung, Steuerung und Kontrolle dieser Netzwerke beschäftigt.

Diplom-Betriebswirt, M.A. Michael Koschnike

Michael Koschnike hat sechs Jahre internationale Industrieerfahrung in leitenden Positionen bei Unternehmen mit diskreten Fertigungsumfeld, insbesondere in der Automobilzulieferindustrie und der Konsumgüterindustrie. Er verfügt über rund vier Jahre Erfahrung in einer der führenden internationalen Unternehmensberatungen und war dort Mitglied des European Competence Center Supply Chain Management (SCM) sowie der Experte im internationalen Netzwerk für Sourcing & Purchasing Strategy.

Hier betreute Herr Koschnike international operierende Kunden bei strategischen Fragestellungen sowie bei der Gestaltung und dem Business Process Reengineering ihrer Supply Chains. Während seiner Tätigkeit für i2 Technologies verantwortete er im Bereich Automotive europaweit die Prozessberatung.

Herr Koschnike arbeitet heute als Manager und Prokurist im eBusiness-Geschäftsbereich der KPMG Consulting mit den Schwerpunkten eSCM und ist der verantwortliche Solution Leader für Ariba eProcurement Lösungen. Er ist darüberhinaus als Gastdozent für Operations Management an der Brunel University sowie an der Fachhochschule Osnabrück tätig.

Dipl.-Wirtsch.-Ing. Michael Kühner

Michael Kühner, Jahrgang 1970, studierte Wirtschaftsingenieurwesen mit Fachrichtung Unternehmensplanung an der Technischen Universität Karlsruhe und der Universität von Salamanca in Spanien. Seit 1998 ist er wissenschaftlicher Mitarbeiter am Institut für Arbeitswissenschaft und Technologiemanagement (IAT) in Stuttgart im Marktstrategie Team Logistikinformationssysteme. Seine Arbeitsschwerpunkte sind das SCM, die Produktionsplanung und –steuerung sowie das Customer Relationship Management.

Kontakt: IAT Universität Stuttgart, Nobelstr. 12, 70569 Stuttgart,
Tel.: 0711/970-5130, Fax: 0711/970-2192,
Mail: Michael.Kuehner@iao.fhg.de

Dipl. Wirt.-Inf. Oliver Lawrenz

Oliver Lawrenz ist selbständiger Berater bei Konzernen und Start Up-Unternehmen. Er studierte an der Universität Bamberg Wirtschaftsinformatik mit den Schwerpunkten Systemanalyse & Modellierung, Unternehmensführung & Controlling sowie Psychologie. Nach Abschluss seines Studiums 1995 arbeitete er zunächst für die PRGA GmbH, ein SAP-Systemhaus, um 1997 zum SAP-Logopartner ORDO Unternehmensberatung GmbH ins internationale Projektgeschäft zu wechseln. Von April 2000 bis Anfang 2001 arbeitete er als Executive Vice President bei der EBS Holding AG im Bereich B2B Technologies. Oliver Lawrenz ist Lehrbeauftragter an der Fachhochschule Ludwigshafen sowie Referent und Moderator verschiedener internationaler Fachkongresse. Neben dem aktuellen Buch „B2B-Erfolg durch eMarkets" hat er zahlreiche weitere Beiträge zum Thema eBusiness veröffentlicht (u.a. die aktuell erschienene zweite Auflage des Buches „Supply Chain Management").

Dipl. Ing. Adrian O. Mielke

Senior Consultant, KPMG Consulting AG

KPMG Consulting

- Seit 1999 Durchführung mehrerer internationaler Supply Chain Management und eBusiness Projekte in Deutschland und USA in der Halbleiter- und Telekommunikationsindustrie
- 1/2000 Entwicklung und Aufbau von end-to-end-Lösungen im Bereich eBusiness im europäischen eBusiness Solution Center der KPMG
- 2/2000 Produktmanager für elektronische Marktplätze von i2 Technologies in Deutschland

Autor und Referent verschiedener Beiträge und Fachartikel zu den Themengebieten Electronic Business, Supply Chain Management und Entwicklungen in der High Tech Industrie.

Dipl.-Ing. Carsten Münster

Dipl.-Ing. Carsten Münster studierte Wirtschaftsingenieurwesen an der TU Berlin mit den Schwerpunkten Logistik und Qualitätsmanagement. Nach einer Tätigkeit als wissenschaftlicher Mitarbeiter an der TU München ist er seit 1997 wissenschaftlicher Mitarbeiter an der Brandenburgischen Technischen Universität und am Fraunhofer Anwendungszentrum für Logistiksystemplanung und Informationssysteme in Cottbus. Im Rahmen dieser Tätigkeit bildete er sich auch zum Qualitätsmanagement-Fachauditor fort. Seine Schwerpunkte liegen im Bereich der Fabrikplanung und im Aufbau von Qualitätsmanagement-Systemen.

Kontakt: Fraunhofer Anwendungszentrum für Logistiksystemplanung und Informationssysteme (ALI), Universitätsplatz 3-4, 03044

Cottbus, Telefon: +49 (0)355 / 69 – 4836, Telefax: +49 (0)355 / 69 – 4800, eMail: carsten.muenster@ali.fhg.de

Keywan Nadjmabadi

Bereits vor dem Studium der Betriebswirtschaftslehre an der Universität Göttingen war Keywan Nadjmabadi als Geschäftsführer der BCS GmbH im DV Groß- und Einzelhandel in den Jahren 1991 und 1992 tätig. Während des Studiums war er in Hamburg im Bereich internationaler Messen tätig, wo er sich schwerpunktmäßig mit logistischen Fragestellungen beschäftigte. Nach Abschluss des Studiums der Wirtschaftsinformatik Anfang 1999 begann er seine Tätigkeit bei der IDS Scheer AG als Consultant im Bereich Supply Chain Design.

Dipl. Wirt.-Inf. Michael Nenninger

ist seit sechs Jahren im eBusiness-Geschäft und beschäftigt sich seit 1996 mit elektronischen Märkten und eProcurement, zunächst in den USA und später in Deutschland. Nach vier Jahre als selbständiger Berater wechselte er 1998 zur KPMG und baute dort den eBusiness-Bereich der KPMG Consulting Deutschland auf. Als einer der Initiatoren der deutschen KPMG eBusiness Unit war er für die deutschen Geschäftsfelder eProcurement und eMarkets verantwortlich und hat die KPMG im europäischen eBusiness Netzwerk vertreten. Anfang 2000 wechselte Herr Nenninger in die Geschäftsführung der EBS Holding AG (Tochter der Beisheim Holding Schweiz) als Executive Vice President Business Development und war verantwortlich für die Geschäftsentwicklung, den Vertrieb und das Marketing. Seit Anfang 2001 ist er als selbständiger Berater für B2B-Geschäftsmodelle bei Konzernen und Start Up- Unternehmen tätig. Neben dem aktuellen Buch „B2B-Erfolg durch eMarkets" hat er zahlreiche weitere Beiträge zum Thema eBusiness veröffentlicht (u.a. die aktuell erschienene zweite Auflage des Buches „Supply Chain Management").

Diplom-Geograph Frank Nosbers

Consultant, KPMG Consulting AG

KPMG Consulting

- 2001 Beratungstätigkeit hinsichtlich Einsatz moderner Supply Chain Management Software im Bereich Transportdienstleistungen. Modellierung eines Prototypen auf Basis von

Supply Chain Management Software für einen führenden europäischen Transportdienstleister.
- 2000-2001 Entwicklung einer Software-Demo zur Überwachung von Transportketten auf der Basis des „Global Logistics Monitor" von i2 Technologies.
- 1999-2001 Aufbau und Weiterentwicklung des „Transportation Desk" als Unterstützung des KPMG-Branchennetzwerkes Transportation.

Fraunhofer Institut für Materialfluß und Logistik
- 1994-1998 Mitarbeit in der Abteilung Verkehrslogistik, Bereich Transport- und Umschlagplanung. Analyse logistischer Prozesse und Erstellung von Gutachten.

Diplomphysiker Dr. Martin Plewnia

Manager, KPMG Consulting AG

KPMG Consulting
- 2000-2001 Projektleitung beim Aufbau einer SCM-Branchensolution für Logistikdienstleister im „KPMG eBusiness Solution Center" Hallbergmoos bei München
- 1999-2000 Teilprojektleitung bei einer standortübergreifenden
- APS-Einführung für einen weltweit führenden Halbleiterhersteller
- 1998-1999 Teilprojektleitung Einkauf, Materialdisposition und Lagerwirtschaft bei einer SAP-R/3-Einführung für einen Elektroanlagenbauer
- 1998 Implementierung und Einführung eines konzernweiten Sales-Reporting und eines standortübergreifenden Forecast- und Bedarfsplanungssystems unter SAP R/3 für einen Global Player der Kunststoffindustrie

seit 1997: Mitarbeiter bei der KPMG Consulting AG, Solution Supply Chain Management

Brandt und Partner Unternehmensberatung GmbH
- 1995-1997 Projektarbeit bei der Einführung von Standard- und Individualsoftware im Umfeld SAP R/3, Schwerpunkt Disposition und Materialfluß

Ruprecht-Karls-Universität Heidelberg, Institut für theoretische Physik

- 1991-1995 Wissenschaftlicher Angestellter, wiss. Hilfskraft, Promotion in theoretischer Elementarteilchenphysik, Implementierung und Weiterentwicklung numerischer und stochastischer Algorithmen für Supercomputer

Dipl.-Kaufm., Dipl.-Wirt.Ing.(FH) Rolf G. Poluha

Manager, KPMG Consulting AG

KPMG Consulting

- Seit 2001 verantwortlicher Projektmanager für die globale Durchführung eines Supply Chain Management Projektes bei einem international führenden High Tech-Unternehmen mit Sitz in USA
- Seit 2000 Manager im Geschäftsfeld eSupply Chain Management in Zentraleuropa
- Durchführung und Betreuung eines internationalen Supply Chain Management Projekts bei einem führenden Halbleiter-Unternehmen
- Operatives Alliance Management für i2 Technologies in Deutschland
- 1997-1998 Business Consultant bei System Software Associates Central Europe
- Durchführung, Betreuung und Leitung mehrerer internationaler ERP Projekte, unter anderem bei einem führenden Automobil-Zulieferunternehmen mit Sitz in England
- Aufbau der Presales- und Service-Beratung für die verantwortete Lösung im Aftersales-Bereich
- Mitarbeit auf den Gebieten Produktionsplanung, Sales & Distribution und Product Configurator innerhalb einer ERP-Gesamtlösung

1995-1997 Consultant und Projektleiter bei Kiefer & Veittinger Unternehmensberatung (SAP CRM)

- Durchführung, Betreuung und Leitung mehrerer Customer Relationship Management Projekte, unter anderem bei einem führenden Unternehmen aus dem Bereich Medizintechnik
- Design und Entwicklung komplexer Anwendungslösungen

Autor und Referent verschiedener Beiträge zum Themengebiet Electronic Business und Supply Chain Management in der High Tech – und Semiconductor-Industrie.

Achim Ramesohl

Achim Ramesohl ist Director eBusiness bei i2, dem globalen Marktführer für Intelligente eBusiness-Lösungen.

Zuvor war Achim Ramesohl für die Boston Consulting Group in San Francisco und München tätig. Dort beriet er die Geschäftsführung multinationaler Handelsunternehmen, Finanzdienstleister sowie globaler Industrieunternehmen.

Achim Ramesohl studierte Wirtschaftsingenieurwesen in Karlsruhe (summa cum laude). Anschließend wohnte und arbeitete Achim Ramesohl im Silicon Valley, nahe San Francisco. Dort studierte und unterrichtete er an der Stanford University und war Mitglied des Sloan Forschungsprojektes "Electronic Networks in der Computer Industrie". Er hält einen M.B.A. und PhD cand. der Stanford Business School. Als selbstständiger Berater war Achim Ramesohl für eine Reihe von Internet- und Computerunternehmen tätig.

Prof. Dr.-Ing. Bernd Scholz-Reiter

Bernd Scholz-Reiter (Jg. 1957) studierte Wirtschaftsingenieurwesen/Fachrichtung Maschinenbau an der Technischen Universität Berlin. Er promovierte 1990 an der TU Berlin über die „Konzeption eines rechnergestützten Werkzeugs zur Analyse und Modellierung integrierter Informationssysteme in Produktionsunternehmen". Danach war er als IBM World Trade Postdoctoral Fellow am IBM T. J. Watson Research Center, Yorktown Heights, N. Y., USA, im Bereich Manufacturing Research tätig. 1994 wurde er Leiter des neu gegründeten Lehrstuhls Industrielle Informationstechnik der Brandenburgischen Technischen Universität Cottbus und 1998 gleichzeitig Leiter des Fraunhofer Anwendungszentrums für Logistik-systemplanung und Informationssysteme in Cottbus. Seit 2000 ist er an der Universität Bremen für das Fachgebiet Planung und Steuerung produktionstechnischer Systeme tätig und leitet zusätzlich im Bremer Institut für Betriebstechnik und Angewandte Arbeits-wissenschaft (BIBA) den Bereich Produktionssteuerung, Modellierung und Simulation (PMS).

Seine Hauptforschungsgebiete liegen im Bereich der verteilten Systeme für Industrieunternehmen, der Modellierung von Informations-, Produktions- und Logistiksystemen sowie in der Planung und Steuerung produktionstechnischer Systeme. Prof. Scholz-Reiter ist u. a. Herausgeber der Fachzeitschriften Industrie Management und PPS Management.

Dipl. Betriebswirt (FH) Detlef M. Schumann

Herr Detlef M. Schumann wurde am 10.05.1963 geboren. Nach der Schulzeit hat er eine Lehre als Bürokaufmann absolviert. Während des betriebswirtschaftlichen Studiums befaßte er sich im Schwerpunkt mit Themen aus den Bereichen Management und Controlling. Nach dessen Beendigung sammelte er weitere Berufserfahrung in der Finanzabteilung eines international tätigen Maschinenbauunternehmens. Diese Tätigkeit sowie weitere Aktivitäten im Controllingumfeld führten Ihn dann schließlich 1990 in ein Beratungsunternehmen. Seit dieser Zeit befaßt sich Herr Schumann mit der SAP-Software. Begonnen mit Aufgaben im Rechnungswesen unter R/2, führte die Entwicklung hin bis zu Führungsaufgaben in heutigen Großprojekten im R/3-Umfeld. Den aktuellen Trends folgend sind derzeit die Themen der „New Economy" der Schwerpunkt seiner Beratungstätigkeit. Durch umfangreiche Erfahrungen aus der Vielzahl der Projekte ist Herr Schumann zum Autor und Referent von integrativen und innovativen betriebswirtschaftlichen Themen avanciert. Er arbeitet zur Zeit in verantwortlicher Position eines international tätigen Beratungsunternehmens.

Kontakt: Aii Seitz GmbH & Co. KG, Im Ludlein 6, D-75181 Pforzheim, Tel: +49 (0) 7231 584 – 0, Fax: +49 (0) 7231 584 – 222, MT: +49 (0) 171 304 1154
eMail: Detlef.Schumann@aiinformatics.com

Moritz Seidel

Gründer & CEO von webfair. Von 1994 bis 1997 war Moritz Seidel als Unternehmensberater für Roland Berger & Partner tätig, der größten Unternehmensberatungsgesellschaft europäischen Ursprungs. Sein Schwerpunkt lag in den Bereichen Strategie, Retail und Multimedia. Herr Seidel absolvierte sein Studium der Wirtschaftswissenschaften an der Universität Regensburg.

Dipl.-Kfm. Alexander Sieverts

Director Marketing & Communication von webfair. Vor seinem Einstieg bei webfair war Alexander Sieverts (31) bei der Beratungsgruppe Plaut beschäftigt. Innerhalb einer eigenständigen Gesellschaft war er für die Bereiche Produkt Management, Produkt Marketing und Communication verantwortlich. Alexander Sieverts absolvierte sein Studium der Wirtschaftswissenschaften an der Universität Regensburg

Diplom-Betriebswirt Rolf Stähler

Senior Consultant, KPMG Consulting AG

KPMG Consulting

- 2000-2001 Beratungstätigkeit im Bereich SCM
- Durchführung eines internationalen Supply Chain Management Projektes bei einem führenden Hersteller von Telekommunikationsinfrastruktur
- 1998-2000 Durchführung weltweiter Supply Chain Management Projekte bei führenden Halbleiterherstellern
- 1999-2001 Projektleiter für die Entwicklung des „Supply Chain Performance Management", einer Kennzahlenmethode zur Ermittlung von Potentialen vor, während und nach der Durchführung von eSCM Projekten

Siemens Nixdorf Informationssysteme AG

- 1996 Zentrales Marketing Europa im Bereich Geoinformationssysteme: Aufbau der weltweiten Sales- und Presales-Praxis
- 1993-1995 Zentrales Marketing für den Bereich PC-Systeme Deutschland

Autor und Referent verschiedener Beiträge zu den Themengebieten Supply Chain Management und eBusiness im Bereich High Tech.

Dipl.-Wirtsch.-Ing. Jörg von Steinaecker

Jörg von Steinaecker, Jahrgang 1969, studierte Wirtschaftsingenieurwesen an der Technischen Universität Hamburg-Harburg mit dem Schwerpunkt Produktionstechnik. Seit Oktober 1996 ist er wissenschaftlicher Mitarbeiter am Fraunhofer Institut für Arbeitswirtschaft und Organisation (IAO), in Stuttgart und leitet dort das Marktstrategieteam Logistikinformationssysteme. Seine thematischen Arbeitsfelder umfassen das SCM, die Produktionsplanung und –steuerung sowie Umweltinformationssysteme. Herr von Steinaecker hat zu diesen Themen diverse Projekte mit Industrieunternehmen in unterschiedlichen Branchen durchgeführt.

Kontakt: Fraunhofer-IAO, Nobelstr. 12, 70569 Stuttgart, Tel.: 0711/970-2223, Fax: 0711/970-2192,
eMail: Joerg.vonSteinaecker@iao.fhg.de

Index

14-Tage-Auto 283
3rd-Party-Logistics 156
4PL 157, 160
Absatzkette 287
Absatzplanung 55, 173
Activ Supply Chain 75
Ad On´s 210
Advanced Planner and Optimizer 170
Advanced Planning and Scheduling Systemen 74
Advanced Planning Solutions (APS) 314
Advanced Planning Systems 49, 55
Agenten 334
Aggregation 175
Alert Monitor 173
A-Lieferanten 124
amazon.com 21
Anreizsysteme 40
APO 51, 75
APS 74, 161
APS-Implementierungsprojekt 315
Aspen Tech 51
Aufmerksamkeitkurve 322, 323, 327
Auftragsdurchlaufzeiten 125
Auktionen 227
Ausfallzeiten 245
Ausführungsprozesse 121
Ausschreibungsverfahren 200
Austauschprogramm 254
Automobilindustrie 8, 11, 17, 281
Automobilzulieferer 8, 10, 12

Automobilzulieferern 63
Available to Promise 297, 308
Baan 73
Back End 261, 263, 267, 268, 269, 275, 276
Batch-Modus 296
Bedarfsplanung 296
Bedarfstransparenz 58
Belastungsausgleich 294
belegorientierte Geschäftsprozesse 73
Benchmarking 102, 118
Beschaffungsplanung 55, 56
best practice in industry 78
Best Practices 105, 116, 120
Best-practice Prozesse 237, 238
Best-Pratice 230
Beziehungsmanagement 345
Big Bang Methode 270
Blockplanung 186
Bottom up-Ansatz 309
Brand-Management 228
Build-to-Order 225
Bull-Whip-Effekt 43, 53, 59
Business Blueprint 79
Business Case 82
Business Communities 340, 351
Business Community-Konzept 345
Business to Business 75
Business to Customer 75
Business Warehouse 56
Business Webs 348
Business-to-Business 1, 233
Capable To Promise 308
Capable-To-Match 180

367

Index

Cash-To-Cash 130
cCommerce 330
Change Management 13, 16, 83, 86, 102, 237, 311, 312, 317, 318, 319, 320
ChemicalsWorld.com 223
Chemie 35
Cisco 348
CNO 197
Collaboration Services 227
collaborative Commerce 330
Collaborative Network Optimization 197
Collaborative Planning 2, 10, 76, 86, 196, 304
Collaborative Planning, Forecasting and Replenishment 198
Collaborative Supply Planning 198
Commodity-Dienstleistung 156
Communities 346
Community Content 222
Computer Integrated Manufacturing 40
Constraint-Propagation 185
Constraints 74, 170, 181
Controlling 98
Controllings 111
CRM-Konzept 330
Cross-Docking 223
Croston-Methode 176
Customer Relationship Management 11, 76, 86
Data Mart 304
Data-Mart 175
Datenbasis 170
Datenhaltung 264
Dealer Communities 347
Deliver 121
Dell 28, 222, 298, 341
DELL 352
Demand Collaboration 236
Demand Forecast 330
Demand Planning 173, 304
Deployment 173, 178
DesIntermediation 341
Dezentrale Konzepte 57
dezentralen Planung 334
Disaggregation 175
Dispositionskette 43
Distribution 157
Distributionsnetzwerk 180
Distributionsplanung 55, 297
Distributionszentren 30
Du-Pont 81
Durchlaufzeiten 28, 44
Dynamik 95
e2e 3, 239
eBusiness 22, 194, 221, 290, 329
eBusiness-Framework 196
eBusiness-Netzwerke 221
Echtbetrieb 85
Echtzeit-Collaboration 199
eCommerce 67
Economic Value Add 22
eDesign 2
EDI 194
EDIFACT 194
eFinance 340, 344
eFulfillment 2
eGateMatrix 223
Einführung in Phasen 271
Einführungsmethodik 269, 270
Einsparpotentiale 92
Electronic Supply Chain Management 2, 7
Elektronische Märkte 333
elektronische Marktplätze 221
elektronische Netzwerke 109
eLogistics 340, 344
eMarketplaces 2
end-to-end 233, 239
engpassorientierte Planung 296

Index

Engpassorientierte Planung 59
engpassorientierten Planung 60
Enterprise Resource Planning Systeme 265
Enterprise Ressource Planning Systems 73
Enterprise-to-Enterprise 4
Entscheidungsunterstützung 161, 265, 267
eProcurement 2, 269
eProcurement-Services 224
Erfolgsfaktoren 259, 311, 323, 326
ERP-System 253
ERP-Systeme 11, 164, 266, 267, 268
eSales 2
eServices 337
Ex-post-Prognose 175
Extranets 67
fabriklose Firma 228
Fair-Share-Regeln 179
feed-back Loop 306
Feinplanungsplantafel 184
Fertigungstiefen 62
First-tier Customer 285
First-tier Supplier 285
Fourth-Party-Logistics 157
Fragmentierte Struktur 3
Fraunhofer-IAO 60, 61, 63
FreightMatrix 223
Front End 261, 262, 263, 265, 267, 268, 269, 275, 276
Frozen Zone 284
Frühwarnsysteme 268
Fulfillment Services 340
Gantt-Diagramm 184
Genetischer Algorithmus 185
Geschäftsprozessgestaltung 61
Globale Verfügbarkeitsprüfung 187
graphischen Prozessbeschreibungen 118
Grenzplankostenrechnung 107
Güterströme 93
Halbleiterindustrie 155, 259, 260, 261, 262, 263, 265, 267, 269, 275, 279
Handelskooperationen 339
Handlungsspielraum 43
hauptspeicherresident 229
Heuristik 179
Heuristiklauf 305
High Tech-Industrie 311
Hochtechnologie 5, 6, 11
hosted Service 229
i2-technologies 67
i2-Technologies 51
IDS Scheer AG 77
ILOG 51
Implementierung 240, 241
Implementierungsmethode 257
Incentive-Modell 339
Individualisierung 282
Informationsfluss 142, 234
Informationsintransparenz 57
Informationsmanagement 108
Informationstransparenz 53
Infrastrukturprozesse 122
Instrumente zum Projektmanagement 316
Integrationsgrades 35
Integrierte Informationssysteme 25
Integrierte Supply Chain Management-Lösung 312
integrierte Versorgungskette 281
Integriertes Unternehmen 4
Interaktive Planung 184
Interaktives Planungstableau 181
Internet 54, 56
Internet based Tendering 199

Index

Internet-Planungsmappen 304
Internet-Portal 200
Intra-Company-Prozesse 248
Intransparenz 94
ISO 128
iStarXchange 224
IT-Architektur 257
IT-Architekturen 244
J.D.Edwards 51
JAVA 87
JD Edwards 73, 75
Job-Enlargement 40
Job-Enrichment 40
Just-in Sequence 281
Just-in-Time 281
Kampagne 187
Kampagnenfertigung 286
KANBAN 67, 281
Kapazitätsplanung 264, 266, 267, 275, 276
Kapitalbindungskosten 43
Kennzahlensystem 25, 128
Kennzahlensysteme 24
Kernkompetenzen 153, 157, 262, 263
Key Performance Indikators 103
kleine Unternehmen 139
KMU 139
Kollaboration 222
kollaborativer Planung 222
Kommissionierung 157
Komplexität 94
Komplexitätskostenreduzierung 222
Komponentenfertiger 286
Konsumgüterindustrie 10, 11
Kontingentierung 189
Kontraktlogistik 156
Kontraktmanagement 164
Kostenführerschaft 30
KPI 171
Kriterien 32

kundenauftragsbezogenen Fertigung 282
Kundenauftragsfertiger 62
Kundenauftragsfertigung 63
kundenauftragsorientierte Endmontage 63
kundenbedarfsbezogene Disposition 44
Kundenbedarfsschwankung 260
Ladungsoptimierung 166
Lasttest 241 Siehe Load Testing
Lead-Management 226
Leistungsziele 33
Lieferterminaussagen 12
Liefertreue 29
Lieferzeiten 125
Like-for-like 254
Load consolidation 191
Load Testing 241
Load-Optimierung 223
Logistics Execution System 193
Logistik Execution 190
Logistikdienstleister 152
Logistikinfrastruktur 30
Logistikkette 45
Make 121
Make-or-Buy 109
make-to-order 342
Make-to-Order 250
Make-to-Stock 250
Makro-Techniken 175
Management of Change 237, 277, 278, 324
Management-Commitment 322
Managementzyklusses 98
Mangement-by-Exception 173
Manugistics 51, 67
Marketplace-to Marketplace-Connectivity 227
Marktintelligenz 304
Marktplatz 239

Marktplätze 109, 198
Maschinenbau 63
Massenproduzenten 62
Masterplanung 295, 297
Material Requirements Planning 265
Materialfluss 142
Medienbrüche 331
mehrstufige ATP-Prüfung 183
Mehrstufige Kontingentierung 190
Mehrwertleistungen 222
Mengenplanung 266
Messgrössen 80, 120
Metallerzeugung 64
Minutes of Use 243
Mittelstand 62
mittelständische Unternehmen 67
mittelständischen Unternehmen 39, 60
mittelstandsfähiges SCM 62
mittlere Unternehmen 139
Mobile Sales 86
Modellierung von Supply Chains 142
modellierungsfähige Software 48
Modellinitialisierung 175
MRP II 294
MRP-II 55, 74
multiple lineare Regression 176
MyAircraft 223
mySAP.com 196
Nachfrageänderungen 222
Nachfragetendenzen 222
Netzwerkplanung 49
New Economy 329
New Entrants 15
Nucleus-Ansatz 82
Nummernkreise 300
offene Systemarchitektur 244

öffentliche Marktplätze 222
online 58
Optimierung 74
Optimierungskonzepte 39
Order-to-Delivery 281
Organisationsmodell 25
Original Equipment Manufacturer 261
OTD 281
Outsourcing 195
Packard Bell 35
Paletten 166
Pegging-Struktur 183
Peggingstrukturen 307
Peitscheneffekt 287
personalisierte Interaktionen 223
Pharma 30, 303
Planungsansätze 265
Planungsebenen 10, 162, 267, 268, 269, 274, 275, 276
Planungsfenster 295
Planungsgeschwindigkeit 268
Planungsintelligenz 224
Planungsprobleme 268
Planungsprozesse 121
Planungsschwächen 43
Planungszyklen 234, 263, 268, 318
Plug and Play 9, 18
Portale 330
POS-System 253
Potential-Analyse 78
PPS-System 67
Preparative Steps 83
Pretest 301
private Marktplätzen 222
Product Lifecycle Management 11
Produkt- und Warenschlangen 42
Produktions- und Feinplanung 181

371

Produktionsplanung 55, 73
Produktionsplanungs- und -
  steuerungssysteme 41
Produktionsprinzipien 264
Produktkomplexität 62
Produktlebenszeit 263
Produktlebenszyklen 169
Produktvarianten 259, 260
Produktverfügbarkeit 30
Prognosemodelle 175
Programmplanung 305
Projektmanagement 272, 311,
  317, 319, 320, 326
Projektorganisation 318, 319
Projektplanung 272
Proof of Concept 82
Prototyping 303
Prozessbeschreibungsmethode
  119
Prozesskette 91
Prozesskosten 107
Prozesskostenrechnung 102
Prozessmodellhierarchie 128
prozessorientierten Benutzer-
  dokumentation 84
Prozessreengineering 118
Prozessreferenzmodell 116
Prozessreferenzmodells 116
Prozessstruktur 4
Pull-Prinzip 264
Push-Produktion 186
Quotenplanung 282
R/3 86
rechtlichen Grundlagen 23
Redesign to Cost 228
Reichweitenberechnungen 181
Reihenfolgeplanung 290
ReIntermediation 343
reorganisatorische Maßnahmen
  60
Request for Quotation 236
Restriktionen 307
RHYTHM 51

Roadmap 16, 17
Roche Diagnostics 348
ROI 111, 169
Rollout 304
Route determination 191
Routenfindung 164
SAP 51, 73, 75
SCC 137
SCENE 46, 50, 68
Schwachstellenanalyse 270
SCIM-Methode 316, 323, 324,
  326
SCIM-Vorgehensmodell 324
SCM Projektphasen 313
SC-Manager 111, 334
SCM-Markt 51
SCM-Modelle 113
SCM-Packages 50
SCM-Projekte 311, 316, 326
SCM-Projektverlauf 316, 326
SCM-Strategie 71, 76, 86, 193
SCM-Toolkits 50
SCM-Vorgehensweise 112
SCM-Ziele 72, 76
SCOR 104, 115
SCOR - Ebenen 122
SCOR - Prozesstypen 121
SCOR-Abbildungen 133
SCOR-Messgrössen 131
SCOR-Nomenklatur 132
SCOR-Prozessbeschreibungsme-
  thode 119
SCOR-Vollständigkeitskontrolle
  134
Second-tier Supplier 286
semantische Integration 308
Sequenzielle Planung 265
sequenzieller Planung 73
Sequenzierung 291
Shop Floor Control 296
Simulation 73, 177, 296

Index

Simulation von Supply Chains 142
Simulationssoftwaresysteme 146
Softwareanforderungen 120
Softwarefunktionalität 116
Softwarelösungen 314
Solution Center 241
Solution Stack 239
Source 121
speicherresidenten Datenprozessor 170
Speicherresidenz 268
Spotmärkte 222
Standardprozessbeschreibung 120
Standardprozesse 235
statische Plandurchlaufzeiten 294
strategische Geschäftsplanung 56
strategischen Waffe 71
Stress Testing 241
Substitution 188
Subsysteme 53
Supplier Community 347
Supply Chain Cockpit 171, 172
Supply Chain Controlling 102, 106
Supply Chain Council 117
Supply Chain Database 109
Supply Chain Engineer 170
Supply Chain Execution 49, 50, 67, 192
Supply Chain Exzellenz 3, 10, 16
Supply Chain Management 139
Supply Chain Managementkosten 130
Supply Chain- Modell 295
Supply Chain- Netzwerke 292
Supply Chain Operations Reference-Modell 115
Supply Chain Planning 49
Supply Chain Strategie 25
Supply Chain-Attribute 28
Supply Chain-Betrieb 20
Supply Chain-Effizienz 197
Supply Chain-Infrastruktur 21
Supply Chain-Prozesse 25, 115, 117
Supply Chain-Prozessketten 116
Supply Chain-Strategie 19, 20
Supply Chain-Teilprozesse 20
Supply Network 95
Supply Network Planning 177, 304
Supply Networks 107
Supply Reality Control 56, 58, 60, 89, 106
Supply Reality Control Modell 50
Supply-Chain-Monitoring 167
Synchronisation 10, 71
Systemlieferant 285
Systemvariablen 96
Szenarien 73
Szenario-Analysen 143
Task Displacement 226
Teambildungszyklus 320, 321
Technologie-Provider 47
Teilkostenrechnung 107
Teiloptimierungen 281
Telekommunikationsbranche 243
Template 82
Templates 230
Terminplanung 266, 273
Third-tier Supplier 286
Tourenoptimierung 165
Tracing 223
Tracking 223
Tracking & Tracing 166
Tracking und Tracing 67
Tracking&Tracing 59

Index

TradeMatrix 221
Transport Planung 190
Transportation Exchange 199
Transportation Management System 193
Transportation-Exchange-Communities 200
Transportbranche 164
Transportketten 152
Transportlogistik 59
Transportmanagement 158
Transportplanung 297
Trend-/Saison-Modelle 176
Umfrage 39, 62, 63
Umschlagshäufigkeit 226
Umweltbelange 23
Unsicherheit 97
Unternehmenssteuerung 98
unternehmensübergreifenden Vernetzung 292
Value added Services 337
Vehicle Scheduling 191
Vendor-Managed Inventory 198
Vendor-Managed-Inventory 179
verbrauchsorientierte Disposition 44
Verkaufsstückliste 250
Verlader 153
Vertragsfertiger 260, 263, 267
Vertriebskanal 36
virtuelle Netzwerke 194
virtuelle Unternehmen 91
virtuellen Communities 109
Visibilität 295
Vision 22
VMI 179
Vollkostenrechnung 107
vorkonfiguriert 230
Vortals 339
War Rooms 46
Warehouse Management System 193
Warenwirtschaft 49
War-Rooms 63
Web-EDI 67
werksübergreifende Planung 181
Wertschöpfungsnetz 71
Wertschöpfungspartnerschaften 290
Wertschöpfungstiefe 34
Wettbewerbsfähigkeit 21
Wettbewerbsfaktoren 21
Wettbewerbsvorteil 222
Workflows 247
Work-in-Progress 58
Zahlenwahrheit 106, 108
Zentrale Logistikinstanz 60
zentrale Warenwirtschaft 244
zentralistische Planung 334
Ziele 72, 96
Zielerreichungsvorgaben 272
Zielkontradiktion 96
Zielüberprüfung 101
Zulieferer 4, 7, 8, 151, 235, 236, 239

Die EBS Holding AG ist ein eMarket Enabler, Process Outsourcer und Application Service Provider für B2B und B2C eBusiness Lösungen. Zusammen mit der Deutschen Bank AG sind wir Gesellschafter der PAGO eTransaction Services GmbH, ein Full Service Provider für Backoffice-Services für eCommerce Lösungen wie z. B. eShops. Ein weiteres Unternehmen der Gruppe ist die omnis-online Tourismus Services GmbH, in der wir zusammen mit der Lufthansa Systems GmbH einen elektronischen Marktplatz für Reise und Tourismus betreiben.

Fühlen Sie sich im eBusiness und im eSupply Chain Umfeld wie zu Hause?

Dann sind Sie bei uns richtig......

...denn mit unserem neuen Geschäftsfeld, eMarket Factory, werden wir einer der führenden Enabler für B2B eMarkets und eServices sein. Neben der Vermarktung einer Standard eMarket Transaktionsplattform, bieten wir generische und branchenspezifische value added eServices aus den Bereichen CRM, eLogistics und eFinance an, die in alle marktüblichen eMarkets integriert werden können. Ein besonderer Schwerpunkt der eMarket Factory liegt in einem Full Service Ansatz, der den gesamten Aufbau, den Betrieb und ein erfolgsorientiertes Coaching von B2B eMarkets umfasst.

Für das neue Geschäftsfeld eMarket Factory in Köln und in München suchen wir Spezialisten für folgende Bereiche:

- **Product Management**
- **Software Development**
- **Systems Architects**
- **Alliance Management**
- **Business Development**
- **Marketing and Sales Promotion**
- **Sales Engineering**

Neben einem hochmotivierten, dynamischen und jungen Team mit einem erfahrenen Management, bieten wir Ihnen eine interessante und abwechslungsreiche Aufgabe mit viel individuellem Gestaltungsspielraum in einem erfolgreichen und zukunftsorientierten Unternehmen. Ein angenehmes Betriebsklima und vorbildliche Leistungen sind für uns selbstverständlich.

Haben wir Ihr Interesse geweckt? Denn senden Sie uns Ihre aussagefähigen Bewerbungsunterlagen mit Angabe Ihrer Gehaltsvorstellung und dem frühestmöglichen Eintrittstermin.

EBS Holding AG, Irene Brambach,
Kaltenbornweg 1-3, 50679 Köln
personal@pago.de, www.ebs-holding.de

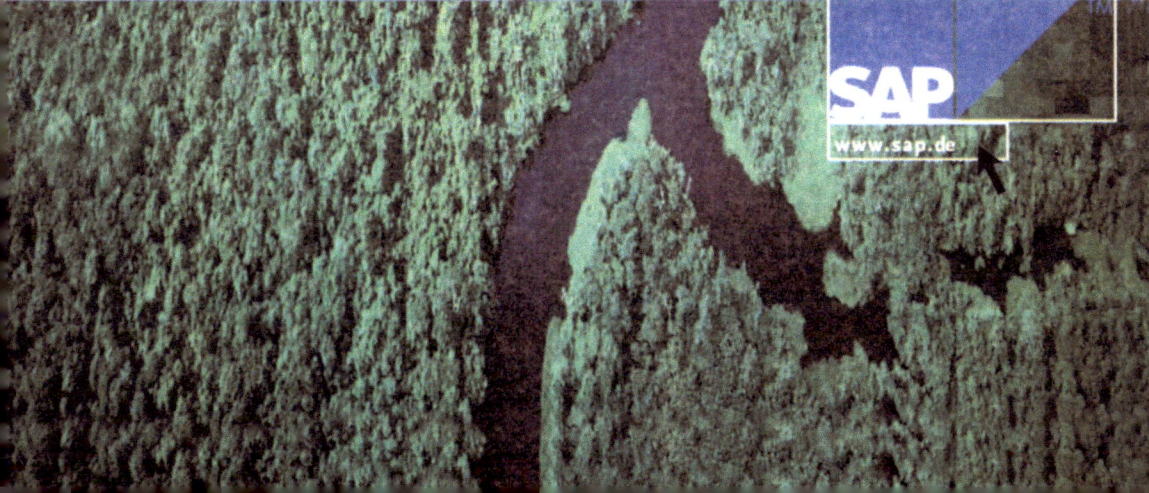

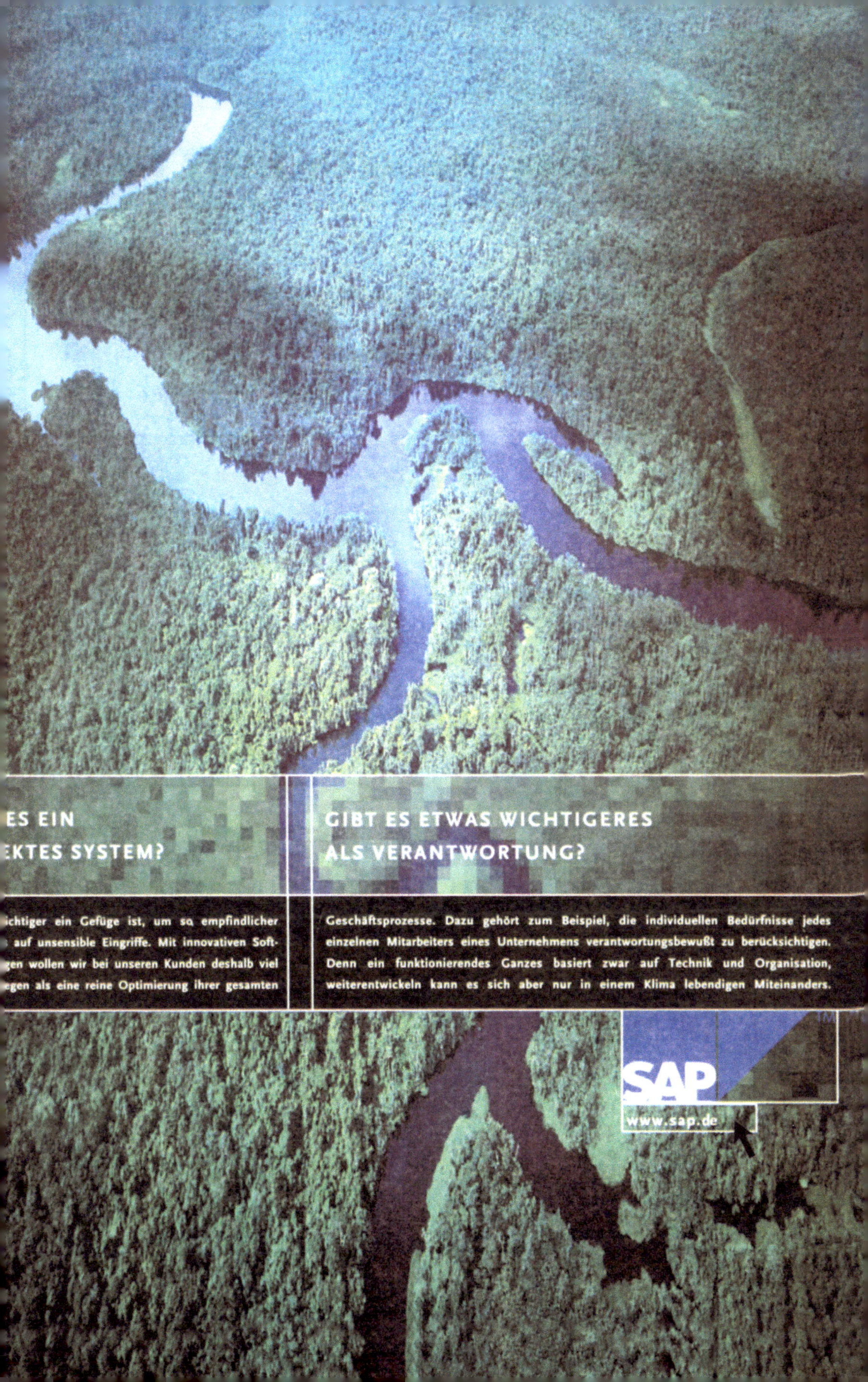

| ES EIN | GIBT ES ETWAS WICHTIGERES |
| EKTES SYSTEM? | ALS VERANTWORTUNG? |

...ichtiger ein Gefüge ist, um so empfindlicher ... auf unsensible Eingriffe. Mit innovativen Soft-... ...gen wollen wir bei unseren Kunden deshalb viel ...egen als eine reine Optimierung ihrer gesamten

Geschäftsprozesse. Dazu gehört zum Beispiel, die individuellen Bedürfnisse jedes einzelnen Mitarbeiters eines Unternehmens verantwortungsbewußt zu berücksichtigen. Denn ein funktionierendes Ganzes basiert zwar auf Technik und Organisation, weiterentwickeln kann es sich aber nur in einem Klima lebendigen Miteinanders.

SAP
www.sap.de

HOTT-Guides - Hands On HOTT Topics

SCN Education B.V. (Ed.)
Customer Relationship Management
The Ultimate Guide to the Efficient Use of CRM
2001. 406 pp. with 121 figs. DM 98,00   ISBN 3-528-05752-1
Introduction to CRM - How to integrate CRM in your business - CRM in practise - CRM in callcenters

SCN Education B.V. (Ed.)
Data Warehousing
The Ultimate Guide to Building Corporate Business Intelligence
2001. 336 pp. Softc. DM 98,00   ISBN 3-528-05753-X
Introduction to Data Warehousing - How to integrate Data Warehousing in your business - Strategical considerations - Data-mining

SCN Education B.V. (Ed.)
Electronic Banking
The Ultimate Guide to Business and Technology of Online Banking
2001. 204 pp. with 48 figs. Hardc. DM 98,00   ISBN 3-528-05754-8
Introduction to Electronic Banking - Electronic Banking in practice - Secure Banking - Internet Banking Products

vieweg

Abraham-Lincoln-Straße 46
65189 Wiesbaden
Fax 0611.7878-400
www.vieweg.de

Stand 1.4.2001
Änderungen vorbehalten.
Erhältlich im Buchhandel oder im Verlag.

MIX
Papier aus verantwortungsvollen Quellen
Paper from responsible sources
FSC® C105338

If you have any concerns about our products,
you can contact us on
ProductSafety@springernature.com

In case Publisher is established outside the EU,
the EU authorized representative is:
**Springer Nature Customer Service Center GmbH
Europaplatz 3, 69115 Heidelberg, Germany**

Printed by Libri Plureos GmbH
in Hamburg, Germany